21世纪高等院校规划教材

数据库原理与应用

主　编　佟勇臣

副主编　边莫英　王琬茹　刘玉梅

中国水利水电出版社
www.waterpub.com.cn

内 容 提 要

本书共分三篇。第一篇讲述数据库的基本理论，通过使用简明易懂的语言阐明数据库理论中最基本的内容，为数据库技术的学习准备必要的理论基础。第二篇阐述数据库技术的基本内容，用通俗的语言论述数据库技术的要点与设计方法。这两篇都有例题和习题与之配合，各章重点部分除了讲解详细之外，还用例题讲解了应用方法。第三篇是上机指导，给出了上机实验的内容和与之相关的章节。在附录中给出了学习本书所需的详细参考资料。另外各章习题有详细的解答，编程题的解答程序均已上机调试通过，这些内容可在出版社网站上下载。

本书既讲述理论基础，又阐明应用技术的要点与设计方法，因此特别适合作为应用型本科和理论性要求比较高的高职高专学生以及具有较高要求的自考学生的教材或参考书。

本书配有电子教案、习题参考答案等教学资源，读者可到中国水利水电出版社网站或万水书苑上下载，网址为：http://www.waterpub.com.cn/softdown/或http://www.wsbookshow.com。

图书在版编目（CIP）数据

数据库原理与应用 / 佟勇臣主编. -- 北京 : 中国水利水电出版社, 2012.3
21世纪高等院校规划教材
ISBN 978-7-5084-9499-9

Ⅰ. ①数… Ⅱ. ①佟… Ⅲ. ①数据库系统－高等学校－教材 Ⅳ. ①TP311.13

中国版本图书馆CIP数据核字(2012)第030466号

策划编辑：杨庆川　　责任编辑：张玉玲　　封面设计：李　佳

书　名	21世纪高等院校规划教材 数据库原理与应用
作　者	主　编　佟勇臣 副主编　边奠英　王琬茹　刘玉梅
出版发行	中国水利水电出版社 （北京市海淀区玉渊潭南路1号D座　100038） 网址：www.waterpub.com.cn E-mail：mchannel@263.net（万水） sales@waterpub.com.cn 电话：（010）68367658（发行部）、82562819（万水）
经　售	北京科水图书销售中心（零售） 电话：（010）88383994、63202643、68545874 全国各地新华书店和相关出版物销售网点
排　版	北京万水电子信息有限公司
印　刷	三河市铭浩彩色印装有限公司
规　格	184mm×260mm　16开本　19.75印张　496千字
版　次	2012年5月第1版　2012年5月第1次印刷
印　数	0001—3000册
定　价	34.00元

序

随着计算机科学与技术的飞速发展，计算机的应用已经渗透到国民经济与人们生活的各个角落，正在日益改变着传统的人类工作方式和生活方式。在我国高等教育逐步实现大众化后，越来越多的高等院校会面向国民经济发展的第一线，为行业、企业培养各级各类高级应用型专门人才。为了大力推广计算机应用技术，更好地适应当前我国高等教育的跨跃式发展，满足我国高等院校从精英教育向大众化教育的转变，符合社会对高等院校应用型人才培养的各类要求，我们成立了“21 世纪高等院校规划教材编委会”，在明确了高等院校应用型人才培养模式、培养目标、教学内容和课程体系的框架下，组织编写了本套“21 世纪高等院校规划教材”。

众所周知，教材建设作为保证和提高教学质量的重要支柱及基础，作为体现教学内容和教学方法的知识载体，在当前培养应用型人才中的作用是显而易见的。探索和建设适应新世纪我国高等院校应用型人才培养体系需要的配套教材已经成为当前我国高等院校教学改革和教材建设工作面临的紧迫任务。因此，编委会经过大量的前期调研和策划，在广泛了解各高等院校的教学现状、市场需求，探讨课程设置、研究课程体系的基础上，组织一批具备较高的学术水平、丰富的教学经验、较强的工程实践能力的学术带头人、科研人员和主要从事该课程教学的骨干教师编写出一批有特色、适用性强的计算机类公共基础课、技术基础课、专业及应用技术课的教材以及相应的教学辅导书，以满足目前高等院校应用型人才培养的需要。本套教材消化和吸收了多年来已有的应用型人才培养的探索与实践成果，紧密结合经济全球化时代高等院校应用型人才培养工作的实际需要，努力实践，大胆创新。教材编写采用整体规划、分步实施、滚动立项的方式，分期分批地启动编写计划，编写大纲的确定以及教材风格的定位均经过编委会多次认真讨论，以确保该套教材的高质量和实用性。

教材编委会分析研究了应用型人才与研究型人才在培养目标、课程体系和内容编排上的区别，分别提出了 3 个层面上的要求：在专业基础类课程层面上，既要保持学科体系的完整性，使学生打下较为扎实的专业基础，为后续课程的学习做好铺垫，更要突出应用特色，理论联系实际，并与工程实践相结合，适当压缩过多过深的公式推导与原理性分析，兼顾考研学生的需要，以原理和公式结论的应用为突破口，注重它们的应用环境和方法；在程序设计类课程层面上，把握程序设计方法和思路，注重程序设计实践训练，引入典型的程序设计案例，将程序设计类课程的学习融入案例的研究和解决过程中，以学生实际编程解决问题的能力为突破口，注重程序设计算法的实现；在专业技术应用层面上，积极引入工程案例，以培养学生解决工程实际问题的能力为突破口，加大实践教学内容的比重，增加新技术、新知识、新工艺的内容。

本套规划教材的编写原则是：

在编写中重视基础，循序渐进，内容精炼，重点突出，融入学科方法论内容和科学理念，反映计算机技术发展要求，倡导理论联系实际和科学的思想方法，体现一级学科知识组织的层次结构。主要表现在：以计算机学科的科学体系为依托，明确目标定位，分类组织实施，兼容互补；理论与实践并重，强调理论与实践相结合，突出学科发展特点，体现学科发展的内在规律；教材内容循序渐进，保证学术深度，减少知识重复，前后相互呼应，内容编排合理，整体结构完整；采取自顶向下设计方法，内涵发展优先，突出学科方法论，强调知识体系可扩展的原则。

本套规划教材的主要特点是：

（1）面向应用型高等院校，在保证学科体系完整的基础上不过度强调理论的深度和难度，注重应用型人才的专业技能和工程实用技术的培养。在课程体系方面打破传统的研究型人才培养体系，根据社会经济发展对行业、企业的工程技术需要，建立新的课程体系，并在教材中反映出来。

（2）教材的理论知识包括了高等院校学生必须具备的科学、工程、技术等方面的要求，知识点不要求大而全，但一定要讲透，使学生真正掌握。同时注重理论知识与实践相结合，使学生通过实践深化对理论的理解，学会并掌握理论方法的实际运用。

（3）在教材中加大能力训练部分的比重，使学生比较熟练地应用计算机知识和技术解决实际问题，既注重培养学生分析问题的能力，也注重培养学生思考问题、解决问题的能力。

（4）教材采用“任务驱动”的编写方式，以实际问题引出相关原理和概念，在讲述实例的过程中将本章的知识点融入，通过分析归纳，介绍解决工程实际问题的思想和方法，然后进行概括总结，使教材内容层次清晰，脉络分明，可读性、可操作性强。同时，引入案例教学和启发式教学方法，便于激发学习兴趣。

（5）教材在内容编排上，力求由浅入深，循序渐进，举一反三，突出重点，通俗易懂。采用模块化结构，兼顾不同层次的需求，在具体授课时可根据各校的教学计划在内容上适当加以取舍。此外还注重了配套教材的编写，如课程学习辅导、实验指导、综合实训、课程设计指导等，注重多媒体的教学方式以及配套课件的制作。

（6）大部分教材配有电子教案，以使教材向多元化、多媒体化发展，满足广大教师进行多媒体教学的需要。电子教案用 PowerPoint 制作，教师可根据授课情况任意修改。相关教案的具体情况请到中国水利水电出版社网站 www.waterpub.com.cn 下载。此外还提供相关教材中所有程序的源代码，方便教师直接切换到系统环境中教学，提高教学效果。

总之，本套规划教材凝聚了众多长期在教学、科研一线工作的教师及科研人员的教学科研经验和智慧，内容新颖，结构完整，概念清晰，深入浅出，通俗易懂，可读性、可操作性和实用性强。本套规划教材适用于应用型高等院校各专业，也可作为本科院校举办的应用技术专业的课程教材，此外还可作为职业技术学院和民办高校、成人教育的教材以及从事工程应用的技术人员的自学参考资料。

我们感谢该套规划教材的各位作者为教材的出版所做出的贡献，也感谢中国水利水电出版社为选题、立项、编审所做出的努力。我们相信，随着我国高等教育的不断发展和高校教学改革的不断深入，具有示范性并适应应用型人才培养的精品课程教材必将进一步促进我国高等院校教学质量的提高。

我们期待广大读者对本套规划教材提出宝贵意见，以便进一步修订，使该套规划教材不断完善。

21 世纪高等院校规划教材编委会

2004 年 8 月

前　言

本书是作者多年从事“数据库原理与应用”课程教学经验的结晶，是在作者二十余年教授“数据库原理与应用”课程的授课讲义的基础之上，结合现在应用型本科、高职教育和成人教育的特点修改补充而成的。因此，本书具有以下特点：

（1）言简意明，通俗易懂。本书概念阐述明确、重点突出，重点、难点部分着重论述。在数据库理论的阐述上，以“必需、够用”为度，以满足应用技术的教学需要为限；在数据库技术的论述上，以数据库程序设计的教学需要为基准，着重强调对学生数据库技术运用能力的培养。

（2）尊重认识规律。本书内容的安排循序渐进、深入浅出。以具体实例和实际应用引路，分析和阐明数据库技术的概念和原理，尽量避免抽象的理论讲解，由感性到理性地安排和组织教材的内容，以利于学生掌握和运用。

（3）例题、习题和实验内容丰富。通过这些内容的合理安排，结合习题和实验，使学生能在较短的时间内掌握“数据库技术”的应用。

（4）本书例题和习题解答中的程序均已在 Visual FoxPro 系统中调试、运行通过。

（5）采用现代的教学理念，引导学生掌握最新的技术与成果，激发学生的学习热情和兴趣，使学生能够深入学习相关的知识，掌握和应用相关的理论与技术。

“数据库原理与应用”是一门综合性的课程，具有完整的理论基础和应用非常广泛的技术，希望读者能掌握这门技术，在各自的实际工作中运用自如，得心应手。

在本书编写过程中，充分考虑到数据库技术初学者的需要，尤其是本科、专科和高职学生的学习和使用。本书由三篇组成：第一篇讲述数据库的理论基础，作者用简明易懂的语言阐述数据库理论最基本的内容；第二篇讲述数据库应用技术的基本内容，用通俗的语言论述数据库技术的要点与设计方法。这两篇都有例题和习题与之配合，各章重点部分除了讲解详细之外，还用例题讲解了使用方法。第三篇是辅助学习部分，是帮助学生理解各章内容的上机指导。书中各章习题均有详细的解答，编程题的代码也已上机调试通过，可在出版社网站上下载。

本书由佟勇臣任主编，边奠英、王琬茹、刘玉梅任副主编，其中边奠英教授编写了附录，王琬茹编写第 7 章，刘玉梅编写第 4 章和第 8 章。另外参加本书部分编写工作的还有：李金虎、杨慧贤、幺佳欣、尹丽华等。

本书作为天津市教育科学“十二五”规划课题研究成果，在编写过程中得到了许多学者、教师的指导和帮助，在此书出版之际，表示衷心的感谢！

作　者

2012 年 4 月

目　　录

第一篇　关系数据库原理与设计

第二篇 关系数据库应用

第三篇 Visual FoxPro 系统上机指导

第一篇

关系数据库原理与设计

本篇将着重介绍数据库系统涉及的基本概念、基本理论与基本设计方法。这些理论知识对于深入理解数据库的内涵，掌握数据库设计方法和数据库技术的应用是非常必要的。这些理论可以指导数据库开发人员从理论的高度去开发、设计数据库系统，可以使数据库管理员在数据库理论的基础上管理和维护数据库。

第 1 章　数据库系统概论

知 识 点

- 数据库、数据库系统、数据库管理系统
- 数据描述语言与操作语言
- 数据模型、存储模式与视图

难 点

- 数据库管理系统的作用、数据字典的内容与作用
- 关系模型、数据库视图、三级模式与两级映射

要 求

熟练掌握以下内容：

- 数据库管理系统的组成与作用
- 数据库管理系统的数据字典与日志
- E-R 图与关系模型的转换
- 数据库的视图与映射

了解以下内容：

- 数据库技术的发展史

1.1　数据库技术的发展

数据库技术是在数据管理技术的基础上发展起来的，根据数据管理技术的各种指标，如数据独立性、数据的冗余度、数据的安全性和完整性、数据之间的联系，数据库技术的发展可以分为三个阶段：人工管理阶段、文件系统阶段和数据库系统阶段。数据库技术是数据管理技术的最高形式。

1.1.1　人工管理阶段

该阶段为 20 世纪 60 年代之前的时期，此时的计算机系统只能提供数据的输入输出操作，对数据的逻辑组织与物理组织结构没有区别，基本相同，如图 1.1 所示，数据库设计人员需要考虑数据的存储方式和组织方法。当数据的物理组织或存储设备改变时，应用程序必须跟着改变。在一般情况下，一组数据只能对应一个应用程序，各个应用程序之间不能共用数据。在这种情况下，将造成大量的数据重复，给数据的正确、有效的使用造成了很多困难。

总之，人工管理阶段的主要缺点是数据不能保存，没有专门的系统对数据进行管理，数据的物理组织与存储形式对应用程序有很大的影响，造成数据的冗余度大、独立性差。

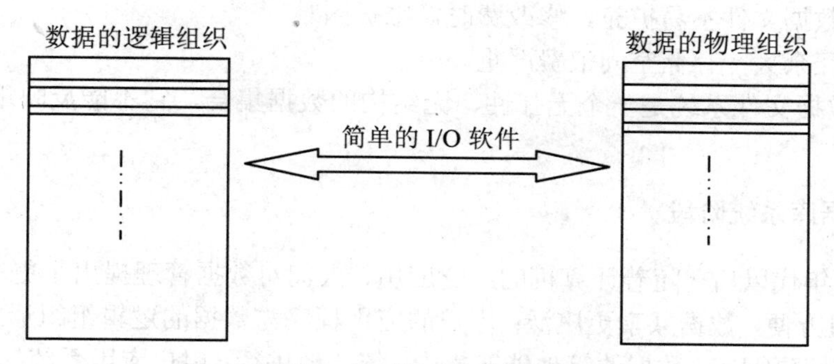

图 1.1　人工管理的数据组织

1.1.2　文件管理阶段

在 20 世纪 60 年代之后发展起来的文件管理系统提供了对用户数据进行管理的方法，它负责对用户的数据文件进行专门的管理。文件管理系统具有以下特点：

（1）数据的逻辑组织形式与物理组织之间有了很大的区别，用户数据具有一定的物理独立性，如图 1.2 所示。当数据的物理组织改变时，可以不影响逻辑组织形式。物理组织与逻辑组织之间有专门的存储方法进行转换。用户只需要考虑数据的逻辑表示形式，不用考虑数据的物理组织方法，即数据的物理存储形式的改变不影响数据的逻辑形式。

（2）数据以文件的形式存储在外存储器上，实现了以文件为单位的数据共享。用户可以对数据进行修改、插入、删除和查询等操作。

（3）数据文件的逻辑组织与应用程序紧密相关。当数据结构需要修改时，应用程序也要作相应的变更；反之当应用程序需要修改和扩充时，数据结构也要作相应的改变，这对数据的维护是非常不便的。用户数据文件的组织形式有多种：顺序文件、索引文件和直接存取文件等，如图 1.2 所示。

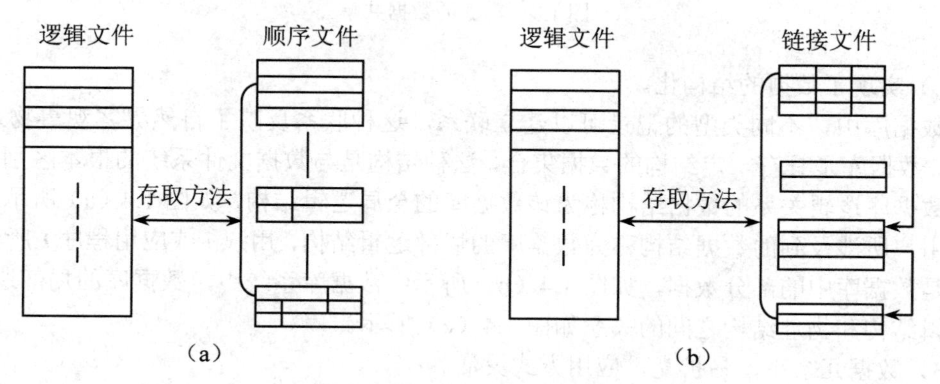

图 1.2　文件系统的数据组织

文件管理系统的缺点主要有以下几点：

（1）数据无集中管理，数据的逻辑组织形式与应用程序关系太密切，不能做到数据的逻辑独立性。

（2）没有实现以记录或数据项为单位的数据共享。

（3）用户数据文件不易扩充，修改费时，维护困难。

（4）数据冗余大，存储空间浪费严重。

此阶段的数据文件系统是一个无弹性、无结构的数据集合，它不能反映现实事物之间的内在联系。

1.1.3 数据库系统阶段

20 世纪 70 年代以后，随着计算机的广泛应用，人们对数据管理提出了更高的要求，希望对数据的管理更方便，数据共享更广泛；用户的应用程序与数据的逻辑组织形式、物理存储无关，即数据独立性更彻底；数据的管理能够集中、统一地进行；用户应用系统的开发更加简便，维护更容易等。

数据库技术正是为了满足用户的上述要求而开发的，它提供了广泛的数据共享、彻底的数据独立性、最小的数据冗余、方便的用户接口、集中统一的数据管理等。这个阶段的特点如下：

（1）实现了广泛的数据共享。

数据库技术实现了多种语言、多种应用程序共享数据库中全部数据的广泛的数据共享功能，如图 1.3 所示。

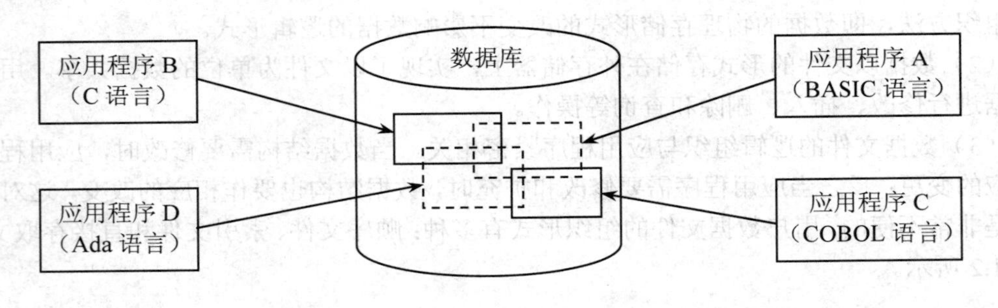

图 1.3 广泛的数据共享

（2）实现了数据的结构化。

在数据库中，不同类型的记录可以建立联系，这种联系反映了自然界客观事物之间的相互关系。数据库是具有一定结构的数据集合，这种结构是与数据文件系统的根本区别所在。反映整个数据库逻辑关系的数据结构称为该数据库的全局逻辑结构，如图 1.4（a）所示；用于反映某个用户所涉及到的数据结构称为数据库的局部逻辑结构，用户（或应用程序）所涉及的数据仅仅是数据库中的部分数据，如图 1.4（b）所示；数据库系统中，数据库的局部逻辑结构、全局逻辑结构和物理结构之间的关系如图 1.4（c）所示。

（3）数据冗余小，易扩充，应用方式灵活。

数据库是从整体对数据进行描述，而不是仅仅考虑个别应用。因此，可以大大减小数据的冗余，提高存储效率和减少存取时间。对数据库中的数据，可以有多种灵活的方式使用。如对数据库中的数据进行不同的组合可以用于不同的应用系统；当应用程序需求改变时，可以重新组合所需要的数据。

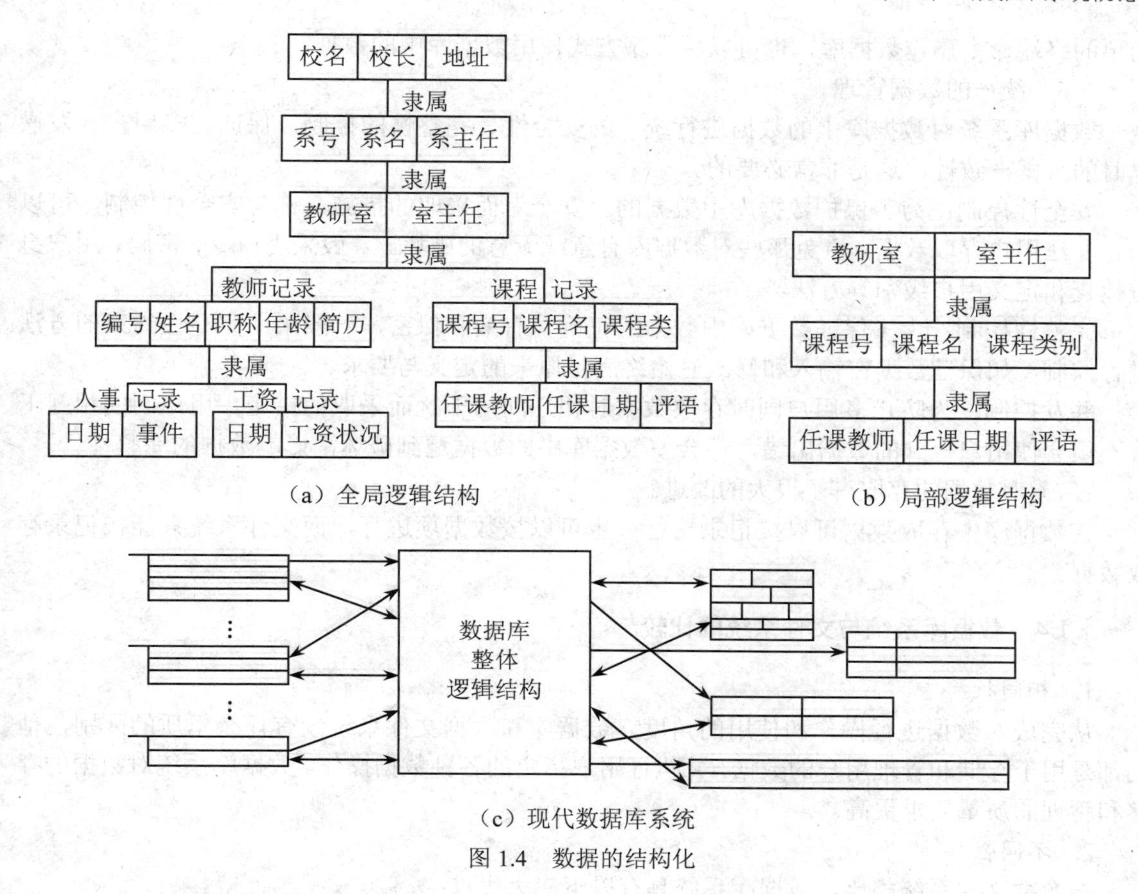

图 1.4　数据的结构化

（4）具有较高的数据独立性。

数据库系统采用了二级映射转换技术，实现了数据与应用程序的完全独立。第一级为存储结构与整体逻辑结构的映射转换；第二级为整体逻辑结构与局部逻辑结构的映射转换。第一级映射转换，实现了数据与应用程序的物理独立性，当数据的存储结构（即物理结构）发生改变时，数据的全局逻辑结构和局部逻辑结构（应用程序）不受影响。第二级映射转换，实现了当数据的全局逻辑结构发生变化时，通过对映射的相应改变保证局部逻辑结构不受影响，使应用程序可以保持不变，如图 1.5 所示。

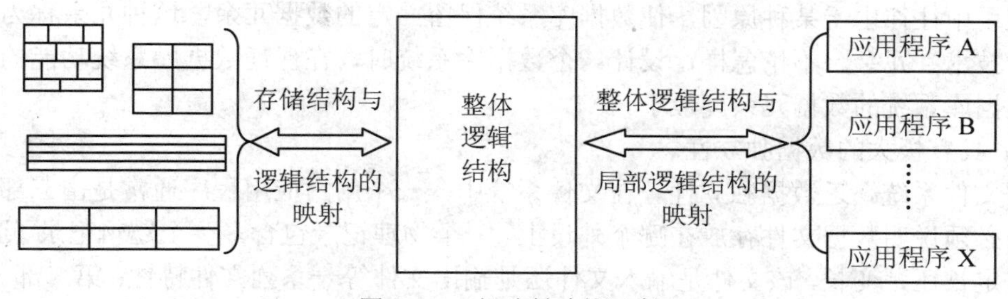

图 1.5　二级映射功能示意

（5）提供简便的用户接口。

数据库管理系统提供了 DDL（数据查询语言）和 DML（数据操纵语言），使用户可以用简单的终端命令操作数据库，也可以用程序方式使用数据库中的数据。

（6）统一的数据管理。

数据库系统对数据库中的数据进行统一的安全性、完整性的控制，保证在多用户并发操作时的数据一致性，这是非常必要的。

安全性控制：为了保护数据库中数据的“安全”而采取的措施，称为安全性控制，可以防止非法用户存取数据，避免那些对数据库有意或无意的破坏。一般采用口令、密码、用户身份检查和定义用户级别等方法。

完整性控制：为了保证数据库中数据的正确、有效和保密，一般采用完整性约束的方法进行控制，如保证数据在输入和修改时始终满足原来的定义与要求。

并发控制：为防止多用户同时存取数据时相互间的干扰而采取的措施。用户间的相互干扰不仅会使用户得到的数据出错，还会使数据库中的数据遭到破坏，影响数据的完整性。

（7）对数据的存取有了很大的改进。

在数据库中存取数据可以按记录进行，也可以按数据项进行，而文件系统只能按记录存取数据。

1.1.4 数据库系统与文件系统的比较

1. 相同性

从完成对数据进行操作和使用的角度，数据库和数据文件系统没有什么本质的区别，他们都是用于存储和管理用户的数据，并执行用户指定的各种数据操作。数据库系统对数据的存储和管理的质量要求更高。

2. 不同性

与数据文件系统相比，数据库系统具有以下三大优点：

（1）具有最小的冗余。

数据文件系统的数据共享很差，这是文件系统存在的主要问题。数据文件是根据用户的需要各自建立的，其特点是数据文件只对某个特定的用户设计，不同用户的应用程序所需的数据即使有很多部分相同，他们也必须建立各自的数据文件。因而在数据文件系统中存在着大量的数据冗余。

一个数据库系统从理论上可以是一个无冗余的系统，可以完全做到无数据冗余。在实际应用中一个数据库系统做到完全无数据冗余是很困难的，要付出较高的代价，也是不现实的。在实际应用中往往由于某种原因，使数据库系统保留一定的数据冗余，这种冗余称为“受控”冗余或“技术”冗余。不论怎样，设计一个数据库系统时，在保证数据库系统功能的前提下，尽量使数据库系统的数据冗余度最小。

（2）具有极大的数据独立性。

数据文件系统缺乏数据独立性。在文件系统中，一个用户应用程序通常是由三部分组成：第一部分必须说明数据文件存放在哪个外设上、一个物理记录包含多少个逻辑记录、逻辑记录的长度是定长还是变长，该文件是输入文件还是输出文件等一系列文件特性；第二部分要说明数据文件的具体逻辑记录格式；第三部分才是应用程序的主体程序。这三部分互相联系，组成一个有机的整体。

用户程序执行的结果是完全建立在数据结构说明的基础上的。如果数据的物理结构和逻辑结构需要修改，用户的应用程序也必然要随之作相应的改变，反之也是如此。之所以出现数据和用户应用程序这种过分地相互依赖关系，是因为数据文件系统完全是根据具体应用环境的要求建立起来的。

一个数据库系统应该做到用户应用程序和数据结构是完全独立的，互不牵扯、互不依赖。这种要求从技术上是可以做到的，只是数据库系统的功能会十分复杂，实现起来十分困难，成本非常高。实际使用的数据库系统往往是根据实际的需要具有不同程度的数据独立性。数据独立性要求越高，实现起来越困难。

（3）为用户提供了有效、统一的操作手段。

数据库系统为用户对数据的存储、管理、操作和控制等提供了统一、有效的手段，使得用户编写应用程序变得十分简单，大大方便了用户的使用。

1.2　数据库系统的组成

1.2.1　数据库的定义与特性

1. 数据库的定义

数据库（Database，简写为 DB）是计算机技术应用的一个重要分支，是发展非常迅速的一门新兴学科，有很多学者对数据库的设计原则和应用方法进行总结与探讨，使之通用化、标准化和理论化。由于数据库是一个非常复杂的系统，涉及面很广，难以用简练、准确的语言对其全部特征进行概括，因此给数据库进行确切的定义是十分困难的，人们只能根据数据库发展的现状和各自的认识给数据库以定义和解释。以下三种定义是具有代表性的定义，他们从不同的侧面对数据库进行了定义：

（1）DBTG（Data Base Task Group）的定义：数据库是由一个指定控制的所有记录（record）、络（set）和区域组成。如果有多个数据库，则每一个数据库必须有自己的模式，不同数据库的内容是彼此无关的。

（2）C.J.Date 的定义：数据库是某个企事业单位存储在计算机内的一组业务数据，它能被这个单位中的应用系统使用。

（3）J.Martim 的定义：数据库是存储在一起的相关数据的集合，这些数据无有害的或不必要的冗余，为多种应用服务；数据的存储独立于使用它的程序；对数据库插入新的数据、修改和检索原有数据均能按一种公用的和可控制的方法进行，数据被结构化，为其他的应用提供基础。

这三种定义各有特色，第一种定义的是数据库系统的组成，第二种定义的是数据库的作用对象，这两种定义很少涉及数据库的特点，第三种定义比较全面，从定义中可以体会到数据库是一个综合的、具有一定结构的数据“整体”，能为任何用户“共享”。

有了这些定义还不能使人们全部了解数据库，因此还要深入、具体地理解数据库。

2. 数据库的主要特性

数据的重要价值是使用而不是收集，数据库就是为了方便用户使用数据而设计的。它对数据进行集中控制，能有效地维护和利用数据，其主要特性有以下几个方面：

（1）尽最大可能减少数据的冗余度。

数据库只能尽量减小而不能消除数据的冗余，因为，为了满足某些数据的使用要求时，同一数据的多次存储是必须的（称为技术冗余），例如，多处出现姓名是为了使用数据方便。数据库会对这些冗余进行控制，保证不会由此引起数据不一致性的情况发生。

（2）实现广泛的数据共享。

- 一个应用使用的数据只是数据库的一个子集，不同的子集可以任意地重叠。
- 不同的用户可以并发地访问同一个数据。
- 数据库具有广泛的适应性和多种语言的接口。

（3）保证数据的安全可靠。

- 确保数据的安全存取。数据库只对有权使用数据的用户授予有限使用权，任何一个用户都不能无限制地使用数据库中的数据。数据库提供一套有效的安全性检查功能，确保数据的合法使用。
- 保证数据的完整性。数据完整性在数据库应用中是十分重要的，如果某个应用程序破坏了数据的完整性，可能使其他的用户应用程序使用不正确的数据，导致错误的数据处理结果，甚至造成重大的经济损失。因此，为了保证用户使用的数据是正确的，数据库应提供数据的完整性约束控制机制。
- 并发控制。不同的应用程序同时访问数据库有可能使数据受到损坏而失去完整性。数据库提供的并发控制机制可以避免数据库的数据损坏和数据的不一致性，保证数据库的完整、准确。
- 故障的发现、排除与运行的恢复。数据库在运行时，随时都会受到局部或全局性的破坏。数据库提供一套完整的中断和后援方案，确保能及时发现并排除故障。

（4）保证数据独立性。

当数据库系统的物理性质发生变化（如更换存储设备、改变数据物理组织方法等）和逻辑性质发生变化（如改变数据的模式和子模式等）时，都不用对用户的应用程序进行修改。

（5）实现标准化。

由于数据库对数据的集中控制管理，便于实现数据的标准化。标准化的实施，有利于行业间、国家间的信息交流与技术协作。

1.2.2 数据库系统的设计原则

建立一个完备的数据库系统，应遵守以下设计原则：

（1）具有数据独立性。

设计数据库时，首先要保证数据的独立性，做到数据的存储结构与逻辑结构的改变不影响用户原有的应用和应用程序。

（2）减少数据冗余，提高共享程度。

同一应用系统包含大量的重复数据，不但浪费大量存储空间，还存在着数据不一致的危险。因此，设计数据库时要消除有害的数据冗余，提高数据的共享程度，有时为了缩短访问时间或简化寻址方式，人为地使用数据冗余技术。为了保证数据库的快速恢复，需要建立数据库的副本。所以在设计数据库时，只能要求消除有害冗余，而不能要求消除一切冗余数据。

（3）具有很强的数据管理能力。

用户与数据库系统的接口要尽量地简单，系统应该具有很强的数据管理能力，能满足用户容易掌握、使用方便的要求，例如为用户提供非过程化的查询语言、简单的终端操作命令和简单的逻辑数据结构；具有数据流量大、响应时间快、人机对话的功能和快速响应的实时操作环境；具有处理非过程化的查询功能等。

（4）数据库系统具有可靠性、安全性和完整性。

一个数据库系统的可靠性体现在其软硬件故障小、运行可靠、出了故障时可以快速地恢复到可用状态。数据的安全性是指系统对数据的保护能力，即防止数据有意或无意的泄露，控制数据的授权访问，在设计数据库系统时必须增加各种安全措施。数据完整性是保证数据库仅仅包含正确的数据，不正确的数据可能由有意或无意的错误操作所产生，也可能由某些不符合实际情况的错误推导产生。

总之，设计数据库时要求系统应尽可能地保证数据的完整性，数据库系统可以通过设置各种完整约束条件来解决此问题。

（5）应具有重新组织数据的能力。

数据库经过一段时间运行后，由于频繁的插入、删除操作，使原有的物理文件变得凌乱，时空性能差，访问效率低。

为了适应数据访问的要求，提高系统时空性能，改善数据组织的凌乱和时空性能差的状况，就要及时进行有效的改变文件的存储结构或他们在数据库中的存储位置，这种“改变”称为数据的重新组织。数据库系统一般是按照一定规则自动地完成这项任务。

（6）系统的可修改性和可扩充性。

数据库系统在结构和组织技术上应该是容易修改和扩充的。一个数据库系统通常不是一次设计完成，而是逐步建立起来的。数据库用户的数据也是在不断地变化和扩充的，数据库用户的应用系统也将不断地变化。所以在设计数据库时要充分考虑数据库系统与未来用户应用系统的接口问题，不能因为用户应用的变化而使整个数据库不能使用或已建成的数据库系统不能正常地工作。对数据库系统进行修改和扩充后，不应该影响原有用户的使用方式，例如不必修改或重写原有的应用程序等。

（7）充分描述数据间的内在联系。

人们建立和使用数据库是使用数据来反映客观事物及其之间的联系，因此数据库系统应使用有能力描述客观事物及其联系的数据逻辑结构。

如描述学生与课程的联系可用图 1.6（a）所示的方法，描述教师与学生的联系可用图 1.6（b）所示的方法，但要反映系、教研室、教师、课程、班级与学生之间的联系则要用树形结构了，如图 1.6（c）所示。

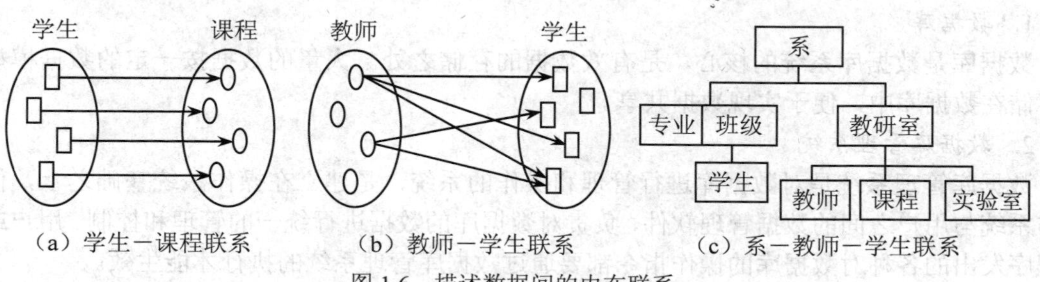

图 1.6　描述数据间的内在联系

上述七项原则是设计人员在设计数据库时应遵守的基本原则，也是一个数据库系统设计好与坏的判别标准。

1.2.3 数据库系统的结构与组成

数据库系统（Database System，DBS）是指具有数据库管理功能的计算机系统。这个系统由数据库管理系统负责管理，分为三级构成：用户级数据库、逻辑级数据库和物理级数据库，如图 1.7 所示。

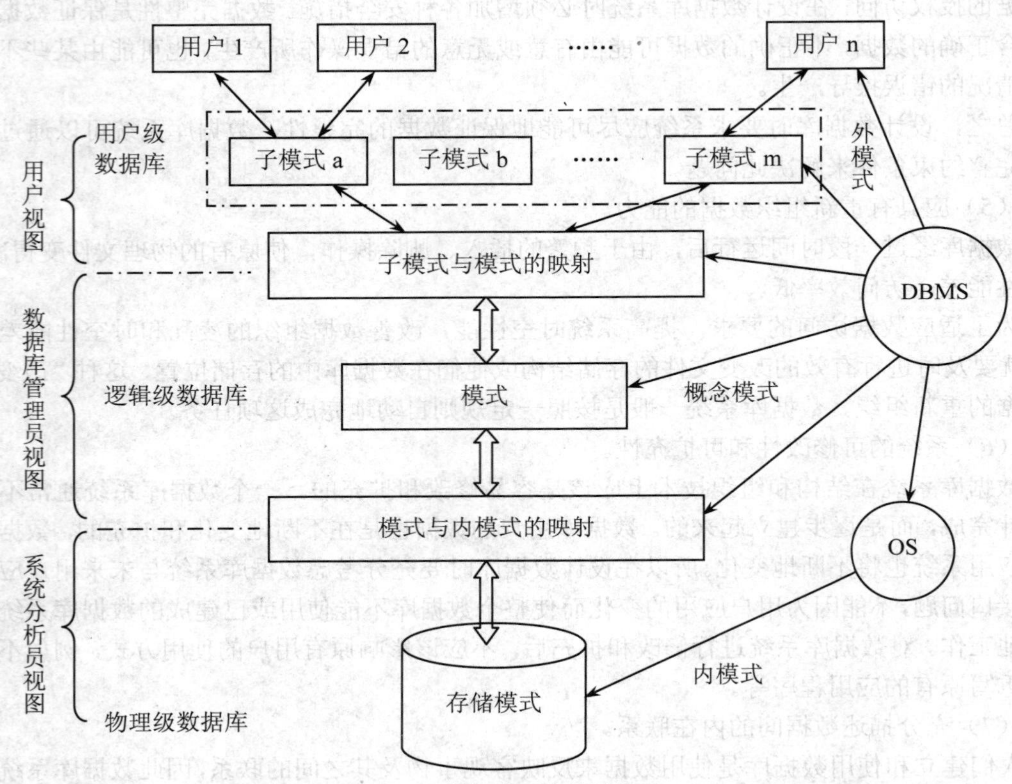

图 1.7 数据库系统的结构

数据库的基本组成主要有用户级数据库（包括用户和用户使用的子模式）、逻辑级数据库（包括子模式到模式的映射和概念模式）、物理级数据库（包括模式到内模式的映射和内模式）。另外还有其他的组成部分，如数据库管理员、系统分析员、数据字典和数据库日志等。

1. 数据库

数据库是数据库系统的核心，是有效数据的存储之处。大量的数据按一定的数据模型组织存储在数据库中，便于实现数据共享。

2. 数据库管理系统

数据库管理系统是对数据库进行管理和操作的系统，是建立在操作系统基础之上，位于操作系统与用户之间的数据管理软件，负责对数据库的数据进行统一的管理和控制。用户或应用程序发出的各种对数据库的操作指令都要通过数据库管理系统的执行才能生效。

3. 用户应用程序

用户应用程序是指使用数据库管理系统提供的命令编制而成的应用程序，是针对具体的数据库管理系统功能的应用。例如，企业的人事管理系统、财务管理系统等都是具体的数据库管理系统的应用程序系统。它与数据库管理系统和数据库一同构成数据库系统。这种由数据库技术实现的数据库应用系统又称为管理信息系统（Management Information System，MIS）。

4. *数据库用户*

数据库用户分成三级：普通级、程序员级和数据库管理员级。

（1）普通级用户：一般是各级行政或技术管理人员，他们使用应用程序提供的功能来操作数据库、生成各种报表。

（2）程序员级用户：是负责设计和编制各种数据库应用程序的人员。

（3）数据库管理员：是负责数据库系统的管理与维护的人员，其作用是保证数据库系统能够正常使用。数据库由数据库管理员（DBA）使用数据库管理系统（DBMS）提供的工具创建而成，再由数据库管理员利用应用程序将有用的数据组织入库，形成一个有效的数据库，并提供给用户共享和使用。

1.3　数据库的逻辑结构

数据库系统的逻辑结构分为三层：外层、概念层和内层，分别对应外模式、概念模式和内模式。用户只能看到外层，即用户级，其他两层是看不到的。外模式可以有多个，而概念模式（概念级）和内模式（物理级）都只有一个，内模式是整个数据库的最低层，是数据库的基础，如图 1.7 所示。

在数据库系统中，用户看到和使用的数据形式与计算机中存储的数据形式是不同的，当然这两种数据形式之间是有联系的，他们之间经过了两次变换（即二级映射）。数据库系统为了减少冗余，实现数据共享，将用户的数据进行综合，抽象成统一的局部逻辑数据视图（即用户视图）。第一次变换是为了提高存取效率，改善性能，将若干个局部逻辑数据视图集合成全局逻辑数据视图，第二次变换是将全局逻辑数据结构按照物理组织的最优形式进行存储。

1.3.1　数据库的三级结构

掌握数据库的三级结构及其联系与转换关系是深入了解数据库的关键所在。

模式是用数据描述语言精确地定义数据模型的程序。定义外模型的模式称为外模式，又称子模式，用子模式定义语言来定义。定义概念模型的模式称为概念模式，简称模式，用模式定义语言定义。定义内模型的模式称为内模式，又称物理模式，用设备介质语言来定义。

1. 子模式

用户使用的数据视图称为子模式，又称为外模式，是数据库用户的一种局部逻辑视图，是用户使用数据库数据的依据。子模式对应于用户级数据库，是用户使用的数据库，用户根据系统设定的子模式用查询语言或应用程序使用数据库中的数据。子模式是用户与数据库的接口，根据某种规则可以从模式中导出子模式。子模式与模式之间的对应关系就是子模式到模式的映射。

为用户设置子模式的好处有以下 4 点：

（1）使用简单方便。用户只需按照给定的子模式编制应用程序或在终端输入命令，不必了解数据的存储结构。

（2）确保数据独立性。通过两级映射，使用户的应用脱离了数据的物理组织影响，改变数据的物理组织方式和更新存储设备不会影响到用户的应用程序。

（3）减少数据冗余，提高数据共享。由同一模式可以导出不同的子模式，提高了数据的共享程度，减少了数据的冗余。

（4）提高数据的安全性和保密性。每个用户只能使用其子模式涉及的数据，由其错误操作造成的影响仅限于其子模式涉及的范围，保证了其他用户数据的安全。

2. 模式

数据库管理员视图（即全局逻辑视图）又称为概念模式，简称为模式，对应于概念级数据库，是数据库管理员对数据库整体的逻辑描述，是他进行数据库管理的依据。

3. 内模式

系统分析员视图，是用户数据的存储模式，又称为内模式，内模式对应于物理级数据库，是数据库存储数据的依据。系统分析员使用一定的数据组织方法组织起各种物理文件，系统分析员编制专门的访问程序实现对物理文件中数据的访问。

4. 三级数据库之间的关系

模式只是表示数据的一个结构框架，而这些框架填入的数据才是数据库的内容。值得注意的是，框架和数据是不同的，存放的位置也不同。在数据库系统中，模型、模式和数值是三个不同并且非常重要的概念。对于数据库系统来说，实际存在的只有物理级数据库，它是数据访问的基础，概念级数据库是物理级数据库的一种抽象描述，用户级数据库是用户与数据库的接口。这三级数据库是通过两级映射进行相互联系的。用户根据子模式进行操作，通过子模式与模式间的映射与概念级数据库相联系，再通过模式与存储模式间的映射与物理级数据库相联系。

用一句话概括这三级数据库的关系就是，用户级数据库是概念级数据库的部分抽象，概念级数据库是物理级数据库的抽象表示，物理级数据库是概念级数据库的具体实现。

1.3.2 数据库的两级映射

1. 子模式与模式之间的映射

子模式与模式之间的映射定义了子模式与模式之间的映像关系。当数据库系统要求改变模式时，可以改变该映射关系而保持子模式不变。这种使用户数据逻辑结构独立于全局数据逻辑结构的特性称为逻辑数据独立性。

2. 模式与物理模式之间的映射

模式与物理模式之间的映射定义了模式与物理模式之间的映像关系。为了满足某种需要或更新存储设备时，使数据库系统的物理模式受到影响，这种物理模式的变化可以通过改变模式与物理模式的映射保持模式不受影响。这种使全局数据逻辑结构独立于物理数据结构的特性称为物理数据独立性。

逻辑数据独立性与物理数据独立性统称为数据独立性。由于有了数据独立性数据库系统可以将用户数据与存储数据完全分开，使用户不必关心繁杂的物理存储细节。用户应用程序不再依赖物理数据的存储形式，这样就减少了对用户应用程序的维护程度。

1.3.3 数据独立性

数据独立性在数据库管理系统中占有非常重要的地位，是数据库系统的重要技术指标。从某种意义上讲，数据库管理系统的作用就是为用户的应用程序和数据的物理存储之间提供某种程度的数据独立性，这种数据独立性分为两级：物理数据独立性和逻辑数据独立性。

1. 物理数据独立性

物理数据独立性是指数据库的物理介质发生变化时一个应用的独立程度，在一般情况下数据库系统应提供两个方面的物理数据独立性：①变更存储设备或数据的存储位置时的数据独立性；②改变物理记录的体积或数据的物理组织方式时的数据独立性。

2. 逻辑数据独立性

逻辑数据独立性是指数据库的逻辑结构发生变化时一个应用的独立程度，一般情况下数据库系统应提供两个方面的逻辑数据独立性：①在模式中增加了新的记录类型或联系，并保持原有的记录类型和他们之间的联系时的数据独立性；②在某个记录类型中添加新的记录项时的数据独立性。

值得说明的是，逻辑数据独立性比物理数据独立性更难实现，例如当模式发生了以下变化时就很难保证逻辑数据独立性：

（1）在模式中删除一个应用所需的记录类型或其中的数据项。

（2）改变模式中记录类型之间的联系。

数据库技术的主要目的之一就是避免用户的应用程序对数据的依赖性，使数据的维护与应用能够互不影响，不论数据与应用哪一方发生变化都不会影响到另一方，这也是数据库系统结构复杂的原因之一。

1.4 数据库管理员与管理系统

1.4.1 数据库管理员的作用

数据库管理员（Database Administrator，DBA）是指那些懂得数据库工作原理，掌握数据库全局逻辑结构，管理和维护数据库日常工作的软件人员，其主要作用有：

（1）决定数据库中的信息内容。在设计和建立数据库时，数据库管理员参与数据库的设计，决定数据库的内容；制定数据库的概念模式，决定用户的子模式和数据库的存储模式；将数据库的各级源模式经过编译后生成的目标模式装入系统，并将数据库所存放的各类数据存入库中。

（2）决定数据的存储和访问策略。根据各种应用的要求决定数据库的存储结构和访问策略，使数据库能有效地满足各种用户的要求。

（3）监视系统的工作状况，保证系统的时空效率。数据库系统在运行一段时间后，其时空性能就会降低，影响用户的使用效率，DBA 应及时地维护数据库系统（如删除数据库中不可使用的记录、收集零散的存储空间等），保证数据库系统的运行效率。

（4）协调用户与数据库系统的联络。DBA 应制定并发控制策略，在多个用户同时访问数据库时进行协调处理，保证每个用户使用的数据都是安全可靠的数据。

（5）决定数据库中数据的保护措施。确定各级用户使用数据库的权限和使用级别，确定授权、核查和访问生效的规则，以及数据库受到破坏后的后援和恢复策略。

（6）及时修改数据字典，使之能反映系统的现状。DBA 通过访问数据字典，可以了解到系统和用户的当前状况。因此，当系统有了改变时，例如增加新用户、删除或改变用户权限、变更数据的物理组织等，DBA 都要及时地记录到数据字典中（或修改数据字典的相应部分），使之能全面反映数据库系统的当前状况，起到控制、管理和维护系统的作用。

（7）制定保证数据库完整性的约束条件和控制要求。

1.4.2 数据库管理系统的主要作用

数据库管理系统（Database Management System，DBMS）是一个复杂的软件系统，具有语言解释、引导数据存取等功能，其主要作用有以下 5 个方面：

（1）定义数据库。

数据库管理系统用数据定义语言（DDL）描述数据库的各项内容，包括外模式、模式、内模式的定义，数据库完整性定义，安全保密定义和存取路径定义等，并将其从源形式编译成目标形式，同时将数据库的各项定义存放到数据字典中，他们是数据库管理系统存取和管理数据的基本依据，数据库管理系统可以根据这些定义从物理数据导出全局逻辑数据，再从全局逻辑数据导出用户所需的局部逻辑数据。

（2）管理数据库。

数据库管理系统通过数据操纵语言（DML）实现对数据库的管理，具有对数据及其结构的修改与维护的功能，实施对数据的安全性、保密性和完整性的检验，控制整个数据库的运行和多用户的并发访问。

（3）数据库的运行与控制。

数据库管理系统提供的运行与控制功能可以保证所有访问数据库的操作是在控制程序的统一管理下进行的，提供安全性、完整性和一致性的检查机制，保证用户对数据库的使用，包括初始数据的载入、记录工作日志、监视数据库的性能、在性能降低时恢复数据库性能，在系统设备变化时修改和更新数据库、在系统出现故障时恢复数据库等。

（4）数据通讯。

数据库管理系统负责实现数据的传送，这些数据可能来自应用程序、终端设备或系统的内部进程，与操作系统协调完成输送数据到队列缓冲区、终端或正在执行的进程中。

（5）数据字典。

数据字典是数据库管理系统提供的一项重要功能，它将有定义的数据库按一定的形式归类，对数据库中的有关信息进行描述。数据字典可以帮助用户使用数据库，帮助数据库管理员管理数据库。

1.4.3 数据库管理系统的程序组成

数据库管理系统是由许多具有数据库定义、控制、管理和维护功能的程序集合而成。组成数据库管理系统的各个程序都有各自的功能，他们可以是几个程序协调共同完成一个数据库系统的工作，也可以是一个程序完成几个数据库系统的任务。不同的数据库管理系统的功能可以不一样，所包含的程序组成也不相同。但是不论哪种数据库管理系统，一般都应该有以下三个方面的功能：

（1）语言（编译）处理方面。

- 数据库各级模式 DDL 编译程序：作用是将各级 DDL 源形式编译成机器可识别的目标形式。

- 子模式 DDL 编译程序：作用是将各个子模式 DDL 源形式编译成机器可识别的目标形式。
- 数据库 DML 编译处理程序：作用是将应用程序中的 DML 语句转换成计算机能够识别的语句。
- 终端查询解释程序：作用是解释用户终端查询操作的意义，决定用户操作执行的过程。
- 数据库控制命令解释程序：作用是解释每个控制命令的意义，决定执行的方式。

（2）系统运行控制方面。

- 系统总控程序：是数据库管理系统的核心程序，其作用是控制、协调数据库管理系统各组成程序的运行，使其有条不紊地运行。
- 访问控制程序：作用是核查用户访问的合法性，决定该访问能否进入数据库。
- 并发控制程序：作用是控制、协调多个应用程序，同时对数据库进行操作，保证数据库中数据的一致性。
- 保密控制程序：作用是在用户访问数据库时核查保密规定，保护数据库的安全。
- 数据完整性控制程序：作用是核查数据库的完整性约束条件，决定用户操作的有效性。
- 数据库更新程序：作用是根据用户的请求实施数据的查询、插入、删除和修改等操作。
- 通讯控制程序：作用是控制应用程序与数据库管理系统之间的通信联络。

（3）系统维护管理方面。

- 数据装入程序：作用是在系统新建时装入系统运行所需的数据，或在系统受到破坏时使系统恢复到可使用状态。
- 工作日志程序：作用是记录进入数据库的所有访问，记录的内容有：用户名称、使用数据的级别、进入系统的时间、进行了哪些操作、数据变更情况等，使用户的每次访问都要留下可以追踪的痕迹。
- 性能监督程序：作用是监测用户访问数据库的时空性能，作出系统性能判断，为数据库的重新组织提供依据。
- 数据库重新组织程序：作用是当数据库系统的时空性能变坏时，负责对数据重新进行物理组织。
- 转存编辑、打印程序：作用是转存数据库中的数据，按指定的方式编辑或打印数据。

1.4.4　数据语言

数据语言是数据库管理系统提供的操作数据库的重要方法和工具。数据语言包括两部分：数据描述语言（Data Description Language，DDL），用于描述或定义数据库的各级模式和特性，又称为数据定义语言；数据操纵语言（Data Manipulation Language，DML），用于对数据进行操作或处理。

1．数据描述语言

在设计数据库时，用 DDL 定义数据库的各级模式和描述数据库各种对象的特征，对应于不同级别的模式，数据描述语言又分成模式描述语言、子模式描述语言和内模式描述语言。模式和内模式描述语言独立于应用程序所使用的语言，子模式描述语言与数据库管理系统的类型相关，可分为多种类型。

数据描述语言最主要的作用是描述数据，不同数据库管理系统的数据描述语言所起的作用不同。

（1）模式 DDL。模式 DDL 是数据库管理员用于定义数据库全局逻辑数据结构的工具，用模式 DDL 编写的一段描述数据库全局逻辑结构的程序称为一个模式，一般应具有以下功能：

- 具有定义数据库全局逻辑数据结构的功能。
- 描述模式中的各个记录型，包括记录型名、记录型中各数据项名、数据类型和数据长度。
- 具有描述各个记录型之间联系的功能。

模式是数据库中所有记录型逻辑结构的描述，它不是数据本身，而是装配数据的一个框架。模式 DDL 与任何一种程序语言一样，有自己的一套语句和语法规则，不同数据库系统的模式 DDL 是不相同的，他们有各自的语法规则。

（2）子模式 DDL。子模式 DDL 又称为用户模式 DDL，是定义各个用户所涉及的局部逻辑数据结构，用子模式 DDL 编写的一个用户数据库的程序称为一个子模式。子模式 DDL 与数据库管理系统的类型相关，不同的类型有不同的子模式 DDL。不论是哪种子模式，都应具有以下几个方面的功能：

- 具有定义用户的局部逻辑数据结构的功能。
- 能描述子模式与模式之间的映射。
- 能描述子模式所含的每个记录型，包括记录型名、记录型中的数据项、数据类型和记录长度。这些内容由于有了子模式与模式的映射，他们可以和模式中所定义的记录型完全不同、部分相同或完全相同。
- 能描述子模式所包含的各记录型之间的联系。

（3）内模式 DDL。内模式 DDL 又称为存储模式 DDL，用于描述数据在存储介质上的存放位置，它与系统的硬件特性有关，一般应具有以下功能：

- 描述数据的物理特征，包括系统建立了哪些物理文件、文件存储在哪些设备上、文件的组织方式以及文件的名称、类型、起始地址、占用空间大小等。
- 描述模式与存储模式的映射，包括每个逻辑单位的数据所对应存放的文件（如哪个记录类型对应哪个文件、存放在哪个扇区）、数据存储的紧缩过程等。

2. 数据操纵语言

数据操纵语言 DML 是用户与数据库系统的主要接口之一，是用户对数据库进行操作的工具，一般应具有以下功能：

- 数据检索功能：对数据进行检索操作，这是最重要、最经常使用的一种功能。
- 数据更新功能：对数据库进行添加、修改或删除操作，使数据能及时反映客观事物的全部。
- 并发访问控制功能：在多用户同时操作时进行协调控制，保证数据库正常使用。

数据操纵语言的形式随各个数据库管理系统而异，其一般形式由三部分组成：操作动词、操作对象和操作限定条件。操作动词可以表示数据检索或更新等功能操作，操作对象可以是记录名、数据项名等，限定条件多为逻辑表达式和条件表达式。

1.4.5 数据字典

数据字典中记载着有关数据库系统建立、维护与运行相关的各种数据，涉及到系统的各个方面，是一个关于数据库的“数据库”。

1. 数据字典涉及的主要对象

- 数据库：数据库系统可以有多个数据库，是数据库系统存放数据的地方。
- 模式：一个数据库可以对应多个模式，是数据库存取数据的逻辑结构，即框架。
- 子模式：一个模式可以对应多个子模式，是用户存取数据的逻辑结构。
- 存储模式：一个模式可以有多个存储模式，一个存储模式也可以对应多个模式。
- 记录类型：一个模式或子模式可以有多个记录类型。
- 数据项：一个记录类型可以有多个数据项。
- 物理文件：一个数据库可以有多个物理文件。
- 事务：一个系统可以有多种事务，它是数据处理的工作或数据处理的单位。
- 应用程序：一个数据库系统可以有若干个用户应用程序。

2. 数据字典的作用

（1）保证 DBMS 快速查找有关对象的请求能够实现。

（2）为 DBA 提供数据库系统的以下情况：

- 系统具有的数据库和用户终端数量及其名称。
- 当前模式数量及其名称，以及每个模式包含的子模式及其数量、名称和记录类型。
- 每个子模式的记录类型，以及与用户的对应关系。
- 子模式、模式对应的物理文件联系及其存储区域。

3. 数据字典的功能

- 登记数据库系统的全部对象及其属性，并给予相应的标识。例如模式、子模式中包含的记录类型，记录类型中包含的数据项；用户标识、物理文件的组织方式、名称和位置等。
- 登记系统中各对象之间的关系。例如用户与子模式的关系、子模式与模式的关系、各模式中的记录类型在内存中的分配情况、对应哪些物理文件、存储在哪些区域等。
- 登记每个对象、属性的自然语义。
- 登录常用事务和特定程序。
- 保存自身的变化历史。

1.4.6 数据库日志

数据库日志是一个专用文件，用于记载对数据库的每一次操作。因此，当数据库受到破坏时，可以根据日志文件的记录对其进行恢复。在动态存储方式下，只有日志文件与后援文件结合起来才能有效地恢复数据库中的数据。在静态存储方式下，当数据库被破坏时，可以使用后援文件恢复到可用状态，然后可按照日志文件中的记载对故障发生时已经做过的事务重做一遍，对还未完成的事务做撤消处理。这样就可以在不必重新运行已经完成的用户程序的情况下将数据库系统恢复到出故障前的正确状态。

数据库日志主要有以下两个作用：

（1）登录日志。

数据库系统在对某一事务程序进行运行时，要将开始、结束以及对数据库的更新等（如插入、删除、修改等）每一步操作都记录在日志文件中。一个操作作为一个记录，每个记录的内容包括：操作类型、事务标识、更新前后的数据等，登记顺序以执行事务操作的时序为准，并遵守“先登记日志文件，后进行事务操作”的原则。这样就能保证系统恢复的彻底性。

（2）事务恢复。

用日志文件恢复事务的过程如下：

1）用后援文件将数据库系统恢复到可用状态。

2）从头阅读日志文件，确定故障发生点，找出此时已经结束的事务和尚未结束的事务。

3）对已经结束的事务进行重做处理。

4）对尚未结束的事务进行撤消处理，以消除对数据库可能造成的不一致性影响。具体方法是：对作撤消处理的事务进行“反操作”，例如对已经插入的记录执行删除操作、对已经删除的记录执行插入操作、对已经修改的数据用原值替换等。

1.4.7 用户访问数据库的过程

用户访问数据库系统的过程是在数据库管理系统控制下进行的，下面以用户的一个应用程序读取数据为例（如图 1.8 所示）对用户访问数据库的过程进行简单的说明。

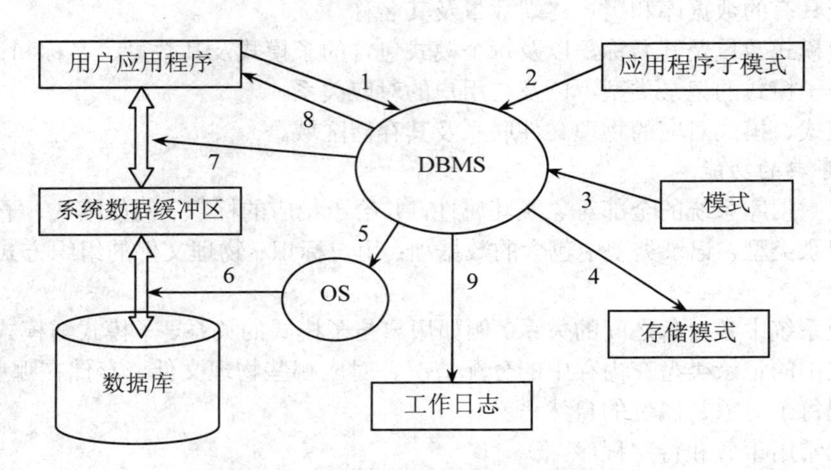

图 1.8 用户应用程序访问数据库系统的顺序

（1）用户应用程序向 DBMS 发出访问请求和所使用的子模式的名称。

（2）DBMS 按子模式名称调用相应的子模式，遍历子模式表确定对应的模式名称，核对用户的访问权利和操作的合法性，通过核查的用户可继续进行操作，否则向系统报告出错信息。

（3）DBMS 按模式名查找对应的模式到存储模式的映射，以便找到相应的存储模式。

（4）DBMS 遍历存储模式，确定用户程序从哪个物理文件中读取所需要的记录。

（5）用户程序找到所需要数据的地址后向操作系统发出读操作指令。

（6）操作系统收到指令后调用联机 I/O 程序完成将数据读到系统缓冲区中的操作，并向 DBMS 发出应答。

（7）DBMS 收到操作系统的 I/O 应答后，按模式、子模式的定义将读入系统缓冲区的数据映射为用户应用程序所需的逻辑记录。

（8）DBMS 向用户应用程序发送反映操作执行状况的信息。

（9）记录系统的工作日志，此步与第二步几乎是同时进行的。

（10）用户应用程序查找 DBMS 返回的状态信息，决定是提取记录数据还是按错误类型提示进行后续处理。

上述 10 个过程是对用户应用程序读取数据的简单描述，数据更新的过程与读取过程相似，再加上回写操作即可。

1.5 数据模型

数据模型的作用是将用户数据进行有效的组织，使其成为数据库，并能有效地进行访问和数据处理。不同类型的数据模型具有不同的数据抽象能力和表示能力，因此他们适用于不同的应用范围。数据模型的功能有强弱之分，支持数据访问的方式有优劣之别。数据模型是数据库系统的基础，通常人们要将现实世界中具体的事物进行抽象、组织成某种数据模型。一般过程是将现实世界抽象为信息世界，再将信息世界转换成数据世界，如图 1.9 所示。

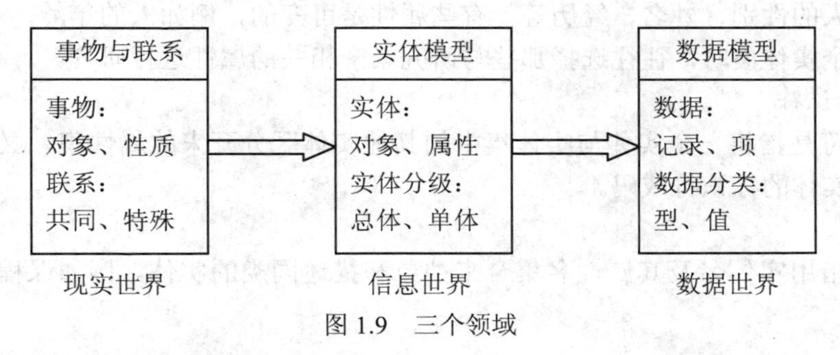

图 1.9 三个领域

数据库系统是用数据模型来对现实世界进行抽象的，数据模型是提供信息和操作方法的形式框架。数据模型根据应用的目的不同，分为两个层次：概念模型（或信息模型），是从用户的角度对信息进行的建模；数据模型（如关系模型），是从计算机应用的角度对数据进行的建模。

概念模型用于信息世界的建模，强调语义的表达能力，能够非常方便、直观地表达应用中的各种语义知识，并且概念简单、清晰、易于用户理解。概念模型主要用于用户和数据库设计人员之间的交流。

数据模型用于描述数据世界，有严格的形式化定义和限制规则，便于在计算机上实现，它是数据库系统的数学基础，不同的数据模型构造出不同的数据库系统。如层次数据模型构造出层次数据库系统（以 IMS 为代表），网状数据模型构造出网状数据库系统（以 DBTG 为代表），关系数据模型构造出关系数据库（以 Oracle 系列为代表）。

例如，以实体作为记录，每一实体类型作为一个记录型，实体与实体间的联系就是记录与记录之间的联系，那么数据模型就是具有这种联系的数据结构形式，可用 DM={R,L}表示，其中 R 为记录型的集合，L 为记录型之间联系的集合。

1.5.1 名词解释

在深入探讨数据模型之前，先将所涉及的有关名词统一进行说明，以便能更好地理解数据模型的含义。

1. 实体

实体是指客观存在并能相互区分的一切事物。实体可以是实物，如汽车、楼房等；也可以是事物或概念，如部门、课程等；还可以是事物之间的联系，如学习、选课等。

从不同的角度观察和研究同一个实体，这个实体可以有不同的表现。例如，同一个人在工厂是工人、在学校是学生、在影剧院是观众等，具有多种不同的描述和实体特性。同样，可以将多个实体作为一个实体来研究，例如可订阅的报刊杂志与不可订阅的报刊杂志，都可以作为报刊杂志来处理。

2. 实体集

实体集是指性质相同的同类实体的集合，又称总体或整体。例如全体学生、所有小汽车等。

3. 属性

属性是指实体所具有的特性。实体具有多种特性，即可以用多种属性描述。有些属性是固定的，例如人的性别、姓名、经历等；有些属性是可变的，例如人的年龄、工资、职务等。一般在研究某个实体集时，往往选择那些与研究紧密相关的属性进行研究。

4. 实体标识符

实体标识符是指将一个实体与实体集中的其他实体区分开来的属性集，又称为码。例如课程号是课程实体的标识符或码。

5. 实体型

实体型是指用实体名及其属性名集合来抽象和描述同类的实体。例如课程（课程号，课程名）。

6. 域

域是指属性的取值范围。例如，月份的域为1～12，小时的域为0～24，性别的域为男、女等。

7. 数据项

数据项又称字段，是标记实体属性的符号集，是可以命名的最小信息单位，其命名一般取所标记的属性名，应以便于记忆和表示为主。数据项分为初等数据项和组合数据项两类。初等数据项又称基本数据项，简称为初等项，是不可再分的最小逻辑数据单位；组合数据项又称复合数据项，是由若干有序的初等项组成的。组合项的值就是由初等项的值按确定顺序排列而成的一串数据构成的。

一个数据项是初等项还是组合项是相对的，由该数据项所处的地位而定。例如工资，在职工登记表中它是一个初等项，是一个总的工资数据；而在工资单中它是一个组合项，由若干个具体的初等项组成。

8. 记录

记录是数据项的有序集合，描述一个完整的实体。数据只有以记录形式存在时才有实际意义。

记录有型和值之分，要特别注意区分这两个概念。记录的型给出了同类记录的结构框架，对应于实体集。记录的值是记录型定义下的一组具体的数据，描述了一个实体。例如，饭店的旅客登记表，表的格式相当于记录的框架，相当于记录的型，它限定了旅客应登记的全部内容；

每个旅客登记一张表，其内容表示该旅客的信息，相当于记录的值；全部旅客登记表的集合，就是住店全部旅客的信息集合。

9. 关键字

关键字是指能唯一标识一个记录的数据项集。唯一标识，就是指在全部记录中该数据项（或数据项集）的值是没有重复的，因此该数据项（或数据项集）的值就唯一地确定了该值所在的记录。

10. 文件

文件是同类记录的集合，是描述实体的所有符号集。文件中不允许有两个以及两个以上的完全相同的记录存在。根据记录在文件中的组织方式和存取方法，文件可以分成：顺序文件、索引文件、随机文件和倒排文件等。

（1）顺序文件：记录的逻辑顺序与写入顺序相同，是一种最简单的文件组织形式。

（2）索引文件：索引文件中存储着记录本身和一张索引表。索引表中按关键字值的顺序排列着记录的关键字和关键字标识的记录在文件中的位置。索引文件只能建立在随机存取设备上。

（3）随机文件：记录在文件中的存储位置由记录关键字值通过特定的转换算法得到。这个算法被称为哈希（Hash）算法或杂凑算法，是一种取余算法。

（4）倒排文件：是一种有重复关键字值的索引文件，即为辅助关键字也建立索引表（辅助索引表）的索引文件。在索引文件中只允许用主关键字构造索引表，而在倒排文件中，还允许为辅助关键字构造辅助索引表。一般为了维护方便，总是使辅助索引表中的指针指向主索引表中相对应记录的索引项。建立辅助索引会增加相当的存储空间，通常只对频繁使用的数据项建立辅助索引，目的是为了加快对数据的查询，缩短系统的响应时间。

11. 实体间的联系

任何一个实体都不是孤立存在的，因此描述实体的数据也是相互联系的。联系有两种：一种是实体内部的联系，反映在数据上是记录内部即数据项间的联系；另一种是实体与实体之间的联系，反映在数据上就是记录之间的联系。

在文件系统中只考虑记录内部的联系，而不考虑记录与记录之间的联系，因而从整体上看数据是无结构的。这就是文件系统简单的原因，也是文件系统存在各种弊病的根源。

数据库系统除了考虑记录内部的联系外，还必须考虑记录之间的联系，这种联系比较复杂，也是数据库系统复杂的原因。

实体间的关系虽然复杂，但抽象化后可以把他们归结为以下三类：

（1）一对一联系（one-to-one）。

定义：如果两个实体集 A、B 中的任意一个实体至多与另一个实体集中的一个实体对应联系，则称 A、B 为一对一联系，记为“1-1”联系，如图 1.10 所示。

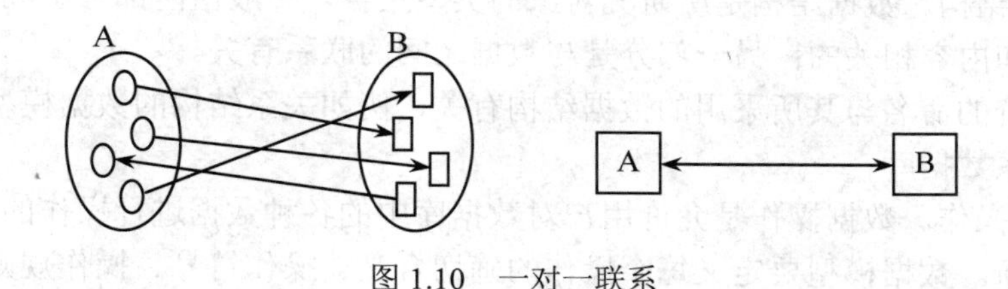

图 1.10　一对一联系

1-1 的联系不一定是一一对应的联系，一一对应的联系是一种特殊的联系。例如，一个司机开一辆车，它可以用一个实体集中的实体来标识另一个实体集中的实体。一对一的联系是一种比较简单的实体联系。

（2）一对多联系（one-to-many）。

定义：设有两个实体集 A 和 B，如果 A 中的每个实体与 B 中的任意多个实体（包括零个）有联系，而 B 中的每个实体至多与 A 中的一个实体有联系，则称该联系为“从 A 到 B 的一对多联系”，记为“1-m”联系，如图 1.11 所示。

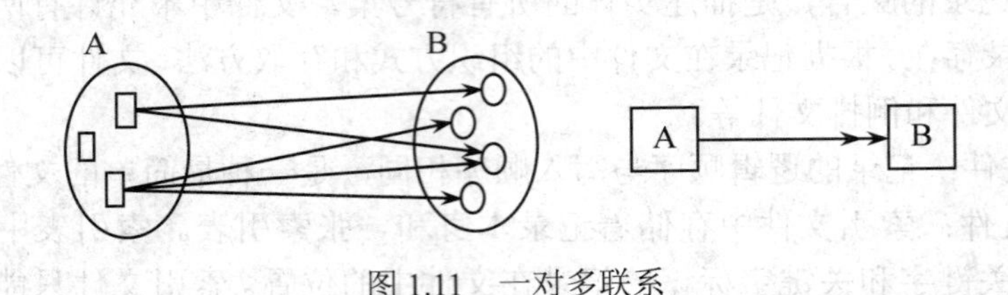

图 1.11　一对多联系

1-m 联系是一种有方向的相对联系，站在不同的角度就有不同的感觉。如图 1.11 所示，若站在 A 实体集，认为是一对多的联系，而站在 B 实体集，则认为是多对一的联系。例如，一个教师与教多个学生。

（3）多对多联系（many-to-many）。

定义：如果两个实体集 A、B 中的每个实体与另一个实体集中的任意多个实体（包括零个实体）有联系，则称这两个实体集是多对多联系，记为“m-n”联系，如图 1.12 所示。

m-n 联系是实体关系中更为一般的联系，例如教师与学生的联系、学生与课程的联系等。其他的联系都可归纳为 m-n 联系的特例。例如，1-1 联系是 1-m 联系的特例，而 1-m 又是 m-n 联系的特例，他们之间的关系是包含关系，如图 1.13 所示。

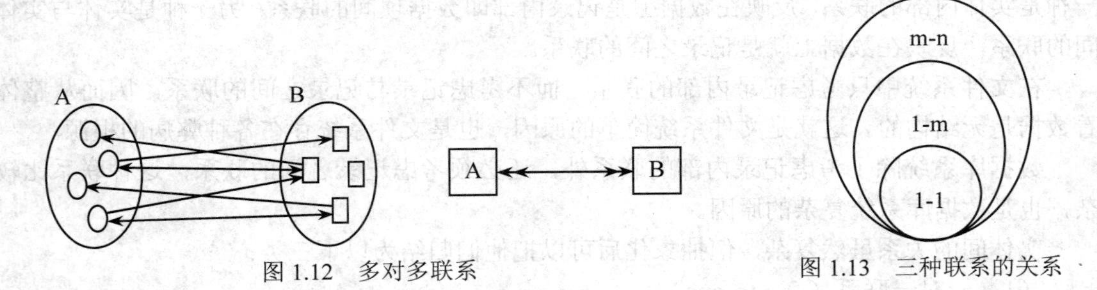

图 1.12　多对多联系　　图 1.13　三种联系的关系

12．数据模型三要素

数据模型的三要素：数据结构、数据操作和完整性约束。

（1）数据结构。数据结构是所研究对象的类型集合，一般由两部分组成：一部分是与数据类型、性质和内容相关的；另一部分是与数据之间的联系有关。

数据库系统的命名与其所采用的数据结构有关，例如关系结构的数据模型称为关系模型，由它构造出关系数据库。

（2）数据操作。数据操作是允许用户对数据库中的各种数据进行操作的总称，主要有两类：检索与更新。数据模型要定义每个操作的确切含义、操作符号、操作规则和操作语言。

（3）完整性约束条件。完整性约束条件是一系列完整性规则的集合，这些规则是数据及其联系的制约和依存规则，用于限定数据库的状态及其变化，使之符合数据模型的束缚，确保数据库中的数据是正确、有效和相容的。

数据结构是对数据库系统的静态特性进行描述，数据操作是对数据库系统的动态特性进行描述，完整性约束条件是该模型必须遵守的基本规则。

1.5.2　实体－联系模型

在逻辑数据库设计过程中，直接将现实世界的信息构造成某个特定的数据库管理系统所能接受的逻辑数据结构，这项工作往往是比较复杂且非常困难的。因为，设计者不仅要考虑现实世界信息的内在联系，以及各种应用对数据及其处理的要求，而且还要考虑特定数据库管理系统的各种条件限制与约束。

实体－联系（Entity-Relationship，E-R）模型的作用是为了简化数据库系统的逻辑结构，E-R 模型又称 E-R 图，是用图解的方法描述实体与联系以及他们的性质。将现实世界的信息转换为数据库系统的逻辑结构，E-R 图是一个非常有效的工具，它简化了数据库的逻辑设计过程，避免了从现实世界按数据模型直接进行数据结构设计带来的困难。具体做法按以下步骤进行：

（1）将现实世界的信息及其联系用 E-R 模型描述出来，这种信息结构与任何一个具体的数据库管理系统无关，是一种组织模式。

（2）根据某一具体的数据库管理系统的要求将 E-R 模型转换为由特定的数据库管理系统支持的逻辑数据结构。

E-R 模型是现实世界的纯粹表示，有三个基本成分：实体、联系和属性。它是一个概念性模型，描述的是现实中的信息联系，而不涉及数据如何在数据库系统中存放。

在 E-R 模型（或图）中，实体以长方形框表示，实体名写在框内；联系以菱形框表示，联系名写在菱形框内，并用连线分别将有联系的两个实体及其联系连接起来，可以在连线旁写上联系的方式（如一对多、多对多等）；属性以椭圆形框表示，属性名写在其中，并用连线将相关的实体或联系的属性进行连接，表示属性的归属。

值得一提的是，不仅实体有属性，联系也可以有属性。例如，成绩既不是课程的属性，也不是学生的属性，而是课程与学生之间联系的属性，如图 1.14 所示，因为它既与某门特定的课程有关，也与选择该课程的某个特定学生相关。

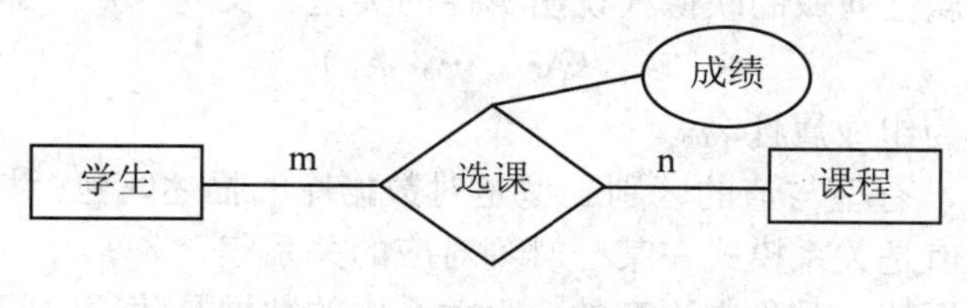

图 1.14　学生与课程 E-R 图

联系具有属性，这是一个重要的概念，对于理解数据的语义、建立数据库的逻辑结构有着极其重大的影响。下面以一个工厂为例，画出该工厂的 E-R 图，如图 1.15 所示。

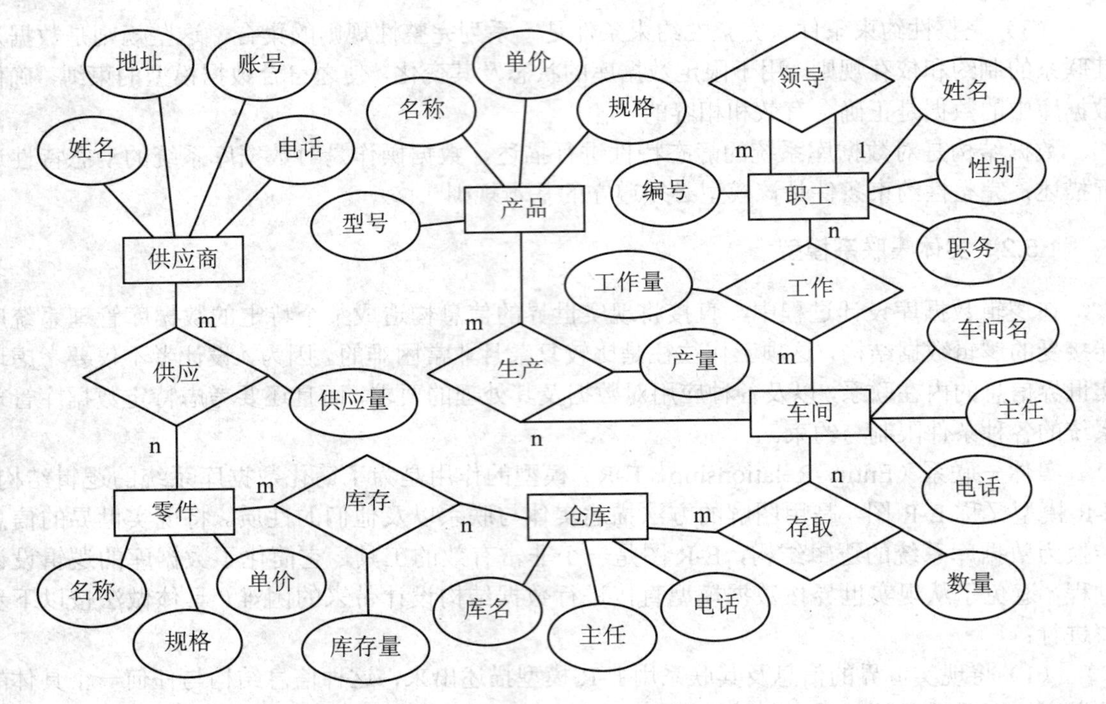

图 1.15 工厂的 E-R 图

E-R 模型是各种数据模型的共同基础，它比数据模型更一般、更抽象、更接近现实世界。

1.5.3 关系模型

关系模型（Relational Model）是用关系数学定义数据库的结构模型，是若干“关系”组成的。关系是由关系框架和若干“元组”构成的，一个关系相当于一个同质数据文件。关系框架相当于记录类型，元组相当于记录值。也可以将关系看成是一张二维表格，表的各列是关系的框架，表的各行是关系元组的值。

关系模型的最大特点就是描述的一致性。对实体及其联系均用关系描述。它由三部分组成：数据结构、关系操作和完整性。

1. 数据结构

关系模型的数据结构就是“关系”，它有完整的数学定义。关系的描述称为关系模式，包括关系名，属性名和属性向域的映像（说明属性的类型、长度等）三部分，记为：

$$R（A_1，A_2，\cdots，A_n）$$

R 为关系名，A_i 为组成属性名。

在关系数据库中，有型与值的区别。型是对数据库的描述，包括域的定义以及在域上定义的若干关系模式；值是关系模式在某一时刻对应的关系集合。

关系模式是关系框架，是稳定不变的，而关系中的数据是随着时间的变化而变化的。

2. 关系操作

关系操作的能力由关系模型决定，不同的关系模型其操作能力不同。关系操作能力的表示方式有两种：代数方式（关系代数）和逻辑方式（关系演算），这两种方式已被证实其功能是等价的，常用的操作有 7 种：投影、连接、选择、除、并、交和差，其中连接运算的条件运算符是 6 种比较运算符。

关系操作的特点是集合操作，即操作的对象与结果均是集合，又称为一次一集合操作。

3. 完整性约束

关系模型的完整性分为三类：实体完整性、参照完整性和用户定义完整性。实体完整性和参照完整性是关系模型必须满足的完整性约束条件，适用于任何关系数据库系统。用户定义完整性由应用的环境决定，是针对某一具体的数据库管理系统的约束条件，表明用户应用所涉及的数据应满足的要求。关系模型应提供定义和检验这种完整性的功能，用统一的方法处理他们。

本章小结

本章概述了数据库技术的发展，数据库技术的发展实际上就是数据管理技术的发展。本章从数据管理的要求出发，对数据管理的重要概念，例如数据独立性、数据的冗余、数据的安全性和完整性、数据之间的联系等进行了深入浅出的阐述。

从对数据进行存储、管理等基本功能来看，数据库系统和数据文件系统没有本质区别，他们都是用于存储、管理数据的，并执行用户指定的各种数据操作。数据库系统具有比数据文件系统更高的目标和功能。

数据库系统的基本组成主要有：用户级数据库（包括用户和用户所使用的子模式）、概念级数据库（包括子模式到模式的映射和概念模式）、物理级数据库（包括模式到内模式的映射和存储模式），以及数据库管理系统。数据库系统可分为三层：外层、概念层和内层，分别对应外模式、概念模式和内模式。掌握数据库的三级结构及其联系与转换关系是深入了解数据库系统的关键所在。

数据独立性在数据库管理系统中占有非常重要的地位，是数据库管理系统的重要技术指标。从某种意义上说，一个数据库管理系统的作用就是为用户的应用程序和数据的组织之间提供某种程度的数据独立性。

数据库管理系统是由许多具有数据库定义、控制、管理和维护功能的系统程序集合而成的。数据模型的作用是将数据逻辑地组织成数据库，能够有效地访问和处理数据。不同类型的数据模型具有不同的数据抽象和表示能力，适用于不同的应用范围。

习题一

一、选择题

1. 完整性控制是指保证数据库中数据的正确性、有效性和（　　），一般采用完整性约束的方法来实现这一控制。

A. 安全性　　B. 保密性　　C. 必要性　　D. 可维护性

2. 由于数据库对数据的集中控制管理，这就更需要实施数据的（　　）。

A. 标准化　　B. 固定化　　C. 必须化　　D. 完全化

3. 数据库系统分三级构成：用户级、（ ）和物理级。

A. 功能级　　B. 逻辑级　　C. 概念级　　D. 维护级

4. 子模式与模式之间的映射定义了子模式与模式之间的（ ）。

A. 对像关系　　B. 对应关系　　C. 照相关系　　D. 映像关系

5. DML 是用户与数据库系统的主要接口，是用户操作数据库的工具，一般有两种类型：（ ）和宿主型。

A. 自主型　　B. 自动型　　C. 主动型　　D. 被动型

6. 数据模型的三要素：数据结构、数据操作和（ ）。

A. 主动约束　　B. 条件约束　　C. 完整性约束　　D. 完全性约束

二、判断下列各题的正确性，对者用“√”表示，错者用“×”表示

1. 安全性控制，是指为了保护数据库中的数据而采取的措施，防止非法用户存取数据，避免那些对数据库有意或无意的破坏。

2. 并发控制，可以防止多用户同时存取数据时相互间的干扰。这种干扰不会使用户得到错误的数据，不会使数据库中的数据遭到破坏，也不影响数据的完整性。

3. 在数据库中存取数据只可以按记录进行，在文件系统中可以按记录存取数据，还可以按数据项存取数据。

4. 数据库是一个复杂的系统，涉及面很广，难以用简练、准确的语言概括其全部特征。

5. 数据库管理员的责任是，使用数据语言和程序设计语言编写使用和操作数据库中的数据的程序。

6. 数据的重要价值在于使用而不是收集，数据库系统就是为了方便使用数据而设计的。

7. 数据库系统不仅能减小数据冗余，而且能完全消除数据的冗余，付出的代价还不大。

8. 数据完整性在数据库系统应用中是十分重要的，如果某个应用程序破坏了数据的完整性，可能使其他的应用程序使用了不正确的数据而导致错误的处理结果，甚至造成重大的经济损失。

9. 数据库系统在运行时，系统提供一套完整的中断和后援方案，是不必要的。

10. 为了适应数据访问要求，提高系统性能，改善数据组织的凌乱和时空性能差的状况，就要及时进行有效的改变文件的结构或物理布局。

11. 人们建立数据库是想用数据来反映客观事物及其之间的联系。

12. 自主系统的优点是整个系统的效率比较高，可以整体考虑数据的查询与分析运算。

13. 数据库由系统分析员使用数据库管理系统提供的工具创建而成。

14. 模式对应于用户级数据库，是数据库管理员对数据库整体的物理描述。

15. 模式与物理模式之间的映射定义了模式与物理模式之间的映像关系。

16. 数据库模式 DDL 编译程序的作用是将子模式 DDL 源形式编译成机器可识别的目标形式。

17. 系统总控程序是 DBMS 的核心程序，其作用是控制、协调 DBMS 各组成程序的活动，使其有条不紊地运行。

18. 数据语言是 DBMS 提供的操作数据库的重要手段和工具。

19. 数据字典中记载着有关数据库系统运行的各种特殊的数据，涉及到系统的各个方面，是一个关于数据库的“数据库”。

20. 数据模型的作用是将数据物理地组成数据库，能够有效地访问和处理数据。

21. 数据结构是对数据库系统静态特性的描述，数据操作是对系统动态特性的描述，完整性约束条件是该模型必须遵守的基本规则。

22．以层次模型为基础设计的数据库系统称为逻辑数据库系统。

23．关系模型的最大特点就是描述的一致性，对实体及其联系均用关系描述。

三、填空题

1．数据库发展的三个阶段是________、________和________。

2．数据库系统可分为三层：________、________和________，分别对应________、________和________。

3．数据库用户有三类人员：________、________和________。

4．模式是用________精确地定义数据模型的________。定义外模型的模式称为________，又称子模式，用________来定义。定义概念模型的模式称为________，简称模式，用________定义。定义内模型的模式称为________，又称物理模式，用________来定义。

5．数据库系统具有的三大优点是________、________、________。

6. 数据的安全性是指系统对数据的________，即防止数据有意或无意的泄露，控制数据的________。

7．数据库系统从使用和运行方式上可以分成两种类型：________和________。

8．________是数据库系统的核心，是有效数据的存储之处。

9．数据库用户有三类：________、________和________。

10．给用户设置子模式的好处有：________、________、________、________、________。

11．三级数据库的关系是，用户级数据库是概念级数据库的________；概念级数据库是物理级数据库的________；物理级数据库是________的具体实现。

12．________与________统称为数据独立性。

13．数据库管理员的主要作用是：________、________、监视系统的工作状况，保证系统的时空效率、________、________，及时修改数据字典，使之能反映系统状况、________。

14．保密控制程序的作用是在用户访问数据库时，核查________，保护________的安全。

15．数据语言包括两部分：________，用于描述或定义数据库的各级模式和特性；________，用于对数据进行操作或处理。

16．数据操作语言的一般形式由三部分组成：________、________和________。

17．数据模型根据应用的目的分为两层：________，是按用户观点对数据和信息建模；________，是按计算机观点对数据建模。

18．________模型简写为 E-R 模型。

19．联系具有________，这是一个重要的概念，对于________的语义，建立数据库的逻辑结构有着极大的影响。

四、简答题

1．试述文件管理阶段的特点。

2．试述数据库系统阶段的特点。

3．试述数据库系统与文件系统的异同点。

4．试述数据库用户的种类。

5．简述数据库系统的主要特性。

6．简述数据库系统的设计原则。

7．简述数据库系统的组成。

8．简述数据库的三级结构和两级映射。

9．简述数据的独立性。

10．简述数据库管理员的主要作用。

11．简述数据库管理系统的主要作用。

12．简述数据库管理系统的程序组成。

13．简述数据语言的作用。

14．简述数据字典的作用。

15．简述数据字典的功能。

16．简述用户访问数据库的过程。

17．简述数据模型的作用。

18．解释下列名词：实体、实体集、属性、实体标识符、实体型、域、数据项、记录、关键字、实体间的联系、数据模型三要素、文件。

19．简述 E-R 模型的作用。

20．简述关系模型的组成。

第 2 章　关系数据库的数学基础

知 识 点

- 关系定义、关系术语、关系代数
- 关系查询语言
- 关系模式与函数依赖

难 点

- 元组关系演算与域关系演算
- 关系查询语言
- 函数依赖与范式

要 求

熟练掌握以下内容：

- 关系定义与相关的术语
- 关系代数运算与关系语言
- SQL 语言
- 关系模式及其分解方法
- 函数依赖与范式

了解以下内容：

- 了解域演算方法及其代表语言
- 了解第四范式与第五范式

2.1　关系定义

关系数据库是用关系数学的理论与方法来处理数据库及其数据。1970 年 E.F.Codd 首先提出了数据库及其数据处理的关系方法，从此关系数据库在理论和实践上都取得了飞速的发展。关系数据库的发展与其独特的数学基础是密不可分的，是层次数据库和网状数据库所不能相提并论的。关系数据库的基础是关系数据模型，它是用关系数学定义的数据库的数据结构。关系数据库的最大特点是：关系数据模型简单明了，便于理解；用户操作数据库的方法非常简便，采用非过程化的方式；用户接口直观，不涉及任何存储细节，数据独立性高。

2.1.1　关系定义及其基本术语

关系数据库是建立在关系模型的基础之上，而关系模型有着完备的数学基础。

1. 关系定义

设有属性 $A_1,A_2,\ldots,A_k$，其值域分别是 $D_1,D_2,\ldots,D_k$，这些值域中可以有相同的 D_i（i=1,2,…,k），D_i 的度数为 m_i，它们构成的笛卡儿空间 D 为：

$$D = D_1 \times D_2 \times \cdots \times D_k = \{(d_1, d_2, \cdots, d_k) \mid d_i \in D_i \ (i = 1, 2, \cdots, k)\}$$

其中$(d_1,d_2,\ldots,d_k)$称为一个元组，d_i（i=1,2,…,k）称为一个分量（即元素）。D 的度数 M 是各值域度数 m_i 的乘积：

$$M = \prod_{i=1}^{k} m_i$$

则称 D 中的任意一个子集 D′ 为一个关系，记为 R；其关系框架是由属性 A_i 组成的一个有序集合，记为：

$$R(A_1, A_2, \cdots, A_k)$$

D′ 中的任意一个点称为关系 R 的一个元组，可表示为：

$$R = [t^k \mid t^k \in D' \subset D]$$

其中 k 为关系 R 的元素数，$t^k = <t_1, t_2, \cdots, t_k>$（$k = 1, 2, 3, \cdots$）为 R 的 k 元元组变量，此时称 R 为 k 元关系。

关系是元组的集合，关系中不允许有重复元组出现。

例 2.1 图书馆设有值域 D_1(姓名)=[陈宝钰,王道平]，D_2(性别)=[男,女]，D_3(年龄)=[19,20]，由这三个值域构成的笛卡儿积 D 为：

$D = D_1 \times D_2 \times D_3 =$

姓名
陈宝钰
王道平

×

性别
男
女

×

年龄
19
20

=

姓名	性别	年龄
陈宝钰	男	19
陈宝钰	男	20
陈宝钰	女	19
陈宝钰	女	20
王道平	男	19
王道平	男	20
王道平	女	19
王道平	女	20

其度数为：M = 3×2×2 = 12，即 D 有 12 个元组，从其中取出任意一个子集 D′ 就构成了一个关系 R，如图 2.1 所示。

R_1

姓名	性别	年龄
陈宝钰	男	19
陈宝钰	男	20
王道平	女	20

R_2

姓名	性别	年龄
陈宝钰	男	19
王道平	女	20

R_3

姓名	性别	年龄
王道平	女	20

图 2.1 子集 D′ 的关系

从此例中可以看出关系实际上就是一个二维表格，表中的每一行称为一个关系元组，每一列称为一个属性，表头称为关系框架，是关系的结构，一个表格就是该关系框架的一个具体的关系。

2. 关系的基本术语

（1）关键字（Key）。一个关系的某一属性集合的值唯一标识关系中的元组，则称该属性集合为该关系的关键字（又称为码）。例如，在关系 R_1 中属性集合[姓名，年龄]是该关系的一个关键字。

（2）候选关键字（Candidate key）。一个关系中具有唯一标识元组的最小属性集称为该关系的候选关键。对某一个关键字，如果去掉其中的任意一个属性后就不再是关键字了，则称此关键字为候选关键字。例如，在关系 R_1 中属性集合[姓名，年龄]是关键字，但不是候选关键字，在关系 R_2 中属性[姓名]是候选关键字。

（3）复合关键字（Composite key）。若一个候选关键字包含多个属性时，则称该候选关键字为复合关键字。

（4）主关键字（Primary key）。组织物理文件时，所选用的候选关键字称为主关键字，一个关系只能有一个主关键字，而关键字、候选关键字可以有多个。

（5）外来关键字（Foreign key）。如果关系 R 中的某（些）属性 A 不是 R 的候选关键字，而是另一关系 S 的候选关键字，则称该属性（集）为关系 R 的外来关键字。例如，关系 R_2 中的[姓名，年龄]组成的关键字不是 R_2 的候选关键字，而是关系 R_1 中的候选关键字，则称属性集[姓名，年龄]是关系 R_2 的外来关键字。

2.1.2　关系的性质

在关系数据库中，一个关系应具有以下性质：

（1）列是同质的。即每一列中的各个分量的值应该是同一类型的数据，或者取自同一个域。

（2）不同的列应有不同的名，每一列对应一个属性。

（3）列的顺序可以任意交换。行的顺序也可以任意交换，一行对应一个元组。

（4）任意两个元组不能完全相同。

（5）任何一列的每一个分量必须是不可分的。

（6）关系是随着时间变化的。

2.2　关系数学与关系语言

关系数学是关系数据库系统的数学基础，在关系数据库系统中，每个查询操作都可以用关系运算式表示。关系数据库的数学基础——关系数据模型中的数据及其联系都是由关系运算式描述的，关系数学可以描述任何数据之间的联系。

在关系数学中，有三种运算是经常使用的，并且有了以此为基础的语言，这三种运算是关系代数、元组关系演算和域关系演算。元组关系演算与域关系演算合称为关系演算，关系演算是以数理逻辑中的谓词演算为基础的。关系代数与关系演算已经被证实它们之间的作用是相同的，只是表达方式不同，并且这三种表达方式是可以互相转换的。因此，只要对其中的一种关系运算了解透彻，其他两种也就好理解了。在关系运算中将属性称为元组分量，将关系看做元组的集合。

在关系演算中，有“自由”和“约束”元组变量之分，在元组变量前有“全称(∀)”或“存在(∃)”量词时，则这个变量为约束变量，否则为自由变量。基于谓词演算的关系演算是域关系演算，其特点是使用了元组变量或域变量。每个元组变量都对应着一个确定的关系，元组变量的值就是它所对应的那个关系的元组；域变量所对应的就是指定关系的属性，域变量的值就是它所对应的属性中的数据项。

基于关系数学的关系数据库系统功能十分强大，能从关系的纵向（属性）和横向（元组）两个方向对数据进行操作，能十分方便地进行检索、插入、更新和删除等操作。关系数据语言是定义操作结果，而不是给出其操作过程，是一种非过程化语言，其操作特点是一次操作的结果是一个关系（即集合），而不是一个元组。

2.2.1 关系代数与 ISBL 语言

1. 关系代数（Relational algebra）

关系代数的运算由两部分组成：一部分是传统的集合运算，另一部分是专门的关系运算。关系代数的运算对象是关系，为了便于由关系代数向关系演算过渡，下面用定义集合的方法来定义关系代数运算。

（1）关系代数运算符。关系代数运算涉及的运算符及其运算级别如下：

- 集合运算符：∈、∉
- 比较运算符：>、<、=、≥、≤、≠
- 逻辑运算符：¬、∧、∨

集合运算符运算级别最高，比较运算符次之，逻辑运算符最低，在逻辑运算符中非运算符“¬”的级别最高，与运算符“∧”次之，或运算符“∨”最低。

在关系代数中，常用的运算有 8 种，其中 5 种是基本运算，3 种是合成运算。5 种基本运算是并、差、积、投影和选择，另外 3 种运算是交、连接和商。

在这 8 种运算中，又分为两类：一类是传统的集合运算，有并、差、交和积 4 种，是对关系的水平方向进行运算，即对元组进行运算；另一类是专门的关系运算，有投影、选择、连接和除 4 种，是对关系的水平和竖直两个方向进行运算，既可以对元组也可以对属性进行运算。

（2）并运算（Union）。设有同类关系 R_1、R_2，如图 2.2 所示，这两个关系的并运算如下：

$$R_1 \cup R_2 = [t \mid t \in R_1 \vee t \in R_2]$$

式中“∪”为并运算符，t 为元组变量，并运算后得到的关系是这两个关系元组的并集，如图 2.3（a）所示，它是一个与 R_1、R_2 同类的关系。

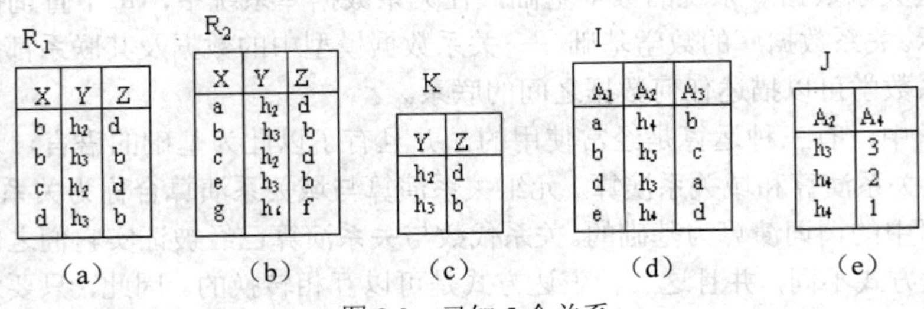

R_1

X	Y	Z
b	h_2	d
b	h_3	b
c	h_2	d
d	h_3	b

(a)

R_2

X	Y	Z
a	h_2	d
b	h_3	b
c	h_2	d
e	h_3	b
g	h_4	f

(b)

K

Y	Z
h_2	d
h_3	b

(c)

I

A_1	A_2	A_3
a	h_4	b
b	h_3	c
d	h_3	a
e	h_4	d

(d)

J

A_2	A_4
h_3	3
h_4	2
h_4	1

(e)

图 2.2 已知 5 个关系

（3）差运算（Difference）。设有同类关系 R_1、R_2，如图 2.2 所示，这两个关系的差运算如下：

$$R_1 - R_2 = [t \mid t \in R_1 \wedge t \notin R_2]$$

式中“－”为差运算符，t 为元组变量。差运算的结果是前者减去它与后者有相同的那些元组后组成的关系，如图 2.3（b）所示，是一个与 R_1、R_2 同类的关系。

（4）交运算（Intersection）。设有同类关系 R_1、R_2，如图 2.2 所示，两者的相交运算如下：

$$R_1 \cap R_2 = [t \mid t \in R_1 \wedge t \in R_2]$$

式中“$\cap$”为交运算符，t 为元组变量，交运算的结果是这两个关系共同都有的元组组成关系，如图 2.3（c）所示，是一个与 R_1、R_2 同类的关系。

（5）选择运算（Selection）。设 F 是一个运算条件（其运算对象是常量或元组的分量，分量可以是分量名或分量序号，运算符为比较运算符和逻辑运算符），关系 R 关于条件 F 的选择运算如下：

$$\sigma_F(R) = [t \mid t = <t_1, t_2, \cdots, t_k> \wedge t \in R \wedge F(t) = \text{True}]$$

式中“σ”为选择运算符，经选择运算后的结果是从关系 R 中选出满足条件 F 为真的元组构成的，与 R 是同类关系，如图 2.3（d）所示。

以上 4 种并、差、交和选择运算属同类关系运算，即结果与参与运算的关系都具有相同的属性列，不同的只是在元组的选取上。

（6）笛卡儿积（Cartesian product）。设有 k_1 元关系 R 和 k_2 元关系 S，这两个关系的笛卡儿积运算如下：

$$R \times S = [t \mid t = <t^{k_1}, t^{k_2}> \wedge t^{k_1} \in R_1 \wedge t^{k_2} \in S]$$

式中“×”为笛卡儿积运算符，乘积的结果是一个 k_1+k_2 元的新关系。若 R 关系有 n_1 个元组，S 关系有 n_2 个元组，则新关系的元组个数为 $n_1 \times n_2$ 个。

具体做法是：将 R 的第 i 个元组与 S 的全部元组结合成 n_2 个元组，当 i 从 1 变到 n_1 时，就得到全部的 $n_1 \times n_2$ 个元组，如图 2.3（e）所示。

（7）投影（Projection）。设有 k 元关系 R，其元组变量为 $<t_1, t_2, \cdots, t_k>$，则关系 R 在其分量 $A_{j_1}, A_{j_2}, \cdots, A_{j_n}$（$n \leqslant k$, $j_1, j_2, \cdots, j_n$ 为 1～k 之间互不相同的整数）上的投影运算如下：

$$\prod_{j_1, j_1, \cdots, j_n}(R) = [t \mid t = <t_{j_1}, t_{j_2}, \cdots, t_{j_n}> \wedge <t_1, t_2, \cdots, t_k> \in R]$$

式中“$\prod$”为投影运算符，投影运算的结果是从关系 R 中按照 $j_1, j_2, \cdots, j_n$ 的顺序取出 n 列，再除去重复的元组组成的关系，该关系是一个以 $j_1, j_2, \cdots, j_n$ 为顺序的 n 元关系，如图 2.3（f）所示。

（8）连接（Join）。设有 k_1 元关系 R 和 k_2 元关系 S，关系 R 的第 i 列和关系 S 的第 j 列的 ϑ 连接运算如下：

$$R \underset{i\vartheta j}{\bowtie} S = \left\lfloor t \mid t = <t^{k_1}, t^{k_2}> \wedge t^{k_1} \in R \wedge t^{k_2} \in S \wedge t_i^{k_1} \vartheta t_j^{k_2} \right\rfloor$$

式中“$\bowtie$”为连接运算符，ϑ 为比较运算符，$i \vartheta j$ 表示按照关系 R 的第 i 列与关系 S 的第 j 列之间满足 ϑ 运算的条件进行连接，$t_i^{k_1}$ 表示关系 R 的元组变量 $t^{k_1} = <t_1, t_2, \cdots, t_{k_1}>$ 的第 i 个分量，$t_j^{k_2}$ 表示关系 S 的元组变量 $t^{k_2} = <t_1, t_2, \cdots, t_{k_2}>$ 的第 j 个分量。

连接运算的操作过程是：设关系 R 有 n 个元组，关系 S 有 m 个元组，用关系 R 中的第 X

（X = 1,2,…,n）个元组的第 i 列分量与关系 S 的第 j 列分量从头至尾作 ϑ 比较，凡是使 iϑj=True 成立，就将关系 S 中此时 j 分量所在的元组连接到关系 R 的第 X 元组的右边构成一行，作为新关系的一个元组，当 X 从 X = 1 变化到 X = n 时，就得到了新关系的全部元组，新关系是一个具有 k_1+k_2 元的关系，如图 2.3（g）所示。

当比较符 ϑ 为“=”时，连接运算称为等接，若此时关系 R 的第 i 列分量与关系 S 的第 j 列分量相同时，则称此连接为自然连接，“i = j”比较式可以省略，连接符“⋈”用“*”符代替，即“*”表示连接运算为自然连接运算，称为自然连接运算符。自然连接后的关系中，对于相同的两列只保留其中一列，即运算结果是一个 k_1+k_2-1 元关系，如图 2.3（h）所示。

（9）除法（Division）。设有 k_1 元关系 R 和 k_2 元关系 S，且 $k_1>k_2$，$S \neq \Phi$（关系 S 不能是空关系），且关系 S 的 k_2 个分量与关系 R 的（不限定位置的）k_2 个分量名相同，这 k_2 个分量应是连续的，则关系 R 关于 S 的除法运算如下：

$$R \div S = [\ t \mid t = < t_1^{k_1}, t_2^{k_1}, \cdots, t_{k_1-k_2}^{k_1} > \wedge\, t^{k_2} \in S,\ < t, t^{k_1} > \in R\ ]$$

式中“÷”是除法运算符。除法运算的结果是一个 k_1-k_2 元的关系。具体操作过程是：在关系 R 中摘出与关系 S 有相同部分的元组，再去掉与 S 相同的列和重复的元组就得到了新的关系，如图 2.3（i）所示。

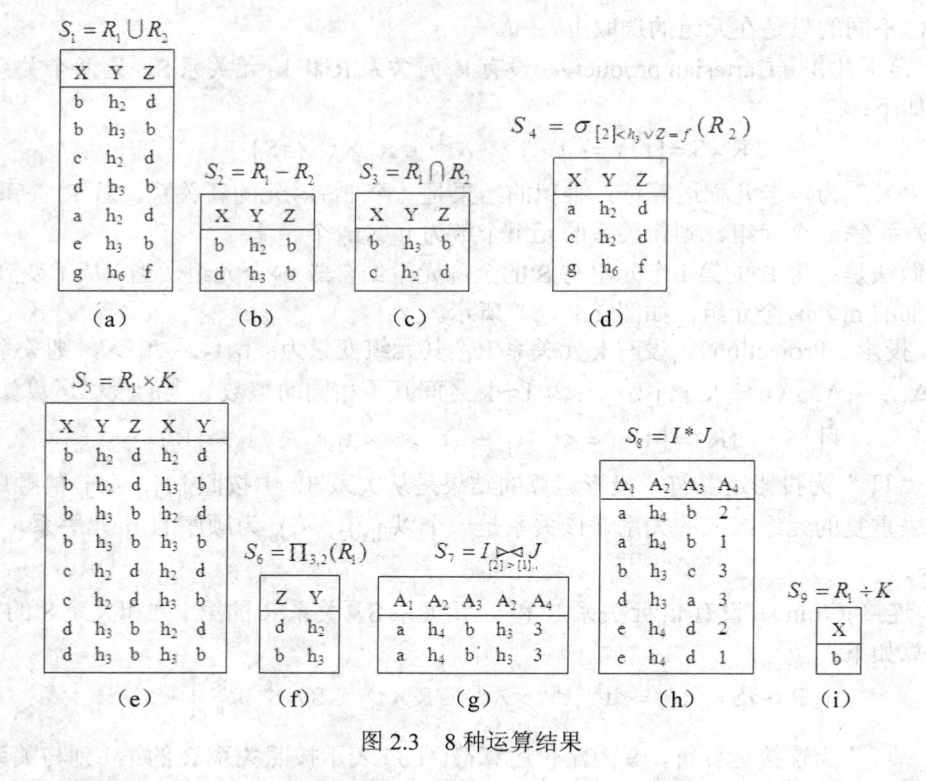

$S_1 = R_1 \cup R_2$

X	Y	Z
b	h_2	d
b	h_3	b
c	h_2	d
d	h_3	b
a	h_2	d
e	h_3	b
g	h_6	f

（a）

$S_2 = R_1 - R_2$

X	Y	Z
b	h_2	b
d	h_3	b

（b）

$S_3 = R_1 \cap R_2$

X	Y	Z
b	h_3	b
c	h_2	d

（c）

$S_4 = \sigma_{[2]<h_3 \vee Z=f}(R_2)$

X	Y	Z
a	h_2	d
c	h_2	d
g	h_6	f

（d）

$S_5 = R_1 \times K$

X	Y	Z	X	Y
b	h_2	d	h_2	d
b	h_2	d	h_3	b
b	h_3	b	h_2	d
b	h_3	b	h_3	b
c	h_2	d	h_2	d
c	h_2	d	h_3	b
d	h_3	b	h_2	d
d	h_3	b	h_3	b

（e）

$S_6 = \Pi_{3,2}(R_1)$

Z	Y
d	h_2
b	h_3

（f）

$S_7 = I \underset{[2]>[1]}{\bowtie} J$

A_1	A_2	A_3	A_2	A_4
a	h_4	b	h_3	3
a	h_4	b	h_3	3

（g）

$S_8 = I * J$

A_1	A_2	A_3	A_4
a	h_4	b	2
a	h_4	b	1
b	h_3	c	3
d	h_3	a	3
e	h_4	d	2
e	h_4	d	1

（h）

$S_9 = R_1 \div K$

X
b

（i）

图 2.3　8 种运算结果

相交、连接和除法运算是可以用其他 5 种运算来描述的，只不过这种描述不直观，不好理解。例如：

$$R_1 \cap R_2 = R_1 - (R_1 - R_2)$$

$$R \div S = \Pi_{1,2,\cdots,k_1-k_2}(R) - \Pi_{1,2,\cdots,k_1-k_2}((\Pi_{1,2,\cdots,k_1-k_2}(R) \times S) - R)$$

下面通过例题来帮助理解上述 8 种关系代数的运算和实际的使用方法。

例 2.2　设有学生（S）、课程（C）、选课（SC）三个关系如图 2.4 所示，用关系代数方法完成下列各题：

（1）试求选修 C3、C5 课程的学生所在的系。

（2）试求至少选修一门先行课 C_2 的学生名单。

（3）试求 S_2 学生所选的课程名。

图 2.4 中的符号说明：S#为学号，SN 为姓名，SD 为系，SA 为年龄，SG 为成绩，C#为课程号，CN 为课程名，P#为先行课号。

S:

S#	SN	SD	SA
S1	A1	CS	20
S2	B2	CS	21
S3	C9	MA	19
S4	D4	CI	19
S5	E5	MA	20
S6	F6	CS	22

C:

C#	CN	P#
C1	G	—
C2	H	—
C3	I	C1
C4	J	C2
C5	K	C4

SC:

S#	C#	SG
S1	C2	A
S1	C3	A
S1	C5	B
S2	C1	B
S2	C2	C
S2	C4	C
S3	C2	B
S3	C4	B
S4	C3	B
S4	C5	D
S5	C3	B
S5	C5	B
S6	C4	A
S6	C5	A

图 2.4　学生、课程与选课关系

解：

（1）设所求关系为 R，则求解步骤如下：

① $R_1 = \sigma_{C\#='C3' \wedge C\#='C5'}(SC)$　　② $R_2 = R_1 * S$

R_1:

S#	C#	SG
S1	C3	A
S1	C5	B
S4	C3	B
S4	C5	D
S5	C3	B
S5	C5	B

R_2:

S#	C#	SG	SN	SD	SA
S1	C3	A	A1	CS	20
S1	C5	B	A1	CS	20
S4	C3	B	D4	CI	19
S4	C5	D	D4	CI	19
S5	C3	B	E5	MA	20
S5	C5	B	E5	MA	20

R:

S#
SD
CS
CI
MA

③ $R = \Pi_{SD}(R_2) = \{CS, CI, MA\}$

即：$R = \Pi_{SD}(\sigma_{C\#='C3' \wedge C\#='C5'}(SC) * S) = \{CS, CI, MA\}$

答：选修 C3、C5 课程的学生所在的系为 SC、CI 和 MA。

思考：若给出的是课程名，又该怎么求学生所在的系呢？

（2）设所求关系为 PR，则求解步骤如下：

① $PR_1 = \sigma_{P\#='C2'}(C)$ ② $PR_2 = PR_1 * SC$

③ $PR_3 = \prod_{S\#}(PR_2)$ ④ $PR_4 = PR_3 * S$

⑤ $PR = \prod_{SN}(PR_4) = \{B2, C9, F6\}$

即：$PR = \prod_{SN}(\prod_{S\#}(\sigma_{P\#='C2'}(C) * SC) * S) = \{B2, C9, F6\}$

答：至少选修先行课 C2 的学生有 B2、C9 和 F6。

PR_1:

C#	CN	P#
C4	J	C2

PR_2:

C#	CN	P#	S#	SG
C4	J	C2	S2	C
C4	J	C2	S3	B
C4	J	C2	S6	A

PR_3:

S#
S2
S3
S6

PR_4:

S#	SN	SD	SA
S2	B2	CS	21
S3	C9	MA	19
S6	F6	CS	22

PR:

SN
B2
C9
F6

（3）设所求关系为 RX，则求解步骤如下：

① $RX_1 = \sigma_{S\#='S2'}(S)$ ② $RX_2 = RX_1 * SC$

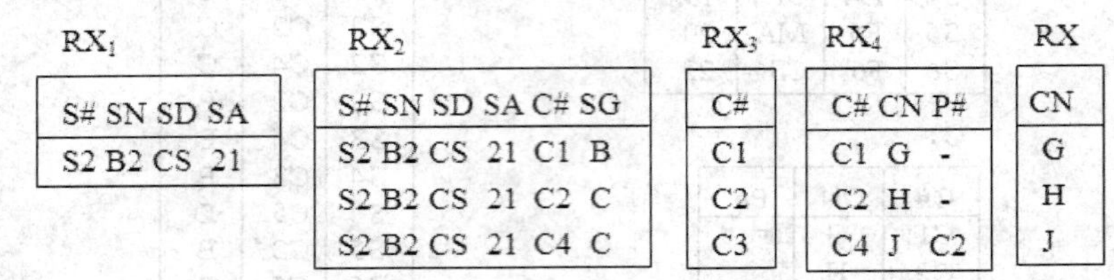

RX_1

S#	SN	SD	SA
S2	B2	CS	21

RX_2

S#	SN	SD	SA	C#	SG
S2	B2	CS	21	C1	B
S2	B2	CS	21	C2	C
S2	B2	CS	21	C4	C

RX_3

C#
C1
C2
C3

RX_4

C#	CN	P#
C1	G	-
C2	H	-
C4	J	C2

RX

CN
G
H
J

③ $RX_3 = \prod_{C\#}(RX_2)$ ④ $RX_4 = RX_3 * C$

⑤ $RX = \prod_{CN}(RX_4) = \{G, H, J\}$

即：$RX = \prod_{CN}(\prod_{C\#}(\sigma_{S\#='S2'}(S) * SC) * C) = \{G, H, J\}$

答：S_2 学生所选的课程名为：G、H 和 J。

例 2.3 设有三个关系如图 2.5 所示，试完成下列各题：

（1）用自然语言描述下列关系代数式的含义：

① $\prod_{2,6,7}(\sigma_{np='上海'}(S * SC))$

② $\prod_{2,9,7}(S * SC * \sigma_{CN='OS'}(C))$

③ $\prod_{2,3}(S * (\prod_{1,2}(SC) \div \prod_1(C)))$

（2）写出下列语句的关系代数表达式：

① 找出所有男学生的学号和年龄。

② 找出年龄小于 22 岁且籍贯为上海的所有男学生的姓名、所学课程的课程号和成绩。

③ 找出陈强所学课程的课程名和相应的成绩。

解：（1）上述关系代数式的自然语言含义如下：

① 找出籍贯为上海的所有学生的姓名、课程号和成绩。

② 找出选修 OS 课程的学生姓名和成绩以及该课的任课教师。

③ 找出选修全部课程的学生姓名和年龄。

图 2.5 中的符号说明：S#为学号，SN 为姓名，SA 为年龄，SE 为性别，NP 为籍贯，C#为课程号，SG 为成绩，CN 为课程名，CT 为任课教师。

S:

S#	SN	SA	SE	NP
98101	王燕	20	女	北京
98102	李波	23	男	上海
98103	陈强	21	男	长沙
98104	张兵	20	男	北京
98105	王洪	22	女	天津

C:

C#	CN	CT
C61	VB	周兴
C62	VC	李平
C63	OS	李平
C64	DB	赵彤

SC:

S#	C#	SG
98101	C61	90
98101	C62	92
98101	C63	85
98101	C64	87
98102	C61	92
98103	C61	95
98103	C62	93
98103	C64	80
98104	C61	95
98104	C64	85
98105	C61	95
98101	C63	80

图 2.5　有学籍的学生、课程和选课关系

（2）上述自然语言的关系代数表达式如下：

① $\Pi_{1,3}(\sigma_{SE='男'}(S))$

② $\Pi_{2,6,7}(\sigma_{SA<22 \wedge SE='男' \wedge NP='上海'}(S) * SC)$

③ $\Pi_{4,3}((\Pi_1(\sigma_{SN='陈强'}(S)) * SC) * C)$

2. ISBL 语言

ISBL 是 Information System Base Language 的缩写，是一种纯关系代数语言，主要功能是查询，用于 PRTV 实验系统。ISBL 语言非常接近关系代数运算，只是在个别表示符号上有所区别，如表 2.1 所示。

表 2.1　运算对照表

关系代数式	ISBL 语言表示
RUS	R＋S
R－S	R－S
R∩S	R • S
$\sigma_F(R)$	R:F
$\Pi_{A,B}(R)$	R%A,B
R⋈S	R * S

对 ISBL 语言的说明如下：

（1）在关系 R 和 S 中，有相同属性时，ISBL 中的 R*S 为自然连接运算；没有相同属性时，R*S 为笛卡儿积运算。

（2）对于 R–S 运算，在 ISBL 中并不要求关系 R 与 S 必须为同类，当有不同的属性时，也能进行差运算，方法如下：

设有关系 $R(t_1,t_2,\ldots,t_n,t_{n+1},t_{n+2},\ldots,t_{n+m})$和 $S(t_1,t_2,\ldots,t_n,x_1,x_2,\ldots,x_k)$，两关系的差运算为：

$$R-S=R-\Pi_{t_1,t_2,\ldots,t_n}(S)\times\Pi_{t_{n+1},t_{n+2},\ldots,t_{n+m}}(R)$$

其中属性 $t_1,t_2,\ldots,t_n$ 在 R、S 中的位置可以是任意的。当 m=0 时：

$$R - S = R - \prod_{t_1,t_2,\cdots,t_n}(S)$$

（3）在 ISBL 语言中，用“=”表示赋值语句，如果要将表达式 E 的值赋给关系 S 时，可以写成 S = E；用“N!”表示延迟赋值，例如 S = N!E。

（4）ISBL 用 LIST 语句来打印输出，例如打印关系 S 的值时，可以写成：LIST　S。

（5）ISBL 允许在投影运算过程中重新命名新关系的属性名。例如有关系 $R(t_1,t_2,\ldots,t_n)$，则

$$W = (R\%t_1,\ t_2 \rightarrow x_2,\ t_3 \rightarrow x_3)$$

运算后所得的新关系为：$W(t, x_2, x_3)$。

下面通过例题对 ISBL 语言的使用进行简要说明。

例 2.4　用 ISBL 语言写出下列各题的表达语句：

① 根据图 2.4 找出选修 C3、C5 课程的学生所在的系。

R = N!SC:课程号= 'C3'∧课程号= 'C5'

LIST　(R*S)%SD

② 根据图 2.4 找出至少选修一门先行课 C2 的学生名单。

R = (C:先行课= 'C2')*SC

W = (R%学号)*S

LIST　W%SN

③ 根据图 2.5 找出所有男学生的学号和年龄。

LIST　(S:SE= '男')%S#, SA

④ 根据图 2.5 找出年龄小于 22 岁且籍贯为上海的所有男学生的姓名、所学课程的课程号和成绩。

R = S:SA<22∧NP = '上海'

W = (R*SC)%SN, C#, SG

LIST　W

⑤ 根据图 2.5 找出陈强所学课程的课程名和相应的成绩。

R = (S:SN = '陈强')%S#

W = (R*SC*C)%CN, SG

LIST　W

2.2.2　元组关系演算与 QUEL 语言

1. 元组关系演算

元组关系演算（Tuple relational calculation）是以元组为变量的，用演算表达式 $\{t \mid \varphi(t)\}$ 表示关系，其中 $\varphi(t)$ 由原子公式和运算符组成，t 是 φ 中唯一的自由元组变量。

原子公式有以下 3 种形式：

- R(t)：R 是关系名，t 是元组变量，“R(t)”表示 t 是关系 R 的元组，即 $t \in R$。
- $t[i]\,\vartheta\,C$ 或 $C\,\vartheta\,t[i]$：C 为常量，ϑ 为比较运算符，t[i]为元组变量 t 的第 i 个分量，此种形式表示“t 的第 i 个分量与常量 C 之间应满足 ϑ 运算关系”。例如 t[3]=a、t[6]<8 等。
- $t[i]\,\vartheta\,u[j]$：t、u 都是元组变量，此种形式表示“t 的第 i 个分量与 u 的第 j 个分量之间应满足 ϑ 运算关系”。例如 t[2] = u[3]、$t[1] \neq u[5]$。

原子公式中的元组变量在自身范围内是自由变量。元组演算公式定义如下：

① 每个原子公式都是一个公式。

② 设φ_1、φ_2为公式，则$\neg\varphi_1$、$\varphi_1 \wedge \varphi_2$、$\varphi_1 \vee \varphi_2$也都是公式。

③ 设φ是公式，t 是φ中的元组变量，则$(\forall t)\varphi$、$(\exists t)\varphi$也都是公式，当所有的 t 都使φ为真时，$(\forall t)\varphi$为真，否则为假；当至少有一个 t 使得φ为真时，$(\exists t)\varphi$为真，否则为假。

在元组演算的公式中，各种运算符的优先级为：比较运算符最高；量词次之，按∃、∀的顺序进行；逻辑运算符最低，按¬、∧、∨的顺序进行。用括号可以改变优先级顺序。

元组演算的基本形式就是上述的几种，任何元组演算公式都可以由原子公式经过有限次复合而得。所谓复合无非就是经过比较运算、逻辑运算和量词作用而形成的复合公式。

关系代数的运算均可等价地用元组演算表达式表示，下面是 5 种关系代数基本运算的元组演算表示式。

（1）并运算：

$$R \cup S = \{ t \mid R(t) \vee S(t) \}$$

（2）差运算：

$$R - S = \{ t \mid R(t) \wedge \neg S(t) \}$$

（3）笛卡儿积：

$$R \times S = \{ t^{m+n} \mid (\exists u^m) \exists v^n (R(u) \wedge S(v) \wedge t[1] = u[1] \wedge \cdots \wedge t[m] = u[m] \wedge t[m+1] = v[1] \wedge \cdots \wedge t[m+n] = v[n]) \}$$

式中 R 为 m 元关系，S 为 n 元关系。

（4）投影：

$$\prod_{i_1, i_2, \cdots, i_n}(R) = \{ t^n \mid (\exists u)(R(u) \wedge t[1] = u[i_1] \wedge \cdots \wedge t[n] = u[i_n]) \}$$

（5）选择：

$$\sigma_F(R) = \{ t \mid R(t) \wedge F' \}$$

式中F'为一公式，用 t[i]代替 F 中 t 的第 i 个分量就得到了F'。

这样进行的元组演算会产生无限关系，要求出所有可能的元组是做不到的，因此应排除这种无意义的运算表达式。为了区分这种无意义的运算表达式，将具有安全约束不产生无限关系的表达式称为安全表达式，用$DOM(\varphi)$表示。一般情况下满足下列条件时，元组演算则是安全的：

① 如果 t 使$\varphi(t)$为真，则 t 的每个分量都是$DOM(\varphi)$中的元素，即$t \in DOM(\varphi)$。

② 对于φ中每一个子式$(\exists u)(W(u))$，若 u 使 W(u)为真，则 u 的每个分量都是$DOM(\varphi)$中的元素，即$u \in DOM(\varphi)$。

③ 对于φ中每一个子式$(\forall u)(W(u))$，若 u 使 W(u)为假，则 u 的每个分量必属于$DOM(\varphi)$中的元素，即$u \in DOM(\varphi)$。

例 2.5　根据图 2.5 找出所有男学生的学号和年龄。

设所求关系为 V，则：

$$W = \{ t \mid S(t) \wedge t[4] = '男' \}$$

$$V = \{ t^2 \mid (\exists u)(W(u) \wedge t[1] = u[1] \wedge t[2] = u[3]) \}$$

例 2.6　根据图 2.5 找出年龄小于 22 岁且籍贯为上海的所有男学生的姓名、所学课程的课程号和成绩。

设所求关系为 R，则：

$R_1 = \{ t \mid S(t) \land t[3] < 22 \land t[4] = '男' \land t[5] = '上海' \}$

$R_2 = \{ t^8 \mid (\exists u^5)(\exists v^3)(R_1(u) \land SC(v) \land t[1] = u[1] \land t[2] = u[2] \land t[3] = u[3]$
$\land t[4] = u[4] \land t[5] = u[5] \land t[6] = v[1] \land t[7] = v[2] \land t[8] = v[3]$
$\land t[1] = t[6]) \}$

$R = \{ t^3 \mid (\exists u)(R_2(u) \land t[1] = u[2] \land t[2] = u[7] \land t[3] = u[8]) \}$

2. QUEL 语言

QUEL 是 Query Language 的缩写，QUEL 语言是以元组演算为基础的关系语言，在加利福尼亚大学研制的关系数据库管理系统中使用。它不仅可以作为独立的语言对数据库系统进行交互性操作，而且还可以作为子语言嵌入到其他高级语言（如 C 语言）中作批处理方式的使用。QUEL 语言保持了关系语言的使用方便、便于学习和理解的特点。

QUEL 语言具有关系定义、数据检索和更新、存取控制和数据完整性控制等功能。

（1）关系的定义与撤消。

① 关系的定义。

关系定义用 CREATE 语句完成，其一般格式如下：

```
CREATE  关系名(属性名表)
```

其中属性名表中应说明属性的类型和长度。

例 2.7 定义如图 2.4 所示的 S、C 和 SC 三个关系。

```
CREATE  SC(S# = C 2,C# = C 2,SG = C 1)
CREATE  C(C# = C 2,CN = C 1,P# = C 2)
CREATE  S(S# = C 2,SN = C 2,SD = C 2,SA = I 2)
```

在定义关系时应同时定义该关系中的各个属性的数据类型和长度，“C”表示字符型，“I”表示整数型，“C 2”表示 2 个字节长的字符型数据，“I 2”表示 2 个字节长的整型数据。

② 关系的撤消。

对于已有定义的关系可以用 DESTROY 语句删除，一般格式如下：

```
DESTROY  关系名
```

例 2.8 删除已定义好的 S、C 和 SC 三个关系。

```
DESTROY  S
DESTROY  SC
DESTROY  C
```

（2）元组变量定义。元组变量在 QUEL 语言中是非常重要的，定义了某个关系的元组变量后，若要引用这个关系中的元组，就要通过元组变量来进行。元组变量定义的一般格式如下：

```
RANGE  OF  元组变量名  IS  关系名
```

例 2.9 定义 A、B、C 分别是 S、C、SC 关系的元组变量。

```
RANGE  OF  A  IS  S
RANGE  OF  B  IS  C
RANGE  OF  C  IS  SC
```

（3）数据更新。对已有定义的关系中的数据可以进行下列更新操作：

① 添加元组。向一个关系中添加元组的语句的一般格式如下：

```
APPEND   TO   关系名(属性名表)
```

表示向指定关系中添加由属性名表确定的一个元组。

例 2.10　向关系 C 中添加一个课程号为 C6、课程名为 L、先行课为 C5 的元组。

```
APPEND   TO   C( C# = 'C6', CN = 'L', P# = 'C5' )
```

② 修改元组。对一个关系中的元组数据进行修改的语句格式如下：

```
REPLACE   元组变量名(替换表达式)
WHERE   条件表达式
```

条件表达式表示进行修改操作的条件。

例 2.11　将关系 C 中课程名为 G 的改为 F。

```
REPLACE   B( B.CN = 'F' )
WHERE   B.CN = 'G'
```

③ 删除元组。对一个关系中的元组进行删除的语句格式如下：

```
DELETE   元组变量名
WHERE   条件表达式
```

WHERE 短语是进行删除操作的条件。

例 2.12　将关系 SC 中学号为 S6 的元组全部删除。

```
DELETE   C
WHERE   C.S# = 'S6'
```

（4）数据查询。数据查询是对关系中的每个元组进行筛选，将符合给定条件的元组选出，其一般格式如下：

```
RETRIEVE   查询项
WHERE   条件表达式
```

例 2.13　查找学号为 S2 的学生的学习成绩。

```
RETRIEVE   S.SG
WHERE   C.S# = 'S2'
```

例 2.14　找出 CS 系中 21 岁以下的学生姓名和学号。

```
RETRIEVE   (A.SN, A.S# )
WHERE   A.SD = 'CS' AND A.SA<= 21
```

查询的结果可以用 INTO 短语保存到另一个关系中，还可以用 PRINT 语句将关系中的数据输出。

例 2.15　找出选修课程名为 I 的学生姓名和所在的系，并将查找结果保存到 XX 关系中，然后输出 XX 关系中的内容。

```
RETRIEVE   INTO   XX(A.SN, A.SD)
WHERE   B.C# = C.C# AND C.S# = A.S# AND B.CN = 'I'
PRINT   XX
```

（5）索引与排序。

① 建立索引。在 QUEL 语言中，建立的索引称为辅助索引，建立辅助索引的语句格式如下：

INDEX ON 关系名 IS 索引名(关键字)

例 2.16 将关系 S 按年龄建立索引。

INDEX ON S IS SIN(SA)

② 数据排序。排序就是将关系中的元组按指定属性的值重新排列顺序，排序操作语句的格式如下：

SORT BY 关键字: ASCENDING/DESCENDING

式中 ASCENDING 表示按升序排序，DESCENDING 表示按降序排序。

例 2.17 将关系 SC 中的元组按成绩排序，要求：将成绩由高到低进行排序。

SORT BY SG: DESCENDING

（6）窗口定义。QUEL 语言具有动态导出关系窗口定义的功能。窗口是一个虚关系，其数据实际上来自指定点的关系。窗口定义语句的格式如下：

DEFINE VIEW 窗口名(关系名)
WHERE 条件表达式

例 2.18 定义一个显示学生成绩为 A 的窗口。

DEFINE VIEW SC-SG(SC)
WHERE C.SG = 'A'

例 2.19 定义一个显示成绩为 B 的学生姓名的窗口。

DEFINE VIEW S-SC(SSN-A.SN, SSG = C.SG)
WHERE C.SG = 'B' AND A.S# = C.S#

（7）内部函数。QUEL 语言提供了许多内部函数，利用它们可以进行各种数值统计和运算。例如 SUM（求和）、AVG（求平均）、COUNT（计数）、MIN（最小值）、MAX（最大值）等。

例 2.20 求出关系 S 中的学生平均年龄。

RETRIEVE (VA=AVG(A.SA))

例 2.21 求出所开设课程的数量。

RETRIEVE (VB=COUNT(B.C#))

2.2.3 域关系演算与 QBE 语言

1. 域关系演算

域关系演算（Domain relational calculation）类似于元组关系演算，利用与元组演算相同的运算符和公式，所不同的是公式中的变量，它是表示元组各个分量的域变量，域变量也具有“自由”和“约束”的概念。域演算表达式的格式如下：

$$R = \{ t_1 t_2 \cdots t_k \mid \varphi(t_1, t_2, \cdots, t_k) \}$$

其中 $t_1, t_2, \cdots, t_k$ 为域变量，是元组变量 t 的各个分量。φ 由原子公式和运算符组成，类似于元组演算公式，可以仿照元组演算的方法定义域演算公式。

（1）原子公式。原子公式有以下 3 种形式：

- $R(t_1, t_2, \cdots, t_k)$：R 是 k 元关系，t_i 是域变量或常量。$R(t_1, t_2, \cdots, t_k)$ 表示由分量 $t_1, t_2, \cdots, t_k$ 组成的元组，t∈R。
- $t_i \vartheta C$ 或 $C \vartheta t_i$：C 为常量，t_i 为元组变量 t 的第 i 个分量，ϑ 为比较运算符。

- $t_i \vartheta u_j$：t_i 为元组变量 t 的第 i 个分量，u_j 表示元组变量 u 的第 j 个分量，ϑ 为比较运算符。

（2）域演算公式。域演算公式如下：

① 每个原子公式都是一个公式。

② 设 φ_1、φ_2 为公式，则 $\neg\varphi_1$、$\varphi_1 \wedge \varphi_2$、$\varphi_1 \vee \varphi_2$ 也都是公式。

③ 设 φ 是公式，t 是 φ 中的元组变量，则 $(\forall t)\varphi$、$(\exists t)\varphi$ 也都是公式，当所有的 t 都使 φ 为真时，$(\forall t)\varphi$ 为真，否则为假；当至少有一个 t 使得 φ 为真时，$(\exists t)\varphi$ 为真，否则为假。

在域演算的公式中，各种运算符的优先级与元组演算相同。安全条件也与元组演算相同。

例 2.22　设有如图 2.6 所示的关系，按给定的条件求出关系 R_1 和 R_2。

$$R_1 = \{ xyz \mid U(x,y,z) \wedge x \neq d \wedge z < 9 \}$$

$$R_2 = \{ xyz \mid U(x,y,z) \vee W(x,y,z) \wedge x \neq d \wedge y \neq f \}$$

U:

X	Y	Z
a	h	6
d	f	3
g	i	8
d	l	9

W:

X	Y	Z
c	f	5
c	e	7
b	h	6
d	l	9

R_1:

X	Y	Z
a	h	6
g	i	8

R_2:

X	Y	Z
a	h	6
g	i	8
c	e	7
b	h	6

图 2.6　U、W 及其导出关系

2. QBE 语言

QBE 是 Query By Example 的缩写，是 1978 年在 IBM370 上实现的关系数据语言，称为“面向图形”的语言，其特点是查询的请求与结果均用表格的形式显示，QBE 语言具有“二维语法”。

QBE 语言是通过显示终端直接提供二维表格的例子进行查询，用户在表格中填入查询的要求，就能得到查询的结果，这种操作方式用户最易学习和掌握。QBE 语言用示例表示查询的结果，示例中的元素就是域变量，示例元素是这个域中可能的一个值，而不必是查询结果中的元素。

（1）QBE 语言的操作。QBE 语言的一般操作步骤如下：

① 用户提出访问数据的请求，由键盘输入相应的操作符，每个操作符后都要一个圆点“.”符作为标志。

② 系统根据用户要求调用并显示出一个或多个空白框架，每个框架表示一个关系。

③ 用户在框架的头一栏填入要访问的关系名，系统则显示出指定关系的全部属性名表。此时若没有指定的关系，则可建立一个新关系。

④ 用户按照规定输入所需的操作要求，系统将操作结果显示在屏幕的表格中。操作方式如图 2.7 所示。

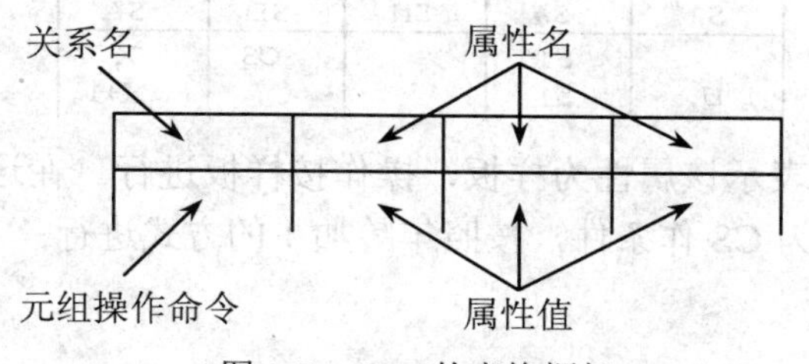

图 2.7　QBE 的表格框架

当调出的框架列数不够时，可以再增加列；当框架的列太窄，容纳不下输入的内容时，也可以加宽。对关系名的操作就是对该关系进行操作，在属性名下的操作是对该属性进行的操作。

（2）QBE 语言的操作类型。QBE 语言常用的操作类型分为定义数据库、数据更新、数据查询、窗口定义和数值统计等，每种操作都有相应的命令格式。

① 数据库定义。定义数据库就是在系统显示的空白表内填入关系名、属性名、数据类型、宽度和是否为关键字等。

例 2.23 建立如图 2.4 所示的 S 关系的数据库。

解：建立 S 关系的过程如图 2.8 所示，图中 TYPE 是类型，表示在该行确定属性的数据类型，CHAR 为字符型，FIXED 为整型，LENGTH 是宽度，表示在该行确定属性的数据宽度。KEY 是关键字，表示在该行确定哪个属性是关键字，Y 表示是，N 表示不是。

I. S I.	S#	SN	SD	SA
TYPE I. LENGTH I. KEY I.	CHAR 2 Y	CHAR 10 N	CHAR 2 N	FIXED 2 N

图 2.8 用 QBE 语言建立数据库

② 数据更新。对已有数据库中的数据，只要将其调出便可进行数据更新，数据更新操作包括对数据的插入、修改和删除等操作。

- 数据插入

插入操作符为 I。

例 2.24 在 S 关系中插入一个元组(S7,G7,CS,21)。

解：

S	S#	SN	SD	SA
I.	S7	G7	CS	21

- 数据修改

修改操作符为 U。

例 2.25 修改学号为 S7 学生的年龄为 22。

解：

S	S#	SN	SD	SA
U.	S7			22

例 2.26 将 CS 系的学生年龄都加 1。

解：

S	S#	SN	SD	SA
	S1		CS	X
U.	S1			X+1

在属性值下的下划线表示该属性为样板，操作按样板进行。在这里表示以学号为样板对全体学生进行操作，以系为 CS 作条件，按照年龄加 1 的方式进行。

- 数据删除

删除操作符为 D。

例 2.27 删除 S 关系中学号为 S7 的元组。

解：

S	S#	SN	SD	SA
D.	S7			

在删除数据时一定要注意其联带关系。

③ 数据查询。QBE 提供>、<、=、<=、>=、┐=等比较运算符作为查询条件，“P.”为输出查询结果的操作符。

例 2.28 输出 S 关系中年龄在 20 岁以上的学生的情况。

解：

S	S#	SN	SD	SA
P.				>20

例 2.29 找出选修 C3 和 C5 课程的学生的学号。

解：

SC	S#	C#	SG
	P.SX	C3	
	SX	C5	

例 2.30 找出选修 C3 和 C5 课程的学生姓名。

解：

SC	S#	C#	SG
	SX	C3	
	SX	C5	

S	S#	SN	SD	SA
	SX	P.Z		

④ 窗口定义。QBE 提供窗口定义功能，其作用是在多个关系中提取相关的部分组成一个临时的关系，定义窗口的目的是为了方便快捷地查询。

例 2.31 由 S 和 SC 关系定义一个 S-SC 窗口。

解：

I. VIEW S-SC I.	S#	C#	SN	G
I.	X	Y		

S	S#	SN	SD	SA
	X			

SC	S#	C#	G
	X	Y	

⑤ 数值统计。QBE 语言还提供 SUM（求和）、AVG（求平均）、MIN（最小值）、MAX（最大值）、CNT（计数）等函数用于数值统计，数值统计操作符有两个：ALL 和 UN。ALL 表示列中的全部属性值，UN（Unique）表示对重复值只取其中的一个。

例 2.32 统计 S 关系中学生的平均年龄。

解：

S	S#	SN	SD	SA
				P.AVG.ALL.99

例 2.33　统计学生所选的课程总数。

解：

SC	S#	C#	SG
		P.CNT.ALL.UN.CX	

2.3　关系查询语言 SQL

SQL（Structured Query Language）语言是一种介于关系代数与关系演算之间的语言，是IBM 公司为 System R 系统的数据库管理系统提供的数据操作语言，既可以嵌入主语言（如PL/1、COBOL）中使用，也可以独立使用。SQL 语言具有定义、查询、插入、删除和修改等丰富功能和使用方式灵活方便、语言简洁易学等优点。由于篇幅所限，这里仅对其主要功能进行简单概述，详细地了解请查看有关的专著。

2.3.1　数据定义

1. 基本关系定义

CREATE　TABLE　基本关系名(属性名 1 类型　[NOT NULL]
　　[,属性名 2　类型　[NOT NULL]]…) [IN　SEGMENT 段名]

解释说明：其功能是定义指定的基本关系。其中"类型"可以是 CHAR(n)字符型（n 为最大长度）、INTEGER 全字长二进制整数、SMALLINT 半字长二进制整数和 FLOAT 双字长的浮点数。NOT NULL 表示该属性能不能取空值。"IN SEGMENT 段名"指定新定义的关系存放在哪个存储段中。

例 2.34　建立如图 2.4 所示的 S、C 和 SC 关系。

```
CREATE　TABLE　S (S# (CHAR(3),NOT NULL),SN (CHAR(2)),
        SD (CHAR(2)),SA (SMALLINT))
CREATE　TABLE C(C# (CHAR(3),NOT NULL),CN (CHAR(2)),
        P# (CHAR(3)))
CREATE TABLE SC(S# (CHAR(3),NOT NULL),C# (CHAR(3),
        NOT NULL),SG(CHAR(1)))
```

2. 关系的扩充

对已有定义的关系，还可以根据需要进行扩充，其命令格式如下：

EXPAND　TABLE　基本关系名　ADD　FIELD　属性名(类型)

例 2.35　在 S 关系中增加一个 SE 属性表示学生的性别。

```
EXPAND　TABLE　S　ADD　FIELD　SE(CHAR(1))
```

3. 动态导出关系定义

所谓动态导出关系就是窗口，定义格式如下：

DEFINE　VIEW　关系名(属性名 [,属性名…]) AS　SELECT　语句序列

例 2.36　建立一个显示成绩为 B 的学生的学号的窗口。

```
DEFINE  VIEW  CSC(S#,SG)  AS  SELECT  *
        FROM  SC  WHERE  SG='B'
```

4. 索引定义

对已建立起的基本关系，可以根据需要再建立索引，索引可以由用户动态生成与撤消。建立索引文件的格式如下：

```
CREATE  [UNIQUE]  [CLUSTERING]  INDEX  索引名
        ON 关系名(属性名 [ASC/DESC] [,属性名 [ASC/DESC]...] )
```

其中索引名为生成索引的名字；关系名是指出对哪个关系建立索引；属性名又称关键字，表示按照哪个属性的值排列顺序，ASC 表示升序，DESC 表示降序；UNIQUE 表示建立起的索引中关键字值是不相同的，对于有相同关键字值的元组，只保留其中的一个；CLUSTERING 表示在存放元组时将关键字值相同或相近的元组靠近存放。

例 2.37　建立一个按照课程号升序、成绩降序、学号升序的索引文件。

```
CREATE  CLUSTERING  INDEX  SCG
        ON  SC(C# ASC,SGDESC,S# ASC)
```

5. 删除功能

对于已有定义的基本关系，导出关系和索引都可以根据需要进行删除。

（1）删除基本关系的语句格式如下：

```
DROP  TABLE  基本关系名
```

（2）删除导出关系的语句格式如下：

```
DROP  VIEW  窗口名
```

（3）删除索引的语句格式如下：

```
DROP  INDEX  索引名
```

例 2.38　删除已建立的窗口和索引。

```
DORP  VIEW  CSC
DORP  INDEX  SCG
```

2.3.2　数据查询

查询功能是 SQL 语言的核心，最为重要的查询语句格式如下：

```
SELECT  属性名表
FROM  基本关系名
[WHERE  条件表达式]
[GROUP  BY  属性名 1  [HAVING  函数表达式]]
[ORDER  BY  属性名 2  ASC/DESC]
```

语句格式说明："属性名表"中列出要查找的属性，"基本关系名"表示查询数据的来源，"条件表达式"表示查询的条件，GROUP 子句表示将查询结果按指定属性的值分组，分组的条件和处理方式由 HAVING 短语给出，ORDER 子句的作用是将查询的结果按指定的属性值的升序或降序进行排序。当在条件表达式中又使用了 SELECT 语句时，就形成了嵌套查询。

例 2.39　在图 2.4 给出的三个关系中，查找年龄为 22 的学生的学号和姓名。

```
SELECT  S#,SN
FROM  S
WHERE  SA=22
```

例 2.40　在图 2.4 给出的三个关系中，查询全部学生的年龄，并按大小进行排序。

```
SELECT  S#,SN,SA
FROM  S
ORDER  BY  SA  DESC
```

例 2.41　在图 2.4 给出的三个关系中，查询年龄不在 19～21 岁之间的学生的学号和姓名。

```
SELECT  S#,SN
FROM  S
WHERE  SA  NOT  BETWEEN  19  AND  21
```

例 2.42　在图 2.4 给出的三个关系中，查找在 CS 和 CI 系中学习的学生姓名。

```
SELECT  SN
FROM  S
WHERE  SD  IN ('CS','CI')
```

例 2.43　在图 2.4 给出的三个关系中，查询全部学生所选课程的名称和成绩。

```
SELECT  S#,SN,CN,SG
FROM  S,C,SC
WHERE  S.S#=SC.S# AND C.C#=SC.C#
```

例 2.44　在图 2.4 给出的三个关系中，查出选修 C3 和 C5 课程的学生名单。

```
SELECT  SN
FROM  S
WHERE  S# IN
    SELECT  S#
    FROM  SC
    WHERE  C#='C3' AND C#='C5'
```

例 2.45　在图 2.4 给出的三个关系中，找出选修课程名为 H 和 I 的学生名单。

```
SELECT  SN
FROM  S
WHERE  S# IN
    SELECT  S#
    FROM  SC
    WHERE  C# IN
        SELECT  C#
        FROM  C
        WHERE  CN='H' AND CN='I'
```

例 2.46　在图 2.4 给出的三个关系中，查找选修 2 门以下课程的学生姓名。

```
SELECT  S#,SN
FROM  SC,S
```

```
WHERE   S.S#=SC.S#
GROUP   BY   S#
HAVING   COUNT(*)<= 2
```

其中 COUNT()是库函数，COUNT(*)表示求记录个数，SQL 中还有其他的库函数，均可用于条件表达式中。

2.3.3　数据更新

1. 数据修改

修改语句的一般格式如下：

```
UPDATE   关系名
SET   属性名 1 = 表达式 1 [,属性名 2 = 表达式 2,…]
[WHERE   条件表达式]
```

例 2.47　在图 2.4 给出的三个关系中，将所有学生的年龄加 1。

```
UPDATE   S
SET   SA=SA+1
```

例 2.48　在图 2.4 给出的三个关系中，修改学号为 S6 的学生姓名为 F8。

```
UPDATE   S
SET   SN='F8'
WHERE   S#='S6'
```

2. 数据删除

删除语句的一般格式为：

```
DELETE
FROM   关系名
[WHERE   条件表达式]
```

例 2.49　在图 2.4 给出的三个关系中，删除学号为 S6 的学生数据。

```
DELETE
FROM S
WHERE   S#='S6'
DELETE
FROM   SC
WHERE   S#='S6'
```

例 2.50　如图 2.4 所示，清除 C 关系中的全部数据。

```
DELETE
FROM   C
```

3. 插入数据

插入语句的一般格式如下：

```
（1）INSERT
     INTO   关系名  [(属性名表)]
     VALUE (常量表)
```

（2）INSERT

INTO　关系名 [(属性名表)]

SELECT　语句

第一种形式是将一个新记录插入到指定的关系中，属性名表中的属性与常量表中的常量是一一对应的；第二种形式是将查询的结果插入到指定的关系中。

例 2.51　如图 2.4 所示，在 S 关系中插入一个学生的数据：S6　F6　CS　22。

```
INSERT
INTO  S
VALUE ('S6','F6','CS',22)
```

2.4　关系语言的评价

关系语言是数据库系统提供给用户对关系数据进行操作的语言。迄今为止，人们已研究出了数十种关系语言，其中以 ISBL、QUEL、QBE 和 SQL 等语言为代表。关系语言的特点之一就是结构简单明了，是一种使用非常方便的用户与数据库的接口。自 70 年代中期以来，人们将数据的定义（关系、窗口等结构的定义和撤消）、数据查询、数据更新（数据的插入、修改和删除）、数据控制（授权控制、完整性控制等）功能合并于一种语言之中，这样用户不仅可以对数据进行查询、更新等操作，而且还可以根据需要对数据进行定义和控制。

根据关系语言的结构特点，可以将关系语言分成 4 类：关系代数语言（如 ISBL）、关系演算语言（如 QUEL）、基于显示的语言（如 QBE）和基于映像的语言（如 SQL）。这些语言根据其数学特征和含义又可分成两类：关系代数语言、关系演算语言。后一种又细分为元组关系演算语言（如 QUEL）和域关系演算语言（如 QBE）。SQL 语言是一种具有关系代数和关系演算双重特点的语言。

评价一个关系语言的优劣应从以下 4 个方面进行考虑：

（1）非过程化程度。

语言的非过程化程度是指用户使用该语言时参与程序设计过程的程度。一般地说，用户只需说明“做什么”，而不必说明“怎样做”的语言就是非过程化程度高的语言，非过程化程度越高，用户使用越方便，实现也越困难。对于上述 4 种语言来说，QBE 语言的非过程化程度最高，ISBL 语言的非过程化程度最低。

（2）语言的功能。

关系语言具有数据查询、更新数据等操作功能，还具有对数据进行控制和聚合操作的功能，不同的关系语言具有各自不同的风格。关系代数语言（ISBL）的数学思想严格；域关系演算语言（QBE）适合于非计算机专业的用户使用；具有关系代数和关系演算双重特点的语言（SQL）使用结构式语法，语义和功能与英语相近，能“见文知意”。

（3）语言的完备性。

关系语言的完备性是衡量该语言表达能力的一个特性。一般地说，能够表达任意查询需求的语言在关系上应该是完备的。

（4）对高级语言的支持。

将关系语言作为子语言嵌入到高级语言中使用，这样既扩充了高级语言对数据的操作能力，又提高了关系数据语言的功能。

2.5　关系数据库的理论基础

关系数据库理论的规范化是以关系模型为基础，研究如何构造一个适合于已有数据的模式，使得它不仅能准确地反映现实世界，而且还适于应用——这是关系数据库逻辑设计的首要问题。由于关系模型可以转换成其他数学模型，所以关系数据库的规范化理论对于其他模型的数据库的逻辑设计同样具有理论指导意义。

2.5.1　关系模型评价

关系模型是关系数据库的基础。关系模式是定义关系的依据，一个关系数据库可以包含一组关系，定义这些关系的关系模式的集合就构成了该数据库的模式。关系是笛卡儿积的子集，是元组的集合，关系模式就是这个元组集合在结构上的描述。现实世界随着时间在不断地变化，因而，在不同的时刻，关系模式的关系也将有所变化，现实世界限定了关系模式的变化，因此关系必须满足一定的完整性约束条件。

数据依赖是数据库模式设计的关键所在，它是通过属性值之间的相互关联来反映完整性约束条件的。关系模式应当刻画出这些完整性约束条件。

关系模式的一般格式如下：

$$R<U,D,DOM,F>$$

其中 R 为关系名；U 为组成 R 的全部属性的集合，$U=\{t_1, t_2, \ldots, t_k\}$；D 为域的集合，即为属性取值范围的集合；DOM 为属性到域的映像，$U\rightarrow D$；F 为属性集合 U 上的一组约束，即函数依赖。

由于域的集合对关系模式设计影响不大，因此可以将关系模式看做是一个三元组。

$$R<U,F>$$

当且仅当 U 上的一个关系 r 满足 F 时，r 称为关系模式 $R<U,F>$的一个关系。

例 2.52　设有一个描述学校的数据库，其中有学生名（SN）、学号（S#）、系（SD）、系主任（DM）、课程（C#）和成绩（PG），组成关系模式 R 的全部属性的集合如下：

$$U=\{S\#,SD,DM,C\#,PG\}$$

在现实世界中，这些属性受到的约束如下：

① 一个系可以有若干学生，每个学生只能属于一个系。

② 一个系只有一个主任。

③ 一个学生可以选修多门课程，每门课程可以有若干学生同时选修。

④ 一个学生学习一门课程只能有一个成绩。

由此可知属性集合 U 上的属性具有以下的函数依赖，如图 2.9 所示：

$$F=\{S\#\rightarrow SD,SD\rightarrow DM,(S\#,C\#)\rightarrow PG\}$$

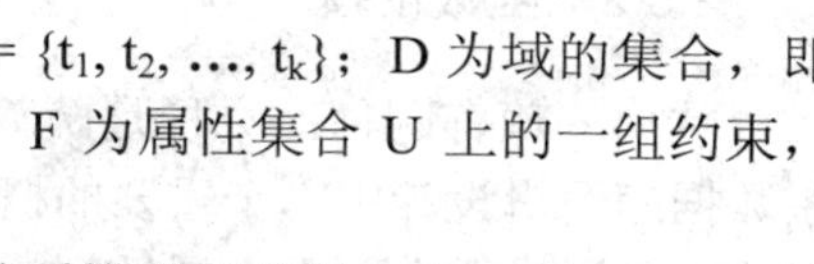

S#　C#　PG
SD　DM

图 2.9　数据依赖关系

学校数据库模式为 $S<U,F>$，其中 S#、C#为该模式的关键字，不能取空值。这个模式有以下不足之处：

（1）有较大的冗余。例如，每个系的主任要与该系每一个学生的每个学习成绩出现的次数一样，这样不仅浪费了存储空间，也为数据的修改带来麻烦。当某系主任换人时，就必须逐个修改相关元组，很容易造成数据的不一致性。

（2）存在插入异常。如果一个系是新成立的，还没有学生时，无法将这个系的负责人信息存入到数据库中。

（3）存在删除异常。如果一个系的最后一批学生毕业了，而没有后继学生时，那么在删除这个系学生的信息时，会将这个系及其负责人的信息一起删掉。

上述这些不足之处不利于数据库的维护和应用，因此可以断定数据库模式 S< U,F >不是一个好的模式。一个好的数据库模式应不会发生修改困难、插入异常和删除异常，并且冗余应尽可能的少。这些问题之所以存在，是因为 S< U,F >模式中的函数依赖存在着某些不好的性质，解决模式 S< U,F >存在问题的办法是将其分解。即将其分解成若干个不存在上述异常问题的模式。例如，将 S< U,F >分解成以下 3 个模式：

- SD<S#,SD,S#→SD>
- SG<S#,C#,PG,(S#,C#)→G>
- DE<SD,DM,SD→M>

分解后得到的三个模式：SD、SG 和 DE 不存在修改困难、插入异常和删除异常等缺陷。

研究如何判断一个模式是否是一个好模式，如何将一个存在不良函数依赖的模式分解成具有良好函数依赖的模式等问题是关系规范化理论所探讨的范畴，本节只对基本的理论作一些简介。

2.5.2 函数依赖

数据依赖有两种：一种是函数依赖，它是数据依赖类型中最为常见和重要的类型，是关系数据库逻辑设计中一个重要的概念；另一种是连接依赖，它是数据依赖类型的高级形式。数据依赖是通过一个关系中属性间的值的相关与否来体现数据间的相互关系，它是现实世界属性间相互联系的抽象，是数据内在性质及其语义的体现。

函数依赖普遍地存在于现实生活中，如图 2.9 所示，学生成绩（PG）由学生（S#）及其所选的课程（C#）唯一确定，一个学生只能在一个系（SD）中，他们之间的关系就像自变量与函数之间的关系一样，因此称为函数依赖。

定义 1：设 R(U)是属性集 U 上的关系模式，X、Y 是 U 的子集，若对于 R(U)的任意一个可能的关系 r，其中不可能有两个元组在 X 上的属性值相等，而在 Y 上的属性值不等，则称“X 函数决定 Y”或称“Y 函数依赖于 X”，记 X→Y。

这里对函数依赖作以下说明：

（1）定义 1 中的属性 X 实际上就是一个关系中的关键字，它唯一地决定一个元组。

（2）函数依赖是指关系模式 R 中的一切关系 r 都要满足的约束条件，而不是某个或某些关系满足的约束条件，只要 R 中有一个关系 r 不满足，即可认为 R 不存在这个函数依赖。

（3）一个关系模式 R 上的函数依赖仅是一个语义范畴的概念，它只能从属性的含义上进行说明，而不能从数学上进行证明。

（4）只有数据库设计者才能确定是否存在函数依赖。例如，确定了 S#→SD，实际上就规定了一个学生只能在一个系中。

为了以后论述方便，下面介绍一些述语和相关的符号。

（1）非平凡函数依赖：若 X→Y 而且 Y⊄X，则称 X→Y 是非平凡函数依赖。以后除特别声明外，所讨论的函数依赖均属于非平凡函数依赖。

（2）决定因素：若 $X \rightarrow Y$，则称 X 为决定因素。

（3）若 $X \rightarrow Y$，$Y \rightarrow X$，则记为 $X \longleftrightarrow Y$（互为决定因素）。

（4）若 Y 不函数依赖于 X，则记作 $X \nrightarrow Y$。

定义 2：在关系模式 R(U)中，如果 $X \rightarrow Y$，并且对 X 的任意一个真子集 X′ 都有 $X' \nrightarrow Y$，则称 Y 对 X 完全函数依赖，记作 $X \xrightarrow{f} Y$；反之，若 $X' \rightarrow Y$，则称 Y 对 X 部分函数依赖，记作 $X \xrightarrow{p} Y$。

例 2.53 在关系 S(S#,SN,SD,SA)中，有 $S\# \longleftrightarrow SN$，$S\# \rightarrow SD$，$S\# \rightarrow SA$。

例 2.54 在关系 SC(C#,S#,PG)中，有 $C\# \rightarrow PG$，$S\# \rightarrow PG$，$(C\#,S\#) \xrightarrow{f} PG$。

定义 3：在 R(U)中，如果 $X \rightarrow Y$，且 $Y \nrightarrow X$，$Y \rightarrow Z$，则称 Z 对 X 传递函数依赖。

在定义中之所以要加上 $Y \nrightarrow X$ 的限制，是因为如果 $Y \rightarrow X$，则 $X \longleftrightarrow Y$，实际上 Z 与 X 的依赖就不是传递函数依赖了，而是 $X \longleftrightarrow Z$。

2.5.3 关键字

定义 4：在关系模式 R(U)中，设 K 为 U 的属性或属性集合，若 $K \xrightarrow{f} U$，则称 K 为 R 的一个候选关键字（Candidate key），若候选关键字多于一个时，可以指定其中一个为主关键字（Primary key）。

包含在任意一个候选关键字中的属性称为主属性（Prime attribute），不包含在候选关键字中的属性称为非主属性（Nonprime attribute）或非关键字属性（Non-key attribute）。最简单的是单个属性为一候选关键字，最特殊的是全部属性为一候选关键字，称为全关键字（All-key）。

定义 5：在关系模式 R(U)中，若属性或属性集合 X 并不是 R 的关键字，而是另一个关系模式的关键字，则称 X 是 R 的外部关键字。

主关键字与外部关键字提供了一个关系之间的联系方法。

例 2.55 在图 2.4 和图 2.5 中，关系 SC(S#,C#,PG)中，S#不是候选关键字，但 S#在关系 S(S#,SN,SD,SA)中是候选关键字，则 S#称为关系 SC 的外部关键字，而关系 S 与 SC 之间的联系就是通过 S#实现的。

2.5.4 关系模式的规范理论基础

在关系数据库中，关系是要满足一定的要求的，满足特定要求的模式称为范式。范式有不同的等级，满足最低要求的称为第 1 范式，简写为 1NF。第 1 范式是其他范式的基础，高一级的范式是以低一级的范式为基础的，"第 N 范式"是表示关系模式满足某种特定要求的级别。

在已知的范式中，最高等级是第 5 范式（5NF），最低等级是第 1 范式（1NF），他们之间的关系如下（如图 2.10 所示）：

$$5NF \subset 4NF \subset BCNF \subset 3NF \subset 2NF \subset 1NF$$

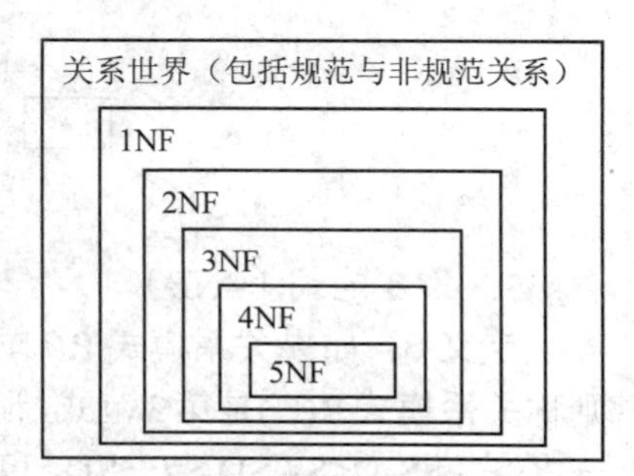

图 2.10　范式之间的关系

1．关系模式的规范化

一个低级范式的关系模式，经过模式分解可以转换为若干个符合高级范式要求的关系模式的集合，这种分解转换的过程就是关系模式的规范化。

2. 第 1 范式（1NF）

定义 6：如果一个关系模式 R(U)的所有属性都是基本的、不可分的，则关系 R 是规范化的关系，称为第 1 范式。

只符合第 1 范式的关系，存在着插入异常、删除异常和修改困难等隐患。这一点在前面已经说过，这里不再重复，可以用关系分解的方法解决这些问题。

例如，将 S<S#,SD,DM,C#,PG,S#→SD,(S#,C#)→G,SD→DM>分解为 SD<S#,SD,S#→SD>和 SG<S#,C#,PG,(S#,C#)→PG>两个关系，分解后得到的关系有可能消除插入异常、删除异常和修改困难等缺陷。

2. 第 2 范式（2NF）

定义 7：如果关系模式 R(U)是 1NF，并且非关键字的属性完全函数依赖于关键字属性，则关系模式 R(U)属于第 2 范式，记为 2NF。

一个 1NF 的关系模式，总可以通过适当的分解操作转化为一组等价的 2NF 关系模式的集合，而原关系模式可以通过这些分解出来的关系经过适当的连接而恢复。由于分解过程不丢失信息，所以原关系中的任何信息都能从新关系中导出，而新关系中同时也包含了原关系无法表示的某些信息。

并不是什么样的分解都能达到消除异常、减少冗余的目的。例如以下的关系 S-M：

S-M<S#,C#,SD,SL,PG,S#→SD,S#→SL,SD→SL,(S#,C#)→G>

分解成如图 2.11 所示的 SS<S#,SD,SL,S#→SL ,S#→SD,SD→SL>和 SG<S#,C#,PG, (S#,C#)→G>关系。其中 SS 关系中的 SL 属性表示学生所住的宿舍，规定一个系的学生住在一个宿舍楼内。此时，SS 关系是有缺陷的，虽然它是一个 2NF 的关系模式，但它仍然有缺陷，存在缺陷的原因是因为其中有非关键字的属性传递依赖于关键字（即∵S#→SD，SD→SL ∴S#→SL，是传递依赖）。例如，若将该系的学生信息删除，也将宿舍楼的信息删除了。

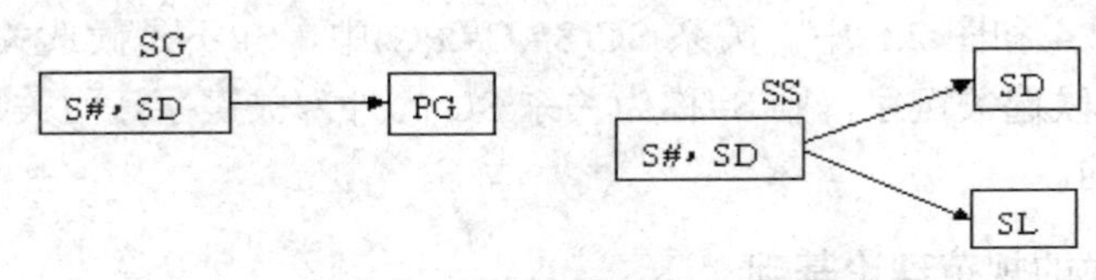

图 2.11 S-M 关系的分解

因此，将 SS 再分解成如图 2.12 所示的关系，即 SS-D<S#, SD, S#→SD>和 SS-L<SD, SL, SD→SL>。

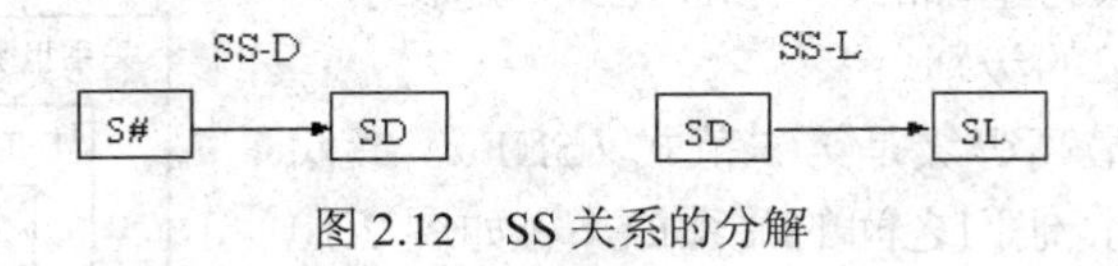

图 2.12 SS 关系的分解

3. 第 3 范式（3NF）

定义 8：如果关系模式 R(U)是第 2 范式，并且每个非关键字的属性不是传递依赖关键字，则称关系模式 R(U)是第 3 范式，记为 3NF。例如关系 S-M 最终分解为关系 SG<S#,C#,PG, (S#,C#)→PG>、SS-D<S#,SD,S#→SD>和 SS-L<SD,SL,SD→SL>。这 3 个关系都属于 3NF 范式。

对于任何一个属于第 2 范式的关系模式都可以分解为一组等价的属于第 3 范式的关系模式，并且这个分解过程是可逆的，即没有丢失任何信息。在 3NF 关系中还可能包含有用 2NF 关系所不能表示的信息。例如，在 SS 关系中没有学生住的宿舍楼的信息，就不能反映在此关系中，而在分解后的 SS-L 关系中，能将全校中各个系对应的宿舍楼信息都反映出来。

4. BC 范式（BCNF）

BCNF（Boyce-Codd Normal Form）是对第 3 范式的修正，它建立在第 1 范式的基础之上。

定义 9：在关系模式 R(U)中，X、Y 分别是属性集的两个子集，且 X 与 Y 无公共属性，Y 完全函数依赖 X(X→Y)，则称 X 为关系模式 R(U)的决定因素。

定义 10：若关系模式 R(U)属于第 1 范式，且其中的每一个决定因素都是 R 的候选关键字，则称关系 R(U)是 BC 范式，记为 BCNF。

例如，在关系 SCT(S#,C#,T)（如图 2.13 所示）中，S#为学生号，C#为课程号，T 为教师。规定每个教师只教一门课，每门课有若干教师教，一个学生选定某门课就对应一个教师。由上述语义可得如图 2.14 所示的函数依赖关系。

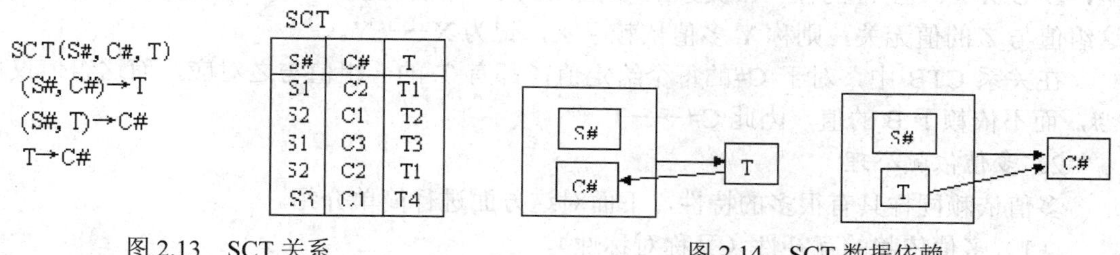

S#	C#	T
S1	C2	T1
S2	C1	T2
S1	C3	T3
S2	C2	T1
S3	C1	T4

图 2.13　SCT 关系　　　图 2.14　SCT 数据依赖

由于(S#,C#)与(S#,T)都是候选关键字，且没有任何非关键字属性对关键字的传递依赖或部分依赖，所以关系 SCT 是 3NF，但不是 BCNF。这是因为属性 T 是决定因素，却不是候选关键字。在非 BCNF 的关系模式中，也会遇到异常问题。如在 SCT 关系中删除了 S1 学生选修的课程 C3 的元组，就会同时丢失 T3 讲授 C3 课程的信息。当将 SCT 分解成如图 2.15 所示的关系 SC 和 CT 后，就不会有上述的异常问题了，且关系 SC 和 CT 都是 BCNF。

SC

S#	C#
S1	C2
S2	C1
S1	C3
S2	C2
S3	C1

CT

C#	T
C1	T2
C2	T1
C3	T3
C1	T4

图 2.15　关系 SCT 分解后的关系组

由上述分析可知，如果一个关系是 BCNF 的话，那么它一定是 3NF，反之则不然，BCNF 是在函数依赖的条件下对一个关系模式进行分解所能达到的最高程度，如果一个关系模式 R(U)分解后得到的一组关系都属于 BCNF，那么在函数依赖范围内，这个关系模式 R(U)已经彻底分解了，消除了插入异常、删除异常和修改困难等现象。

2.5.5　多值依赖与第 4 范式（4NF）

1. 多值依赖（MVD）

在现实世界中多值依赖（Multivalued Dependence，MVD）更具有普遍性和一般性，函数依赖可以看做是多值依赖的特殊情况。例如，在 SCT(S#,C#,T)——学生、课程、教师关系中可以有这样的情况：一个学生可以选多门课程，每门课可以由多个教师教授。这样就形成了多值依赖关系，如图 2.16 所示。再例如，在 CTB(C#,T,B)——课程、教师、教材关系中，一门课可由多个教师来讲授，一个教师可选用多种教材，这样又形成了一个多值依赖关系，如图 2.17 所示。

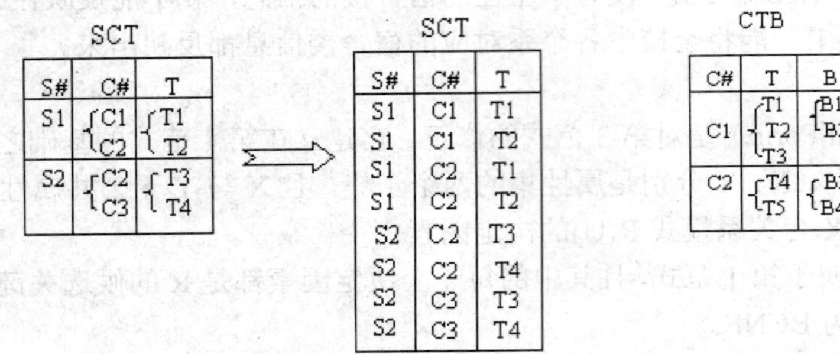

S#	C#	T
S1	C1, C2	T1, T2
S2	C2, C3	T3, T4

SCT

S#	C#	T
S1	C1	T1
S1	C1	T2
S1	C2	T1
S1	C2	T2
S2	C2	T3
S2	C2	T4
S2	C3	T3
S2	C3	T4

图 2.16 关系 SCT 中的多值依赖

CTB

C#	T	B
C1	T1, T2, T3	B1, B2
C2	T4, T5	B3, B4

CTB

C#	T	B
C1	T1	B1
C1	T1	B2
C1	T2	B1
C1	T2	B2
C1	T3	B1
C1	T3	B2
C2	T4	B3
C2	T4	B4
C2	T5	B3
C2	T5	B4

图 2.17 关系 CTB 中的多值依赖

定义 11：设 R(U)是一关系模式，U 为 R(U)的全部属性，其中 X、Y、Z 是 U 的不相交子集，Z=U-X-Y。若 R 的任一个关系 r，对于 X 的一个给定值，Y 有一组值与之对应，而 Y 的这组值与 Z 的值无关，则称 Y 多值依赖于 X，记为 X→→Y。

在关系 CTB 中，对于 C#的每个给定值，都有 T 的一组值与之对应，而这组值仅依赖于 C#，而不依赖于 B 的值，因此 C#→→T。

2. 多值依赖公理

多值依赖同样具有很多的特性，下面对这方面进行简单介绍。

（1）多值依赖的互补性（又称对称性）。

若 X→→Y 成立，则 X→→Z，其中 Z=U-X-Y。

例如，CTB 关系中，教师可以使用所有教材，而所有教材可以由全部教师使用。即 C#→→T，C#→→B。

（2）函数依赖与多值依赖的关系。

若 X→Y，则 X→→Y。

函数依赖是多值依赖的一种特殊情况，当函数依赖成立时，则多值依赖成立。即∵X→Y，X 的每个值 t_i 都有 Y 的一个确定值 t_j 与之对应，∴X→→Y。

（3）多值依赖的扩展性。

若 Z⊆W 且 X→→Y，则 XW→→YZ。

（4）多值依赖的传递性。

若 X→→Y 且 Y→→Z，则 X→Z-Y。

3. 多值依赖的规则

（1）多值依赖的合并规则。

若 X→→Y 且 Y→→Z，则 X→→YZ。

（2）多值依赖的伪传递规则。

若 X→→Y 且 WY→→Z，则 WX→Z-WY，此规则简单证明如下：

由扩展性知：X→→Y ⟹ XW→→Z

由传递性知：WX→→WY 且 WY→→Z

得：WX→→Z-WY

（3）多值依赖的分解规则。

若 X→→Y 且 X→→Z，则 X→Y∩Z，X→→Y-Z，X→→Z-Y。

4. 第 4 范式

第 4 范式是 BCNF 的推广，适用于具有多值依赖的关系模式。

定义 12：设关系模式 R(U)属于第 1 范式，若存在 X→→Y（Y⊄X），且 R(U)的其他所有属性都函数依赖于 X，那么称 R(U)为第 4 范式，记为 4NF。

若 X→→Y 且 Z = Φ，则称 X→→Y 为平凡多值依赖。

在一个关系中，如果出现平凡多值依赖，则此关系不属于第 4 范式，在这类关系中会出现插入、删除困难和冗余量大等问题。为了解决这些问题，就要除去非平凡多值依赖，使之成为第 4 范式，方法就是将其分解成一组既符合第 4 范式，又无信息丢失的关系。

例 2.56　在 CTB 关系中，虽然 C#→→T，C#→→B，但都是非平凡多值依赖，且关系 CTB 的关键字是全码“C#,T,B”，C#不是关键字，因此关系 CTB 不是 4NF，会出现插入、删除困难和冗余量大等各种问题。只有将关系 CTB 分解为一组符合 4NF 的关系才能消除这些问题，分解结果如图 2.18 所示。分解后的关系 CT(C#,T)，C#→→T，是平凡多值依赖；CB(C#,B))，C#→→B，是平凡多值依赖，所以都是 4NF。

CT

C#	T
C1	T1
C1	T2
C1	T3
C2	T4
C2	T5

CB

C#	B
C1	B1
C1	B2
C2	B3
C2	B4

图 2.18　CTB 关系的分解结果

2.5.6　连接依赖与第 5 范式（5NF）

1. 连接依赖

多值依赖（MVD）是连接（Join Dependency，JD）的特殊情况，将关系投影分解后再通过自然连接重组时，连接依赖是函数依赖的最一般形式，不存在更一般的依赖使得连接依赖是它的特殊情况。

连接依赖像函数依赖、多值依赖一样，是反映属性之间的相互约束联系。其特殊之处就是不能由语义直接导出，只有在进行关系的连接运算时才能反映出来。连接依赖是为了实现关系的无损连接而引入的约束。

例如，将一个关系 R(U)进行投影分解成 S 与 T 两个关系，如图 2.19 所示；若利用连接运算能将 S 与 T 还原成 R，则称此连接运算为无损失连接，如图 2.20 所示。

R

X	Y	Z
x1	y1	z1
x1	y1	z2
x1	y2	z1

S

X	Y
x1	y1
x1	y2

T

Y	Z
y1	z1
y1	z2
y2	z1

图 2.19　关系 R 的分解

即：$S = \prod_{x,y}(R)$，$T = \prod_{y,z}(R)$

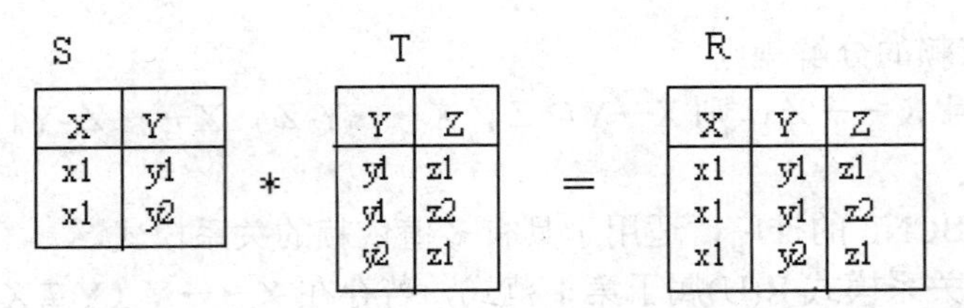

S

X	Y
x1	y1
x1	y2

*

T

Y	Z
y1	z1
y1	z2
y2	z1

=

R

X	Y	Z
x1	y1	z1
x1	y1	z2
x1	y2	z1

图 2.20 关系 R 的重组

即：R = S * T

2. 第 5 范式

定义 13：设 R(U)为关系模式，式 $x_1, x_2, ..., x_k$ 为属性集 U 的子集，且 $U=X_1 \cup X_2 \cup ... \cup X_k$，r 为 R(U)上的任意一个具体关系，如果满足

$$r = \bowtie_{i=1}^{k}[\prod\nolimits_{X_i}(R)]$$

则称 R(U)在 $x_1, x_2, ..., x_k$ 具有 k 目连接依赖(k -JD)，用 $JD[X_1, X_2, ..., X_k]$表示。

对于具有连接依赖的关系模式，如果不对其进行分解，则对该模式的关系进行操作时会出现各种困难和异常，如插入异常、删除异常和修改困难等，并且存在着数据冗余问题。

定义 14：设 R(U)为一关系模式，当且仅当 R(U)的每个连接依赖都按照它的候选关键字进行连接运算时，则称关系模式 R(U)是第 5 范式，记为 5NF。

对第 5 范式还可以称为投影连接范式，记为 PJNF。

如图 2.20 所示的关系 R 的连接依赖为 JD*[XY,YZ]，其连接运算不是按候选关键字进行的，所以关系 R 不是 5NF，它是一个 4NF 关系。如图 2.21 所示，关系 R 是一个 5NF，其连接运算是按候选关键字进行的。

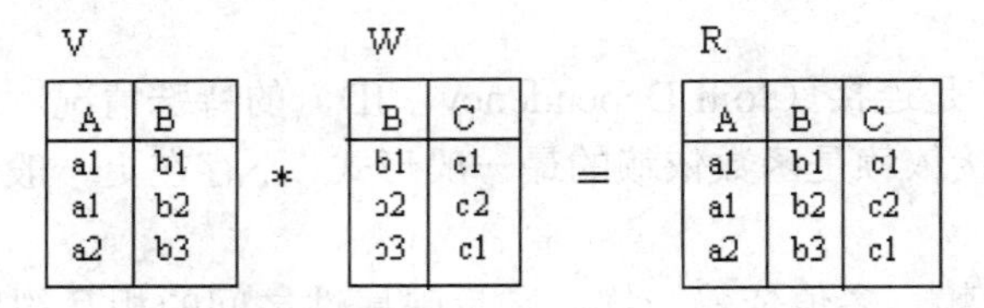

V

A	B
a1	b1
a1	b2
a2	b3

*

W

B	C
b1	c1
b2	c2
b3	c1

=

R

A	B	C
a1	b1	c1
a1	b2	c2
a2	b3	c1

图 2.21 5NF 的关系

即：R = V * W

从原则上说任何一个非 5NF 的关系都可以利用逐步分解的方法分解成一组 5NF 的关系，每个关系中不存在任何连接依赖。判定一个关系是否为 5NF，需要知道该关系的全部候选关键字和连接依赖，然后判断每个连接是否按照候选关键字进行。但是要想找出一个关系的所有连接依赖是非常困难的事情，因此正确地判断一个关系是否为 5NF 仍然是一个不完全清楚的过程。

本章小结

本章讨论了关系数据库的基本理论问题。关系数据库是用数学的关系理论方法来处理数据库数据的。自 1970 年至今，关系数据库在理论和实践上都取得了极大的发展。关系数学是设计关系数据库系统的基础，在关系数据库系统中，每个数据操作都可以表示成一个关系运算式。

关系数据模型中的数据及其联系都是由关系描述的，关系运算可以描述数据之间的复杂联系。

SQL 语言是一种介于关系代数与关系演算之间的语言，具有定义、查询、插入、删除和修改等丰富的功能和使用方式灵活方便、语言简洁易学等优点。关系语言是数据库系统提供给用户对关系数据进行操作的语言。这些语言根据其数学特征和含义又可分成两类：关系代数语言、关系演算语言。

对于关系数据库的范式，本章讨论了 6 种。其中最基本的是 1NF，最高级的是 5NF，关系模式的规范化过程是采用投影分解的方法来实现的。将低一级的关系模式分解为若干个高一级的关系模式，这种分解不是唯一的，应注意分解前后的等价性，分解后得到的模式应能更好地反映出客观现实中对数据处理的要求。

在 1NF 中消除非主属性对关键字的部分函数依赖，就得到了 2NF；在 2NF 中消除非主属性对关键字的传递函数依赖，就可以得到 3NF；在 3NF 中消除主属性对关键字的部分和传递函数依赖，就可以得到 BCNF；在 BCNF 中消除非平凡函数依赖的多值依赖（只保留平凡多值依赖），或在 1NF 中消除决定因素是非关键字的非平凡函数依赖，就可以得到 4NF；在 4NF 中消除连接依赖，就可以得到 5NF，如图 2.22 所示。

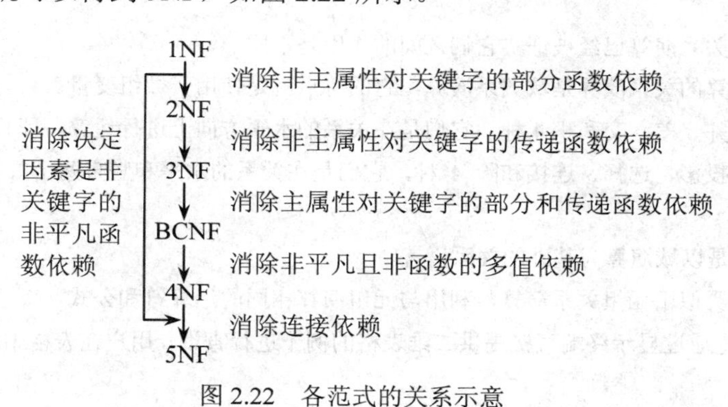

图 2.22　各范式的关系示意

在这些范式中，用得最多的是 3NF 和 BCNF，这是因为在现实中函数依赖是最普遍的，在函数依赖范畴内，一个模式达到了 3NF 与 BCNF 基本上就实现了彻底的分解。在设计数据库时，一般采用模式分解来减少数据的冗余和克服增加、删除操作中的异常，但随之而来的连接操作将使数据库系统付出更大的开销。

习题二

一、选择题

1．关系数据模型是用关系来定义数据库中（　　）的模型，是关系数据库的基础。

A．关系结构　　B．数学公式　　C．数据结构　　D．数学结构

2．如果关系 R 中的某（些）属性 A 不是 R 的候选关键字，而是另一关系 S 的候选关键字，则称该属性（集）为关系 R 的（　　）。

A．外来关键字　　B．内部关键字　　C．外部关键字　　D．主关键字

3．关系代数的运算对象是（　　）。

A．属性　　B．关系　　C．对象　　D．变量

4．QBE 语言称为（　　）的语言，其特点是查询的请求与结果均用表格的形式显示。

A．面向对象　　B．面向程序　　C．面向过程　　D．面向图形

5．SQL 语言是一种介于关系代数与关系演算之间的语言，它既可以嵌入主语言中使用，也可以（　　）使用。

A．内部　　B．独立　　C．外部　　D．联合

6．在关系数据库中，满足特定要求的模式称为（　　）。

A．模式　　B．公式　　C．范式　　D．子模式

二、判断下列各题的正确性，对者用“√”表示，错者用“×”表示

1．关系数据库是用数学的关系理论方法来处理数据库数据的。

2．一个关系中具有唯一标识元组的属性集称为该关系的候选关键字。

3．关系运算是设计关系数据库系统语言的基础，在关系数据库系统中，每个查询操作都可以表示成一个关系运算式。

4．关系代数与关系演算已经被证实它们之间的作用是不同的。

5．基于谓词演算的关系演算是域关系演算，它的特点就是使用了数组变量。

6．集合运算有并、差、交和积 4 种，它们是在关系的水平方向上进行运算，即只对元组进行运算。

7．关系运算有投影、选择、连接和除 4 种，它们是在关系的水平和竖直两个方向上进行运算，既对元组也对属性进行运算。

8．QUEL 语言是以域演算为基础的关系语言。

9．域关系演算类似于元组关系演算，利用与元组演算相同的运算符和公式。

10．QBE 语言是通过显示终端直接提供二维表格的例子进行查询，用户在表格中填入查询要求，就能得到查询的结果。

11．QBE 提供组织定义功能，其作用就是在多个关系中提取相关的部分组成一个临时的关系。

12．关系语言是数据库系统提供给用户对系统数据进行操作的语言。

13．关系语言的特点之一就是结构简单明了，是一种非常方便的用户接口。

14．关系语言的完备性是衡量该语言表达式能力的唯一概念。

15．关系数据库的规范化理论以关系模型为背景，研究如何构造一个适合于已有数据的模式，使得它不仅能准确地反映现实世界。

16．关系模型可以转换成其他数学模型，所以规范化理论对于其他模型的数据库逻辑设计同样具有理论指导意义。

17．数据模型是数据库模式设计的关键所在，它是通过属性值之间的相互关联来反映完整性约束条件的。

18．函数依赖是数据依赖类型中最为常见和重要的类型，是关系数据库逻辑设计中一个重要的概念。

19．函数依赖在现实生活中不是普遍存在的。

20．对于候选关键字，最简单的是单个属性为一候选关键字，最特殊的是全部属性为一候选关键字，称为全关键字。

三、填空题

1．在一个关系中，某一属性集合的值__________元组，则称该属性集合为该关系的关键字。

2．关系数据库的数学基础——关系数据模型中的数据及其联系都是由__________的，关系运算可以描述__________的联系。

3．在关系运算中，有 3 种运算是经常使用的，这 3 种运算是__________、__________和__________。

4．关系代数的运算由两部分组成：一部分是传统的__________，另一部分是专门的__________。

5．QUEL 语言不仅可以作为__________对数据库系统进行交互性操作，而且还可以作为子语言嵌入到其他高级语言中作__________使用。

6．QUEL 语言具有__________、数据的__________、更新、__________和__________等一系列功能。

7．QBE 语言常用的操作类型有：定义数据库、__________、数据查询、__________和__________等。

8．SQL 具有__________、查询、__________、删除和__________等丰富的功能和使用方式灵活方便、语言简洁易学等优点。

9．根据关系语言的结构特点，可以将关系语言分成两类：__________语言、__________语言。

10．关系语言具有查询、更新等__________功能，还具有__________和__________的功能。

11．__________是关系数据库的基础。

12．关系模式是用于__________的，一个关系数据库可以包含__________，定义这些关系的__________的集合就构成了该数据库的模式。

13．数据依赖有两种：一种是__________，另一种是__________。

14．包含在任意一个候选关键字中的属性称为__________，不包含在任意一个候选关键字中的属性称为__________。

15．在现实世界中多值依赖更具有普遍性和一般性，__________可以看做是多值依赖的__________。

四、简答题

1．解释术语：关键字、候选关键字、复合关键字、主关键字和外来关键字。

2．简述关系的性质。

3．试述什么是关系运算。

4．试述关系运算中常用的 3 种运算。

5．试述什么是 QUEL 语言。

6．简述 QBE 语言的操作步骤。

7．简述什么是 SQL 语言。

8．简述 SQL 语言的查询语句一般格式中的各个子句的作用。

9．简述关系语言的种类。

10．评价一个关系语言应从几个方面考虑？

11．简述关系数据库的规范化理论的作用。

12．数据库模式设计的关键是什么？

13．简述数据依赖的种类。

14．试举与函数依赖有关的例子。

15．试述主属性与非主属性。

16．简述范式及其级别。

第 3 章　关系数据库的设计与运行

知 识 点

- 关系数据库的概念设计、逻辑设计和物理设计
- 数据库系统的运行与维护
- 数据库系统的安全与保护

难 点

- 数据库系统设计分析
- 概念设计、逻辑设计与物理设计方法
- E-R 模型向关系模型的转换

要 求

熟练掌握以下内容：

- 数据库系统的需求分析方法
- 数据库设计的模型转换方法
- 数据库系统的实现与维护
- 数据库的安全控制

了解以下内容：

- 数据库的物理设计方法
- 数据库的恢复

3.1　关系数据库设计概述

3.1.1　关系数据库的设计过程

按照数据库规范化的设计步骤，数据库的设计过程一般分为以下 7 个阶段，如图 3.1 所示：

- 规划阶段
- 需求分析阶段
- 概念模型设计阶段
- 逻辑结构设计阶段
- 物理存储设计阶段
- 数据库设计的实施阶段，即应用程序编码、调试、试运行阶段
- 数据库系统的运行与维护阶段

在这 7 个阶段中，前 3 个阶段是面向“问题”的，即客观存在或用户的应用要求；中间

两个阶段是面向“数据库管理系统”的；最后两个阶段是面向“实现”的。

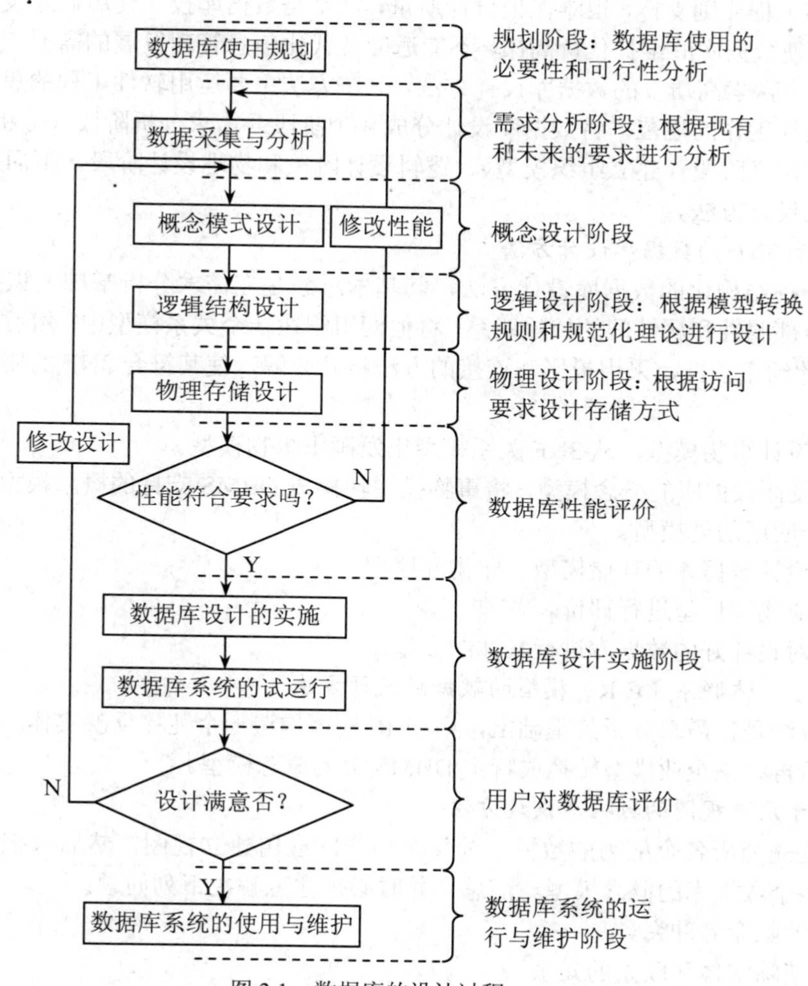

图 3.1　数据库的设计过程

数据库设计是从客观分析和事物抽象入手，综合使用各种设计工具分阶段完成。每一个阶段完成后都要进行设计分析，评价一些重要的设计指标，将设计阶段产生的文档进行评审并与用户交流，对用户不满意之处进行必要的修改。在设计过程中，这种分析和修改可能要重复若干次，求得最佳的模拟现实世界使用效果，能准确地反映用户的需求。

对数据库应用系统的开发，要从开发的全过程来考虑数据库应用系统设计的问题，因此它既是数据库设计过程，也是应用系统的设计过程。在系统的设计过程中应努力将数据库的设计与其他成分的设计紧密结合起来，对数据处理的要求进行收集、分析和抽象，在各个不同的设计阶段进行相互参照、相互补充，完善这两个方面的设计。

3.1.2　关系数据库设计方法简介

由于信息结构的复杂性、应用环境的多样性，在相当长的一段时期内数据库设计主要采用手工试凑法，使用这种方法主要依赖于设计者的经验和编程技巧，与设计人员的经验和水平高低有直接的关系，数据库设计成为一种技艺而不是工程技术。此阶段的数据库设计，缺乏科学的理论和工程原则支持，很难保证设计质量，常常是数据库投入使用后才发现问题，不得不进行修改，使数据库的维护代价高昂，不能适应现代化信息管理发展的需要。为了改变这种状况，人们努力探索高质量的数据库设计方法，这些方法主要运用软件工程的思想和方法，提出了数据库设计工作的规范，将数据库设计分成 4 个阶段：需求分析阶段（分析用户的要求）、信息分析和定义阶段（建立组织模型）、逻辑设计阶段和物理设计阶段。下面介绍几种使用比较多的规范设计方法。

1. 基于 3NF 的数据库设计方法

这是一种结构化的数据库设计方法，其基本思想是在需求分析基础上识别并确认数据库模型中的全部属性和属性间的依赖联系，将他们组织在一个关系模型中，然后再分析模型中不符合 3NF 的约束条件，采用投影和连接的方法将其分解，使其符合 3NF 的要求。具体设计步骤如下：

（1）设计事物模型，从 3NF 关系模型出发画出事物模型。

（2）设计数据库的概念模型，将事物模型转换成 DBMS 支持的概念模型，并根据概念模型导出各个应用的外模型。

（3）设计数据库的存储模型，即物理模型。

（4）对物理模型进行评价。

（5）对设计好的数据库进行具体的实施。

2. 基于实体联系（E-R）模型的数据库设计方法

这种方法是在需求分析的基础上，用 E-R 模型构造一个纯粹反映实体间内在联系的企业模型，然后再将该企业模型转换成特定 DBMS 上的概念模型。

3. 基于用户视图的数据库设计方法

此法是先分析各个应用的数据，为每个用户的应用建立视图，然后再把这些视图进行汇总，形成整个数据库的概念模型。汇总合并时必须注意解决下列问题：

（1）消除命名冲突。

（2）消除实体和联系的冗余。

（3）进行模型重构。

在消除了命名冲突和冗余后，需要对整个汇总模型进行调整，使其满足全部完整性约束的条件。

此外还有属性分析法、实体分析法、基于抽象语义的设计方法等。在实际的设计过程中，往往是多种方法结合使用。例如，在基于用户视图的数据库设计方法中，可以使用 E-R 模型表示各个用户视图。

规范设计方法从本质上看仍然属于手工设计方法，其基本思想是过程迭代和逐步求精。从目前技术条件来看，按照一定的设计规程，用工程化方法设计数据库是最实用的方法，尤其是对于比较复杂的、规模较大的、要求较高的数据库应用系统，应当采用软件工程的方法进行设计。

3.1.3 关系数据库的设计内容

数据库是现代计算机应用系统的核心，数据库中存储的是能正确地反映现实世界的信息，为各种应用程序及时、准确地提供所需的数据。设计一个能够满足各种应用系统使用的数据库系统是数据库系统设计过程的一个关键问题。

数据库的设计是在具体的数据库管理系统的支持下进行的，主要包括系统的静态特性设计和动态特性设计两个方面。

1. 静态特性设计

静态特性设计是设计数据模型的静态模型——模型与子模型的设计，又称为数据库的结构特性设计，是根据给定的应用环境设计出数据库的数据模型（即数据结构）或数据库模型，是经过汇总各个用户视图，再进行模型化后的产物。静态特性设计包括了数据库的概念结构设计和逻辑结构设计两个方面，反映了现实世界的信息及其联系，具有冗余最小，实现数据共享的功能。数据库的结构特性是静态的，一经形成在通常情况下是不能轻易改变的。

2. 动态特性设计

动态特性设计是对数据模型的动态操作进行设计——应用程序设计，又称数据库行为特性设计，是确定数据库用户的行为和操作。在数据库系统中用户的行为和操作是通过应用程序存取数据和处理数据体现的，是动态的。

用户的各种操作会使数据库的内容发生变化，因此数据库的动态特性设计就是设计数据库的数据查询、数据更新、事务处理和报表处理等应用程序。

3. 静态特性设计与动态特性设计的关系

考虑到使用方便和对数据库的性能改善，结构特性必须适应行为特性，因此数据库设计强调的是结构设计与行为设计的统一。但是目前建立数据模型所使用的工具并没有给行为特性设计提供有效的方法和手段，也就是结构设计和行为设计不得不分别进行，还得相互进行参照。

在数据库系统设计中，结构特性设计是关键。因为数据库结构框架是从考虑用户的行为所涉及到的数据处理进行汇总而提炼出来的，这也是数据库设计与其他软件设计的最大区别。

数据库的设计是一项复杂的工程，属于软件工程范畴，其开发周期长、耗资多、失败的风险大。为了降低风险，可以将软件工程的原理和方法应用到数据库设计中，因此数据库设计人员应该具备以下几方面的知识和技术：

- 计算机软硬件基础知识和程序设计技术
- 数据库基本知识和数据库设计技术
- 软件工程的原理和实施方法
- 数据库应用领域的专业知识

其中，数据库应用领域的专业知识随着应用系统的不同而不同，数据库设计人员必须对应用环境、专业知识和业务有深入、具体的了解，才能设计出符合具体领域要求的数据库应用系统。

3.2 关系数据库的规划与需求分析

3.2.1 关系数据库的规划

数据库规划是数据库设计的准备阶段，该阶段的主要任务是进行数据库建立的必要性和可行性分析，并确定各个数据库之间的关系、数据库系统在企事业单位中的地位等。

随着数据库技术的发展与普及，各行各业在计算机应用中都会提出建立数据库的要求，在确定采用数据库技术之前，必须对各种因素作全面的分析和权衡，确定建立数据库的利与弊，因为不是在任何情况下建立数据库都是好的选择。一般情况下需要考虑以下 3 个方面的因素：

（1）一个单位要处理的数据量是否巨大、专用性强，数据处理的方式是否简单规范。例如固定报表的统计、汇总处理等，选择文件技术会更经济和有效。

（2）数据库技术对数据的采集、管理人员的活动规范与否，以及最终用户的计算机应用水平等都有较高的要求。当一个单位尚不具备这些条件时，盲目建立数据库系统往往会导致系统运转不灵，使用失败。

（3）数据库技术对计算机系统的软硬件要求较高，要有足够的内存空间、外存储容量以及 DBMS 软件，这会导致数据处理的成本增加。

建立数据库系统，要先分析单位的业务状况和功能，确立数据库覆盖的范围，是建立一个综合的数据库，还是建立若干个专用的数据库。建立一个综合数据库的难度较大，效率有可能不高，较好的选择是建立若干个专用数据库。这种结构易于实现，可以逐步地完成一个大型数据库系统的建设。

数据库规划工作完成之后，应编制详尽的可行性分析报告和数据库规划说明。内容应包括覆盖范围，数据来源，人力、设备、软件及硬件资源状况，开发成本估算，开发进度计划，新旧系统过渡的计划等。这些资料应送交单位的决策部门和最高领导层审批。

3.2.2 关系数据库的需求分析

需求分析是数据库设计的第一阶段，必须高度重视和慎重对待，确切而无遗漏地弄清楚用户对新系统的要求是新系统设计取得成功的重要前提。经验证明，由于对用户要求的误解，导致设计的错误没能及时发现，直到新系统进行测试才发现这些错误，使得纠正这些错误要付出很大的代价。要避免这类情况发生，就要做好新系统的需求分析工作。这一阶段收集到的基础数据和数据流图（Data Flow Diagram，DFD）是进行下一阶段概念模型设计的基础。

概念模型是整个数据组织中所有用户数据的组织结构，对整个数据库设计具有深远的影响，而要设计好概念模型，就必须在需求分析阶段用系统的观点来考虑问题、收集和分析收集到的各种信息。

1. 需求分析阶段的主要工作

需求分析阶段的主要工作有以下 4 个方面：

（1）分析用户活动。一个单位往往包含许多职能部门（组织机构）。在收集和分析用户的各种业务活动的同时，要从数据管理的角度出发，按部门查清数据的流向和处理过程。

（2）确定系统边界。要区分哪些功能由计算机来完成，哪些功能由人工处理，确定新系统的处理范围。

（3）系统数据分析。按照用户的每一项应用，弄清楚涉及到的每一个数据项的数据性质、流向和所需的处理。在这一步结束时，要画出各个应用的“数据流图”，编制出“数据字典”，前者表明数据的流向与加工处理的过程，后者记载着数据的名称、类型、长度、取值范围以及数据流、数据存储、数据处理方法等详细信息。数据流图和数据字典既是下一步概念设计的根据，也是以后编写应用程序的依据。

（4）编写需求分析说明书。编写需求分析说明书是对需求分析阶段的总结，它包括：最后形成的数据流图和数据字典，整个系统的管理目标、范围、内容、功能、应用性质、安全可靠性及完整一致性约束条件等；还应包括软硬件支持环境的选择（DBMS、操作系统、计算机机型的选择）等。

编写的需求分析说明要规范，进行审议时设计人员和用户要一起参加，审议通过后，要有设计者和用户双方签字。至此，需求分析阶段的工作告一段落，接下来的是概念模型的设计。

2. 调查用户的要求

从数据库设计的角度考虑，需求分析阶段的目标是获得用户对新系统使用要求的全面描述。即对现实要处理的对象（企事业组织情况、部门设置等）进行详细调查，了解原系统的概况，确定新系统的功能，收集支持系统目标的基本数据及其处理方法。

信息调查的重点是“数据”和“处理”两个方面，从调查过程中获得用户对数据库的全面要求。信息调查主要有以下几个方面：

（1）数据要求。用户要从数据库中获得数据对象、类型和长度等信息的内容、性质；导出数据的要求，即在数据库中需要存储哪些数据等。

（2）处理要求。要完成什么样的数据处理、对处理的响应时间、处理方式是批处理还是联机处理等。

（3）完整性和一致性的要求。

（4）安全性和可靠性的要求。

3. 调查的过程

需求分析的具体调查过程如下：

（1）了解原有系统的组织情况，调查该组织机构由哪些部门组成，各部门的职责是什么，为分析信息流程做准备。

（2）了解各部门的业务活动情况，调查各部门信息来源、输入数据和使用数据的情况，如何加工处理这些数据；输出信息情况，输出什么数据，输出到什么部门，输出数据的格式是什么等。

（3）确定新系统的边界，确定哪些工作由计算机完成，或将来准备由计算机完成，哪些工作由人工完成。确定由计算机完成的工作就是新系统应该实现的功能。

4. 数据处理方法

在众多的分析方法中，结构化分析（Structured Analysis，SA）方法是分析和表达用户需求的简单、实用的方法。SA 方法是以自顶向下，逐层分解的方式进行系统分析的，使用数据流图、数据字典等工具描述现有的系统。任何一个系统都可以抽象为图 3.2 所示的结构。

图中数据处理功能的具体内容可以分解为若干个子功能，每个子功能继续分解，直到把原有系统的工作过程表达清楚为止。在处理功能逐步分解的同时，所涉及的数据也逐级分解，形成若干层次的数据流图。数据流图表达了数据和处理过程的关系。处理过程的处理逻辑经常使用判定表或判定树来描述。

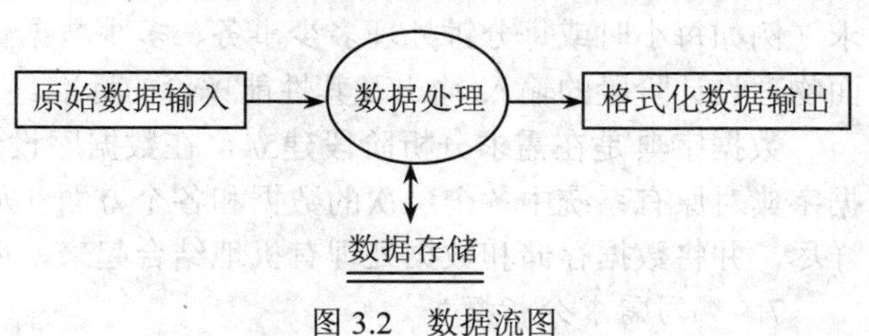

图 3.2　数据流图

5. 调查分析系统功能

调查分析原有系统功能的目的是为了确定新系统应具有哪些功能、完成哪些任务。通常是从用户对数据处理的要求开始的,通过设计人员和用户的充分讨论和协商,由用户提出要求,设计人员根据用户的要求制定实施方案，最后把新系统的功能确定下来，并以某种形式的表述语言或自然语言做出无二义的表述。对于用户提出的功能要求，设计人员应尽量满足，但是必须注意的是，不能随便答应用户某些不合理或无法实现的要求。同时也应注意用户的要求对于现有的技术力量和资金实力能否实现，以免日后引起纠纷。

6. 数据字典

（1）数据字典（Data Dictionary，DD）。数据字典是对系统数据结构的详细描述，是各类数据属性的清单。对数据库设计而言，数据字典是进行数据收集和数据分析工作得到的主要成果。

数据字典是各类数据描述的集合，通常包括：数据项（是数据的最小单位）、数据结构（是若干数据项有意义的集合）、数据流（表示某一数据处理过程的输入与输出）、数据存储（处理过程中的存取数据）和数据处理过程。

（2）数据字典的主要内容。数据字典主要描述的内容如下：

① 数据项描述。包括：数据项名、数据项含义说明、别名、类型、长度、取值范围与其他数据项的逻辑关系等。其中“取值范围”与其他数据的逻辑关系（例如，该数据项等于另外几个数据项之和、该数据项值与其他数据项值的关系等）定义了数据的完整性约束条件，是设计数据检验功能的依据。

② 数据结构描述。包括：数据结构名、含义说明、数据组成（数据项名）等。

③ 数据流。包括：数据流名、数据流说明、流入与流出过程、数据流构成（数据结构或数据项）等。其中“流入过程”说明该数据流由什么地方来，“流出过程”说明该数据流到什么过程去。

④ 数据存储。包括：数据存储名、存储说明、输入数据流、输出数据流、组成内容（数据结构或数据项）、数据量、存取方式等。其中“数据量”说明每次存取多少数据、每个固定时间（如每小时、每周）存取的次数等信息。“存取方法”是指数据处理方式，例如是批处理还是联机处理，是检索还是更新，是顺序检索还是随机检索等，应尽可能地详细收集并加以说明。

⑤ 处理过程。包括：处理过程名、处理说明、输入/输出（数据流）、处理方法（简要说明）等。“简要说明”主要说明该处理过程的功能，即“做什么”（不是怎么做）、处理频度要求（例如每小时或每分钟处理多少事务、多少数据量、响应时间要求等），这些处理要求是后面物理设计阶段的输入/输出及其性能评价的标准。

数据字典是在需求分析阶段建立，在数据库设计各个阶段不断修改、补充和完善的。数据字典对原有系统中各个层次的数据和各个方面（从数据项到数据存储）的描述要尽量精确、详尽，并将数据存储和数据处理有机地结合起来，可以使概念模型的设计变得相对容易。

7. 编写需求分析报告

需求分析阶段的最后部分是编写需求分析报告，又称需求规范说明书，并提交给用户的决策部门讨论审查。编写需求分析报告的过程是一个不断反复、逐步深入、逐步完善的过程。需求分析报告应包括以下内容：

（1）原有系统的概况、系统的目标、范围、功能、历史背景和现状。

（2）新系统依据的原理和采用的技术，以及对现有系统的改善。

（3）新系统的总体结构与子系统结构的说明，及其关系说明。

（4）现有系统的数据流图说明和系统功能说明。

（5）数据处理概要、工程体制和各个设计阶段的划分。

（6）新系统设计方案及其在经济、技术、功能和操作上的可行性分析。

完成需求分析报告后，在项目单位的领导下要组织有关技术专家对需求分析报告进行评审，这是对需求分析结果的再检查。审查通过后，由项目方和开发方领导签字认可。

随需求分析报告应提供以下附件：

（1）系统软硬件支持环境的选择及其规格要求（包括：数据库管理系统、操作系统、汉字平台、计算机型号、网络环境等的选择）。

（2）组织机构图、组织之间的关系图和各机构功能、业务一览表等。

（3）数据流程图、功能模块图和数据字典等。

如果用户同意需求分析报告和新系统的设计方案，在与用户进行详尽商讨的基础上，最后签订技术协议书。

需求分析报告是新系统的设计方与用户一致确认的权威性文献，是今后新系统各阶段设计和验收的依据。

例 3.1　假设某单位要设计一个查询系统。要求：主管生产的部门能够查询到产品的性能、各种零件的用料和每种产品的零件组成情况，并由此编制本单位的生产计划；主管供应的部门能够了解产品的价格、各种产品的用料情况以及这些材料的价格与库存量，并根据这些资料提出材料的订购计划。试写出需求分析报告。

由于篇幅所限，仅以图表示。图 3.3 表示“生产查询功能”，图 3.4 表示“供应查询功能”。

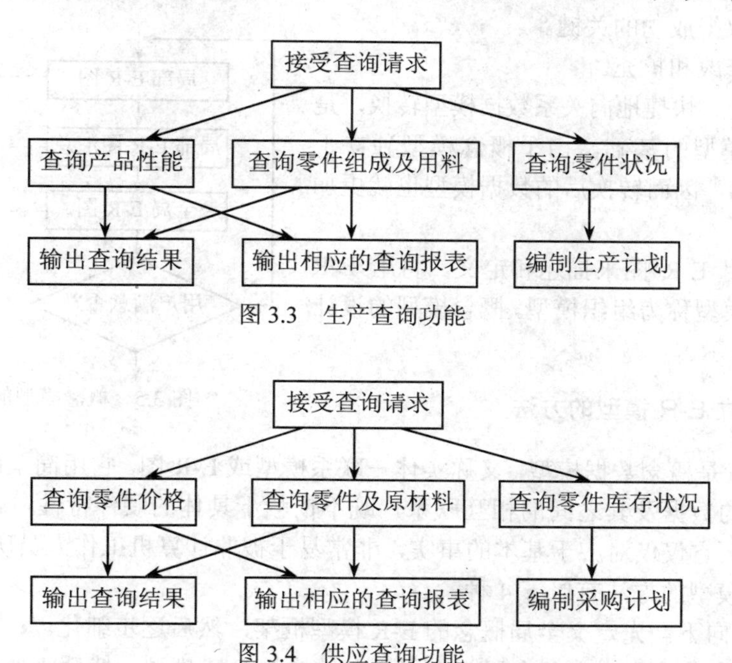

图 3.3　生产查询功能

图 3.4　供应查询功能

3.3 关系数据库的概念模型设计

概念模型设计是整个数据库设计的关键所在。在早期的数据库设计过程中，在系统需求分析后，接着就进行逻辑设计。因此，在逻辑结构设计时既要考虑数据结构，又要考虑存取路径、存取效率等多方面的问题，使设计工作变得十分复杂。为了减轻逻辑结构设计的复杂程度，70 年代中期数据库专家 P.P.Chen 提出，在进行逻辑结构设计之前，先进行概念模型的设计，并提出了用 E-R 图来表示概念模型的方法。概念模型是现实世界的客观反映，是从用户角度看到的数据库。

3.3.1 概念模型的作用

设计数据库的概念模型或概念结构，是数据库逻辑设计的基础。它既独立于 DBMS，也独立于数据库的逻辑结构；既独立于数据库的逻辑模型，也独立于计算机和存储介质上的物理模型。概念模型主要有以下两方面的作用：

（1）提供识别和理解系统的框架。

概念模型是识别和理解系统要求的框架，因此必须弄清各个应用的主要方面和各个应用之间的细小差别，否则就会设计出不适用的概念模型。

（2）提供说明性的结构。

概念模型为数据库提供了一个说明性的结构，为设计数据库的逻辑结构打下了基础。因此，概念模型应具有以下功能：

- 充分反映现实世界中的各种数据处理要求，是现实世界的一个真实模型。
- 表达自然、直观，容易理解，便于和不熟悉计算机的用户进行交流，这是保证数据库设计取得成功的关键。
- 易于修改和扩充。
- 能方便、快捷地向关系数据模型转换，是数据模型的基础。由于概念模型独立于 DBMS，因而转换后的数据模型也就更加稳定。

概念模型用 E-R 图来描述和定义。将用 E-R 图定义的概念模型称为组织模型。概念模型的设计过程如图 3.5 所示。

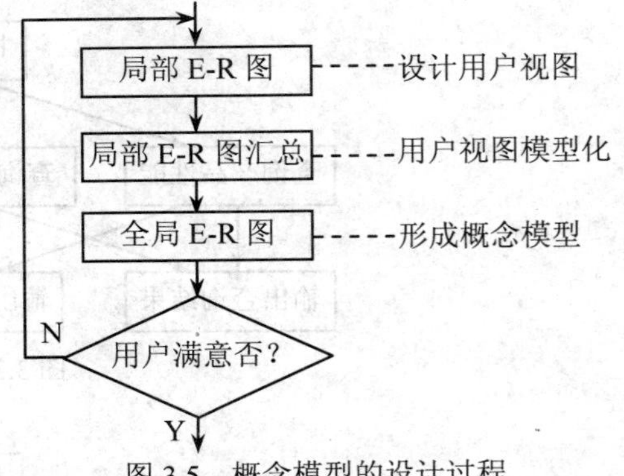

图 3.5 概念模型的设计过程

3.3.2 建立 E-R 模型的方法

E-R 模型就是概念数据模型，又称实体－联系模型或 E-R 图。它用简单的图形反映出现实世界中存在着的数据及其之间的相互联系，既不依赖于具体的硬件特性，也不依赖于具体的 DBMS 的性能。它仅仅对应于基本的事实，非常易于被非计算机工作人员所理解。

设计 E-R 模型的方法有以下 4 种：

（1）自顶向下。先定义全局概念的 E-R 模型框架，然后逐步细化。

（2）自底向上。先定义各个局部应用概念结构的 E-R 模型，然后将他们汇总集成，得到全局概念的 E-R 模型框架。

（3）由里向外。先定义最重要的核心部分的 E-R 模型框架，然后再向外扩充，生成其他部分的 E-R 模型。

（4）混合策略。采用自顶向下和自底向上相结合的方法，用自顶向下的方法设计一个全局的 E-R 模型框架，以它为骨干生成自底向上策略中涉及的各个局部的 E-R 模型框架。

现在采用较多的方法是自底向上设计方法，即先建立各个局部应用的 E-R 模型，然后再集成全局的 E-R 模型。

3.3.3　建立局部 E-R 模型

设计局部 E-R 模型的关键是标识实体和实体之间的联系。利用系统需求分析阶段得到的数据流图和数据字典、系统需求分析报告，就可以建立对应各个部门（或应用）的局部 E-R 模型。这里最重要的问题是如何确定实体（集）和实体属性，即要确定系统中的每一个子系统包含哪些实体，这些实体又包含哪些属性。实体及其属性的划分并无绝对的标准，划分时首先要按照现实世界中事物的自然归属来定义实体和属性，然后再进行必要的调整。调整实体及其属性的基本原则有以下两个方面：

（1）实体及其属性之间的联系只能是 1:n 或 1:1 的。

（2）属性本身不能再有需要描述的性质或者与其他事物之间具有联系。

满足上述两条的“事物”一般作为属性来处理，能作为属性处理的尽量作为属性处理，以简化 E-R 模型。

例如，对物资管理根据现有的环境和要求不同，有将仓库作为物资的属性和作为独立实体的两种不同的情况。当物资只存放于一个仓库中时，可以用仓库号来描述该物资的存放处，这时仓库就成为该物资的一个属性。当一种物资可以存放于多个仓库中时，或者应用中需要指出仓库的面积和地点时，根据原则（2）就应把仓库作为一个实体对待。

再例如，描述职工及其子女的联系时，应将子女作为独立实体考虑。因为职工的属性子女不但违反了原则（1）而且也违反了原则（2），所以将“子女”这个属性分离出来作为一个实体比较合理。

3.3.4　全局概念 E-R 模型的设计

综合各部门（或应用）的局部 E-R 模型，就可以得到系统的总体 E-R 模型。具体操作的步骤是：先将各个局部 E-R 模型合并成为一个初步的总体 E-R 模型，然后再去掉初步总体 E-R 模型中冗余的联系，就可以得到符合要求的总体 E-R 模型了。

在综合过程中应注意发现和解决各个局部 E-R 模型之间的不一致性问题，如同名称的数据在不同的应用中是否表示了不同的对象、实体和关系的定义是否冲突等。这种简单合并所得到的总体 E-R 模型只是初步的总体 E-R 模型，在其中可能存在冗余的数据和冗余的联系。所谓冗余的数据是指可由基本数据导出来的数据，冗余的联系是指可由基本联系导出的联系。冗余的数据和联系的存在会破坏数据库的完整性和一致性，增加数据库管理的难度。因此，对不必要的冗余应加以消除。消除了冗余后的 E-R 模型，又称为基本 E-R 模型。

综合后得到的基本 E-R 模型是一个企事业单位的概念模型，它表示了用户的要求，是沟通用户的“要求”与数据库设计人员的“设计”之间的桥梁。用户和设计人员必须对这一模型认真、仔细和反复地进行讨论，在用户确认这一模型正确无误之后才能进入下一阶段——“逻辑结构设计阶段”的工作。

3.4 关系数据库的逻辑结构设计

E-R 模型表示的是企事业单位的概念模型，是用户数据要求的形式化。它独立于任何一种数据模型，独立于任何一个数据库管理系统，因而也不被任何一个数据库管理系统支持。逻辑结构设计的任务是将 E-R 模型转换成由具体的数据库管理系统支持的数据模型，这是为用户建立数据库所必需的。

数据库逻辑结构的设计，应该选择最适合于用户要求的数据模型，并从支持这种数据模型的多个数据库管理系统中选出最佳的，再根据选定的数据库管理系统的特点和限制对数据模型作适当的修正。对于同一种数据模型，不同的数据库管理系统有不同的限制，提供不同的环境和工具。通常将这种转换过程分两步进行：首先，把 E-R 模型转换成一般的关系数据模型；然后，再将关系数据模型转换成特定的数据库管理系统所支持的逻辑结构模型，如图 3.6 所示。

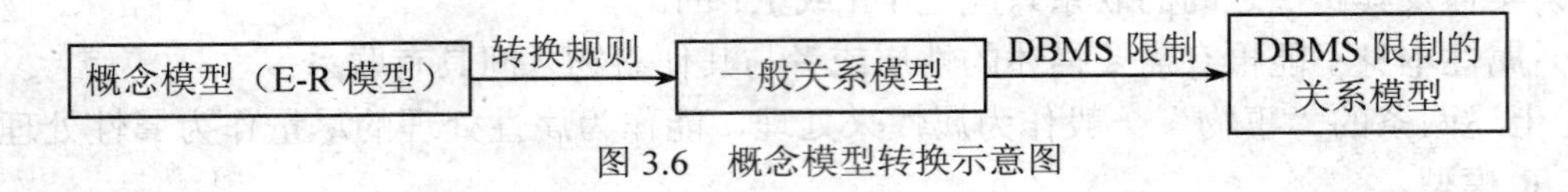

图 3.6 概念模型转换示意图

3.4.1 E-R 模型向关系模型转换

由于关系模型是由一组关系模式组成的，因此将概念模型转换成关系模型就是将 E-R 模型转换成一组关系框架，并使之相互联系构成一个整体结构化了的数据模型，其关键所在是怎样实现不同关系之间的联系。

1. 转换原则

将 E-R 模型转换为一个关系模型的转换原则如下：

（1）一个实体型转换为一个关系模型，实体的属性就是关系的属性，并应根据该关系表达的语义确定关键字属性。关键字的作用是决定不同关系之间的联系。

（2）对于 E-R 模型中的联系，要根据其联系方式的不同采用不同的方式使这种联系能够在关系模型中实现。一个联系转换为一个关系模型，与该联系相关的各个实体的关键字属性以及联系的属性转化为该关系的属性。

关系模型的关键字有以下 3 种情况：

- 若实体联系为 1:1，则每个实体的关键字均是关系模型的候选关键字。
- 若实体联系为 1:n，则关系模型的关键字为 n 端实体的关键字。
- 若实体联系为 n:m，则关系模型的关键字为与联系有关的诸实体关键字的组合。

2. 转换方法

将 E-R 模型转换为关系模型，可能遇到的情况及其具体转换方法在下面进行简单介绍。

（1）将一个实体转换为一个关系模型。先分析实体的属性，从中找出关键属性以及属性间的依赖关系，然后用关系模型来表示（属性名下加横线的为关键字，用有向线段表示函数依

赖关系)。例如,将图 3.7 所示的 E-R 模型中的实体分别转换成相应的关系模型如下:

供应商(<u>姓名</u>,地址,电话,账号,姓名→地址,姓名→电话,姓名→账号)

零件(<u>名称</u>,规格,单价,名称→规格,名称→单价)

仓库(<u>库名</u>,主任,电话,库名→主任,库名→电话)

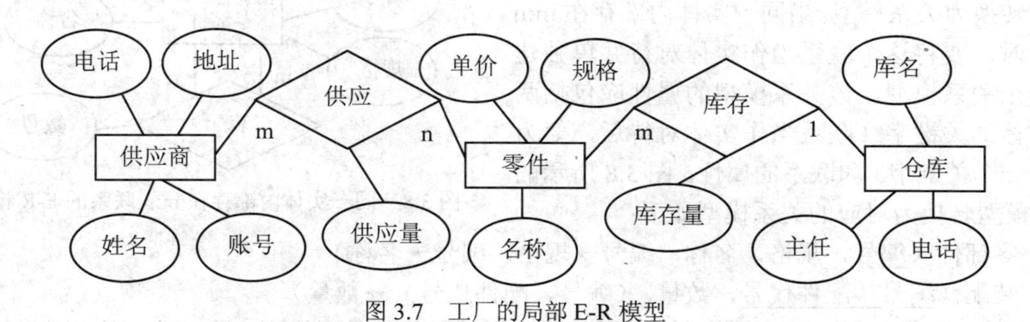

图 3.7　工厂的局部 E-R 模型

(2)将一个联系转换为一个关系模型。在这类关系中其属性集包含了由它连接的各个实体中的关键字以及它本身的属性。例如,图 3.7 中的 E-R 模型的联系"供应"可以转换为以下关系模型:

零件供应(<u>姓名,名称</u>,供应量,(姓名,名称)→供应量)

(3)两个实体间的联系是 1:n 联系的 E-R 模型转换为关系模型。一个实体对多个实体的 E-R 模型转换为关系模型的方法有以下两种:

① 如图 3.7 所示的仓库与零件之间的联系是 1:n 联系。"仓库"与"零件"及其联系"库存"可以转换为以下关系模型:

仓库(<u>库名</u>,主任,电话,库名→主任,库名→电话)

零件(<u>名称</u>,规格,单价,名称→规格,名称→单价)

库存(<u>名称</u>,库名,库存量,(名称,库名)→库存量)

② 当两个实体之间是 1:n 联系时,还可以将"1"方的关键字纳入"n"方实体对应的关系中作为外来关键字,同时把联系的属性也纳入"n"方对应的关系中。例如,图 3.7 所示仓库与零件之间是 1:n 联系。将"仓库"和"零件"两个实体分别转换为对应的关系,为了实现两者之间的联系,可将"1"方(仓库)的关键字"库名"纳入"n"方(零件)作为外来关键字,同时把联系的属性也并入"零件"关系中。转换后的关系模型如下:

仓库(<u>库名</u>,主任,电话,库名→主任,库名→电话)

零件(<u>名称</u>,规格,单价,库名,库存量,名称→规格,名称→单价,(名称,库名)→库存量)

这两种转换方法可以根据实际情况进行选择使用。

(4)将两个实体间的联系是 m:n 联系的 E-R 模型转换为关系模型。当两个实体间的联系是 m:n 联系时,要为这个联系单独建立一个关系模型,用来联系两个实体。由联系转换的关系模型的属性包括被它所联系的双方实体的关键字,如果联系有属性,也要放入这个关系中。例如,图 3.7 所示供应商与零件之间是 m:n 联系。将"供应商"和"零件"两个实体分别转换为对应的关系,为了实现两者之间的联系,将联系(供应)也转换成对应的关系模型。转换后的关系模型如下:

供应商（<u>姓名</u>，地址，电话，账号，姓名→地址，姓名→电话，姓名→账号）

零件（<u>名称</u>，规格，单价，名称→规格，名称→单价）

供应（<u>姓名，名称</u>，供应量，（姓名，名称）→供应量）

（5）将一个实体内部存在 m:n 联系的 E-R 模型转换为关系模型。当同一实体内部存在 m:n 联系时，要将这个联系当作实体对待并单独建立一个关系模型，该关系模型的属性应包括两个实体的关键字（联系当作实体对待后，要为其设一个关键字）和联系的属性。图 3.8 所示的 E-R 模型转换为对应的关系模型如下：

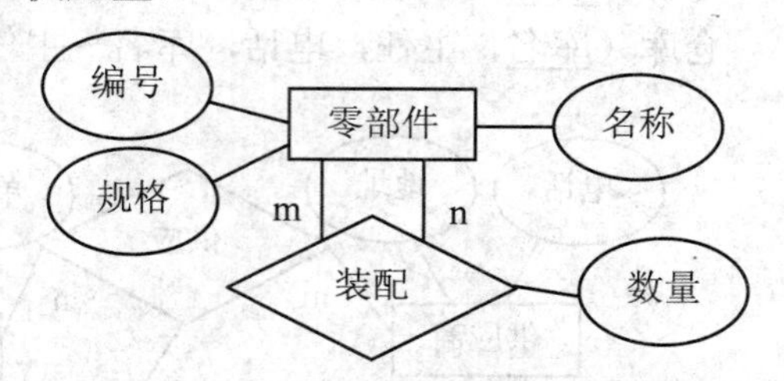

图 3.8 同一实体内部存在 m:n 联系的 E-R 模型

零部件（<u>编号</u>，规格，名称，编号→规格，编号→名称）

装配（<u>编号，配件代号</u>，数量，（编号，配件代号）→数量）

（6）将多个实体间存在 m:n 联系的 E-R 模型转换为关系模型。当两个以上实体间存在 m:n 联系时，要为这个联系单独建立一个关系模型，用来联系这多个实体。由联系转换的关系模型的属性包括它所联系的多个实体的关键字，如果联系有属性，也要放入这个关系中。例如，图 3.9 所示的教授－选课 E-R 模型，具有多个实体的 m:n 联系。将“教师”、“学生”和“课程”3 个实体分别转换为对应的关系，为了实现三者之间的联系，将联系（“教授－选课”）也转换成对应的关系。

教师（<u>编号</u>，姓名，性别，编号→姓名，编号→性别）

学生（<u>学号</u>，姓名，性别，学号→姓名，学号→性别）

课程（<u>课程号</u>，课程名，课程号→课程名）

教授－选课（<u>编号，学号，课程号</u>，评价，分数，（编号，课程号）→评价，（学号，课程号）→分数）

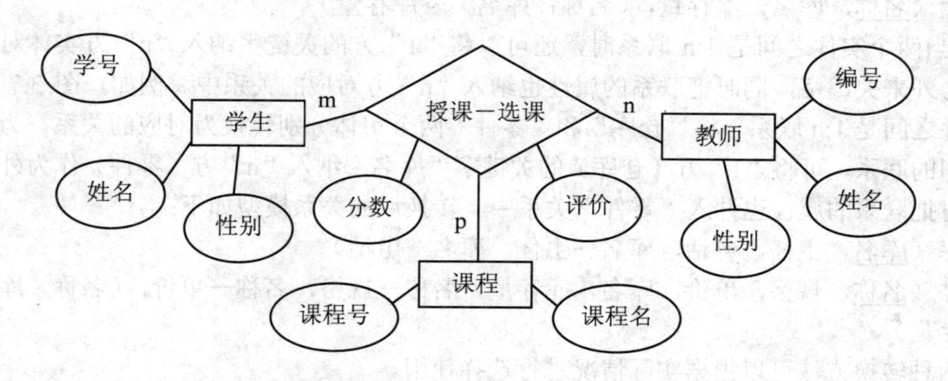

图 3.9 多个实体间存在 m:n 联系的 E-R 模型

3.4.2 关系规范化应用

规范化理论是数据库逻辑设计的指南和工具，用规范化理论对上述产生的逻辑模型进行初步优化是关系规范化理论的具体应用。优化时主要考虑以下 3 个方面：

（1）在数据分析阶段用数据依赖的概念分析和表示各数据项之间的联系。

（2）在设计概念结构阶段，用关系规范化去消除E-R模型中的冗余联系。

（3）在E-R模型向数据模型转换的过程中，用模式分解的概念和方法指导设计。

在设计过程中可以充分运用规范化理论的成果优化关系模型的设计，优化的具体步骤如下：

（1）确定数据之间的依赖关系。

将E-R图中每个实体的各个属性按数据分析阶段所得到的语义写出其数据依赖，实体之间的联系用其主关键字之间的联系来表示。

例如，系与学生实体间的联系可以表示为学号→系名，学生与课程之间m:n的联系可以表示为（学号，系名）→课程号。

还应仔细考虑不同实体属性之间是否存在着某种数据依赖，如果有要将它们一一列出，得到一组数据依赖，记做F，这组数据依赖F和各实体所包含的全部属性∪就是关系模型设计的输入。

（2）用关系模型来表示E-R模型中的实体。

每个实体对应一个关系模式$R_i(U_i,F_i)$，其中U_i就是该实体是否包含的属性，F_i就是F在U_i上的投影。

（3）对实体之间的某些数据依赖进行极小化处理。

（4）用关系表示实体之间的联系。

每个联系对应一个关系模式$R_i(U_i,F_i)$）。U_i由相互联系的各实体的主关键字属性以及描述该联系性质的属性组成。F_i就是F在U_i上的投影。对于不同实体的非主关键字属性之间的联系也会形成一个关系模式。这样就有了一组关系模式。根据数据依赖的理论分析这组关系模式是否存在着函数依赖、传递依赖、多值依赖等，确定它们分别属于第几范式。

（5）对关系模式进行合并或分解。

按照数据分析阶段得到的各种应用对数据处理的要求分析这些模式是否适合这样的应用环境，确定是否要对它们进行合并或分解。

例如，对于有相同关键字的关系模型一般可以合并；对非BCNF的关系模式，虽然从理论上分析会存在不同程度的更新异常或冗余，但这些问题在实际应用中不会有实际的影响，那么可以不必对该模型进行规范化；对于那些只用于查询而不执行更新操作的关系模型，分解带来的消除更新异常的好处与经常查询要再进行自然连接所带来的效率降低相比是得不偿失的，在这种情况下就可以不必进行分解。并不是规范化程度越高的关系模型就越好。

需要进行分解的关系模型可以用相应的算法进行分解，对分解后产生的各种模型进行评价，选出较适合应用要求的关系模型。

规范化理论给出了判断关系模型优劣的理论标准，是数据库设计人员的指南和有力的工具，使数据库设计工作有了严格的理论保障。

3.4.3　关系模式优化

要提高数据库应用系统的性能，特别是为了提高对数据的访问效率，还必须对已有的关系模式进行优化，即对关系模式进行修改、调整和重构。经过反复多次的尝试和比较，最后得到最优的关系模式。

最常用和最重要的优化方法是根据应用的要求对关系模式进行垂直或水平分解。

例 3.2 设有职工关系模式 TC，若经常进行人事查询操作时，应怎样进行优化？

TC（编号，姓名，性别，年龄，职务，职称，工资，工龄，住址，电话）

答：因为人事查询只针对职工的编号、姓名、性别、年龄、职务、工资等数据项，所以对关系模式 TC 进行"垂直分解"，将其分解为 TC1、TC2 两个关系模式，这样做既减少了每次查询所传递的数据量，又提高了查询的速度。

TC1（编号，姓名，性别，年龄，职务，工资）

TC2（编号，职称，工龄，住址，电话）

在同一个关系模式中，存在经常查询的属性和非经常查询的属性时，可采用垂直分解的方法得到优化的关系模式。

例 3.3 某学校的学籍记载着学生的情况——学籍关系，其中包括大专生、本科生和研究生三类学生。假设每次查询只涉及其中的一类学生，应当怎样对学籍关系进行优化呢？

答：如果每次查询只涉及其中的一类学生，就应把整个学籍关系"水平分割"为大专生、本科生和研究生 3 个关系。

大专生（学号，姓名，…）

本科生（学号，姓名，…）

研究生（学号，姓名，…）

例 3.4 某学校的管理人员经常要按教授、副教授等职称分类查询教师的情况，应当怎样对教师关系模式进行优化呢？

教师（工号，姓名，职称，…）

答：可以将原来的教师关系模式分解为：

教师分类（职称，职工编号）　　（存放总信息）

教授名册（职工编号，姓名，…）　　（存放教授信息）

副教授名册（职工编号，姓名，…）　　（存放副教授信息）

讲师名册（职工编号，姓名，…）　　（存放讲师信息）

助教名册（职工编号，姓名，…）　　（存放助教信息）

……

对于经常进行大量数据的分类条件查询，可按条件进行分解，这样可减少应用系统每次查询需要访问的记录数，提高查询性能。

3.5 关系数据库的物理设计

物理设计是在逻辑设计的基础之上，为一个确定的逻辑结构设计一个最符合应用环境的物理结构，包括确定数据库在物理设备上的存储结构和访问方法，以及如何分配存储空间等问题。物理设计过程通常是分阶段反复进行的，要经历设计、评价、修改、再评价的过程。经过多次反复，最后得到一个性能较好的存储模式。数据库的物理设计完全依赖于选定的数据库管理系统，设计的结果是将逻辑模型变成目标模型，即产生由数据库管理系统可以直接处理的存储模型。物理设计还要考虑数据的安全性、完整性约束，提高访问效率等问题。

3.5.1　物理设计的主要目标和要解决的问题

1．数据库物理设计的主要目标

数据库物理设计的主要目标有以下两个方面：

（1）提高数据库的性能。

（2）节省存储空间。

2．数据库物理设计要解决的问题

在数据库物理设计中要解决的问题有以下 6 个方面：

（1）文件的组织方式和存取方法。

（2）索引项的选择，对哪些数据项建立索引才有利于提高处理效率。

（3）哪些数据存放在一起有利于性能的提高。

（4）数据的压缩、分块技术。

（5）缓冲区的大小及其管理方式。

（6）文件在存储介质上的分配形式。

总之，数据库物理设计考虑的主要因素就是提高数据库系统的数据处理效率，减少系统的开销。

在进行物理设计时，不同数据模型的 DBMS 所提供的物理环境、存取方法和存储结构差异很大，供设计人员使用的设计变量、参数范围也不相同。因此，物理设计没有通用的方法可以遵循，只能给出一般的设计原则，希望设计人员能够优化物理数据库结构的设计，使得数据库系统运行的响应时间短、存储空间利用率高、数据吞吐率大。

现在流行的 DBMS 几乎都是关系型的，关系型的 DBMS 对于数据库文件的存取方法、记录的存放位置、缓冲区的大小设置、管理方式等均由操作系统管理，DBMS 无法控制。因此，关系型的 DBMS 为数据库设计人员提供的物理设计因素都是关键性的，使得关系数据库系统的效率在很大程度上取决于 DBMS。

3.5.2　物理设计的内容

数据库设计人员必须深入了解以下 3 个方面，才能设计好数据库的物理结构：

（1）全面了解数据库系统的功能、物理环境和工具，特别是存储结构和存取方法。

（2）了解应用环境。对不同的应用要求按其重要程度和使用方式进行分类。事物处理的频率、响应时间的要求都是对时间和空间效率进行平衡和优化的重要依据。

（3）了解外存储设备的特性。

数据库物理设计的内容主要包括以下 5 个方面：

（1）确定数据存储结构。

数据库的物理结构主要是指数据的存放位置和存储结构，包括关系、索引、备份等的存储安排和存储位置、结构，确定系统分配等。确定数据的存取位置和存储结构要综合考虑，考虑的主要因素有存取时间、存储效率和维护代价 3 个方面，它们往往是相互矛盾的，设计者要对这些因素进行利弊权衡，选择一个折衷方案。例如，引入冗余数据，可以减少 I/O 次数，提高检索效率。节约存储空间，就会增加检索数据的代价。应当尽量寻找优化方案，使这三方面的性能都处于较好的状态。

（2）索引与入口的设计。

数据库必须支持多用户使用，提供对数据库的多个接口，即对同一数据的存取要提供多种方式。例如，将哪些数据项建立索引，建立单索引还是组合索引，建立多少个索引合适；对于涉及不同数据文件的查询是否建立链接结构等。值得注意的是，索引是以空间代价换取时间效率，而且索引过多还会影响更新的效率。

（3）确定数据存取方式。

先按数据的使用情况分成不同的组，再确定其存放的形式。一般要将数据经常改变的部分与不经常改变的部分分开；将经常存取和不常存取的数据分开；将经常存取和存取时间要求高的数据存放在高速存储设备上，存取频率小和存取时间要求低的数据存放在低速存储设备上。对于同一数据文件也可根据上述情况进行水平划分或垂直划分。例如，将数据库的数据划分成若干部分，以便装入不同的设备和存储区中，以提高访问效率。将经常访问的数据尽量放在一起，以减少 I/O 时间。许多 DBMS 还提供聚簇功能，允许设计者使用数据项组合方式或压缩存储的方式存放数据。

（4）确定系统的配置。

数据库管理系统往往提供一些配置参数供设计者进行物理优化使用。例如，数据的溢出区和缓冲空间的大小、个数多少、分布参数、数据块的长度和个数等。在初始情况下，系统会给这些配置参数赋予默认值，但是这些值不一定适合每一种应用环境，在进行物理设计时要对这些配置参数重新赋值，以改善系统的性能。系统配置参数很多，例如可以同时使用数据库的用户数、可以同时打开的数据库数、数据缓冲区个数、大小分配参数、内存分配参数、物理块的大小、时间片的大小、数据库的大小等。这些参数的值将直接影响存取时间和存储空间的分配。在物理设计时，要根据应用环境确定这些参数的值，以确保系统的性能是最好的。

（5）确保数据的安全性、完整性和一致性。

有关安全性、完整性和一致性等方面的设计要在物理设计中最后确定，这需要在时间、空间和功能等方面进行权衡。

3.6 关系数据库的数据组织和试运行

经过逻辑设计和物理设计，设计者得到了建立数据库的逻辑结构和物理结构，下一步就可以用选定的 DBMS 实现所设计的数据库了。一般的实现方法是：利用 DBMS 提供的数据描述语言严格地定义数据库的逻辑结构和物理结构，写出数据库的各级源模式，经过编译调试产生各级目标模式。这个阶段是数据库的实现阶段，也就是编程阶段。

实际的数据库结构设计完毕，就要组织数据入库，对设计好的数据库进行测试和试运行，检验数据库的各种性能。这个阶段是数据库的测试和试运行阶段。

3.6.1 组织数据入库

组织数据入库又称数据加载。数据库系统存储的数据量都是非常大的，因此组织数据入库的工作是非常繁重的，要耗费大量的人力和物力。由于数据库系统的数据来源于各个部门，并且分散在各种数据表格和原始凭证中，这些数据的结构和格式要经过转换才能输入到数据库中。组织数据入库因应用环境的千差万别，原始数据各不相同，使得这种转换没有规律可循。

数据的转换和组织入库，可以用人工方式完成。但是人工转换效率低、错误多、质量差。一般应设计一个数据输入系统，让计算机完成这个工作。数据输入系统的主要功能是对原始数据进行输入、校验、分类，并最终转换成符合数据库结构的形式，然后将数据存入数据库中。

数据的检验工作是保证进入数据库的数据正确无误的主要屏障，是非常重要的。在数据输入系统的设计中应考虑多种数据检验方法，在数据转换过程中要进行多次检验，并且每次使用不同的方法进行检验，确定输入的数据正确无误后才允许入库。

3.6.2 数据库的试运行

数据组织入库之后，就进入到数据库的测试与试运行阶段，或称联合调试阶段。数据库系统的试运行，对数据库的性能检验和评价是非常重要的。因为，只有通过应用程序的实际运行，执行对数据库的各种操作，才能检验出数据库系统的时空性能是否符合设计的要求。有些参数的最佳值只有经过试运行才能找到。如果实际检验结果不符合设计要求，则需要返回到物理设计阶段，甚至要返回到逻辑设计阶段，进行存储结构修改或调整逻辑模式。

数据库的实现与调试不是在短时间内能完成的，需要很长的时间。在此期间，随时可能发生软件、硬件故障，数据库系统的运行也很容易发生错误。这些故障和错误很有可能破坏数据库中的数据，甚至破坏整个数据库，必须做好数据库的备份和恢复工作。因此，应该做好以下几方面的工作：

（1）注意检测能够引起数据库破坏的错误，包括发生错误的时间、原因和位置，破坏的部位、发生错误的性质等。

（2）跟踪对数据库进行操作的所有活动，记录发生错误前、后的数值。

（3）将数据库恢复到没有发生错误的最近时段。

这就要求数据库设计人员运用 DBMS 提供的转储和恢复功能，根据调试方式的特点加以实施，尽量减少破坏数据库的事件发生，并简化故障恢复的方法。

3.7 关系数据库的运行与维护

数据库在经过测试与试运行的检验，基本符合数据库设计要求之后，就可以投入正式的使用。这标志着数据库设计阶段的工作结束，开始进入到数据库的运行与维护阶段，但这并不意味着整个数据库的建设过程已经结束。任何数据库只要它存在一天，就要不断地对它进行修改、调整。维护数据库的正常运行，不仅是保证数据库的正常工作，而且是数据库设计工作的继续和提高。

数据库的运行与维护阶段的工作主要有以下 5 个方面：

（1）维护数据库的安全性、完整性、数据库的备份与恢复。按照数据库设计阶段提供的安全规范和故障恢复规范核查数据库的安全性是否受到侵犯，及时调整授权和密码，实施数据库转储，发生故障后及时恢复数据库到可用状态。

（2）对数据库的性能进行监测、分析和改进。利用系统提供的分析工具，经常分析数据库的存储空间状况以及响应时间，及时进行评价，并采取改进措施。

（3）实施数据库的重组织和重构造。数据库运行一段时间后，由于频繁地对数据进行增加、删除、修改等操作，会使数据库的物理性能变坏，降低数据的存取效率。这时，DBA 就要对数据库进行重新组织，一般情况下 DBMS 都提供对数据库进行重组的工具。在重组过程中，要按原设计要求重新安排记录的存储位置、调整数据的存储区、回收存储碎片、减少指针链等。数据库的重组一般不改变原设计的逻辑结构和物理结构。

数据库的重构造要部分改变原数据库的逻辑结构和物理结构。由于数据库的应用环境发生了变化，例如数据库描述的事物发生了变化、增加了新的应用或新的实体、取消或改变了某些应用等，使原设计不能满足新的需要，这时就要适当调整数据库的逻辑结构和物理结构。例如改变数据项的类型、增加新的数据项或数据库的容量、增加或删除索引、修改完整性约束条件等。DBMS一般都具有修改数据库结构的功能，数据库重构造只能作有限的修改和调整。

（4）增加新功能。对数据库现有功能进行扩充时，要注意增加的新功能不能破坏原有的功能和性能。

（5）修正错误。及时更正数据库系统运行中发现的错误，这些错误多数是由于应用程序设计缺陷造成的，也有的是因为需求描述不清楚所致。

3.8 关系数据库的安全与保护

数据库的使用，越来越广泛，越来越深入。尤其是对大型企业、国家机关的事务管理和控制，在国防、科技、情报等方面都使用数据库存储大量的重要、机密的信息。若数据库保护不利或遭到破坏、泄密，将造成不可挽回的巨大损失。因此，对数据库的保护已成为重要而不可忽视的问题，必须保证数据库的数据不被窃取和破坏，保证数据库的数据正确有效。由于数据库的特殊性，必须要有一套独立的完整的保护体系，用于防止一切的物理破坏和逻辑破坏，并能以最快的速度使数据库恢复工作。

对数据库进行保护是需要付出一定代价的，因此保护的代价应与被保护的数据自身的价值成正比，保护代价的极限是数据本身的价值。如果超出数据的价值，那么这种保护就失去了意义。数据自身的价值评价可以使用数据能获取的利益与数据遭受破坏、泄漏后所蒙受的损失来衡量，确定其机密的等级，决定所采取的保护措施和级别。

数据库的保护主要涉及数据库的安全性、完整性、并发控制和数据库的恢复四方面的内容，一般情况下 DBMS 都能对数据库提供这 4 个方面的安全保护功能。DBMS 要对数据库进行监控，保护数据库，防止对数据库的各种干扰和破坏，确保数据的安全、可靠以及当数据库遭受破坏后能迅速地恢复正常使用，保证整个系统的正常运转。用户进行数据库应用系统设计和开发时，应充分利用 DBMS 提供的安全保护功能。

3.8.1 数据库安全性控制

数据库的安全性控制是指防止非法使用，保护数据库避免对其进行数据泄密、篡改数据、删除数据和破坏库结构等的操作。数据库的安全性包括许多方面，从数据库角度而言，安全性分成系统安全性和自然环境安全性两类。为实现系统安全性所采取的措施有：用户标识和鉴别、用户授权规则、数据分级和数据加密等。这里只介绍 DBMS 中常用的一些安全措施。

1. 访问控制

访问控制（Access Control）是系统对用户访问数据库资源（包括基本表、视图、实用程序等）的权力（包括创建、撤消、查询、增加、删除、修改、执行等）的控制，这是保证数据库安全使用的基本措施。一个数据库系统可以建立多个数据库，在数据库之间的访问控制是相互独立的，一个用户获得访问数据库的权力不能用于对其他数据库的访问。例如，一个用户可能对一个数据库访问享有DBA特权，而对另一个数据库可能只有一般用户的访问权。

数据库用户按其访问权限大小，一般可分为具有DBA特权的数据库用户和一般数据库用户（即不具有DBA特权的数据库用户）。其中具有DBA特权的数据库用户对数据库拥有最大限度的权力，能够支配整个数据库的资源。一般数据库用户要由DBA去创建，并授予他们一定的使用权限。DBMS是按照数据库用户的访问权限来控制其访问的，数据库用户可以在这些权限规定的范围内对数据库进行操作。

2. 用户标识与鉴别

数据库系统是不允许一个不明身份的用户对数据库进行操作的。用户在访问数据库之前，必须先标识自己的身份，由DBMS核实后才能对数据库进行操作。

用户标识包括用户名和口令两部分。DBMS有一张用户口令表，每个用户有一条记录，其中记录着用户名和口令两部分数据。用户先输入用户名（标识符），然后DBMS要求用户输入口令，为了保密，屏幕上不显示用户在终端上输入的口令，DBMS核对口令以及用户身份。这个方法简单易行，但用户名和口令容易被人窃取。

用户在访问数据库前，必须先在DBMS中进行登记备案，即标识自己的代号和口令。在数据库使用过程中，DBMS根据用户输入的信息来识别用户的身份是否合法，这种标识鉴别可以重复多次，采用的方法也可以多种多样。常用的鉴别用户身份的方法有以下3种：

（1）用只有用户知道的特定信息鉴别用户。最广泛使用的就是口令。口令是采用对暗语的办法，由被鉴别的用户回答系统的提问，问题答对了也就证实了用户的身份。例如，系统给出一个随机数X，然后用户对X完成某种变换T，把结果Y（等于T(X)）输入系统，此时系统也根据相同的转换来验证Y值是否正确。例如用户记住一个变换表达式T（如2X+8），当系统给出随机数为5时，如果用户回答为18，就证明该用户身份是合法的。

在实际使用中，还可以设计比较复杂的变换表达式，甚至可以加进与环境有关的参数，如年龄、日期和时间等，这种方法相比单纯暗语的优点是不怕别人偷看。系统每次提供不同的随机数，即使用户的回答被他人看到了也没关系，要猜出用户的变换表达式是非常困难的。

（2）用只有用户具有的物品鉴别用户。磁卡、U盾就属于这种鉴别物之一，在数据库系统中可以使用磁卡或U盾鉴别用户的身份。数据库系统通过阅读磁卡或U盾装置，读入信息与数据库内的存档信息进行比较来鉴别用户的身份。磁卡或U盾有丢失或被盗的危险。

（3）通过用户的个人特征鉴别用户。用户的指纹、签名、声音等特征都可以作为鉴别用户身份的方法，这种方法需要昂贵的、特殊的鉴别装置，因而影响这种方法的推广和使用。

3. 授权

授权（Authorization）就是给予用户的访问权限，这是对用户访问权力的限定。授权有两种：一种是授予某类用户使用数据库的权力，只有得到这种授权的用户才能访问数据库中的数据；另一种是授予某类用户对某些数据库的数据对象进行有限操作的权力。

DBMS为每个数据库设置一张授权表（Authorization Table），此表的内容主要有3个：用户标识、访问对象和访问权限。用户标识符可以是用户名、团体名、程序或终端名；访问对象可以是基本表、视图等；访问权限一般有对数据库表的创建、撤消、变更模型、查询、增加、删除、修改等。

4. 数据加密

为了防止采用窃取磁盘、磁带或窃听（通信线路）等手段得到数据的窃密活动，较好的办法就是对数据加密（Data Encryption）。对数据加密是在存储数据时对数据进行加密转换，在查询时须经解密转换才能使用。数据加密增加了系统开销，降低了数据库系统的性能，只有那些保密要求特别高的数据才值得采用这种方法。

5. 跟踪审查

跟踪审查（Follow and Audit Trail）是一种监视措施，对指定的保密数据进行数据的访问跟踪，记录对这些数据的访问活动。发现潜在的窃密或破坏的企图，自动发出警报或记载，事后可以根据这些记载进行分析和调查。跟踪审查的结果记录在一个特殊的文件上，称为跟踪审查记录文件。跟踪审查记录包括的内容有：操作类型、访问者与访问端口标识、访问日期和时间、访问的数据及其访问前后的值。

最后一项在数据库的恢复中也要用到，跟踪审查一般由 DBA 控制，或由数据的所有者控制，DBMS 提供相应的功能由用户选择使用。

3.8.2 数据库完整性控制

数据库的完整性是指，保持数据库中的数据处在正确的状态，防止不符合语义的错误数据进入和输出，同时还要使存储在不同副本中的同一个数据保持一致，数据库的结构不受破坏，具有正确性、有效性和一致性。

（1）正确性是指输入数据的合法性。例如，一个数值型数据只能有 0，1，…，9，不能含有字母和特殊符号，有了就是不正确，就失去了完整性。

（2）有效性是指所定义数据的有效范围。例如，人的性别不能有男、女之外的值；人的一天工作时间不能超过 24 小时；工龄不能大于年龄等。

（3）一致性是指描述同一事实的两个数据应相同。例如，一个人不能有两个性别、年龄等。

维护数据库的完整性是非常重要的。为了实现对数据库完整性的控制，DBA 应向 DBMS 提出一组适当的完整性规则，这组规则规定用户在对数据库进行更新操作时对数据检查什么、检查出现错误后怎样处理等。

1. 完整性被破坏的原因

通常情况下，对数据库完整性的破坏来自以下几个方面：

（1）操作人员或终端用户的错误或疏忽。

（2）应用程序的（操作数据）错误。

（3）数据库中并发操作控制不当。

（4）由于数据冗余，引起某些数据在不同副本中的不一致。

（5）DBMS 或者操作系统出错。

（6）系统中任何硬件（如 CPU、磁盘、通道、I/O 设备等）出错。

数据库的数据完整性随时都有可能遭到破坏，应尽量减少被破坏的可能性，在数据库的数据遭到破坏后应尽快地恢复到原样。因此，完整性保护是一种预防性的策略。数据库完整性是由 DBMS 的完整性子系统实现的。完整性子系统主要有以下两个功能：

（1）监督对数据库操作（特别是对数据库更新操作）的执行，判断是否违反了完整性规则。

（2）如果有违反的情况出现，要采取恰当的操作（例如拒绝违反完整性规则的操作、报告违反情况等）。

2. 完整性规则

完整性规则规定了触发程序条件、完整性约束和违反规则的响应3个部分。

（1）什么时候使用完整性规则进行检查（又称规则的触发条件）。

（2）规定系统要检查什么样的错误（又称规则的约束条件）。

（3）查出错误后应该怎样处理（又称规则的违约响应）。

在实际的系统中常常会省略某些部分。完整性规则是由DBMS提供，由系统加以编译并存放在系统数据字典中。进入数据库系统后，就开始执行这条规则。这种方法的主要优点是违约响应由系统来处理，而不是让用户的应用程序来处理。另外，规则集中存放在数据字典中，而不是散布在各个应用程序中，这样容易从整体上理解和修改。

3. 完整性约束分类

完整性保护可以通过数据及数据之间的逻辑关系施加约束条件来实现。DBMS按照用户在模式中规定的约束条件对数据进行检查，保证数据的正确性和一致性。

（1）值的约束和结构的约束。值的约束是对数据的值域进行限制，结构的约束是对数据之间联系的限制。

① 数据值的约束。即对数据取值的类型、范围和精度等进行规定。

- 规定某个属性或某个组合属性的值集。例如，规定月份必须是1～12之间的整数，日期必须是1～31之间的整数，职工年龄必须在18～60岁之间等。
- 规定某属性值的类型和格式。例如，规定职工名必须是字符型。
- 规定某些属性值的和必须满足某种统计条件。例如，规定职工的福利金不得大于其工资的20%。

② 结构的约束。即对数据之间联系的约束。数据库中同一关系的不同属性之间应当满足一定的约束条件；同时，不同关系的属性之间也会有联系，也应满足一定的约束条件。

- 函数依赖说明了同一关系中不同属性之间应当满足的约束条件。
- 实体完整性约束说明了关系的关键字属性值必须唯一，其值不能为空。
- 参照完整性约束说明了不同的关系属性之间的约束条件，即外部关键字的值应在参照关系的主关键字值中找到。

上述约束都隐含在关系模型的定义中，是数据结构化的约束要求。

（2）静态约束与动态约束。

① 静态约束是对数据库的每一个确定状态应满足的约束条件。值的约束与结构的约束就属于静态约束。

② 动态约束是指数据库从一种状态转变到另一种状态时，对新、旧值之间的转换应满足的约束条件。例如，更新职工的工资时，要求新的工资值不应低于原来的工资值就属于动态约束。

（3）立即执行约束和延迟执行约束。完整性规则从执行时间上可分为立即执行约束和延迟执行约束。

① 立即执行约束是指用户执行完某一更新数据操作后，系统立即对该数据进行完整性约束条件检查，结果正确再进行下一句的执行。

② 延迟执行约束是指在整个操作执行完毕后，再对数据进行完整性约束条件的检查，只

有结果正确整个操作才被确认。

3.8.3 数据库并发控制

完整性是保证各个操作的结果能得到正确的数据，即如果各个操作的执行是分别进行的，那么只要能确保数据输入的正确，就能够保证操作结果的正确性。但是在多个用户同时执行某些操作时，由于这些操作间的互相干扰有可能产生错误的结果。即使这些操作在单独执行时都是正确的，但是在并发执行时也有可能造成数据的不一致，破坏数据的完整性。并发控制就是解决这类问题的。下面以实例来说明并发控件的重要性。

例 3.5 对于火车售票系统，假设某次列车此时只剩下一张卧铺票，如果甲乙两个旅客在同一地点顺序购买这张卧铺票，只会卖给其中的一人。如果甲乙两个旅客在不同的售票点同时购买这张卧铺票，会有以下情况可能发生：

（1）甲旅客在 A 售票点提出买一张卧铺票，售票员在 A 售票点的终端查看空票信息，显示有一张卧铺票，售票员卖给甲旅客一张卧铺票。

（2）与此同时，乙旅客在 B 售票点也提出买一张卧铺票，售票员在 B 售票点的终端查看空票信息，显示有一张卧铺票，售票员卖给乙旅客一张卧铺票。

分析：造成这种情况的原因是，A 售票点的售票员正在给甲旅客办理购票手续，还没来得及对数据库进行更新；同时 B 售票点的售票员也给乙旅客办理购票手续，乙旅客也购买了这张卧铺票；结果，就发生了一张卧铺票同时卖给两个旅客的错误现象。因此，就要制定一种机制，防止这样的情况出现。

1. 并发控制异地操作错误的种类

数据库的并发控制就是防止异地操作错误的机制。并发操作的不一致性主要有以下几种情况：

（1）丢失更新（lost update）。甲、乙两个操作同时读取同一数据并进行更新，乙操作的修改结果破坏了甲的更新结果。

（2）污读（dirty read）。甲操作更新了数据 X，乙操作读了甲更新后的数据 X，甲操作由于某种原因被撤消了，修改无效，数据 X 恢复原值。此时，乙操作得到的数据与数据库中的数据不一致。

（3）不能重读（no-reread）。甲操作读取数据 X，乙操作读取并更新了数据 X，甲操作再次读取数据 X 进行核对，结果两次读取得到的数据不一致。

并发控制就是根据 DBMS 提供并发控制功能来合理调度并发操作，避免同时进行的操作之间产生相互干扰，造成数据的不一致性。关系数据库的 DBMS 采用的是以封锁技术为基础的并发控制机制，保护数据库中的数据在用户并发操作时的一致性。

2. 封锁的基本类型

封锁是并发控制的主要方法。封锁的基本类型有两种：一种是保护式的，另一种是排他式的。

（1）排他式封锁。排他式封锁采用的方法是禁止并发操作。其原理是当一个用户甲（程序）检索或更新数据时，将用户甲所用的数据封锁起来，如果别的用户（程序）要使用这些数据，那么他只好等待用户甲使用完毕，系统解除对这个数据的封锁后再使用。

（2）保护式封锁。保护式封锁采用的方法是对并发操作进行某些限制，即允许多个用户

（或程序）同时对同一数据进行检索操作，但不能同时对同一数据进行更新操作。保护式封锁又称共享性封锁。当操作完成后，用户要通知系统解除封锁。

（3）封锁尺度。封锁尺度是指封锁数据单位的大小。封锁的数据单位是数据的逻辑单元，如数据库、数据表、记录和字段等。封锁尺度小，并发度高，封锁机制复杂，系统开销大；反之，封锁尺度大，并发度低，封锁机制简单，系统开销小。因此，编制程序时需要同时考虑封锁机制和并发度两个因素，适当选择封锁尺度以求最优的效果。

3.8.4　数据库的恢复

数据库系统虽然具有一定的防范和保护措施来防止对数据库的破坏，但数据库中的数据仍然无法保证绝对不受到破坏。例如，应用程序、操作系统和数据库系统中的程序设计错误，RAM、硬盘设备、通道或 CPU 出现错误，人为操作错误，电源不稳等意外而使数据遭到破坏等。因此，数据库系统必须具有诊断故障的功能，并具有将数据从错误状态中恢复到某一正确状态（或称完整状态、一致状态）的能力，这就是数据库的恢复。

数据库恢复的基本原理是冗余。数据库的恢复系统应提供两种功能：一种是对可能发生的故障做备份（即生成冗余）；另一种是故障发生后恢复数据库（即利用冗余重建）。

1. 数据库的备份与运行日志

为了恢复数据库应做好数据库的备份与系统运行日志的工作，具体的做法如下：

（1）周期性地对整个数据库进行转储，将它复制到备用存储器中，作为后备副本，以备恢复之用。转储通常分为静态转储和动态转储。静态转储是指转储期间不允许对数据库进行任何存取、修改活动；动态转储是指在存储期间允许对数据库进行存取或修改。

（2）对数据库的每次更新都要记下更新前后的数据，并写入“运行日志”文件中，它与后备副本结合可有效地恢复数据库。

系统运行日志文件应有以下内容：

（1）更新数据库的事务标识符。

（2）保存被改变的数据原值与改变后的数据新值。

（3）记录数据处理中的各个关键的时间标志（开始、结束、回写的时间等）。

2. 数据库受到破坏的形式与恢复方法

数据库受到破坏的形式主要有以下两种：

（1）数据库本身被破坏。此时用最近一次转储的备份数据库来恢复现在的数据库，主要是借助“运行日志”文件，根据上面的记载对所有的数据进行修复，从而做到重建数据库。

（2）数据库虽然没有被破坏，但是其内容已不可靠。例如，程序执行更新操作时，突然不正常中断。此时可以借助“运行日志”来撤消所有不可靠的数据更新操作，使数据库恢复到正常的状态。

本章小结

本章概述了数据库的设计方法，数据库的设计过程一般分为 7 个阶段，要从客观分析和抽象入手，综合使用各种设计工具分阶段完成。每一个阶段完成后都要进行设计分析，评价一些重要的设计指标，将设计阶段产生的文档进行评审并与用户交流，对用户不满意之处必须进行修改。

数据库的设计是在 DBMS 的支持下进行的，主要包括系统的静态特性设计和动态特性设计。数据库规划是数据库设计的准备阶段，该阶段的主要任务是进行建立数据库的必要性和可行性分析，并确定各个数据库之间的关系、数据库系统在组织中的地位等。需求分析是数据库设计的第一个阶段，必须高度重视和慎重对待需求分析，确切而无遗漏地弄清楚用户对系统的要求是数据库系统设计取得成功的重要前提。

概念模型设计是整个数据库设计的关键所在。概念模型是现实世界的客观反映，是从用户角度所看到的数据库。E-R 模型就是概念数据模型，又称实体一联系模型，它用简单的图形反映出现实世界中存在着的数据及其之间的相互关系。它既不依赖于具体的硬件特性，也不依赖于具体的 DBMS 的性能，它仅仅对应于基本的事实，可以被非计算机工作人员所理解。

进行数据库逻辑结构设计时，应选择最适合用户的概念结构的数据模型，并从支持这种数据模型的各个 DBMS 中选出最佳的 DBMS，再根据选定的 DBMS 的特点和限制对数据模型进行适当的修正。规范化理论是数据库逻辑设计的指南和工具，用规范化理论对上述产生的逻辑模型进行初步优化是关系规范化理论的具体应用。物理设计是在逻辑设计的基础之上进行的，包括确定数据库在物理设备上的存储结构和访问方法、如何分配存储空间等内容。

对数据库进行保护是需要付出一定代价的，因此保护的代价应与被保护数据的自身价值成正比，保护代价的极限是数据本身的价值。如果超出数据的价值，这种保护就失去了意义。

上述小结是数据库设计的基本要点，掌握这些要点是非常重要的。

习题三

一、选择题

1. 数据库设计是从客观分析和（　　）入手，综合使用各种设计工具分阶段完成。

A. 计算　　B. 抽象　　C. 综合　　D. 解析

2. 数据库是现代计算机应用系统的核心，数据库中存储着的是能（　　）反映现实世界的信息，为各种应用程序及时、准确地提供所需的数据。

A. 真实地　　B. 现代地　　C. 合理地　　D. 正确地

3. 在数据库系统设计中，（　　）设计是关键。

A. 结构特性　　B. 物理特性　　C. 逻辑特性　　D. 数学特性

4. 数据库的设计是一项复杂的工程，属于（　　）范畴，其开发周期长、耗资多、失败的风险大。

A. 硬件工程　　B. 物理设计　　C. 软件工程　　D. 逻辑设计

5. 数据库规划是数据库设计的（　　），该阶段的主要任务是进行建立数据库的必要性和可行性分析。

A. 高级阶段　　B. 初级阶段　　C. 准备阶段　　D. 第二阶段

6. 信息调查的重点是（　　）和处理，从调查过程中获得用户对数据库的要求。

A. 变量　　B. 数据　　C. 调度　　D. 判断

7. 数据字典是各类数据描述的集合，通常包括：数据项、（　　）、数据流、数据存储和处理过程。

A. 数据结构　　B. 逻辑结构　　C. 物理结构　　D. 数据集合

8. SA 方法是以（　　），逐层分解的方式进行系统分析的，用数据流图、数据字典描述系统。

A．自底向上　　B．自左向右　　C．自右向左　　D．自顶向下

9．（　　）是整个数据库设计的关键所在。

A．概念模型设计　　B．物理模型设计　　C．逻辑模型设计　　D．数据模型设计

10．设计局部E-R模型的关键是标识实体和（　　）的联系。

A．物体之间　　B．实体集之间　　C．实体之间　　D．关系之间

11．（　　）是数据库逻辑设计的指南和工具，用规范化理论对产生的逻辑模型进行初步优化，是关系规范化理论的具体应用。

A．数据库理论　　B．规范化理论　　C．自动化理论　　D．规范化设计

12．物理设计还要考虑数据的安全性、（　　），提高访问效率等问题。

A．逻辑性约束　　B．自律性约束　　C．整体性约束　　D．完整性约束

13．数据组织入库之后，就进入到数据库的（　　）阶段。

A．试运行　　B．最后运行　　C．自运行　　D．完善运行

14．数据库在经过试运行的检验和测试基本符合数据库设计要求后，就可投入（　　）。

A．试使用　　B．正式使用　　C．非正式使用　　D．完全使用

15．任何数据库只要它存在一天，就要不断地对它的设计进行修改、（　　）。

A．编辑　　B．调试　　C．调整　　D．运行

16．数据库的（　　）就是防止异地操作错误的机制。

A．自动控制　　B．主动控制　　C．自发控制　　D．并发控制

二、判断下列各题的正确性，对者用“√”表示，错者用“×”表示

1．数据库设计的每一个阶段完成后都要进行设计分析，评价一些重要的设计指标，将设计阶段产生的文档进行评审并与用户交流，对用户不满意之处必须进行修改。

2．没有科学的理论和工程原则支持，可以保证数据库的设计质量。

3．提高数据库设计的质量，主要采用了软件工程的思想和方法，提出了数据库设计工作的规范。

4．基于3NF的数据库设计方法是在需求分析的基础上，识别并确认数据库模型中的全部属性和属性间的依赖，将它们组织在一个单一的关系模型中，然后再分析模型中不符合3NF的约束条件，用投影和连接的方法将其分解，使其达到3NF的条件。

5．对于十分复杂的、大规模的、要求较高的数据库应用系统，应当采用规范设计的方法。

6．数据库的设计是在计算机的支持下进行的，主要包括系统的静态特性设计和动态特性设计。

7．考虑到使用方便和对数据库的性能改善，结构特性必须适应行为特性，因此数据库设计强调数据库的结构设计与行为设计应一致。

8．数据库结构框架是从考虑用户的行为所涉及到的数据处理进行汇总而提炼出来的，这也是数据库设计与其他软件设计的最大区别。

9．数据库应用领域的专业知识是确定的，不随应用系统的不同而不同。

10．在确定采用数据库技术之前，必须对各种因素进行全面的分析和权衡，在任何情况下建立数据库都是好的选择。

11．数据库规划工作完成后，应编制详尽的可行性分析报告和数据库规划说明。

12．由于设计要求不正确和误解，到系统测试阶段才发现有许多错误，使得纠正这些错误要付出很大的代价，应避免这类情况发生。

13．概念模型是整个组织中所有用户使用的信息结构，对整个数据库设计具有深远的影响。

14．数据流图不能表达数据和处理过程的关系。

15．调查分析系统功能是确定系统应具有哪些功能、完成哪些任务，通常是从系统对数据处理的要求开始的。

16．数据字典是对系统中数据类型的详细描述，是各类数据属性的清单。

17．数据字典是在需求分析阶段建立，在数据库设计阶段修改、补充和完善的。

18．设计数据库的概念模型或概念结构，是数据库逻辑设计的第一步。

19．利用系统需求分析阶段得到的数据流图，就可以建立对应各个部门（或应用）的局部 E-R 模型。

20．数据库逻辑结构的设计，应该选择最适合于用户的概念结构的数据模型。

21．规范化理论给出了判断关系模式优劣的理论标准。

22．物理设计是在逻辑设计的基础之上，为一个确定的逻辑结构设计一个最符合应用环境的物理结构。

23．数据库的物理设计不依赖于选定的 DBMS，设计的结果是将逻辑模型变成目标模型，即产生由 DBMS 可以直接处理的存储模式。

24．在进行物理设计时，不同数据模型的 DBMS 所提供的物理环境、存取方法和存储结构差异不大。

25．数据库系统的试运行，对于数据库的性能检验和评价是非常重要的。

26．对数据库进行的保护是需要付出一定代价的，因此保护的代价应与被保护的数据自身的价值成正比，保护代价的极限是数据本身的价值。

27．数据库系统允许任何身份的用户对数据库进行操作。

28．用户在访问数据库前，必须先在 DBMS 中进行登记备案。

三、填空题

1．在系统的设计过程中应将数据库的设计与其他成分的设计紧密结合起来，对数据处理的要求进行__________、__________和__________，在各个不同的设计阶段进行__________、__________，以完善这两方面的设计。

2．数据库设计的 4 个阶段是__________、__________阶段、__________阶段和__________阶段。

3．基于实体联系（E-R）的数据库设计方法是一种在__________的基础上，用__________构造一个纯粹反映__________之间内在联系的企业模型，然后再将此企业模型转换成特定的 DBMS 上的概念模型。

4．__________从本质上看仍然属于手工设计方法，其基本思想是__________和__________。

5．数据库的结构特性是静态的，一经形成在通常情况下是不能轻易改变的。它包括了数据库的__________设计和__________设计两个方面。

6．数据库技术对计算机系统的__________要求较高，要有足够的__________、__________以及 DBMS 软件，这会导致数据处理的成本增加。

7．__________是数据库设计的第一个阶段，必须__________和__________，确切而无遗漏地弄清楚__________对系统的要求，是数据库系统设计取得成功的__________。

8．要设计好概念模型，就必须在__________阶段用系统的观点来考虑问题、__________和__________数据。

9．需求分析阶段的最后阶段是__________，又称为__________说明书，并提交给用户的决策部门讨论审查。

10．综合后得到的基本 E-R 模型是一个企事业单位的__________，它表示了用户的要求，是沟通用户的

__________与数据库设计人员的__________之间的桥梁。

11．按照数据分析阶段得到的各种应用对__________的要求，分析这些模式是否适合这样的__________，确定是否要对它们进行__________或__________。

12．需要进行分解的__________可以用相应的算法进行分解，对分解后产生的__________进行评价，选出较适合应用要求的模式。

13．要提高数据库应用系统的性能，特别是为了提高对数据的__________，还必须对已产生的关系模式__________。

14．数据库的__________主要是指数据的__________和存储结构，包括关系、索引、备份等的__________和存储结构，确定系统分配等。

15．设计者经过了逻辑设计和物理设计后，得到了建立数据库的逻辑结构和物理结构，这样就可以用选定的__________实现所设计的数据库了。

16．数据库的保护主要涉及到数据库的__________、__________、__________和__________4个方面的内容。

17．数据库的实现与调试不是在短时间内能完成的，需要__________时间，在此期间随时可能发生__________故障，数据库系统的运行也很容易__________。

18．数据库的安全控制是指防止__________，保护数据库避免对其进行__________、__________、__________和__________的操作。

19．从数据库角度而言，安全性分成__________和__________两类。

20．为实现系统安全性所采取的措施有__________、__________和__________等。

21．访问控制是系统对用__________资源的__________的控制。

22．数据库用户按其访问权限大小，一般可分为具有__________的数据库用户和__________数据库用户（即不具有DBA特权的数据库用户）。

23．用户标识包括用__________和__________两部分。

24．授权就是给予用户的__________，这是对用户访问权力的__________和__________。

25．__________是一种监视措施，对指定的保密数据进行数据的__________，记录有关对这些数据的访问活动。

26．数据库的完整性是指始终保持数据库中的数据处在正确的状态，防止不符合语义的__________和输出，同时还要使存储在不同副本中的同一个数据保持一致，数据库的结构__________，具有__________、__________和__________。

27．并发控制就是根据DBMS提供并发控制功能来合理__________操作，避免同时进行的操作之间产生__________，造成数据的__________。

四、简答题

1．简述数据库的设计过程。

2．简述数据库设计应注意的事项。

3．简述数据库设计的新奥尔良法。

4．试述基于3NF的数据库设计方法。

5．试述数据库的静态特性设计。

6．试述数据库的动态特性设计。

7. 试述数据库的静态特性设计与动态特性设计的关系。
8. 简述数据库设计人员应该具备的知识和技术。
9. 简述数据库规划需要考虑的因素。
10. 数据库规划工作完成后应做哪些工作？
11. 试述需求分析的必要性。
12. 简述信息调查的要点。
13. 简述需求分析的调查过程。
14. 简述数据字典的主要内容。
15. 简述需求分析报告的主要内容。
16. 随需求分析报告应提供哪些附件？
17. 简述概念模型的作用。
18. 简述设计 E-R 模型的方法。
19. 简述将 E-R 模型转换为关系框架的原则。
20. 关系规范化优化时主要考虑什么？
21. 简述优化关系数据库模式的步骤。
22. 在数据库物理设计中要解决哪些问题？
23. 数据库设计人员必须深入了解哪些方面才能设计好数据库的物理结构？
24. 简述物理设计的主要内容。
25. 简述数据库系统联合调试的重要性。
26. 运行与维护阶段的主要工作是什么？
27. 数据库的保护主要涉及哪些内容？
28. 简述 DBMS 中常用的安全措施。
29. 简述数据库的完整性。
30. 简述完整性规则。

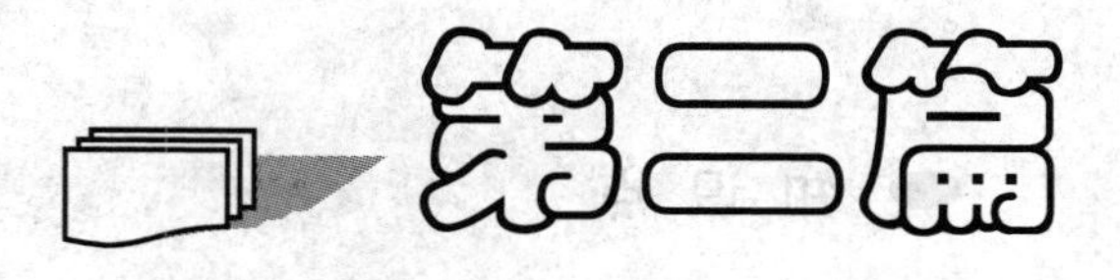

第二篇

关系数据库应用

本篇将着重阐述数据库技术涉及到的基本概念、基本应用和应用程序的设计方法。本篇论述的内容是前一篇理论知识的具体应用，在关系理论的指导下，通过一个具体的关系数据库管理系统的学习掌握关系数据库应用系统的设计方法，这对于深入理解数据库的理论内涵，掌握数据库系统的设计方法和数据库技术的使用是非常必要的。学习完本篇后，您就是一位既有理论基础，又掌握了具体数据库应用系统设计方法的数据库设计人员了。您可以在理论的高度运用所学的技术去开发、设计数据库系统；也可以成为一位出色的数据库管理员，运用数据库理论知识和数据库技术管理和维护数据库系统的正常运行。

第 4 章　数据库技术的预备知识

知 识 点

- Visual FoxPro 系统的主要性能与参数
- 变量、表达式、函数与命令结构

难 点

- 运算符、表达式的含义
- 变量、函数与数组的使用
- 文件类型与命令结构形式

要 求

熟练掌握以下内容：

- Visual FoxPro 系统的主要性能
- Visual FoxPro 系统的数据类型
- 变量、函数与数组的使用
- Visual FoxPro 系统命令结构的使用

了解以下内容：

- Visual FoxPro 系统的文件类型

4.1　数据库技术概述

数据库技术是控制和管理数据资源，使其对公众可以共享。数据库系统具有：数据结构化，数据的冗余度低、独立性高，易于编制应用程序，程序和数据易于扩充等优点。因而，被广泛地应用于军事和科技情报的处理、文化教育、国民经济、人工智能等领域。

在数据库技术中，数据库（DataBase）是核心，一切操作都是对数据库进行的，对数据库的定义形式有多种。简单地说，数据库就是存储在计算机内的有结构的数据集合，数据库管理系统（DataBase Management System，DBMS）就是对数据库进行管理的软件，其职能就是维护数据库的正常运行，接受并完成用户程序提出的各种对数据库的访问请求。数据库系统（Database System）是由数据库、数据库管理系统、用户及其程序组成的，数据库是用户使用的目标，数据库管理系统是实现这一目标的工具。

4.2　Visual FoxPro 简介

Visual FoxPro 是可视化的数据库管理系统，也是一种面向对象应用程序的编程工具。无论是信息的组织、应用程序的运行、数据查询、创建集成的数据库等操作，还是为用户编写功能齐全的数据库应用程序，Visual FoxPro 都提供了可视化的数据管理方法和功能强大的编程工具。

Visual FoxPro 具有的速度快、功能强和灵活性大等特点是普通数据库管理系统所无法比拟的。Visual FoxPro 是 Microsoft 公司推出的数据库管理系统的新版本，其早期版本是在 FoxBASE+数据库管理系统的基础上，融合了可视化编程技术发展而来的。本章是学习 Visual FoxPro 的基础，只有基础打好了，才能深入地学习 Visual FoxPro 的操作和编程，掌握 Visual FoxPro 的强大功能。

4.2.1　Visual FoxPro 的主要特点

Visual FoxPro 的最大特点是可视化（Visual）的 FoxPro 数据库系统，加上可视化的面向对象的程序设计方法。“可视化”就是用户可以通过直观的方法创建、维护和使用数据库中的数据，编辑数据库中各表之间的关系，直观地设计出程序和使用现有的程序段。正是由于 Visual FoxPro 强大的程序功能，才使得众多数据库管理者愿意使用 Visual FoxPro 来编制各种各样的应用程序。可视化编程大大简化了程序员的工作，使程序的编写更加容易。

1. Visual FoxPro 的基本功能

Visual FoxPro 的操作简单、功能强大，主要功能体现在以下 3 个方面：

（1）用户可以将信息保存到表中，并将这些表组织成数据库。同时，可以随时向数据表中添加新的数据，修改、更新或删除已有的数据。

（2）用户可以通过查询本地视图、远程视图、多表视图等快速查找到所需的信息。

（3）用户可以按照自己的需要显示和打印数据。

2. Visual FoxPro 的主要特点

（1）具有功能强大的可视化操作工具。Visual FoxPro 提供的主要工具有以下 4 类：

- 项目管理器。“项目管理器”提供了用可视化的方法对数据表、数据库、报表、查询等文件进行组织和处理，也可以创建、修改和删除这些文件。在项目管理器中可以将应用系统编译成.app（或.exe）文件执行。
- 生成器。使用“生成器”可以为 Visual FoxPro 的应用程序生成并添加控件，每个生成器都有选项卡，用于设置选定的对象属性。
- 设计器。“设计器”是系统提供的可视化工具之一，用于创建和修改应用程序的组件，可以创建数据表、数据库、查询、视图和报表等。
- 向导。“向导”是一种交互式引导工具，是 Visual FoxPro 提供的用于引导用户完成固定操作的工具。例如创建视图、创建查询等。

（2）便捷的应用程序开发环境。Visual FoxPro 的“应用程序向导”改善了应用程序的编制过程，使应用程序的开发效率更高，省去了在底层开发的烦杂工作，编程人员可以方便地通过基本类将近百种功能添加到自己的应用程序中。

（3）丰富而完整的工具。Visual FoxPro 提供了一套高效完整的工具，极大地方便了用户应用系统的开发和使用。用户可以使用视窗界面、图形浏览工具、对话窗口以及各种生成器、设计器和向导轻松地操作各种数据。开发人员可以使用集成环境下丰富的开发工具，包括功能强大的编辑器、跟踪与调试、项目管理器等工具，非常方便地编制程序、调试和监控应用程序的运行。在打开调试工具时，还可以选择调试工具与应用程序界面的显示方式。

（4）多种运行方式。可以通过系统菜单选择 File、Database、Record、Program 和 Windows 等操作方式，在命令窗口中可以选择交互方式或程序方式对数据进行操作，或使用鼠标或键盘对数据进行操作。对程序方式，可以选择解释方式执行，也可以选择编译方式执行。

（5）友好的用户界面。Visual FoxPro 具有全部图形用户界面，能使用各种字模来显示或打印报表，使之可读性更强，更吸引人。具有窗口技术，用户可以使用系统自有的大量窗口，也可以定义自己专用的窗口。窗口的使用相当灵活，可以缩小、放大、移动、排序、消隐和恢复等。

（6）真正的编译功能。使用 Visual FoxPro 开发的应用程序可以编译成.exe 文件，脱离 Visual FoxPro 环境运行，编译时可以使所有的应用程序以及运行所必需的代码都编译成一个可执行文件。

（7）卓越的跨平台特性。开发 Visual FoxPro 的用户应用程序时，用户可以根据自己的喜好选择一个开发平台，Visual FoxPro 使用户很容易地将应用系统从一个平台转换到另一个平台，这是由于 Visual FoxPro 在各个平台下都有相应的版本，并且为用户保持了相同的界面和语言。

（8）更灵活的 OLE 与 ActiveX 技术。通过链接、嵌入（OLE）和 ActiveX 控件，用户可以使用其他 Windows 应用程序来扩展 Visual FoxPro 的功能。在应用程序的表单或通用型字段中，可以使用其他广泛的数据。

（9）面向对象的程序设计方法。面向对象的程序设计，通过类的派生与继承特性加速了应用程序的开发过程。Visual FoxPro 的事件模型省去了编写事件处理程序的繁琐，优化系统配置与使用 Rushmore 技术提高了 Visual FoxPro 的性能。

Rushmore 技术是一种在数据表中快速地选取记录集的技术，这种技术可以将查询响应时间从数小时或数分钟缩短到数秒，可以显著地提高查询的质量和速度。

Visual FoxPro 在提供具有面向对象程序设计功能的同时，仍然支持面向过程的程序设计，利用 Visual FoxPro 的对象模型可以充分地使用面向对象程序设计的所有功能，包括抽象性、继承性、封装性和多态性。

（10）典型应用程序实例。在位于 Visual Studio…\Samples\Vfp98\Solution 目录中的 Solution 项目中，收集了多种应用程序的组件，它们的作用是向用户展示如何利用 Visual FoxPro 的特性来解决现实问题，并且用户可以在其应用程序中直接引用这些程序组件以及它们的源代码。

4.2.2 Visual FoxPro 的主要技术性能

1．程序文件与过程文件的技术性能

（1）源程序文件中程序行的最大数：系统没有限制，受内存大小的限制。

（2）编译后程序的最大容量：为 64KB。

（3）过程文件中包含过程的最大数：系统没有限制，受内存大小的限制。

（4）DO 调用的嵌套层数的最大值：为 128 层。

（5）READ 嵌套的最大层数：为 5 层。

（6）结构化程序设计命令嵌套的最大层数：为 384 层。

（7）函数调用时传递的参数个数最多：为 27 个。

（8）事务处理的最大数：为 5 件。

2. 报表设计器的技术性能

（1）报表定义中对象的个数：系统没有限制，受内存大小的限制。

（2）报表定义的最大长度：为 20 英寸。

（3）分组的最大层次数：为 128 层。

3. 其他技术性能

（1）各种类型窗口打开的最大数：系统没有限制，受内存大小的限制。

（2）浏览窗口打开的最多个数：为 255 个。

（3）每个字符串中字符的最大个数：为 2GB。

（4）每个命令行中字符的最大个数：为 8192 个。

（5）报表中每个控件的最多字符个数：为 252 个。

（6）每个宏替换行中的字符数最多：为 8192 个。

（7）打开文件的最大数：受操作系统限制。

（8）键盘宏中的击键数最大值：为 1024 次。

（9）SQL SELECT 可以选择的最多字段个数：为 255 个。

4.2.3 Visual FoxPro 的主要技术指标

1. 表文件和索引文件的技术指标

（1）表文件中记录的最多条数：为 10 亿条。

（2）表文件的最大容量值：为 2GB。

（3）每条记录中允许有的最大字符数：为 65500 个。

（4）每条记录中允许有的最多字段数：为 255 个。

（5）每个字段中允许有的字符数最多：为 255 个。

（6）同时打开表的最大数：为 255 个。

（7）非压缩索引中每个索引关键字的最大长度：为 100 个字符。

（8）压缩索引中每个关键字的最多字符数：为 255 个。

（9）每个表允许打开的索引文件数：系统没有限制，受内存大小的限制。

（10）每个工作区中允许打开的索引文件数：系统没有限制，受内存大小的限制。

（11）关系表达式的最大长度：系统没有限制，受内存大小的限制。

2. 表中字段的技术指标

（1）字符字段的最大字符数：为 255 个。

（2）数值型字段的最大值：为 20 位。

（3）浮点型字段的最大值：为 307 位。

（4）自由表中各字段名的字符数最大值：为 10 个字符。

（5）数据库表中各字段名的字符数最大值：为 128 个字符。

（6）整数表示的最小数值：为-2147483647。

（7）整数表示的最大数值：为 2147483647。

（8）数值计算的精确值位数：为 16 位。

3. 内存变量与数组变量的技术指标

（1）默认的内存变量数：为 1024 个。

（2）内存变量的最多个数：为 65000 个。

（3）数组的最多个数：为 65000 个。

（4）每个数组中元素的最大个数：为 65000 个。

以上这些指标参数将指导我们正确地使用数据表（库），以及对数据表（库）的各种操作。例如，按照上述技术指标“每条记录中允许有的字符数最多为 65500 个，而一个表文件中的记录最大可以有 10 亿条”。这两个数据的乘积应该是一个表文件的最大容量，而这个数据远远大于系统的技术指标“表文件的最大容量值为 2GB”的限制。如果不注意这些指标的限制，就会给我们的应用带来很大的麻烦。

4.3 常量与变量

4.3.1 数据类型

数据类型是数据的基本属性，每个数据都有其对应的数据类型。在 Visual FoxPro 系统中只有相同类型的数据才能进行各种运算操作，并根据数据类型进行存储空间的分配。因此，对不同类型的数据进行操作必须进行强制类型转换，否则会判定为语法错误。

Visual FoxPro 系统提供的数据类型有：字符型（Character）、双精度型（Double）、日期型（Date）、日期时间型（DateTime）、浮点型（Float）、整数型（Integer）、逻辑型（Logical）、通用型（General）、备注型（Memo）、数值型（Numeric）和货币型（Currency）。

1. 字符型

字符型数据用 C 表示，由大小写英文字母、阿拉伯数字、汉字和各种可打印的符号组成，其最大长度为 255 个字符，且使用时必须用定界符（“”、‘’或[]）括起来。

2. 数值型

数值型数据用 N 表示，由阿拉伯数字、正负号和小数点组成，其最大长度为 20 位，包括符号位、整数位、小数点和小数位。数值型数据的取值范围为-0.9999999999E-19～0.9999999999E+20。

3. 浮点型

浮点型数据用 F 表示，是数值型数据的一种。浮点型数据可以提高计算精度，多用于科学计算。

4. 双精度型

双精度型数据用 B 表示，双精度型数据比数值型数据要精确得多，通常用于科学计算。在内存中双精度型数据是以 8 字节的二进制浮点型数的形式保存，这就决定了其取值范围大而且精度高。双精度型数据的取值范围为-4.94065648541247E-324～1.7976313486232E+308。

5. 整数型

整数型数据用 I 表示，在内存中整数型数据是以 4 字节的二进制数的形式保存，通常用于整数的数值运算。因为整数型是一个 4 字节的二进制数，比数值型的位数少，所以它需要的内存和磁盘空间也较少。因此，整数型数据的运算速度要比数值型数据的快。整数型数据的取值范围为-2147483647～2147483646。

6. 逻辑型

逻辑型数据用 L 表示，其长度固定为 1 个字节。它只有两个逻辑值：“真”(.T.、.t.)和“假”(.F.、.f.)。也可以用.Y.、.y.表示“真”，.N.、.n.表示“假”。

7. 日期型

日期型数据用 D 表示，其长度固定为 8 个字节。默认表示格式为{mm/dd/yyyy}，即月/日/年。其取值范围如下：mm：01～12；dd：01～31；yyyy：1000～9999。

8. 日期/时间型

日期/时间型数据用 T 表示，日期/时间型数据用于表示与日期、时间有关的数据，其默认表示格式为{mm/dd/yyyy hh:mm:ss}，日期时间型数据比日期型数据多了时间的部分，hh 表示小时，mm 表示分钟，ss 表示秒。

9. 货币型

货币型数据用 Y 表示，货币型数据最多可有 4 位小数，如果小数部分超过 4 位系统会自动四舍五入地保留 4 位小数。货币型数据与数值型数据的区别是，在数据前放置一个美元符号（$）或人民币符号（￥），表示此数据为货币型数据。

10. 备注型

备注型数据用 M 表示，是一种特殊的字符型数据，用于存储长度较长的文本数据。其宽度固定为 4，实际数据存放在一个与表同名的备注文件（.FPT）中。

11. 通用型

通用型数据用 G 表示，是一种特殊的备注型数据，专用于保存 Windows 的 OLE 对象（如图形和声音等），保存方式有链接和嵌入两种，其宽度固定为 4，实际数据存放在一个与表同名的备注文件（.FPT）中。链接或嵌入的对象可以是文本、图像、图片、图表、声音和二进制文件等。

4.3.2 常量

常量是指在程序运行过程中始终不变的量，又称为常数。

1. 字符型常量

字符型常量是一个字符串，由汉字和 ASCII 字符集中可以打印的字符组成，使用时必须用定界符（“”、‘’ 和[]）括起来。例如“大学生”、‘中学生’、[小学生]。

如果一种定界符是字符型常量的组成部分，则应该选择另一种定界符。例如“He’s a student.”。

2. 数值型常量

数值型常量由数字（0～9）、正负号（+、-）、小数点（.）、E 或 e 组成，长度为 20 位（包括符号和小数点），有效位数为 16 位。例如-166.78、1.586e-2。

3. 逻辑型常量

逻辑型常量只有两个逻辑值：“真”和“假”。例如.T.、.f.、.Y.、.n.。

4. 日期型常量

日期型常量用于表示日期，格式为{mm/dd/yyyy}。例如{12/08/1963}。

5. 日期时间型常量

日期时间型常量用于表示日期和时间，格式为{mm/dd/yyyy hh:mm:ss}。例如{25/11/1993

11:58:37}、{03/15/1985 12:28:58}。

4.3.3 变量

变量是指在程序运行过程中，其值可以改变的量。Visual FoxPro 系统中提供了两种形式的变量：内存变量和字段变量。

1. 字段变量

字段变量定义在表文件中，其值也存放在数据表中，字段变量名的长度为 10 个字符。每次引用字段变量的值时，可以从数据表中把相应的值取出来。字段变量值的输入与输出需要在数据表文件中进行。

字段变量的类型可以是：数值型、字符型、双精度型、日期型、日期时间型、浮点型、整数型、逻辑型、通用型、备注型和货币型。

2. 内存变量

内存变量定义在临时存储区中，其数据也是存储在临时存储区中的，只有在程序运行时才能进行内存变量的定义及其数据的使用。每次程序运行时，可以建立内存变量，程序运行结束时释放内存变量所占用的内存空间。在 Visual FoxPro 系统中定义内存变量有一大特点，在定义内存变量时不必定义内存变量的类型。内存变量的类型可以在程序的执行过程中根据赋给内存变量的数据类型而改变。在定义一个内存变量时没有必要为其定义大小，因为内存变量的大小也是由 Visual FoxPro 系统动态管理的。也就是说内存变量的长度、类型都是由系统控制的。

在 Visual FoxPro 系统中，内存变量的定义与使用是非常随意的。可以根据程序设计的需要随用随定义，甚至可以使用和定义同时进行。

（1）内存变量名。内存变量需要一个名字，即需要有一个可供引用的标识符，在 Visual FoxPro 系统的规定，内存变量的名字必须以字母开头，可以包含数字、字母和下划线，字母不区分大小写。内存变量名的长度可以是 1～255 个字符，用户可以通过变量名向内存单元存取数据。

内存变量名不要与字段变量名相同，如果内存变量名与字段变量名相同时，字段变量优先于内存变量。此时，若必须使用内存变量，可在内存变量名前使用前缀“m.”，表示所用的是内存变量。

（2）内存变量的数据类型。Visual FoxPro 系统内存变量的数据类型有数值型、浮点型、字符型、日期型、日期时间型和逻辑型。使用变量时要注意以下两点：

- 内存变量的定义。内存变量必须先定义并初赋值，然后再使用。内存变量的定义和赋值方式有以下两种：
  - ➢ 命令方式：

    STORE 表达式 TO 变量名表
  - ➢ 赋值式方式：

    变量名 = 表达式

命令方式可以同时定义多个变量并赋值，赋值式方式只能对一个变量进行定义和赋值。

- 内存变量值的显示。内存变量值的显示有以下方式：
  - ➢ LIST MEMORY

- DISPLAY MEMORY
- ? 变量名表
- ?? 变量名表

4.3.4　数组变量

在 Visual FoxPro 系统中可以定义和使用数组变量，Visual FoxPro 中的数组变量与传统的数组变量不同，其中的每一个元素都是独立的。在 Visual FoxPro 系统中使用数组变量时必须先定义数组变量，定义时只需说明数组变量的长度，而不用设定数组的数据类型，使用时数组变量中的各个元素所存放的数据类型可以不同。由此可知，Visual FoxPro 系统的数组变量实际上是内存变量的有序集合，是以同一名字组织在一起的简单内存变量的集合，是内存变量的另一种表现形式。

引用数组变量时，所有的数组元素是一个整体，为了区分不同的数组元素，每个数组元素都通过数组变量名及其位置下标来访问。例如 A[5]、b[2,3]。

数组通常用于保存和处理临时数据，临时数据表也能用于处理临时数据。一个一维数组对应数据表中的一条记录，一个二维数组对应一个数据表。在处理数据时，使用数组与使用数据表有以下优点：

（1）数组可以保存任何类型的数据，因此比具有固定结构的数据表灵活。

（2）数组是内存变量，因此对它的访问要比对磁盘文件的访问快。

（3）数组可以“就地”进行排序，而不需要额外的磁盘空间。

数组在用户应用系统中有许多运用，例如它们可以用于构造和显示菜单、实现数据的查找、允许直接编辑数据表记录而不需要在数据的一致性问题上花过多的功夫等。

4.4　运算符与表达式

运算符与表达式是 Visual FoxPro 系统的重要内容，是数据运算的重要工具。

4.4.1　运算符

下面介绍 Visual FoxPro 系统的运算符。

1. 数值运算符

数值运算符是对数值型数据进行算术操作的标志。具有数值运算功能的运算符有加（+）、减（-）、乘（*）、除（/）、乘幂（**或^）、取余（%）、取负数（-）和括号（()）。

数值运算符的优先级为：最高是乘方运算符，然后是乘除运算符，再是取余运算符，最低是加减运算符。

对于优先级相同的运算符，则按从左到右的顺序进行运算，括号“()”用于改变运算的顺序。

例如，(a+b)*(c%d)是先计算 a+b 和 c%d，然后再将“和”与“余”的结果相乘。

2. 字符运算符

字符运算符是对字符型表达式进行连接、比较运算和包含判断。具有字符运算功能的运算符有 4 个：+、-、$和==。

（1）+运算符的功能是将运算符前、后两个字符表达式按这两个字符表达式的原样连接成一个字符表达式。

例如“计算机 ”+“软、硬件”，结果为：“计算机 软、硬件”。

（2）-运算符的功能是将-运算符前的字符表达式中的尾部空格移到这两个字符表达式连接成的一个字符表达式之后。

例如“计算机 ”-“软、硬件”+“系统”，结果为“计算机软、硬件 系统”。

（3）$运算符的功能是检查前一个字符表达式是否包含在后一个字符表达式中，若包含结果为真“.T.”，否则为假“.F.”。

例如“硬件”$“计算机软、硬件”，结果为.T.。

（4）==运算符的功能是判断运算符两边的字符表达式是否相等，若相等结果为真“.T.”，否则为假“.F.”。

例如“计算机 ”-“软、硬件”==“计算机软、硬件”，结果为.T.。

使用字符运算符可以完成以下简单的操作：

（1）连接两个字符串、两个字段或两个内存变量。

（2）连接字符串与字段，连接字符串与内存变量。

（3）连接字段与内存变量并去掉尾部空格。

（4）连接并去掉尾部空格。

（5）判断字符串的包含和相等。

3. 关系运算符

关系运算符是对同类型的数据进行比较操作，可以对数值、日期、字符串等进行比较。用于比较的数据可以是常量、变量或字段，比较的结果为逻辑常量真“.T.”或假“.F.”。

关系运算符有以下 6 种，运算级别相同：<（小于）、>（大于）、=（等于）、<>（#、!=，不等于）、<=（小于等于）、>=（大于等于）。

注意：*Visual FoxPro 系统的字符比较是按字符的 ASCII 码值的大小进行的，汉字的比较是按其拼音字母的顺序进行的。*

例如 5 > 8，运算结果为.F.；"ABCDEFG"<"abcdefg"，运算结果为.T.。

4. 逻辑运算符

逻辑运算符是对逻辑型数据进行逻辑运算的标志。逻辑运算符有 3 种：NOT（逻辑非）、AND（逻辑与）和 OR（逻辑或），运算级别是：NOT 最高，AND 次之，OR 最低。

逻辑运算只能在相同的数据类型之间进行，可以使用逻辑运算符的数据类型有以下 5 种：字符型、数值型、日期型、日期时间型和货币型。

使用 AND 运算符时，如果两个逻辑表达式的值都为真，运算结果为真“.T.”；如果有一个表达式的值为假，运算结果为假“.F.”。使用 OR 运算符时，两个逻辑表达式中只要有一个表达式的值为真，运算结果为真“.T.”；只有当两个表达式的值都为假时，运算结果才为假“.F.”。NOT 运算符是将一个逻辑表达式的值取反后返回。

例如 2+6 AND 8/9，运算结果为.F.；"ABCDE"<"abcde" OR 1+2-3，运算结果为.T.。

5. 日期和日期时间运算符

+和-两个运算符也可以作为日期和日期时间运算符，其两侧的数据可以都是日期型数据或日期时间型数据，也可以一侧是日期数据另一侧是数值数据。如果两个参加运算的数据都是日期型或日期时间型数据，那么运算结果是数值型数据，是两个日期的间隔；如果参与运算的一个是日期型数据，另一个是数值数据，那么运算结果是一个日期型数据，是日期型数据加上或减去一个数值后的日期。

例如{01/20/1998}-21 为 12/30/1997，{02/19/1998}-{01/19/1998}为 31。

6. 运算符的优先级

在 Visual FoxPro 系统中运算符的优先级规定如下：①括号，②取负号，③乘幂，④模运算，⑤乘法和除法，⑥加、减和字符连接（包括$），⑦关系运算符（包括==），⑧NOT 或!，⑨AND，⑩OR。

运算符的优先级从①到⑩逐级降低，OR 运算符的优先级最低。

4.4.2　表达式

表达式是 Visual FoxPro 系统的重要组成部分，是由运算符和操作数组成的具有一定含义的式子。操作数包括常量、内存变量、字段变量、数组变量和函数等。

在一个表达式中，如果有不同类型的运算符时，按运算符的优先顺序进行运算：先进行算术或字符运算，然后是关系运算，最后才进行逻辑运算。用括号可以改变运算的顺序，同级运算符的运算顺序是依次从左到右进行。

表达式的每一部分，不管是常量、字段、内存变量还是函数，都是表达式的组成元素。表达式的所有元素必须是同类型的，例如在同一个表达式中不能混合使用字符字段和日期字段，除非用转换函数将这两种数据类型进行统一。

单个的常量、单个的变量或单个的函数都可以看做是表达式，是表达式的特例。

Visual FoxPro 系统的表达式有 4 种类型，即字符型、数值型、日期型和逻辑型。

1. 字符表达式

组成字符表达式的内容有：字符型字段、返回值为字符型的函数、字符型内存变量、字符型数组元素、字符常量以及字符运算符，其运算结果是字符型数据。Visual FoxPro 系统还有一种特殊的字符串：空串。空串是长度为零的字符串，它表明字符串中不包含任何字符。空串用中间没有空格的一对引号表示，如“”或‘’。

例如“计算机　”-“软、硬件”==“计算机软、硬件”就是一个字符表达式。

2. 数值表达式

组成数值表达式的内容有：数值型字段、返回值为数值型的函数、数值型内存变量、数值型数组元素、数值常量以及算术运算符，其运算结果是数值型数据。

例如 18+A*(B%7)=(D+C)*5。

3. 关系表达式

关系表达式可以由关系运算符与字符表达式或数值表达式组成，关系运算符两边数据的类型必须一致，其运算结果是逻辑型数据。

例如 Date()>={05/01/2003}、Date()+31<{07/01/2003}。

4. 逻辑表达式

组成逻辑表达式的内容有：逻辑型字段、返回值为逻辑型的函数、逻辑型内存变量、逻辑型数组元素、逻辑型常量以及逻辑运算符，或由关系运算符组成的其他类型的表达式（如字符型、数值型或日期型等）。逻辑表达式的值只能是真或假。

例如 Date()>={05/01/2003}OR Date()+31<{07/01/2003}。

Visual FoxPro 系统的逻辑表达式计算遵循“短路”规则。即在只有 AND 运算符的表达式中，只要操作数之一为假，则整个表达式的值也一定为假；在只有 OR 运算符的表达式中，只要操作数之一为真，则整个表达式的值也一定为真。因此，当发现某一个操作数为假或真时，就不必再去计算剩下的部分了。

5. 日期表达式

组成日期表达式的内容有：日期型字段、返回值为日期型的函数、日期型内存变量、日期型数组元素、日期型常量以及日期型运算符，其运算结果是日期型或数值型数据。

例如{03/15/1985}+21 为 04/05/1985，{02/19/1998}-{01/19/1998}为 31。

4.5 常用函数

Visual FoxPro 系统提供的标准函数很多，可用于实现某种功能或完成某种运算，尤其那些常用的函数，在对数据进行操作或编程过程中，都会给我们带来极大的方便。例如，要输入日期型数据就要用字符对日期转换函数，当一个表达式的各个操作数的数据类型不一致时，就要用到数据转换函数将表达式中各个操作数的数据类型进行统一。

本节只简略地介绍一些系统常用函数的功能，使初学者对 Visual FoxPro 系统提供的函数有初步的认识，有关 Visual FoxPro 系统提供的函数的详细介绍可参看相应的 Visual FoxPro 系统编程手册。

4.5.1 数值处理函数

1. 绝对值函数 ABS()

格式：ABS(数值表达式)

功能：返回“数值表达式”的绝对值。

例如 ABS(-78)，结果为 78。

2. 取整函数 INT()

格式：INT(数值表达式)

功能：去掉“数值表达式”的小数部分，返回其整数部分。

例如 INT(26.8)，结果为 26。

3. 四舍五入函数 ROUND()

格式：ROUND(数值表达式 1，数值表达式 2)

功能：返回的值是按“数值表达式 2”所指定的位数对“数值表达式 1”进行四舍五入。注意，“数值表达式 2”为零表示指定个位，为 1 表示保留 1 位小数，为 2 表示保留 2 位小数，依此类推。

例如 RORUD(26.8369, 3)，结果为 26.837，RORUD(26.8369, 0)，结果为 27。

4. 求平方根 SQRT()

格式：SQRT(数值表达式)

功能：返回“数值表达式”的平方根。注意，“数值表达式”的值必须是正数或零。

例如 SQRT(81)，结果为 9。

5. 取余函数 MOD()

格式：MOD(数值表达式 1，数值表达式 2)

功能：返回“数值表达式 1”除以“数值表达式 2”的余数。

例如 MOD(35,8)，结果为 3。

6. 求指数函数 EXP()

格式：EXP(数值表达式)

功能：返回以 e 为底，“数值表达式”为幂的指数值。

例如 EXP(5)，结果为 148.4131591。

7. 求对数函数 LOG()

格式：LOG(数值表达式)

功能：返回“数值表达式”的自然对数值。注意，“数值表达式”的值必须大于零。

例如 LOG(5)，结果为 0.5989700。

8. 求最大值函数 MAX()

格式：MAX(表达式 1,表达式 2 [,表达式 3 …])

功能：返回“表达式 1”、“表达式 2”、“表达式 3”等中的最大值。注意，这些表达式必须具有相同的数据类型（可以是字符型、数值型或日期型等）。

例如 MAX(15, 20, 8)，结果为 20。

9. 求最小值函数 MIN()

格式：MIN(表达式 1,表达式 2 [,表达式 3 …])

功能：返回“表达式 1”、“表达式 2”、“表达式 3”等中的最小值。注意，这些表达式必须具有相同的数据类型（可以是字符型、数值型或日期型等）。

例如 MIN(15, 20, 8)，结果为 8。

4.5.2 字符处理函数

1. 宏代换函数&

格式：&字符型内存变量 [.字符表达式]

功能：将“字符型内存变量”中的内容替换出。使用可选项：分隔符“.”及字符表达式，还可以将“字符表达式”的值添加在其尾端，而且“字符表达式”本身也可以是一个宏。

宏代换函数是一个用途极广的函数，它经常用于：编写通用程序、替换文本、类型转换，还可以代替除命令动词以外的任何部分。

例如 A="student"，B="I am a &A."，结果为 I am a student.。

2. 删除字符串空格函数

（1）删除字符串前置空格及尾部空格函数 ALLTRIM()。

格式：ALLTRIM(字符表达式)

功能：返回删除了“字符表达式”的前置空格及尾部空格的字符串。

例如 A="　student　"，ALLTRIM(A)，结果为 student。

（2）删除字符串前置空格函数 LTRIM()。

格式：LTRIM(字符表达式)

功能：返回删除了“字符表达式”的前置空格的字符串。

例如 A="　student　"，LTRIM(A)，结果为 student　。

（3）删除字符串尾部空格函数 RTRIM()。

格式：RTRIM(字符表达式)

功能：返回删除了“字符表达式”的尾部空格的字符串。

例如 A="　student　"，LTRIM(A)，结果为：　student。

3. 字符串搜索函数

（1）搜索字符串起始位置函数 AT()。

格式：AT(字符表达式 1,字符表达式 2 [,数值表达式])

功能：返回“字符表达式 1”在“字符表达式 2”中第一次出现的起始位置值（从左到右计数）。若“字符表达式 1”未出现在“字符表达式 2”中，则返回零值。可选项“数值表达式”的值表示“字符表达式 1”在“字符表达式 2”中重复出现的次数，“数值表达式”表示从其值所表示的重复出现的次数开始查找。

例如 AT("xy","abxycdxyefgxyqz")，结果为 3。

（2）搜索字符串起始位置函数 ATC()。

格式：ATC(字符表达式 1,字符表达式 2 [,数值表达式])

功能：函数 ATC()与 AT()功能相同，只是 AT()要区分大小写，ATC()不区分大小写。

例如 ATC("XY","abxycdxyefgxyqz",2)，结果为 12。

4. 取子字符串函数

（1）左截子字符串函数 LEFT()。

格式：LEFT(字符表达式,数值表达式)

功能：返回从“字符表达式”中截取的字符串，截取从“字符表达式”的左边起，截取的字符数由“数值表达式”的值决定。如果“数值表达式”的值小于或等于零，则返回空字符串。

例如 LEFT("I am a student.",6)，结果为 I am a。

（2）右截子字符串函数 RIGHT()。

格式：RIGHT(字符表达式,数值表达式)

功能：返回从“字符表达式”中截取的字符串，截取从“字符表达式”的右边开始，截取的字符数由“数值表达式”的值决定。如果“数值表达式”的值小于或等于零，则返回空字符串。

例如 RIGHT("I am a student.",8)，结果为 student.。

（3）截子字符串函数 SUBSTR()。

格式：SUBSTR(字符表达式,数值表达式 1 [,数值表达式 2])

功能：返回从“字符表达式”中截取的字符串，截取位置由“数值表达式 1”的值决定，截取长度由“数值表达式 2”的值决定。如果无“数值表达式 2”选项，则从“数值表达式 1”的值所示的位置开始直到“字符表达式”的尾部。

例如 SUBSTR("I am a student.",3,2)，结果为 am。

5. 复制字符串函数 REPLICATE()

格式：REPLICATE (字符表达式,数值表达式)

功能：返回重复的“字符表达式”，重复的次数由“数值表达式”决定。

例如 REPLICATE ("I am a student.",2)，结果为 I am a student. I am a student.。

6. 产生空格函数 SPACE()

格式：SPACE(数值表达式)

功能：产生一串空格，空格数由“数值表达式”的值确定。

7. 转换字符串函数

（1）字符串插入或替换函数 STUFF()。

格式：STUFF(字符表达式 1,数值表达式 1 [,数值表达式 2,字符表达式 2])

功能：在“字符表达式 1”中插入或替换一串字符。插入或替换的位置由“数值表达式 1”的值决定；“字符表达式 2”是用于替代或插入到“字符表达式 1”中的字符串，替代或插入的字符数由“数值表达式 2”的值决定。如果“数值表达式 2”的值为零，表示仅将“字符表达式 2”插入到“字符表达式 1”中；否则，将替换“字符表达式 1”中的字符。如果“字符表达式 2”是一个空字符串，表示仅从“字符表达式 1”中删除“数值表达式 2”所示的字符个数而不加入任何字符。

例如 STUFF ("I am a student.",1,4,"He is")，结果为 He is a student.。

（2）小写字母转换成大写字母函数 UPPER()。

格式：UPPER(字符表达式)

功能：将“字符表达式”中所有的小写字母转换成大写字母，其他字符不变。

例如 UPPER ("2y3x")，结果为 2Y3X。

（3）大写字母转换成小写字母函数 LOWER()。

格式：LOWER(字符表达式)

功能：将“字符表达式”中所有的大写字母转换成小写字母，其他字符不变。

例如 LOWER ("2Y3X")，结果为 2y3x。

8. 测试字符串函数

（1）测试是否是字母开头函数 ISALPHA()。

格式：ISALPHA(字符表达式)

功能：若“字符表达式”以英文字母开头，返回逻辑值“.T.”；否则返回逻辑值“.F.”。

（2）测试是否是小写字母开头函数 ISLOWER()。

格式：ISLOWER(字符表达式)

功能：若“字符表达式”以小写字母开头，返回逻辑值“.T.”；否则返回逻辑值“.F.”。

（3）测试是否是大写字母开头函数 ISUPPER()。

格式：ISUPPER(字符表达式)

功能：若“字符表达式”以大写字母开头，返回逻辑值“.T.”；否则返回逻辑值“.F.”。

（4）测试是否是阿拉伯数字开头函数 ISDIGIT()。

格式：ISDIGIT(字符表达式)

功能：若“字符表达式”以阿拉伯数字字符（0～9）开头，返回逻辑值“.T.”；否则返回逻辑值“.F.”。

9. ASCII 码转换函数

（1）求数值所对应 ASCII 码字符的函数 CHR()。

格式：CHR(数值表达式)

功能：返回“数值表达式”的值所对应的 ASCII 码字符。

例如 CHR(65)，结果为 A。

（2）求 ASCII 码字符所对应数值的函数 ASC()。

格式：ASC(字符表达式)

功能：返回“字符表达式”值最左边字符所对应的 ASCII 码（十进制）。

例如 ASC("A")，结果为 65。

10．测试字符串长度函数 LEN()

格式：LEN(字符表达式)

功能：返回“字符表达式”的字符个数。“字符表达式”可以是一个字符串、字符型变量、备注字段或字符型字段。若“字符表达式”为一空字符串，则返回值为零。

例如 LEN("I am a student.")，结果为 15。

11．条件赋值函数 IIF()

格式：IIF(逻辑表达式,表达式 1,表达式 2)

功能：根据“逻辑表达式”的值决定返回值。若“逻辑表达式”的值为真，则返回“表达式 1”的值；若“逻辑表达式”的值为假，则返回“表达式 2”的值。

例如 IIF(5>=7,"I am a student.","He is a student.")，结果为 He is a student.。

4.5.3 日期与时间处理函数

1．DAY()函数

格式：DAY(日期表达式)

功能：以数值类型的形式返回“日期表达式”所表示某月的第几天。“日期表达式”可以是系统的日期函数、内存变量或字段变量。

例如 DAY(DATE())，结果为显示系统日期的某月的第几天。

2．MONTH()函数

格式：MONTH(日期表达式)

功能：以数值类型的形式返回“日期表达式”所表示的月份。“日期表达式”可以是系统的日期函数、内存变量或字段变量。

例如 MONTH(DATE())，结果为显示系统日期的月份。

3．YEAR()函数

格式：YEAR(日期表达式)

功能：以数值类型的形式返回“日期表达式”所表示的公元年份。“日期表达式”可以是系统的日期函数、内存变量或字段变量。

例如 YEAR(DATE())，结果为显示系统日期的年份。

4．DOW()函数

格式：DOW(日期表达式)

功能：以数值类型的形式返回“日期表达式”所表示星期的第几天。1 表示星期日，2 表示星期一，……，7 表示星期六。“日期表达式”可以是系统的日期函数、内存变量或字段变量。

例如 DOW(DATE())，结果为显示系统日期的星期数。

5．CDOW()函数

格式：CDOW(日期表达式)

功能：以字符型数据的形式返回“日期表达式”所表示日期的星期名称。“日期表达式”可以是系统的日期函数、内存变量或字段变量。

例如 CDOW(DATE())，结果为显示系统日期的英文星期名。

6. CMONTH()函数

格式：CMONTH(日期表达式)

功能：以字符型数据的形式返回“日期表达式”所表示的月份名称。“日期表达式”可以是系统的日期函数、内存变量或字段变量。

例如 CMONTH(DATE())，结果为显示系统日期的英文月份名。

7. DATE()函数

格式：DATE()

功能：返回当前的系统日期。返回的日期格式可以用 SET CENTURY、SET MARK TO 命令来更改。

例如 DATE()，结果为以默认的形式显示系统日期。

8. TIME()函数

格式：TIME()

功能：返回当前的系统时间。返回的时间格式可用 SET HOURS TO 命令来更改。

例如 TIME()，结果为以默认的形式显示系统时间。

4.5.4 数据类型转换函数

1. 将数值转换为字符串的函数 STR()

格式：STR(数值表达式 1 [,数值表达式 2 [,数值表达式 3]])

功能：先计算“数值表达式 1”的值，然后将此值转换成数字字符串。字符串的长度由“数值表达式 2”决定，小数位数由“数值表达式 3”决定。

例如?"这个值为："+ STR(3.1415926,8,5)，结果是"这个值为：3.14159"。

2. 将数字字符串转换成数值的函数 VAL()

格式：VAL(字符表达式)

功能：从“字符表达式”最左边的数字字符开始，在忽略前置空格的情形下由左向右将阿拉伯数字字符转换成数值，直到遇到一个非数字字符为止。如果“字符表达式”的第一个字符不是阿拉伯数字，则 VAL()函数的返回值为零。

例如 VAL("35A8C6F")，结果为 35。

3. 将字符串转换成日期型值的函数 CTOD()

格式：CTOD(日期格式字符表达式)

功能：将“日期格式字符表达式”转换成日期型的值。

例如 CTOD("08-28-2004")，结果为 08/28/04。

4. 将日期型值转换成字符串的函数

（1）DTOC()函数。

格式：DTOC(日期型表达式 [,1])

功能：将“日期型表达式”转换成日期格式字符串。“日期型表达式”可以是系统日期函数、内存变量或字段变量。有可选项[,1]，则与 DTOS()函数功能相同。

例如?"系统日期为："+DTOC(DATE())。

（2）DTOS()函数。

格式：DTOS(日期型表达式)

功能：将“日期型表达式”转换成“YYYY MM DD”格式的字符串。“日期型表达式”可以是系统日期函数、内存变量或字段变量。

例如?"系统日期为："+DTOS(DATE())。

4.5.5 与数据表（库）相关的函数

1. ALIAS()函数

格式：ALIAS([数值表达式/字母])

功能：返回当前工作区已打开的数据表文件的别名（alias）。如果当时并未打开任何表文件，则返回一空字符串。可选项“数值表达式”或“字母”用于指定函数ALIAS()检测的工作区。

例如ALIAS(4)，结果为显示第4工作区中数据表的别名。

2. DBF()函数

格式：DBF([数值表达式/字符表达式])

功能：返回当前工作区已打开表的文件名。如果当时并未打开任何数据表文件，则返回一空字符串。可选项“数值表达式”或“字符表达式”用于指定函数DBF()检测的工作区。“数值表达式”是工作区数字编号（1～32767），而“字符表达式”可以是工作区别名或工作区字母代号（A～J）。

例如DBF(E)，结果为显示第4工作区中的数据表名。

3. FCOUNT()函数

格式：FCOUNT([数值表达式/字符表达式])

功能：返回当前工作区已打开的数据表文件的字段的个数。如果当时并未打开任何数据表文件，则返回数值0。可选项“数值表达式”或“字符表达式”用于指定函数FCOUNT()检测的工作区。“数值表达式”是工作区数字编号（1～32767），而“字符表达式”可以是工作区别名或工作区字母代号（A～J）。

例如FCOUNT (E)，结果为显示在第4工作区的数据表中的字段个数。

4. FIELD()函数

格式：FIELD(数值表达式1 [,数值表达式2/字符表达式])

功能：返回当前工作区已打开的数据表文件的字段名，显示那个字段名由“数值表达式1”指定。如果当时并未打开任何数据表文件，则返回空字符串。可选项“数值表达式2”或“字符表达式”用于指定函数 FIELD()检查的工作区。“数值表达式”是工作区数字编号（1～32767），而“字符表达式”可以是工作区别名或工作区字母代号（A～J）。

例如FIELD (6)，结果为显示当前工作区已打开数据表的第6个字段名。

5. RECCOUNT()函数

格式：RECCOUNT([数值表达式/字符表达式])

功能：返回当前工作区已打开的数据表文件的所有记录个数。如果当时并未打开任何数据表文件，则返回数值0。可选项“数值表达式”或“字符表达式”用于指定函数RECCOUNT()所检测的工作区。“数值表达式”是工作区数字编号（1～32767），而“字符表达式”可以是工作区别名或工作区字母代号（A～J）。

例如 RECCOUNT (E)，结果为显示在第 4 工作区中打开数据表的记录数。

6. RECNO()函数

格式：RECNO([数值表达式/字符表达式])

功能：返回当前工作区已打开的数据表文件的当前记录号。如果当前的数据表文件里没有记录，则返回数值 1，EOF()函数返回值为.T.。可选项“数值表达式”或“字符表达式”用于指定函数 RECNO()检测的工作区。“数值表达式”是工作区数字编号（1～32767），而“字符表达式”可以是工作区别名或工作区字母代号（A～J）。

例如 RECNO (E)，结果为显示在第 4 工作区中打开数据表的当前记录号。

7. LUPDATE()函数

格式：LUPDATE([数值表达式/字符表达式])

功能：返回当前工作区已打开的数据表文件最近被修改的日期。如果当时未打开数据表文件，则返回空日期。可选项“数值表达式”或“字符表达式”用于指定函数 LUPDATE()检测的工作区。“数值表达式”是工作区数字编号（1～32767），而“字符表达式”可以是工作区别名或工作区字母代号（A～J）。

例如 LUPDATE (E)，结果为显示在第 4 工作区中打开数据表的修改日期。

8. RELATION()函数

格式：RELATION(数值表达式 1 [,数值表达式 2/字符表达式])

功能：返回当前工作区已打开的数据表文件的关联表达式，显示哪个关联表达式由“数值表达式 1”指定。如果所检查的工作区没有任何关联存在或不存在“数值表达式 1”指定的关联表达式，则会返回一空字符串。可选项“数值表达式 2”或“字符表达式”用于指定函数 RELATION()检查的工作区。“数值表达式”是工作区数字编号（1～32767），而“字符表达式”可以是工作区别名或工作区字母代号（A～J）。

9. SELECT()函数

格式：SELECT([0/1])

功能：返回当前工作区序号。可选项 0 表示返回当前工作区序号，可选项 1 表示返回可以使用的工作区数。

10. BOF()函数

格式：BOF([数值表达式/字符表达式])

功能：测试当前工作区已打开的数据表文件的文件指针是否位于文件头，若当前数据表文件的记录指针移到了该数据表文件的第一条记录时，BOF()函数返回逻辑值.T.，表示该数据表文件当前是处于文件开头处。如果当时未打开数据表文件，则返回逻辑值.F.。可选项“数值表达式”或“字符表达式”用于指定函数 BOF()检测的工作区。“数值表达式”是工作区数字编号（1～32767），而“字符表达式”可以是工作区别名或工作区字母代号（A～J）。

11. EOF()函数

格式：EOF([数值表达式/字符表达式])

功能：测试当前工作区已打开的数据表文件的文件指针是否位于文件尾，若当前数据表文件的记录指针移到了该数据表文件的最后一个记录之后时，EOF()函数返回逻辑值.T.。如果当时未打开数据库文件，则返回逻辑值.F.。可选项“数值表达式”或“字符表达式”用于指定函数 EOF()检测的工作区。“数值表达式”是工作区数字编号（1～32767），而“字符表达式”可以是工作区别名或工作区字母代号（A～J）。

12. DELETED()函数

格式：DELETED([数值表达式/字符表达式])

功能：测试当前工作区已打开的数据表文件的当前记录是否有“删除”标记，若有返回逻辑值.T.，若没有则返回逻辑值.F.。如果当时未打开数据表文件，则返回逻辑值.F.。可选项“数值表达式”或“字符表达式”用于指定函数 DELETED()检测的工作区。“数值表达式”是工作区数字编号（1～32767），而“字符表达式”可以是工作区别名或工作区字母代号（A～J）。

13. FOUND()函数

格式：FOUND([数值表达式/字符表达式])

功能：测试在当前工作区已打开的数据表文件中刚执行过的 LOCATE、CONTINE、FIND 或 SEEK 查询命令是否成功，或记录指针是否在相关数据表文件中移动，若成功返回逻辑值.T.，若不成功则返回逻辑值.F.。如果当时未打开数据表文件，则返回逻辑值.F.。可选项“数值表达式”或“字符表达式”用于指定函数 FOUND()检测的工作区。“数值表达式”是工作区数字编号（1～32767），而“字符表达式”可以是工作区别名或工作区字母代号（A～J）。

14. 索引和索引文件函数

（1）CDX()函数。

格式：CDX(数值表达式 1 [,数值表达式 2/字符表达式])

功能：返回当前工作区已打开的复合索引文件（.CDX）的名称。如果一个数据库文件拥有一个结构化的复合索引文件，且“数值表达式 1”值为 1，则 CDX()函数返回此复合索引文件的名称（结构化复合索引文件的名称与数据库文件的名称必定相同）。依此类推，返回在 USE 命令的 INDEX 选项或在 SET INDEX 命令中指定打开的非结构化复合索引文件的名称。当“数值表达式 1”的值大于打开的复合索引文件的数目时，CDX()函数将返回空字符串。而一个结构化的复合索引文件会自动伴随它的数据表文件的打开而打开。可选项“数值表达式 2”或“字符表达式”用于指定函数 CDX ()检测的工作区。“数值表达式”是工作区数字编号（1～32767），而“字符表达式”可以是工作区别名或工作区字母代号（A～J）。

（2）NDX()函数。

格式：NDX(数值表达式 1 [,数值表达式 2/字符表达式])

功能：返回当前工作区已打开的由“数值表达式 1”指定的单索引文件（.IDX）的名称。如果由“数值表达式 1”指定的位置上并没有打开的索引文件，则返回一个空字符串。可选项“数值表达式 2”或“字符表达式”用于指定函数 NDX()检测的工作区。“数值表达式”是工作区数字编号（1～32767），而“字符表达式”可以是工作区别名或工作区字母代号（A～J）。

（3）KEY()函数。

格式：KEY([CDX 文件名,]数值表达式 1 [,数值表达式 2/字符表达式])

功能：返回当前工作区已打开的由“数值表达式 1”指定的单索引文件（.IDX）的名称。如果在“数值表达式 1”指定的位置上没有打开单索引文件或不存在相应的标识名称，则返回一空字符串。“数值表达式 1”指明返回哪一个单索引文件的索引表达式或复合索引文件中哪一个标识名的索引表达式。可选项“CDX 文件名”表示要返回复合索引文件中标识的索引表达式。可选项“数值表达式 2”或“字符表达式”用于指定函数 CDX()检测的工作区。“数值表达式”是工作区数字编号（1～32767），而“字符表达式”可以是工作区别名或工作区字母代号（A～J）。

（4）ORDER ()函数。

格式：ORDER([数值表达式 1/字符表达式[,数值表达式 2]])

功能：返回当前工作区已打开的多个索引文件（.IDX 和.CDX）中的主控索引文件（.IDX）或主控制索引标识的名称。注意利用 USE 命令中的 INDEX 选项及 SET INDEX 命令可以同时打开多个单索引文件或非结构化复合索引文件。位于索引串中第一个位置的索引文件即为主控制索引，用户也可以利用 SET ORDER 命令重新指定索引串中某一位置的单索引文件为主控制文件，或重新指定复合索引文件中的某一个索引标识为主控制索引标识。可选项“数值表达式 1”或“字符表达式”用于指定函数 ORDER()检查的工作区。“数值表达式”是工作区数字编号（1～32767），而“字符表达式”可以是工作区别名或工作区字母代号（A～J）。可选项“数值表达式 2”可取任意数值，表示函数同时返回主控索引文件或主控索引标识所在的路径。

4.6　Visual FoxPro 的文件类型与命令结构

4.6.1　常用文件类型

在 Visual FoxPro 系统中，所有的数据和程序都是以文件形式存储的，由于文件格式和处理方式的不同，就形成了不同的文件类型。Visual FoxPro 提供了 40 多种类型的文件，例如数据库文件、表文件、报表文件、表格文件、索引文件、项目文件、程序文件、可执行文件、标签文件、内存变量文件、屏幕格式文件、菜单文件、文本文件、可视类库文件、OLE 控件文件、应用程序文件、帮助文件等。下面介绍常用的几种文件类型。

1. 项目文件

项目文件又称项目管理器（Project Manager）文件，是用于保存应用程序中所有使用文件的文件。在项目文件中，便于集中组织管理和协调各种相关的文件，使其更容易处理。因为，建立一套完整的应用程序和系统是相当复杂的，会有许多的数据文件、表单文件、报表文件和程序文件等。因此，每个文件或系统结构的变更都会影响到其他的文件。如果有一套管理办法能记录所有的变化，并在每次变更时会自动更改相应的文件，在编译时能自动地链接其相关的文件，产生最新版本的应用程序和系统，这样会使用户感到非常方便。项目文件就是为了实现这一目标而建立的。项目文件的扩展名是.PJX，项目备注文件的扩展名是.PJT。项目文件还可以生成应用的程序文件.APP 或可执行文件.EXE。

2. 数据库文件

在 Visual FoxPro 系统中用户应用程序会建立多个表文件，数据库文件是为了方便管理和协调这些表文件之间的关系而定义的一种特殊格式的文件。数据库文件用于保存有关表文件的结构、表文件间关系的信息，是一种重要的文件。数据库文件的扩展名是.DBC，数据库备注文件的扩展名是.DCT。

3. 表文件

表文件是用于保存数据的文件，是 Visual FoxPro 系统中最常用的文件。表文件的扩展名是.DBF，其备注型文件的扩展名是.DBT，是表文件的辅助文件，是由表文件中的备注型字段和通用型字段的内容形成的文件。表文件修改后产生的备份文件的扩展名是.BAK，表备注文件修改后产生的备份文件的扩展名是.TBK。

4. 程序文件

程序文件又称命令文件，由命令或程序设定和语句组成，是用户为完成某项任务而编写的程序。程序文件属于普通的文本文件，可以用一般的文本编辑器建立和修改，也可以用 Visual FoxPro 系统提供的编辑器编辑源程序文件。源程序文件的扩展名为.PRG，在运行时系统首先要对其进行编译，编译后产生的文件与源程序文件同名，但其扩展名为.FXP。

5. 索引文件

索引文件是根据索引表达式对表文件在逻辑上进行排序而形成的，其作用是对表进行快速查询。索引文件分为单索引文件和复合索引文件两种，单索引文件的扩展名为.IDX，复合索引文件的扩展名为.CDX。

6. 内存变量文件

内存变量文件用于保存用户自定义的内存变量的值以备后用，由专门的命令语句建立。内存变量文件的扩展名为.MEM。

7. 屏幕格式文件

屏幕格式文件用于定义对表中的数据进行全屏幕编辑的屏幕格式，这种格式可以使数据的输入与输出直观、方便。屏幕格式文件只能由注释语句、格式化语句@…SAY…GET 和 READ 语句组成，用于在屏幕和打印机的指定位置上输出一定格式的数据或从键盘上输入数据给内存变量。屏幕格式文件的扩展名为.FMT，编译后的文件扩展名是.PRX。

8. 报表格式文件

报表格式文件是一个输出格式文件，包含报表的标题、数据内容、分类小计、合计和打印格式等部分。报表格式文件的扩展名为.FRX，报表格式备注文件的扩展名是.FRT。

9. 标签文件

标签文件是用户打印标签、名片的格式文件，包含了打印标签命令所需的全部信息。标签文件的扩展名是.LBX，标签备注文件的扩展名是.LBT。

10. 文本文件

文本文件通常是对某些信息的说明或存放非格式数据的文件，用于与其他语言系统进行数据交换。在项目管理器中的文本文件通常是对头文件的定义，文本文件可由任何文本编辑器编辑，其扩展名是.TXT。

11. 菜单文件

菜单文件是由各类菜单定义命令组成或由项目管理器中的菜单设计器生成的格式文件，菜单文件是用户自定义的菜单功能，可以实现对应用程序的图形化管理。菜单文件的扩展名是.MNX，菜单备注文件的扩展名是.MNT，由菜单设计器生成的菜单程序文件的扩展名是.MPR，编译后的菜单程序文件的扩展名是.MPX。

12. 表单文件

表单又称“窗体”，是用户输入数据或查看数据表内容使用的一种屏幕界面。表单文件提供了丰富的、能反映用户事件的对象集，使用户能方便地进行信息管理。表单文件的扩展名是.SCX，表单备注文件的扩展名是.SCT。

4.6.2　常用系统环境设置

Visual FoxPro 系统提供了一组 SET 命令，这组命令可以设置默认路径或改变屏幕显示的颜色、打印机的联机状态、系统是否需要保护等环境参数。Visual FoxPro 系统启动后，环境参数处于系统的默认状态，用 SET 命令可以改变这些默认设置，适应各种程序设计的需要。

1. 设置会话状态

命令格式：SET TALK ON/OFF

功能：设置每条命令的执行结果是否显示在屏幕上或打印输出。系统默认设置为 ON。

2. 设置跟踪状态

命令格式：SET ECHO ON/OFF

功能：控制程序文件执行过程中的每条命令是否显示或打印出来。系统的默认设置为 OFF。

3. 设置打印状态

命令格式：SET PRINTER ON/OFF

功能：控制程序执行的结果是否打印输出。系统默认值为 OFF。

说明：在命令格式中选择 ON 表示打印机输出结果，选择 OFF 表示将输出结果在屏幕上显示。

4. 设置定向输出状态

命令格式：SET DEVICE TO SCREEN/TO PRINTER/TO FILE 文件名

功能：控制命令的执行结果输出到屏幕、打印机或指定的文件上。系统默认值为 SCREEN。

说明：在命令格式中选择 SCREEN 表示将执行结果显示在屏幕上，选择 PRINGTER 表示将执行结果输出到打印机上，选择“FILE 文件名”表示将执行结果输出到指定的文件中。

5. 设置精确比较状态

命令格式：SET EXACT TO ON/OFF

功能：在进行字符比较时是否需要精确比较。系统默认值为 OFF。

说明：在命令格式中选择 ON 表示需要精确比较，选择 OFF 表示不需要精确比较。

6. 设置日期格式

命令格式：SET DATE ANSI/AMERICAN/MDY/DMY/YMD

功能：控制日期表达式显示的格式。系统默认值为 AMERICAN。

7. 设置系统的保护状态

命令格式：SET SAFETY ON/OFF

功能：系统在用户对文件进行重写或删除的操作时给出警告提示。系统默认为 ON。

说明：如果用户需要这种提示选择 ON，否则选择 OFF。

8. 设置是否忽略记录的删除标志

命令格式：SET DELETED ON/OFF

功能：忽略或处理有删除标记的记录。系统默认值为 OFF。

说明：选择 ON 时，操作命令将不对有删除标记的记录进行操作，但索引命令除外。

9. 设置屏幕状态

命令格式：SET CONSOLE ON/OFF

功能：发送或暂停输出内容到屏幕上。系统默认值为 ON。

10. 设置屏幕显示属性

命令格式：SET COLOR TO [标准型 [,增强 [,边框]]]

功能：改变屏幕的配色方案。

说明：命令格式中的标准型和增强型是指屏幕显示的“前景色/背景色”，前景色是指字符的颜色，背景色指屏幕的底色。系统默认的标准型配色为黑底白字，增强型配色为白底黑字。常用的表示符号与颜色的对应关系如下：

黑色	红色	品红	黄色	白色	空白	绿色	蓝色	深蓝
N	R	RB	GR+	W	X	G	B	BG

注意：+号表示高亮度，只能用于前景色代码中。

11. 设置默认的驱动器

命令格式：SET DEFAULT TO [驱动器名(即盘符)]

功能：设置系统默认的驱动器。

例如 SET DEFAULT TO D，结果：D 为默认驱动器。

12. 设置数据筛选条件

命令格式：SET FILTER TO [条件表达式]

功能：对当前表文件中的记录设置筛选条件。

13. 指定打开的索引文件

命令格式：SET INDEX TO [索引文件名表]

功能：打开指定的索引文件。

说明：“索引文件名表”列的索引文件都是要打开的文件，只有第一个索引文件起作用，称为主索引。

14. 设置主索引文件

命令格式：SET ORDER TO [数值表达式]

功能：在已打开的索引文件名表中指定主索引文件。

说明：该设置命令与 SET INDEX TO 命令配合使用，用于改变主索引。“数值表达式”的值应小于“索引文件名表”中的索引文件个数，数值表达式的值指定了与之相对应的索引文件为主索引。

15. 设置查找的路径

命令格式：SET PATH TO [路径表]

功能：设置查找文件的路径。

说明：路径表的路径不唯一时，各路径之间用分号“;”分隔。

例如 SET PATH TO C:\MICROSOFT VISUAL STUDIO\VFP98\TYC57\，结果：设置默认的文件查找路径。

4.6.3 命令结构与书写规则

Visual FoxPro 系统的命令有一定的书写规则，并且多数命令都有相同的短语或参数，如果将这些有规律性的内容掌握了，对以后的学习会有事半功倍的作用。

1. 命令结构的一般形式

命令动词 [范围] [表达式表] [FOR 条件表达式] [WHILE 条件表达式];

[TO FILE 文件名/TO PRINTER/TO ERRAY 数组名/ TO 内存变量名];

[ALL [LIKE/EXCEPT 通配符]][IN 别名/ 工作区号]

在命令结构的一般形式中有各种符号、参数和短语，其意义说明如下：

（1）符号规定：在命令中，方括号“[]”里的内容为可选项，即可有可无，由用户决定取舍。有则命令中包含该项所描述的作用，无则由系统自定；“/”两边的内容是让用户选择其一；“…”为命令中的重复部分。这些符号在写具体某一命令时并不出现。

（2）命令动词：是一个英语动词，表示对数据要进行什么样的操作。

（3）范围：该参数指明一个命令的作用范围。一般有 4 种选择形式，用户在书写命令时只能选择其中的一种或不选，不选时由系统确定命令的作用范围：

- RECORD n：表示只对第 n 条记录。
- NEXT n：表示当前记录以下的 n 条记录。
- REST：表示从当前记录到最后一条记录。
- ALL：表示全部记录。

其中的数据 n 只能是大于零并小于最后一条记录号的正整数。

（4）表达式表：表示对命令作用对象的处理方式，当表中的内容多于一个时，其间要用逗号分隔。

（5）FOR 短语与 WHILE 短语：表示执行命令的条件，即对指定范围内的记录用此条件进行筛选，只对符合条件的记录进行操作。短语中的“条件表达式”应为关系表达式或逻辑表达式。FOR 短语与 WHILE 短语的作用有所不同，前者表示将全部符合条件的记录筛选出来，后者表示在筛选过程中一旦遇到不符合条件的记录就停止筛选。

在命令中如果选用了 FOR 短语或 WHILE 短语，而不选择范围参数时，系统自定为 ALL。

（6）TO 短语：表示将命令操作的结果输出给指定对象。对象可以是“变量名表”（当表中的变量多于一个时，其间要用逗号分隔）、数组、打印机或数据文件。选择什么样的对象合适，要根据命令动词而定。

（7）ALL 短语：指明是否包括与指定的“通配符”相匹配的文件、字段或内存变量，LIKE 表示“只有”之意，EXCEPT 表示“除此之外”之意。

（8）IN 短语：用于在当前工作区指定对其他工作区中的数据表进行操作。“别名”取值为 A～J，“工作区号”取值为 1～32767。

2. Visual FoxPro 命令的书写规则

（1）每条命令必须以命令动词开头，其他的各个参数、短语的顺序可以是任意的，最后以回车键结束一条命令的输入。

（2）命令中的动词、参数与短语之间均用空格符分隔。

（3）当一条命令较长一行写不下时，可以分成几行书写，每行末尾用分号“;”表示与下一行相连，即分号“;”是续行符。

（4）一条命令的最大长度不能超过 255 个字符。

（5）命令中的英文字母可以用大写或小写字母书写，即 Visual FoxPro 系统不区分英文字母的大小写。

（6）命令、关键字和系统的语句等均为保留字，用户不能再作他用，如用作变量名、文件名等。这些保留字在书写时可以只写前 4 个字母。

4.7 Visual FoxPro 中的数据库相关概念

1. 表

Visual FoxPro 系统中的表文件，使用了平面文件（Flat File）的格式。在平面文件中，使用固定长度的记录保存数据，顺序地进行排列，形成一个可以顺序查找记录的连续文件。

在 Visual FoxPro 系统中，将这种平面文件的扩展名定为 DBF（Database File）。表文件是由固定长度的记录顺序排列组成的文件，其中的一行称为一条记录，一列称为一个字段。表文件可以建立索引，也可以对数据进行排序，可以方便、快速地查找数据。

2. 记录

在 Visual FoxPro 系统中，将表文件的一行称为一个记录（Record）。记录是由一个或若干个字段组成，一个字段代表着一个记录的属性。记录是表文件的基本组成部分，一个表文件是由多个记录按顺序排列组成。

3. 字段

字段（Field）又称属性，一个字段在表文件中代表一列，表示该表文件所代表的事物的一个属性。通常一个事物会有多个属性，各个属性表示着不同的意义，多个属性的不同组合具有不同的特点。因此，一个表文件要有多个字段，每个字段具有不同的含义。

4. 记录指针

表文件是由多个记录顺序排列组成的。为了访问特定的记录 Visual FoxPro 系统对每个表文件都设置了一个记录指针（Pointer），当记录指针指向某个记录时 Visual FoxPro 系统就可以访问该记录的内容，并通过在表中移动记录指针访问不同的记录，取得不同的值。例如，当记录指针指向表的第 5 条记录时，Visual FoxPro 系统能处理的记录就是第 5 条记录，这时如果把记录指针移动到最后一条记录那么 Visual FoxPro 系统正在访问的就是最后一条记录了。通过这样不断地变换指针位置，可以浏览整个数据表中的数据。

5. 逻辑视图

逻辑视图（View）是 Visual FoxPro 系统表示数据的一种形式，是一种逻辑意义上的数据文件。它是由一个或多个表文件的数据组成的，是由多个表的部分字段或记录组合而成的数据视图。视图中的数据是当前正在使用的数据，可以使用 SET RELATION 命令将这些文件组合起来，也可以用 SET FILTER 命令对数据进行过滤，选择符合条件的记录。

6. 数据库

Visual FoxPro 系统中引入了数据库（Database）文件（.DBC）的概念，数据库文件中保存着表与表的联系、表与视图之间的关系等信息。在数据库中可以维护和组织表、视图以及他们之间的关系，数据库文件中还保存着与应用程序有关的信息。在 Visual FoxPro 系统中可以使用 CREATE DATABASE 命令建立一个数据库，用 OPEN DATABASE 命令打开一个已经存在的数据库。

本章小结

本章对学习数据库技术的基本知识进行了概述。数据库技术是控制和管理计算机数据资源，使其可以共享的技术。在数据库技术中，数据库是其核心，一切操作都是对数据库进行的。Visual FoxPro 系统是可视化的数据库管理系统，也是一种面向对象的编程工具。无论是信息的组织、应用程序的运行、数据的查询、创建集成的数据库等操作，还是为用户编写功能齐全的数据库应用程序，Visual FoxPro 系统都提供了可视化的数据管理方法和功能强大的编程工具。

数据类型是数据的基本属性，每个数据都应该有对应的数据类型。常量是指在程序运行过程中始终不变的量，又称为常数。变量是指在程序运行过程中其值可以改变的量。Visual FoxPro 系统提供了两种形式的变量：内存变量和字段变量。

运算符与表达式是 Visual FoxPro 系统的重要内容，是数据运算的重要工具。表达式是 Visual FoxPro 系统的重要组成部分，是由运算符和操作数组成的具有一定含义的式子，操作数包括常量、内存变量、字段变量、数组变量和函数等。

Visual FoxPro 中的表文件使用了平面文件的格式。在平面文件中，使用固定长度的记录保存数据，顺序地对记录进行排列，形成一个可以顺序查找记录的连续文件。在 Visual FoxPro 系统中，将表文件的一行称为一个记录。记录由一个或若干个字段组成，一个字段代表着记录的一个属性。记录是表文件的基本组成部分，一个表文件是由多个记录按顺序排列组成。字段又称为属性，字段在表文件中代表一列，表示该表文件所代表的事物的一个属性。

以上内容是 Visual FoxPro 系统的重要概念，掌握这些概念对学好 Visual FoxPro 系统是非常重要的，能起到事半功倍的作用。

习题四

一、选择题

1．数据库系统是由（　　）、数据库管理系统和用户程序组成，数据库是用户使用的目标，数据库管理系统是实现这一目标的工具。

A．文件　　B．数据库　　C．数据　　D．数据文件

2．Visual FoxPro 具有的速度快、（　　）和灵活性大等特点是普通数据库管理系统所无法比拟的。

A．功能强　　B．性能强　　C．数据量大　　D．变量多

3．表文件中记录的最大条数为（　　）条。

A．254　　B．255　　C．10 亿　　D．10 万

4．每条记录中允许有的最多字段数为（　　）个。

A．128　　B．256　　C．254　　D．255

5．数值计算的精确值位数为（　　）位。

A．32　　B．16　　C．18　　D．8

6．数组的最多个数为（　　）个。

A．6000　　B．32000　　C．15600　　D．65000

7．字符字段的最大字符数为（　　）个。

A．254　　B．255　　C．256　　D．512

8．自由表中各字段名的字符数最大值为（　　）个字符。

A．16　　B．8　　C．10　　D．32

9．Visual FoxPro 语言中提供了两种形式的变量：（　　）和字段变量。

A．数组变量　　B．内存变量　　C．长变量　　D．系统变量

10．数值运算符是对（　　）数据进行算术操作。

A．常量　　B．系统　　C．数据型　　D．数值型

11．逻辑运算符是对（　　）数据进行逻辑运算。

A．关系型　　B．逻辑型　　C．字符型　　D．整数型

12．表文件是用于（　　）的文件，是 Visual FoxPro 中最常用的文件。

A．输出数据　　B．保存字符　　C．保存数据　　D．保存变量

13．内存变量文件用于保存用户自定义的内存变量的（　　）以备后用。

A．值　　B．名　　C．别名　　D．关系

14．（　　）通常是对某些信息的说明或存放非格式数据的文件。

A．格式文件　　B．数据文件　　C．常量文件　　D．文本文件

15．记录是由一个或几个字段组成，一个字段代表着一个记录的（　　）。

A．字段　　B．属性　　C．名称　　D．数据

二、判断下列各题的正确性，对者用“√”表示，错者用“×”表示

1．数据库技术是控制和管理计算机数据资源，使其对公众可以共享的技术。

2．在数据库技术中，程序是其核心，一切操作都是对程序进行的。

3．Visual FoxPro 既是可视化的数据库管理系统，也是一种面向对象应用程序的编程工具。

4．Visual FoxPro 的最大特点是可视化的 FoxPro 数据库系统，加上可视化的面向对象的程序设计方法。

5．使用“生成器”可以为 Visual FoxPro 的应用程序生成并添加控件，每个生成器都有选项卡，用于设置选定的对象属性。

6．“向导”是一种交互式程序，是系统提供的用于完成固定操作的工具。

7．面向对象的程序设计，通过类的派生与继承特性加速了应用程序的开发过程。

8．源程序文件中程序行的最大数系统没有限制，受可用内存的限制。

9．关系表达式的最大长度为 100 个字符。

10．数据类型是数据的特殊属性，每个数据都应该有对应的数据类型。

11．在 Visual FoxPro 中只有相同类型的数据才能进行操作，并根据各种数据类型进行存储空间的分配。

12．常量是指在程序运行过程中可以改变的量，又称为常数。

13．引用数组变量时，所有的数组元素是一个整体，为了区分不同的数组元素，每个数组元素都通过数组变量名及其位置下标来访问。

14．在 Visual FoxPro 中使用内存变量数组时必须对内存变量数组进行声明，声明时只需设定内存变量数组的长度，而不用设定数组的类型，使用时一个内存变量数组中的各个元素所存放的数据类型可以是不一样的。

15．逻辑运算符可以在不同的数据类型之间使用。

16．表达式的所有元素必须是同类型的。

17．关系表达式可以由关系运算符与字符表达式或数值表达式组成，关系运算符两边数据的类型可以不同。

18．逻辑表达式的值只能是真或假。

19．逻辑视图并不是真正意义上的表文件，而只是一种逻辑意义上的数据文件，它是由一个或多个真正的表文件组成的，是由多个表的部分字段或记录组合而成的逻辑视图。

三、填空题

1．数据库系统具有使__________，最低冗余度、较高的程序与__________，易于编制应用程序，__________和__________易于扩充等优点。

2．可视化编程大大__________程序员的工作，使程序的编写更加__________和容易。

3．“项目管理器”提供了使用可视化的方法来组织和处理表、__________、__________、查询等文件，也可以创建、__________和__________文件。

4．“设计器”是系统提供的可视化工具之一，用于创建和修改应用程序的组件，可以创建表、__________、__________和__________等。

5．利用 Visual FoxPro 的对象模型可以充分地使用面向对象程序设计的所有功能，包括__________、__________、__________和__________。

6．函数调用时传递的参数个数最多为__________个，SQL SELECT 可以选择的最多字段个数为__________个。

7．每条记录中允许有的最大字符数为__________个，每个字段中允许有的字符数最多为__________个。

8．整数表示的最小数值为__________，整数表示的最大数值为__________。

9．数值型字段的最大值为__________位，浮点型字段的最大值为__________位。

10．默认的内存变量数为__________个，内存变量的最多个数为__________个。

11．Visual FoxPro 语言提供的数据类型有__________、双精度型、__________、日期时间型、浮点型、__________、逻辑型、__________、备注型、__________、货币型。

12．逻辑型常量只有两个逻辑值：__________或__________。

13．字段变量的类型可以是：数值型、__________、双精度型、__________、日期时间型、__________、整数型、__________、通用型、__________和货币型。

14．一个一维数组对应数据表中的__________，一个二维数组对应一个__________。

15．字符运算符是对__________表达式进行__________、__________运算和包含判断。

16．关系运算符是对__________数据进行比较操作，可以对__________、__________、__________进行比较。

17．逻辑运算符有 3 种：__________逻辑非、__________逻辑与和__________逻辑或。

18．操作数包括：常量、__________、字段变量、__________和__________。

19．Visual FoxPro 语言的表达式共有 4 种类型，即__________、__________、__________和__________。

20．数据库文件用于保存有关__________、__________信息，是一种重要的文件。

21．程序文件又称命令文件，由命令或程序设定与__________组成，是用户为__________而编写的程序。

22．索引文件是根据索引表达式对表文件在__________进行排序而形成的，其作用就是对表进行__________。

23．表单又称“窗体”，是用户__________数据或__________表内容所使用的一种屏幕界面。

24．命令动词是一个__________，表示对数据库进行什么样的__________。

25．通常一个事物会有__________属性，各个属性表示着__________意义。多个属性组合具有不同的特点。

26．一个字段在表文件中代表一列，表示该表文件所代表的事物的一个__________。

四、简答题

1. Visual FoxPro 的最大特点是什么？
2. 什么是“可视化”？
3. 简述项目管理器的作用。
4. 简述设计器的作用。
5. 简述向导的作用。
6. 简述系统的友好用户界面。
7. 简述 Rushmore 技术。
8. 使用字符运算符可以完成哪些操作？
9. 简述表达式。
10. 简述项目文件的作用。
11. 什么是数据库文件？
12. 什么是程序文件？
13. 什么是字段？
14. 简述记录指针的作用。
15. 什么是逻辑视图？
16. 简述在处理数据时，使用数组比使用数据表的优势。

第 5 章　Visual FoxPro 的基本操作

知 识 点

- 数据表、数据库、自由表
- 视图、报表、表单、菜单、控件
- 数据更新、数据维护、项目管理

难 点

- 数据表、数据库的结构定义
- 表与表、库与表之间的关系、表与视图的关系
- SQL 语言的查询方法
- 与其他语言之间的数据交换
- 表单、菜单、控件的建立与使用方法

要 求

熟练掌握以下内容：

- 项目的建立与使用
- 视图、报表的建立与使用
- 数据表、数据库的建立与使用方法
- 数据库、表的更新与维护
- 数据查询的方法
- SQL 语言的查询方法
- 表设计器、项目管理器、向导等编程工具的使用方法
- 表单、菜单、控件的建立与使用

了解以下内容：

- Visual FoxPro 命令的使用过程

5.1　Visual FoxPro 应用程序的建立过程

本节通过一个简单的 Visual FoxPro 应用程序的建立过程介绍如何使用 Visual FoxPro 系统建立用户的应用程序，并简略地介绍了有关工具的使用方法。例如项目管理器、表向导、表单向导、报表向导等工具的使用方法。

例 5.1　建立一个通讯录应用程序，要求能查看、输出通讯录的内容。

答：按照以下各小节的操作步骤即可完成建立通讯录应用程序。

5.1.1 建立项目文件

在 Visual FoxPro 系统中创建具有菜单、报表和表单等功能的应用程序的最简便有效的方法是使用项目文件（Project File）来建立这个应用程序。Visual FoxPro 中的项目文件是以.PJX 为扩展名的文件，在项目文件中包含了一个应用程序所需的各个组成文件。建立项目的目的就是对应用程序中的各种组成文件进行建立、管理和维护，项目文件是通过项目管理器建立、编译并运行的，路径为 c:\microsoft visual studio\vfp98\tyc57\。

建立项目文件的方法有以下 3 种：

（1）在“文件”菜单中选择“新建”菜单项。

（2）在常用工具栏中单击“新建”按钮🗋。

（3）在命令窗口中输入建立项目文件命令 CREATE PROJECT。

以上 3 种方法都在屏幕上显示“新建”对话框，如图 5.1 所示。在“新建”对话框中列出了在 Visual FoxPro 系统中可以建立的所有文件的类型名称，这些文件包括：项目文件、数据库、表、查询、连接、视图、远程视图、表单、报表、标签、程序、类、菜单和文本文件等。单击每一个文件类型左侧的单选按钮即可选中该文件类型，然后单击“新建文件”或“向导”按钮，系统便开始为用户创建选中的类型文件。

单击“新建文件”按钮，屏幕上出现“创建”对话框，如图 5.2 所示。在“创建”对话框中输入文件名并选择保存文件的文件夹（即路径），然后单击“保存”按钮，系统将新建的项目文件保存到指定路径的文件夹中。

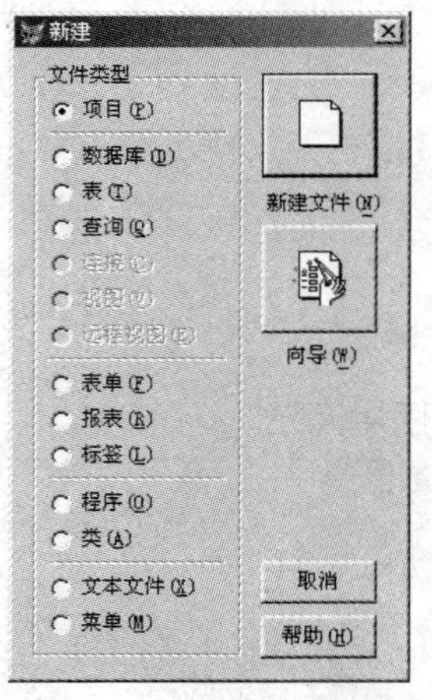

图 5.1 “新建”对话框

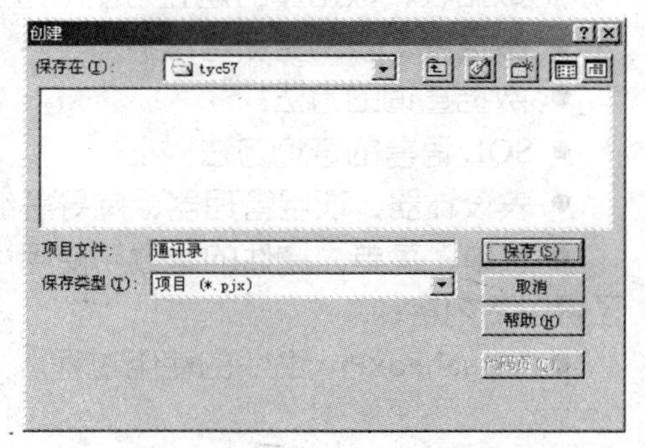

图 5.2 “创建”对话框

本例中，在“创建”对话框的“项目文件”文本框中输入“通讯录”作为项目文件的文件名，此时系统会自动按照项目文件的格式保存并自动添加.PJX 为文件的扩展名。单击“保存”按钮屏幕上会出现“项目管理器”对话框，如图 5.3 所示，该对话框中有 6 个选项卡：全部、数据、文档、类、代码和其他。

“全部”选项卡中包含了建立一个应用程序所需要的全部内容。而其他 5 个选项卡是将“全部”选项卡中的内容按照类别分别列出。在通讯录应用程序示例中使用的组成文件较少，使用“全部”选项卡就够用了。

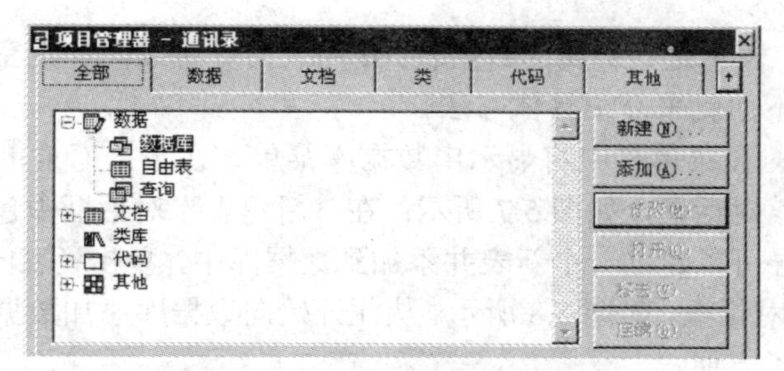

图 5.3 “项目管理器”对话框

5.1.2 建立数据库

Visual FoxPro 系统的数据库文件以.DBC 作为数据库文件的扩展名。数据库与数据表的概念不同，数据库是表文件（.DBF 文件）的集合，包含着一个或多个表文件。数据库文件中不仅保存着数据表文件的信息，而且还保存着表与表之间的信息、表与视图之间的信息，以及其他有关的信息。这些相关的信息包括数据校验规则、默认值和长表名等。

在“项目管理器”对话框中，单击“全部”选项卡中的数据库图标，再单击“新建”按钮，屏幕上出现“新建数据库”对话框，如图 5.4 所示。在其中单击“新建数据库”按钮，屏幕上出现“创建”对话框，如图 5.5 所示。

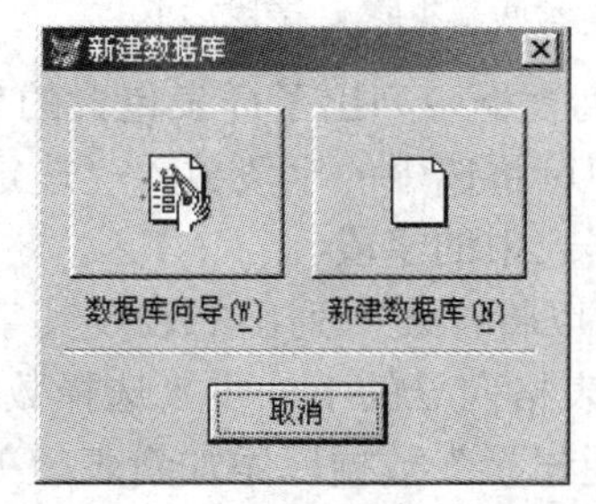

图 5.4 “新建数据库”对话框

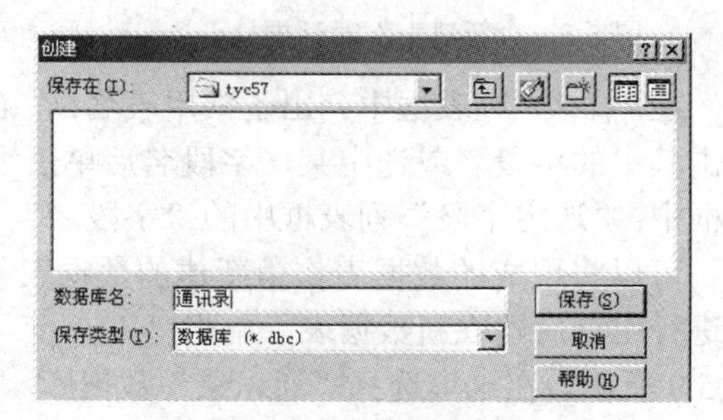

图 5.5 “创建”对话框

在“数据库名”文本框中输入“通讯录”作为新建数据库的名字，单击“保存”按钮将“通讯录”数据库保存在指定的文件夹中，随后屏幕上出现“数据库设计器”窗口，如图 5.6 所示。除了在屏幕上显示数据库设计器外，同时在菜单中还会添加一个名为“数据库”的菜单。另外根据数据库设计的需要，数据库设计器工具栏也同时出现在屏幕上。在数据库设计器的任何地方右击会显示一个快捷菜单，此快捷菜单也提供了处理数据库的菜单选项。

图 5.6 “数据库设计器”窗口

5.1.3 向数据库添加数据表

只有在数据库中加入了数据表、视图或查询等文件后，数据库才能在项目中起到应有的管理数据表及其之间的关系的作用。数据库中包含数据表，也保存着表与表之间的关系、数据视图、数据查询等。在 Visual FoxPro 系统中，数据表是以单独文件的形式存放的，在数据库文件中只是进行登记，表示是其所属的数据表。使用表向导可以向一个空的或已经包含表的数据库中添加新的表，下面就来介绍具体方法。

打开一个数据库，在菜单栏中将显示出数据库菜单，在数据库菜单中单击新表选项，在屏幕中出现“新建表”对话框，如图 5.7 所示；在“新建表”对话框中包含两个按钮：表向导和新建表，使用表向导可以建立一个新表并添加到数据库中，单击“表向导”按钮，在屏幕上出现“表向导步骤 1”对话框，如图 5.8 所示。从此开始向数据库添加数据表的过程，“表向导”为用户建立新表提供了方便。

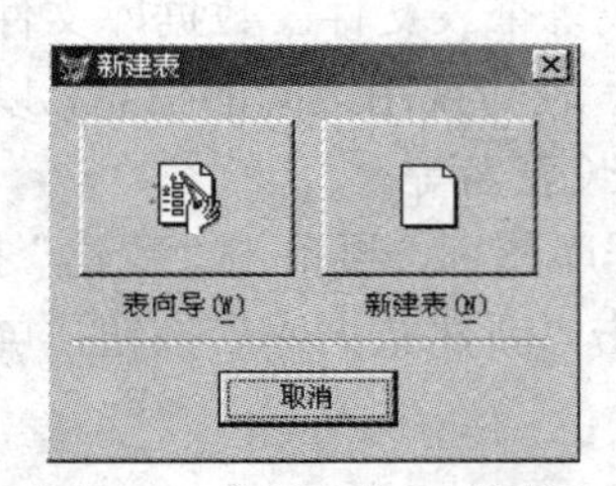

图 5.7 “新建表”对话框

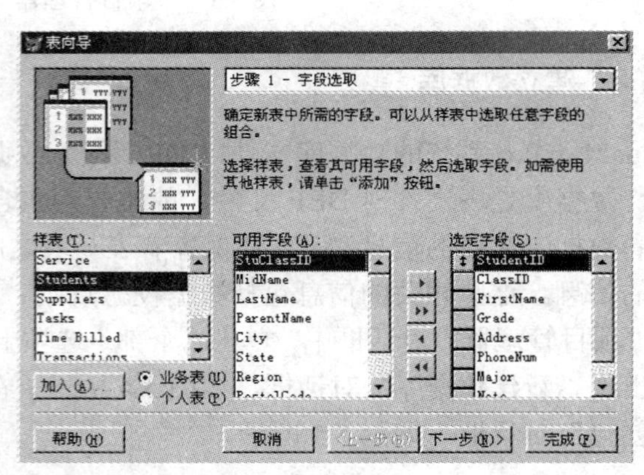

图 5.8 表向导步骤 1-字段选取

在“样表”列表框中列出了常用表名；“可用字段”列表框中列出了样表包含的“字段名”，双击其中的字段名或选中某一字段名后单击按钮，即可将选中的字段放入“选定字段”列表框中；“选定字段”列表框中的“字段名”是新建数据表中的字段。

可以将现成的数据表作为新建的数据表使用，也可以将样表中列出的表及其字段作为模板进行组合后建立新数据表。单击“下一步”按钮进入表格向导的下一步“选择数据库”，如图 5.9 所示。在这里选择“通讯录”数据库，表示向“通讯录”数据库添加新表。单击“下一步”按钮进入表向导的第二步“修改字段设置”，如图 5.10 所示。在这里可以对选中的字段重新进行设置或修改字段名。单击“下一步”按钮进入表向导的第三步“为表建索引”，如图 5.11 所示。选择“学号”作为索引关键字，单击“下一步”按钮进入表向导的最后一步“完成”，如图 5.12 所示。

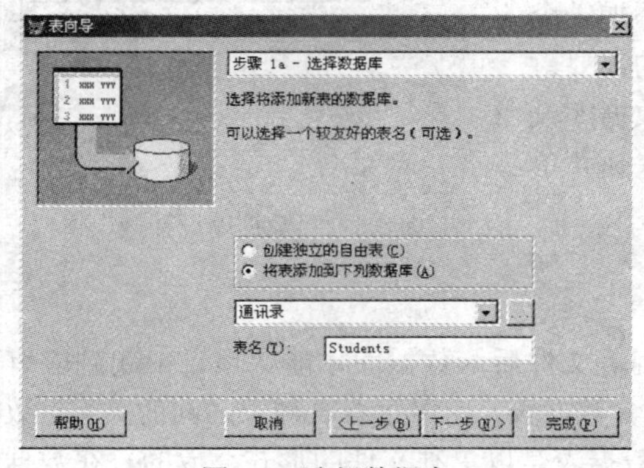

图 5.9 选择数据库

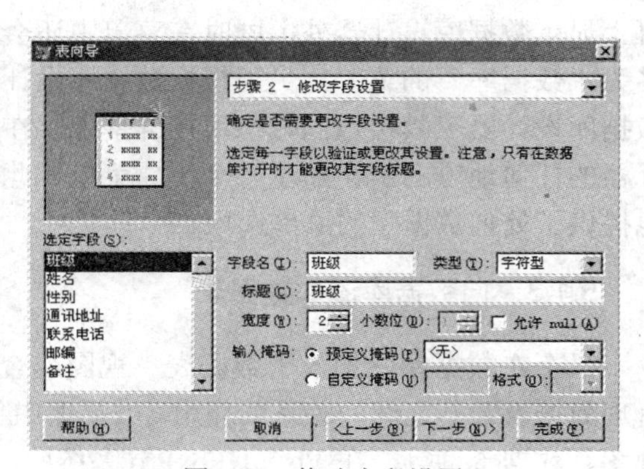

图 5.10 修改字段设置

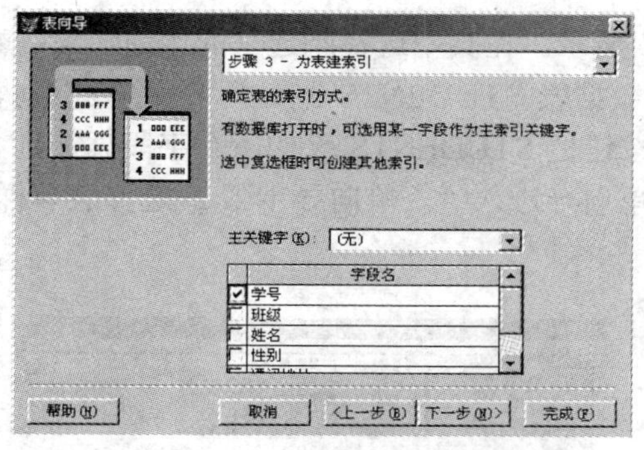

图 5.11　为表建索引

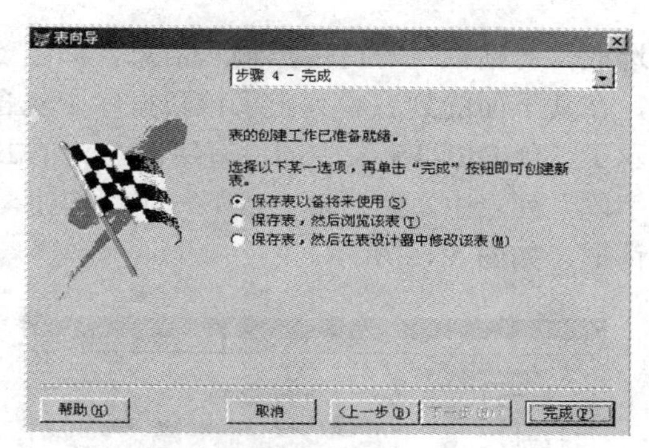

图 5.12　完成数据表的建立

单击“完成”按钮，出现“另存为”对话框，如图 5.13 所示，选择好保存的文件夹和表名，单击“保存”按钮，保存好刚建立的数据表。至此，就完成了向数据库中添加数据表的操作，此时的数据库如图 5.14 所示。

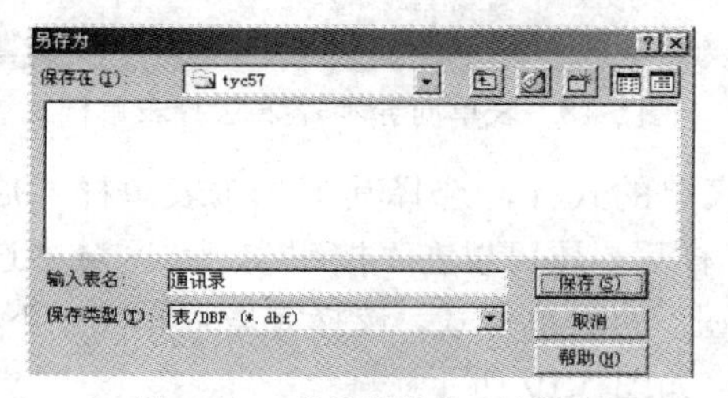

图 5.13　“另存为”对话框

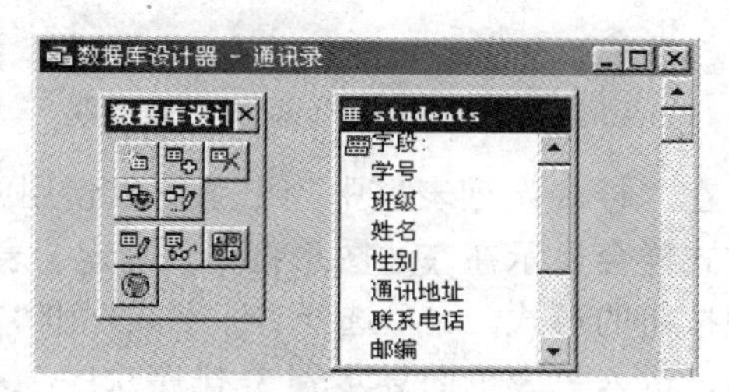

图 5.14　完成添加数据表的数据库

5.1.4　建立表单

虽然为应用程序建立了项目文件、数据库文件，并在数据库中添加了一个数据表，但是并不能将这些内容显示在使用者的面前，因为还没有为这个项目制作一个用于数据交流的界面。表单就是一种用于用户与系统进行数据交流的界面。

建立表单可以在项目管理器的“文档”选项卡中选择“表单”图标，然后单击“新建”按钮，屏幕上出现“新建表单”对话框，如图 5.15 所示。在其中有两个按钮：“表单向导”按钮和“新建表单”按钮。单击“表单向导”按钮，屏幕上出现“向导选取”对话框，如图 5.16 所示。“向导选取”对话框中有两项内容：表单向导和一对多表单向导。

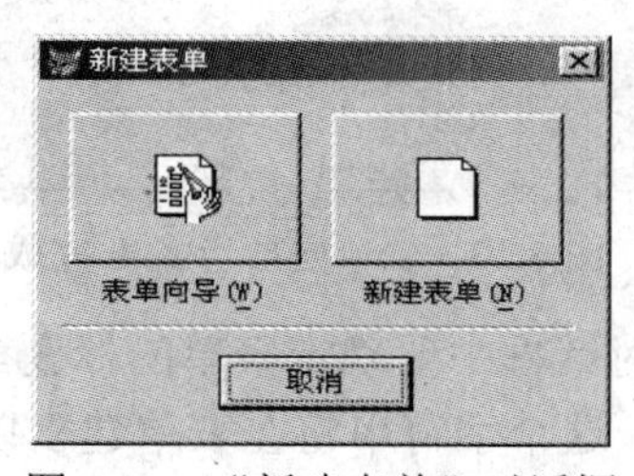

图 5.15　“新建表单”对话框

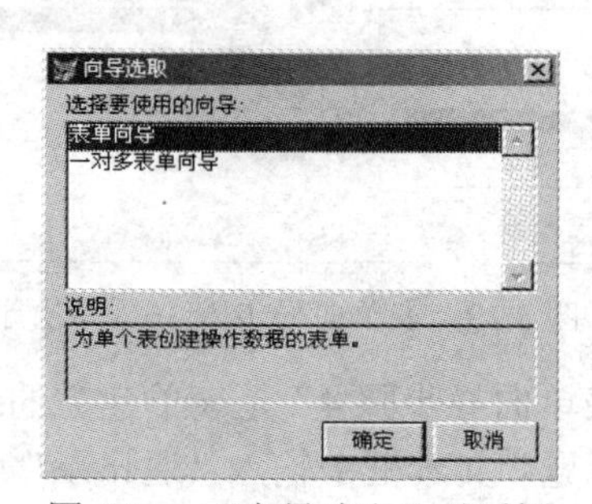

图 5.16　“向导选取”对话框

选中“表单向导”选项，然后单击“确定”按钮，这时屏幕上出现“表单向导步骤 1-字段选取”对话框，等待用户输入信息，如图 5.17 所示。在其中选择刚建立的“通讯录”数据库，在其下面的列表中列出了该数据库中包含的数据表 STUDENTS，在“可用字段”列表中显示了 STUDENTS 表中的所有字段名。单击⏩按钮把 STUDENTS 表的所有字段添加到“选定字段”列表中，然后单击“下一步”按钮，表单向导进入“表单向导步骤 2-选择表单样式”对话框，如图 5.18 所示。

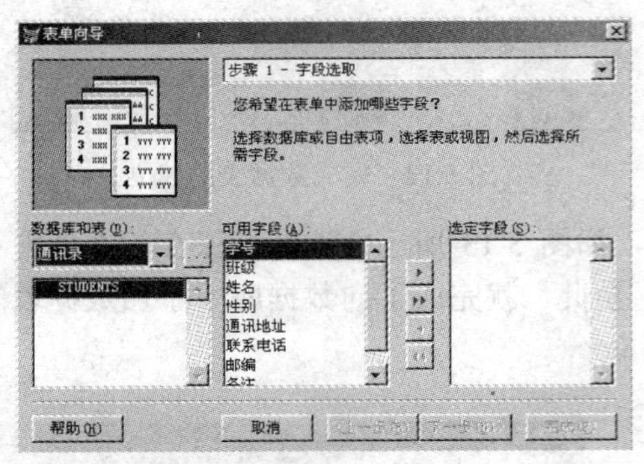

图 5.17　表单向导步骤 1-字段选取

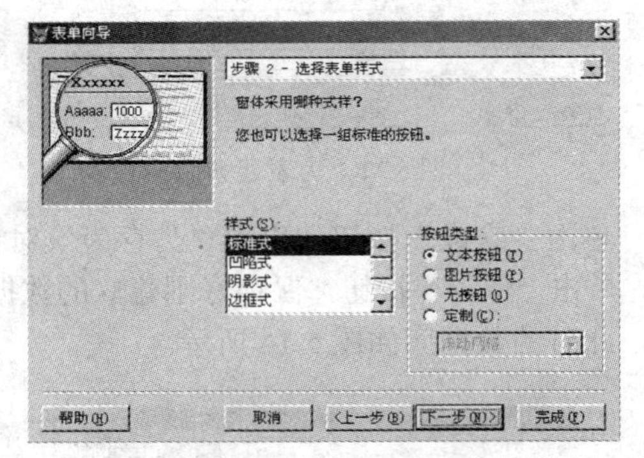

图 5.18　表单向导步骤 2-选择表单样式

在“样式”列表框中列出了可以使用的所有表单的式样，选择其中一个表单样式后该表单的式样会显示在左边图形框中。确定了表单的式样后，还可以在“按钮类型”区域中选择表单中按钮的形式。这里选择“标准式”和“文本按钮”的表单样式。选择完毕后单击“下一步”按钮，进入“表单向导步骤 3-排序次序”对话框，如图 5.19 所示。

在其中可以指定表中数据排列的顺序，具体操作是：选择用作排序的关键字字段，双击该字段名或选中字段名后单击“添加”按钮，可以将选中的字段作为索引关键字添加到“选定字段”列表中；然后选择“升序”或“降序”单选按钮决定数据排序的方式，这里选择“学号”作为索引关键字，选择“升序”作为数据排序的方式；单击“下一步”按钮进入“表单向导步骤 4-完成”对话框，如图 5.20 所示。

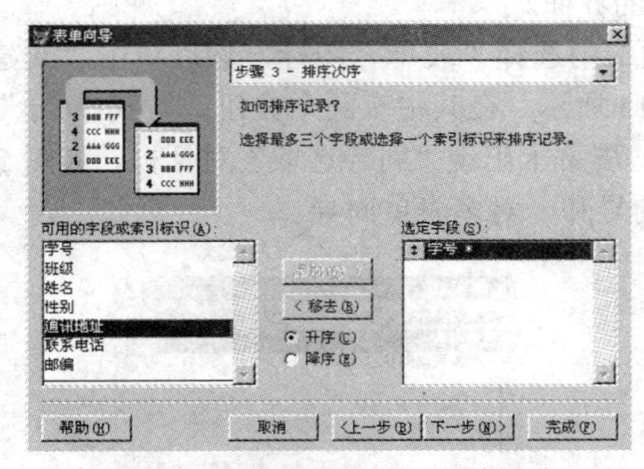

图 5.19　表单向导步骤 3-排序次序

图 5.20　表单向导步骤 4-完成

“表单向导步骤 4”是表单建立的最后阶段，在此对话框中要确定表单的标题。在“请键入表单标题”文本框中输入“通讯录”作为表单的标题，这个字符串将在表单建立以后显示在表单的标题栏中。单击“预览”按钮，屏幕上会出现制作好的“通讯录”表单，如图 5.21 所示。单击其中的“返回向导！”按钮即可返回。

若对制作的表单不满意，可以单击“上一步”按钮退回重新制作。“表单向导步骤 4”中还有 3 个单选按钮供用户选择，用户可以根据需要进行选择。这里选择“保存表单以备将来使用”单选按钮，最后单击“完成”按钮，此时会出现“另存为”对话框，如图 5.22 所示。在该对话框中选择保存表单的文件夹和文件名，这里选择 tyc57 文件夹保存表单，在“保存表单为”文本框中输入“通讯录”作为表单文件名，单击“保存”按钮，至此整个表单的制作就完成了。表单创建后，在项目管理器中的表单图标下就会出现新建的表单名“通讯录”，如图 5.23 所示。此时表单已经成为项目的一部分，将由项目管理器管理和维护。

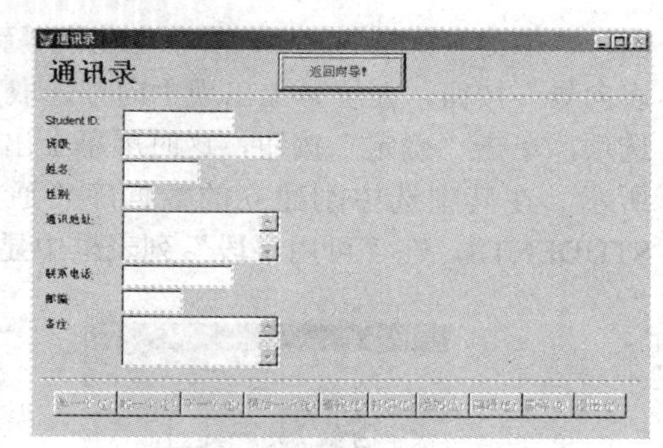

图 5.21　通讯录表单预览

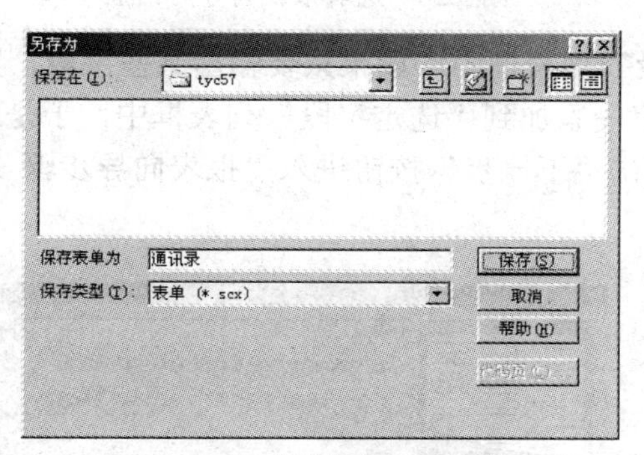

图 5.22　“另存为”对话框

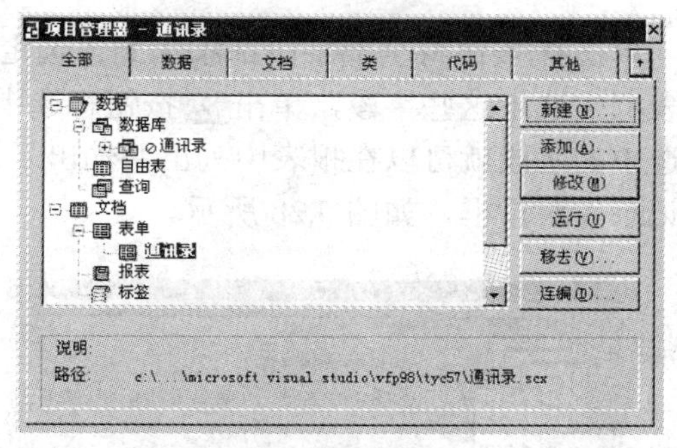

图 5.23　项目管理器中的“通讯录”表单

5.1.5　运行表单

在项目管理器中，选中“通讯录”表单，然后单击“运行”按钮，通讯录表单就会在屏幕中出现，如图 5.24 所示。其中显示的所有字段都是空的，这是因为该数据库中的 Students 表还是空表。根据窗口中按钮的文字提示可以向 Students 表中添加数据、删除数据、向前或向后浏览数据、打印数据等。如果在操作过程中想结束操作，可以单击表单的“退出”按钮。此时表单被关闭，与表单关联的数据表也将被关闭，数据会自动保存在数据表中。

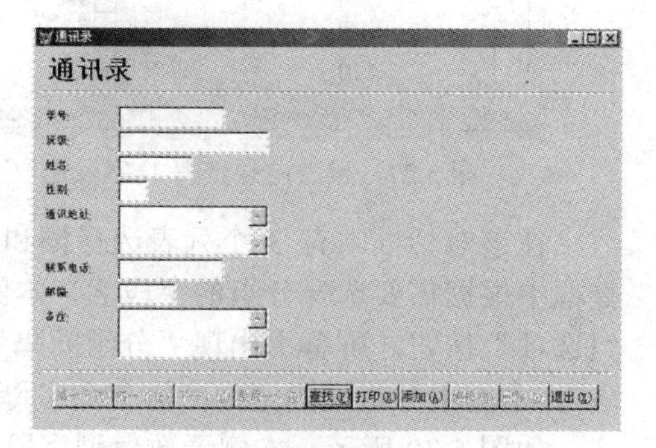

图 5.24　运行通讯录表单

若对新建的表单在使用时不满意，可以在表单设计器中根据用户的要求进行修改，可以添加、删除显示的字段，更改字段的显示位置等。

5.1.6　制作报表

一个应用程序在为用户提供了交互的表单后，还应该为用户设计一个实用的报表，在报表中要将数据库中的内容有效地反映出来。制作报表的方法是，在项目管理器中选择“报表”

图标，单击“新建”按钮，屏幕上出现“新建报表”对话框，如图 5.25 所示。在其中单击“报表向导”按钮，在屏幕上出现“向导选取”对话框，如图 5.26 所示。选择其中的“报表向导”选项，单击“确定”按钮，这时屏幕上出现“报表向导步骤 1-字段选取”对话框，如图 5.27 所示。在其中选中刚建立的数据库“通讯录”，在下面的列表中列出了该数据库包含的表 STUDENTS，在“可用字段”列表框中显示了 STUDENTS 表中有可能需要打印的字段名。

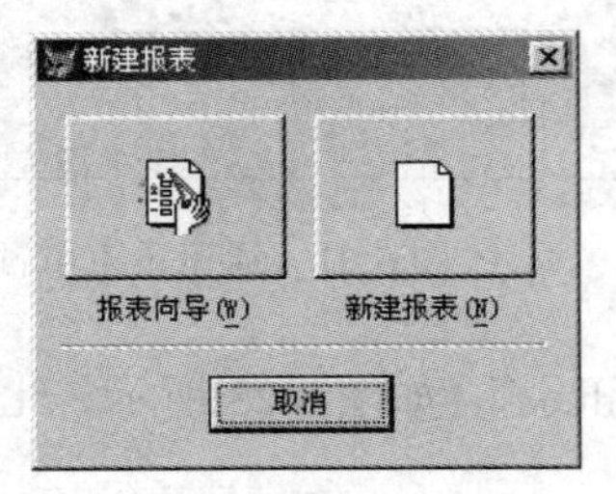

图 5.25 “新建报表”对话框

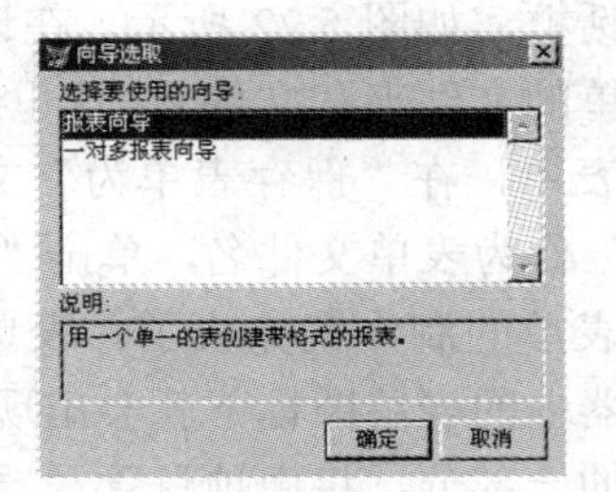

图 5.26 选取报表向导对话框

单击按钮将全部字段都添加到“选定字段”列表框中，如果只要输出某些字段，则在列表框中选中这些字段，单击按钮将选中的字段添加到“选定字段”列表框中，于是这些被选中的字段就可以在报表中列出并输出了。单击“下一步”按钮进入“报表向导步骤 2-分组记录”对话框，如图 5.28 所示。

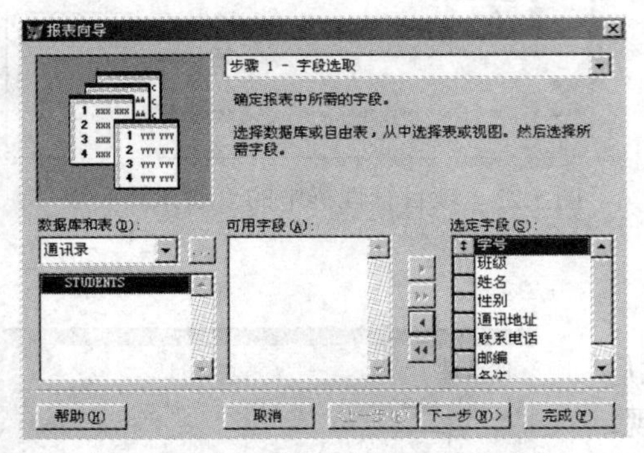

图 5.27 报表向导步骤 1-字段选取

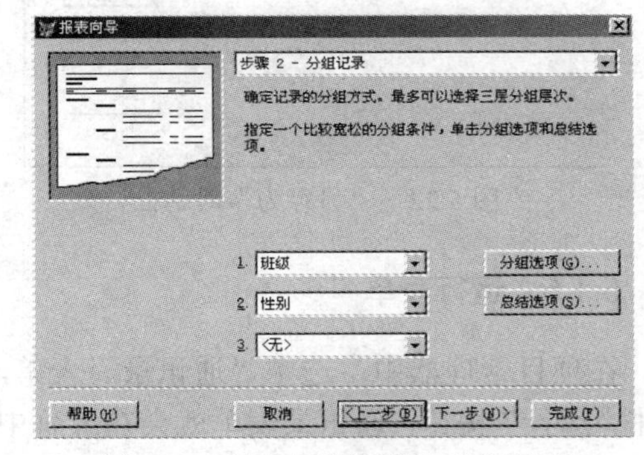

图 5.28 报表向导步骤 2-分组记录

在该对话框中有 3 个列表选择框和两个按钮，可以确定字段分组的形式。在 3 个列表选择框中根据需要选择分组的字段名，本例选择了“班级”和“姓名”作为分组字段。单击“分组选项”按钮，屏幕上出现“分组间隔”对话框，如图 5.29 所示，在其中可以确定“分组间隔”，本例中分组间隔定为“前三个字母”；单击“总结选项”按钮，可以确定总结或总计的形式，如图 5.30 所示，本例无数值型字段故不选此项。

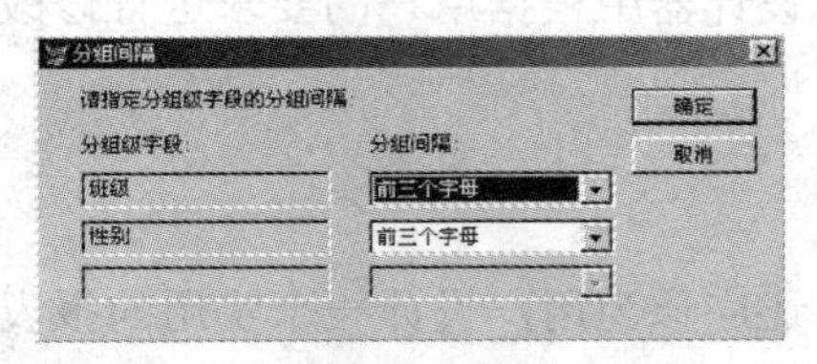

图 5.29 在向导步骤 2 中确定分组间隔

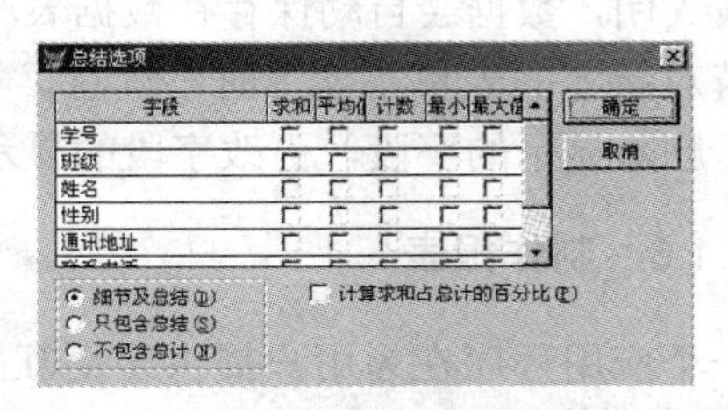

图 5.30 在向导步骤 2 中确定总结选项

选择完毕，单击“下一步”按钮进入“报表向导步骤 3-选择报表样式”对话框，如图 5.31 所示，本例选择“带区式”报表形式。

单击“下一步”按钮进入“报表向导步骤 4-定义报表布局”对话框，如图 5.32 所示，本例选择“纵向”。单击“下一步”按钮进入“报表向导步骤 5-排序记录”对话框，如图 5.33 所示，本例选择“学号”作为报表的排序关键字。单击“下一步”按钮进入“报表向导步骤 6-完成”对话框，如图 5.34 所示。

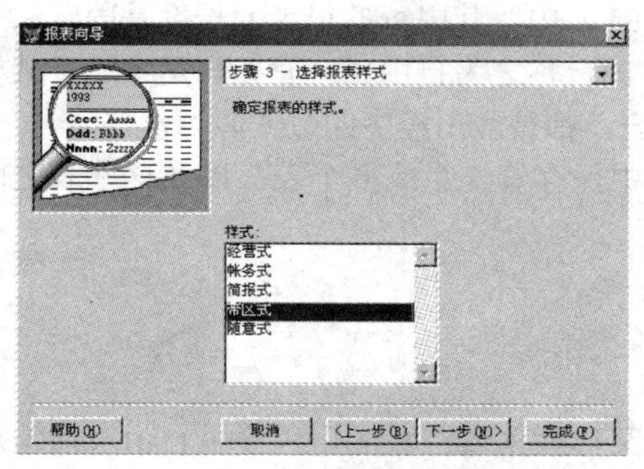

图 5.31　报表向导步骤 3-选择报表样式

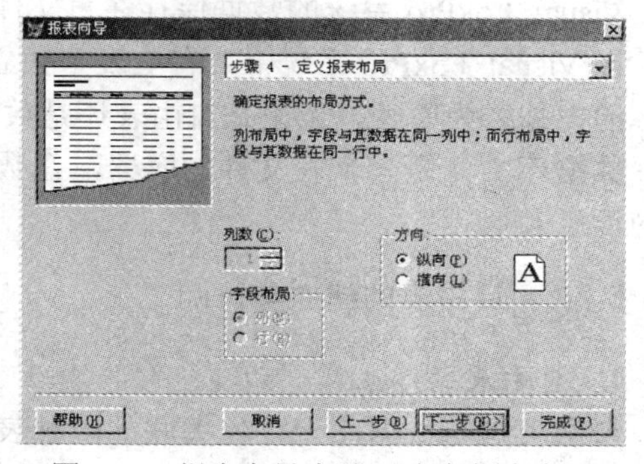

图 5.32　报表向导步骤 4-定义报表布局

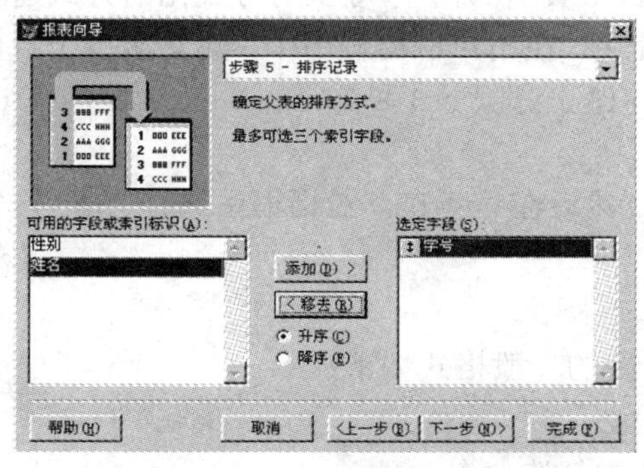

图 5.33　报表向导步骤 5-排序记录

图 5.34　报表向导步骤 6-完成

单击“完成”按钮，屏幕会出现“另存为”对话框，在其中选择保存报表的文件夹和文件名，这里选择 tyc57 文件夹保存报表，在“保存报表为”文本框中输入“通讯录”作为报表的文件名，单击“保存”按钮，至此报表建立完毕。

报表可以在表单运行中选择打印功能将报表打印输出，通过项目管理器的预览功能观察报表的格式、位置等是否符合要求。如果对新建的报表进行修改，可以在项目管理器中选择报表图标中的“通讯录”，然后单击“修改”按钮进入到“报表设计器”中对报表的格式进行修改。

5.1.7　退出 Visual FoxPro 系统

退出 Visual FoxPro 系统的方法有以下 3 种：

（1）在命令窗口中输入命令 QUIT。

（2）单击 Visual FoxPro 系统主窗口右上角的“关闭”按钮 ☒。

（3）在“文件”菜单中选择“退出”菜单项。

在退出 Visual FoxPro 系统时，系统都会自动地删除在临时目录中存放的大量临时性文件（.TMP 文件）。如果遇到特殊的情况 Visual FoxPro 系统没有正常退出，则在系统的临时目录中会存有许多临时性文件，用户可以将其删除以释放硬盘空间。

5.2 数据表、数据库的建立与访问

Visual FoxPro 系统的数据保存在表文件（.DBF）中，其中每条记录的长度是固定、有序的。在 Visual FoxPro 系统中，有些表是独立存在的，称之为自由表；有些表是隶属于某个数据库的，称之为库表。无论是自由表还是数据库表，都是应用程序的数据源。

数据库文件是一个表文件的容器，在数据库中保存着一个或多个表，以及这些表之间关系的信息。

5.2.1 自由表的建立与访问

1. 自由表的建立

自由表是与数据库无任何关联的一种表格，又称数据表。在应用程序中自由表通常用于保存那些需要应用程序处理的简单数据。无论是自由表还是数据库表，都是作为应用程序的数据源而存在，保存着具体的数据信息。在 Visual FoxPro 系统中，可以用可视化的方式建立自由表，也可以使用命令方式建立并控制自由表的使用。在用户应用程序中，建立多少个自由表应根据应用程序使用数据的情况来确定。自由表的建立有以下 3 种方法：

- 在命令窗口中输入 CREATE 命令。
- 选择“文件”菜单中的“新建”菜单项，然后在“新建”对话框中选择“表”，再单击“新建文件”按钮。
- 在工具栏中单击“新建”按钮。

（1）用命令方式建立自由表。建立自由表命令的一般格式如下：

CREATE [文件名 / ?]

“/”符号表示在“文件名”和“?”两个选项中任选一个。

在“命令”窗口中输入 CREATE 命令，如图 5.35 所示。回车确认后，屏幕上出现“创建”对话框，如图 5.36 所示。CREATE ?与 CREATE 命令的执行结果是一样的，都会在屏幕中显示“创建”对话框。

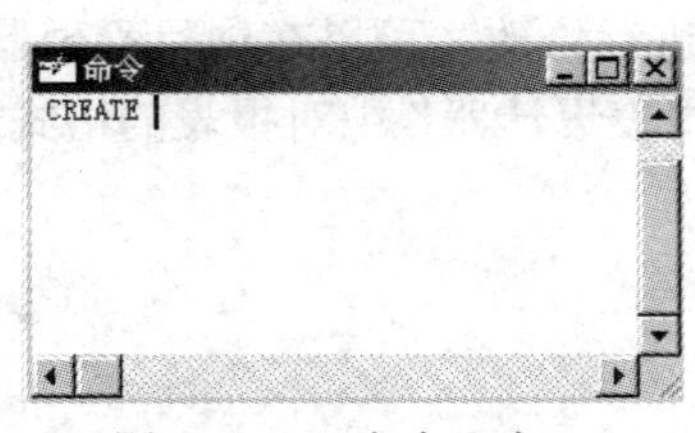

图 5.35 “命令”窗口

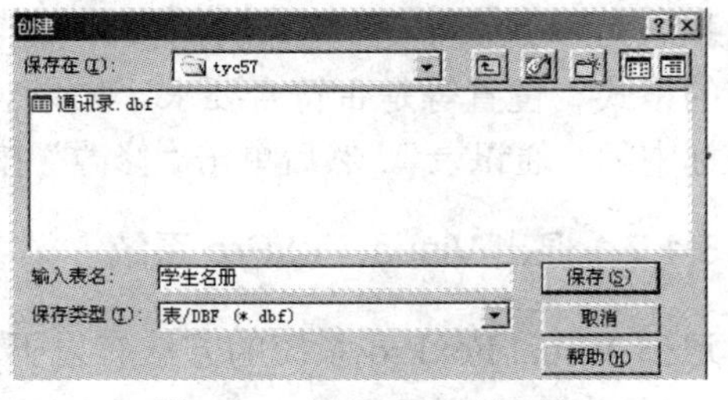

图 5.36 “创建”对话框

“创建”对话框可用于多种文件的建立，在“保存在”下拉列表框中选择保存文件的位置，在“保存类型”下拉列表框中选择保存文件的类型，在“输入表名”文本框中输入要建立

的表名。新建数据表的文件名，字符数不能超过 255 个字符，中文文件名的总长度不能超过 126 个汉字。在图 5.36 中，选择了 tyc57 文件夹，表名为“学生名册”。单击“保存”按钮，屏幕上会出现“表设计器-学生名册”对话框，如图 5.37 所示。

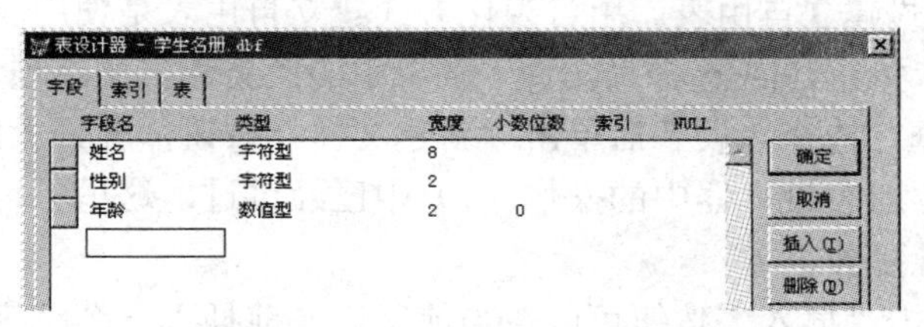

图 5.37　表设计器-学生名册

在表设计器中，用“字段”选项卡创建表的字段，“字段”选项卡中有以下组成部分：

- 字段名。“字段”选项卡中列出的第一项就是字段名，表中的每一项数据都必须具有字段名，使用字段名可以对字段中的内容进行各种操作。字段名应该是简短而具有意义的，应该能够表达字段中数据的意义。定义自由表的结构时，字段名的长度不能超过 10 个字符，使用中文字段名也不能超过 5 个汉字。与自由表字段不同的是，数据库表中的字段名可长达 128 个字符，使用中文字段名最多可以用 64 个汉字。字段名只能是英文字母、数字、汉字或下划线，第一个字符必须是英文字符或汉字，空格不能在字段名中出现。
- 类型。每个字段都具备字段类型属性，在定义字段时系统默认每个新定义字段的数据类型是字符型，字段类型确保字段以一种确定的方式接受数据。字符类型的字段只能接受字符或字符串，日期类型的字段只能接受日期型数据，数值类型的字段则只能接受数值型数据等。Visual FoxPro 系统在“类型”下拉列表框中提供了所有字段类型供用户选择。
- 宽度。定义字段时还需要指定字段宽度。系统默认新定义的字段为字符型，字段的宽度为 10 个字符，用户可以根据需要进行更改。一般地说，字段的宽度应该是字段中存放实际数据的宽度，如果定义的字段宽度小于实际数据的长度，那么多出的数据将会被系统自动截断。一些特定的字段宽度由系统定义，用户不能更改。除了字符型、数值型和浮点型等字段的宽度可以由用户指定外，其余字段的宽度均由系统使用默认值设定，不能更改。
- 小数位数。“小数位数”项用于指定数值型、浮点型和双精度型字段的小数位数。
- 索引。“索引”项用于指定排列数据的顺序，分“升序”和“降序”两种。每个字段都可以作为表的一个普通索引。因此，在建立表时可以为字段指定一个索引方式。索引输入区也是个下拉式列表，其中有 3 项：无、升序和降序。“无”表示此字段不是索引关键字；升序表示表中的数据可以按此字段的值从小到大顺序排列；降序表示表中的数据按此字段的值从大到小顺序排列。
- NULL。NULL 项用于指定是否允许有空值。Visual FoxPro 系统提供了空字段的功能，允许用户定义一个存放空值的字段，空值不同于零或空格。一个 NULL 值不能认为比某个值（包括另一个 NULL 值）大或小、相等或不等。单击空值提示按钮，出现一个对号“√”，表示此字段已被定义为可以保存空值；再单击该按钮可以取消对号，表示该字段中不允许空值存在。系统默认字段中不允许有空值存在。

使用 CREATE 命令时输入表的文件名，如“CREATE 学生名册”，系统直接出现如图 5.37 所示的表设计器，此时建立的表保存在当前文件夹中。

（2）用可视化方式建立自由表。用可视化方式建立自由表是使用表设计器来建立。具体操作是：单击“新建”按钮或选择“文件”菜单中的“新建”菜单项，屏幕上出现如图 5.1 所示的“新建”对话框，选择“表”后单击“新建文件”按钮，屏幕上出现如图 5.37 所示的“表设计器”对话框。对表设计器中的操作（1）中已经讲过，这里不再重复，只讲述没有涉及到的字段插入与删除操作。

1）插入字段。单击“插入”按钮可以在当前字段之前插入一个空字段。如果要在某一字段的前面插入一个新字段，要先选中这个字段，然后单击“插入”按钮，就会在选中的字段前面插入一个新字段，如图 5.38 所示。

2）删除字段。如果发现某个字段不再需要了，可以使用“删除”按钮删去该字段。先选中需要删除的字段，再单击“删除”按钮，这个字段就被删除了。字段被删除后其位置由后面的其他字段按顺序向上移动来填补。

2. 建立数据表的索引

数据表定义完成后，可以在表设计器中为数据表添加索引。单击表设计器中的“索引”选项卡，如图 5.39 所示。“索引”选项卡的列表中是空的，表明还没有为数据表添加任何索引。

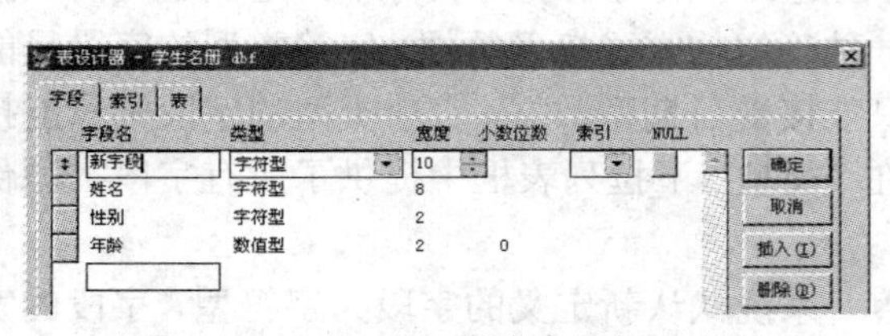

图 5.38 表设计器-学生名册插入字段

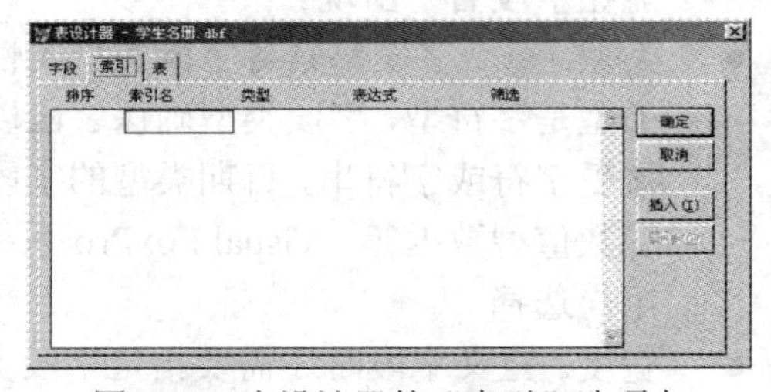

图 5.39 表设计器的“索引”选项卡

（1）输入索引名。每个索引都必须指定索引名，此后可以使用索引名来引用索引。数据表的索引名不能超过 10 个字符，例如为“姓名”字段建立索引，在“索引名”提示处输入“姓名”作为索引名。

（2）选择索引类型。表设计器提供的索引类型有：唯一索引、候选索引和普通索引 3 种，Visual FoxPro 系统默认为“普通索引”类型。这里“姓名”的索引类型定为普通索引。

（3）指定索引表达式。索引表达式常常为字段表达式，数据表在显示数据时就根据索引表达式的值来索引数据。可以在索引表达式的文本框中直接输入表达式的内容，也可以利用“表达式生成器”对话框建立索引表达式。单击“表达式”文本框右边的 .. 按钮，屏幕上会出现“表达式生成器”对话框，如图 5.40 所示。在其中提供了建立表达式所用的全部部件。

“表达式”列表框用于显示条件表达式；在“函数”区域中按类型列出 4 种函数，单击按钮，就可以在下拉列表中选择适合用于建立表达式的函数了；对话框的左下侧列出了可以使用的字段名；右下侧列出了所有的系统变量，这些变量都可以用于建立表达式。

在“字段”列表框中双击“姓名”字段，会在“表达式”列表框中出现这个字段名，表示已经使用“姓名”字段建立了一个索引表达式，如果需要还可以在这个字段上使用函数。单击“确定”按钮退出对话框。在“索引”选项卡的“表达式”提示处出现了字段表达式“姓名”，如图 5.41 所示。

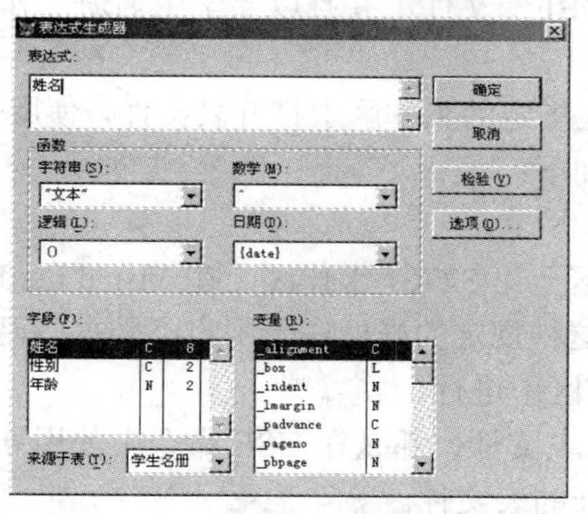

图 5.40　“表达式生成器”对话框

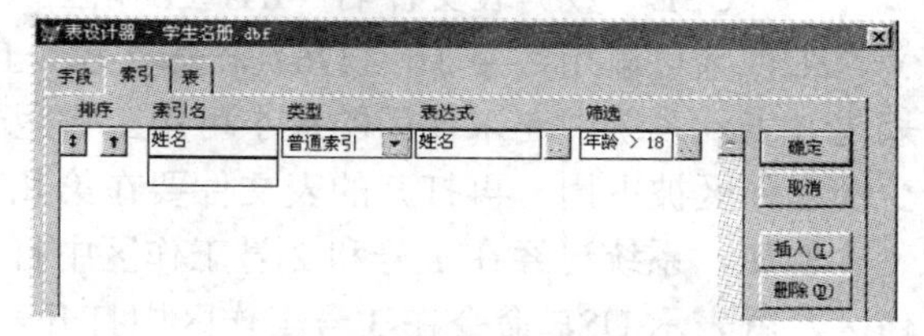

图 5.41　确定字段表达式

（4）指定数据筛选条件。在“筛选”文本框中可以直接输入表达式的内容，也可以利用“表达式生成器”对话框建立数据筛选条件。单击“筛选”文本框右边的 按钮，屏幕上出现“表达式生成器”对话框，如图 5.40 所示。在“字段”列表框中双击“年龄”字段，同时在“表达式”列表框中出现了这个字段名，在“逻辑”下拉列表框中双击>号，同时在“表达式”列表框中出现了这个符号，再输入 18，单击“确定”按钮退出对话框。至此，数据筛选条件“年龄>18”建立完毕，在“索引”选项卡的“筛选”提示处出现了逻辑表达式“年龄>18”，如图 5.41 所示。

（5）指定排序顺序。在“索引”选项卡的索引名左边是排序按钮，利用这个按钮可以确定已建立的索引关键字按照什么顺序显示数据。当排序按钮上显示的是向上箭头“↑”时，表示该索引关键字是按照从小到大升序排列数据的；当按钮上显示的是向下箭头“↓”时，表示该索引是按照从大到小降序排列数据的。只要在“索引名”中输入了索引关键字，系统就默认使用升序索引，在排序按钮上显示出向上的箭头“↑”。如果要更改排序的方式，只需在“排序”按钮上单击，每单击一次排序按钮上显示的箭头方向就会改变一次，排序的方式也会随之改变。“姓名”字段的排序方式无须改变，使用系统默认的升序排序即可。

3. 数据表的访问

访问数据表必须在工作区中进行，一个工作区只能打开一个数据表。Visual FoxPro 系统中最多允许同时使用 32767 个工作区，分别以数字 1～32767 表示。由于历史的原因可以使用英文字母 A～J 10 个字母表示前 10 个工作区。

Visual FoxPro 系统规定，在任何时刻只能使用一个工作区，这个工作区称为当前工作区。当数据表在一个工作区中打开时，可以为其指定一个别名，在以后使用此表时就可以使用别名对其进行引用。在打开表时如果没有指定别名，Visual FoxPro 系统默认数据表的文件名为其别名。

（1）打开数据表。

1）用 USE 命令打开数据表。在 Visual FoxPro 系统中可以使用 USE 命令打开数据表，其格式如下：

USE　数据表文件名

例如，要打开学生名册表可以使用如下命令：

USE 学生名册

这个命令会在当前工作区中打开“学生名册.DBF”文件，并且以“学生名册”作为该表的别名。

2）在指定的工作区中打开数据表。用户可以在指定的工作区中打开表文件，使用带有 IN 子句的 USE 命令可以完成此项操作，其一般格式如下：

USE 数据表文件名 IN 工作区

工作区可以用数字 1～32767 来表示第 1 工作区至第 32767 工作区。在 Visual FoxPro 中，规定 0 表示系统中还未使用的最小可用工作区号。这种规定的好处在于用户不必关心已经有多少个工作区被占用、再打开的表文件要在第几工作区中进行。

例如，系统已经在 1 号和 2 号工作区中打开了表文件，那么在 USE 命令中使用 0 指定工作区，就表示 USE 命令在 3 号工作区中打开一个新的表文件。

例 5.2 在第 3 工作区中打开 YLH 表文件。

```
USE   TX   IN A
USE   CPP   IN 2
USE   YLH   IN 0
```

也可以在使用 USE 命令之前选择一个适合的工作区，那么 USE 命令就在当前工作区中打开指定的表文件。工作区选择命令如下：

SELECT 工作区号/别名

同样，要完成例 5.2 的操作，也可以用下面的方法：

```
SELECT   C
USE   YLH
```

3）为数据表指定一个别名。数据表的别名必须遵从表的命名规则，在别名中只能有英文字母、数字、汉字和下划线，必须以字母开头。由于字母 A～J 已经被系统使用，因此别名最好不要与此重复，应该为打开的表文件指定一个有意义的别名。为表文件指定别名的 USE 命令的一般格式如下：

USE 数据表名 ALIAS 别名

例 5.3 在第 3 工作区中打开 YLH 表文件，以 K2 为别名。

```
SELECT C
USE YLH   ALIAS K2
```

4）在其他工作区中打开已经打开的表。在 USE 命令中用 AGAIN 关键字可以在两个不同的工作区中打开同一个表文件。在一个工作区中打开一个表文件之后，如果需要在另一个工作区中再次打开这个表文件，则使用 AGAIN 关键字，打开的同一个表与原来的表具有相同的属性。

例 5.4 在第 1 工作区和第 3 工作区中同时打开学生名册表文件。

```
USE 学生名册 IN A
USE 学生名册 AGAIN IN C
```

5）打开表的同时使用索引。在 USE 命令中还包括 INDEX 子句和 ORDER 子句。使用 INDEX 子句可以指定复合索引（.CDX）文件的标志或指定单索引（.IDX）文件；使用 ORDER 子句决定哪个复合索引文件标志为主索引，主索引决定了数据的逻辑顺序。

例 5.5 在第 1 工作区中打开学生名册表文件，并指定别名为“名册”；在第 3 工作区中也打开学生名册表文件，并指定“姓名”为主索引，别名为“名册 2”。

```
USE 学生名册 IN A ALIAS 名册
USE 学生名册 AGAIN ORDER 姓名 IN C ALIAS 名册 2
```

6）USE 命令常用的一般形式。

USE [表文件名] [IN 工作区号][AGAIN][ORDER [CDX 索引/数值表达式] [ASCENDING/DESCENDING]] [ALIAS 别名] [INDEX 索引文件列表]

（2）关闭数据表。

USE 命令不仅用于打开一个表文件，也可用于关闭表文件。关闭表文件的命令格式如下：

```
USE
```

这个命令的意思是关闭在当前工作区中打开的表文件。该命令正确执行后，状态栏中显示的表的信息消失，表示打开的数据表已经被安全地关闭。如果当前工作区中没有打开的表文件，使用关闭表文件的 USE 命令不会产生任何结果。

例 5.6 关闭在第 3 工作区中打开的数据表文件。

```
USE IN C
```

Visual FoxPro 系统提供了专门用于自动保存数据的语句。

```
SET AUTOSAVE ON/OFF
```

当为 ON 时，每次更改数据文件的内容后，系统就自动地将更改的数据保存到磁盘中。只有在需要手工保存数据时，才设为 OFF。当使用退出系统命令 QUIT 时，系统会自动关闭所有打开的表文件并保存数据。

5.2.2 数据库的建立与访问

1．建立一个数据库文件

在 Visual FoxPro 系统中，表文件是一组相关记录的集合，是 Visual FoxPro 系统处理数据和建立关系型数据库及其应用程序的基本单位，数据库是表文件的集合。Visual FoxPro 系统中的数据库文件以.DBC 为扩展名。

（1）用命令方式建立数据库文件。建立数据库文件命令的常用格式如下：

```
CREATE DATABASE 库文件名
```

在“命令”窗口中输入 CREATE 命令，如图 5.42 所示。回车确认后，在工具栏上的数据库指示器中出现新建的“学生成绩”数据库，如图 5.43 所示。

图 5.42 “命令”窗口

图 5.43 数据库指示器

（2）用可视化方式建立数据库文件。在“项目管理器”对话框中选择“数据”选项卡，如图 5.44 所示，再单击“数据库”图标，然后单击选项卡右侧的“新建”按钮，屏幕上出现“新建数据库”对话框，如图 5.45 所示。

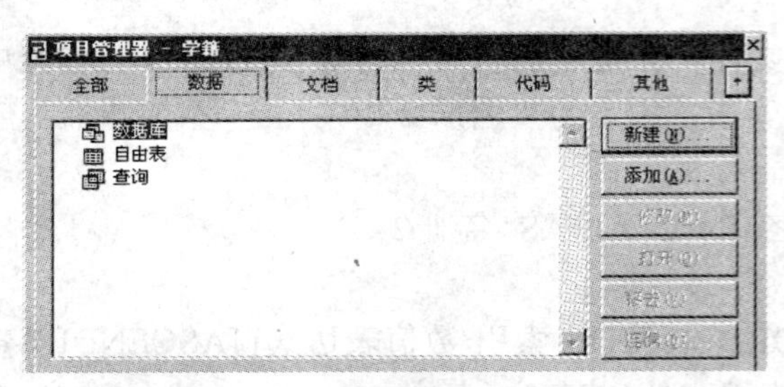

图 5.44 “项目管理器”对话框

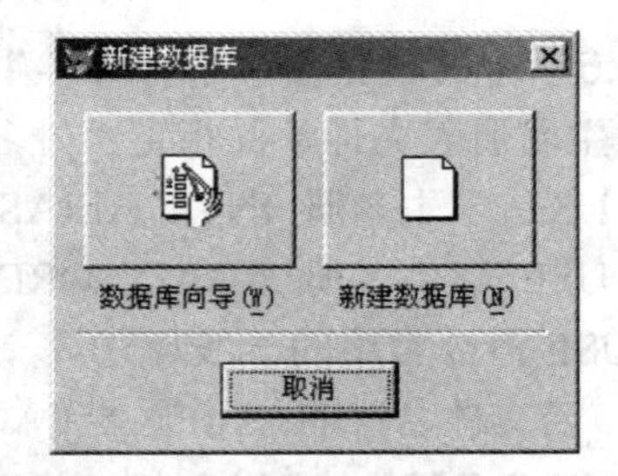

图 5.45 “新建数据库”对话框

单击其中的“新建数据库”按钮，屏幕上出现数据库“创建”对话框，如图 5.46 所示。在其中输入“学籍”作为新建数据库的名字，指定保存数据库文件的文件夹为 tyc57。单击“保存”按钮，屏幕上出现“数据库设计器”窗口，如图 5.47 所示。在数据库设计器的标题栏中可以看到“学籍”作为数据库名已经成为当前激活并被处理的数据库文件了。

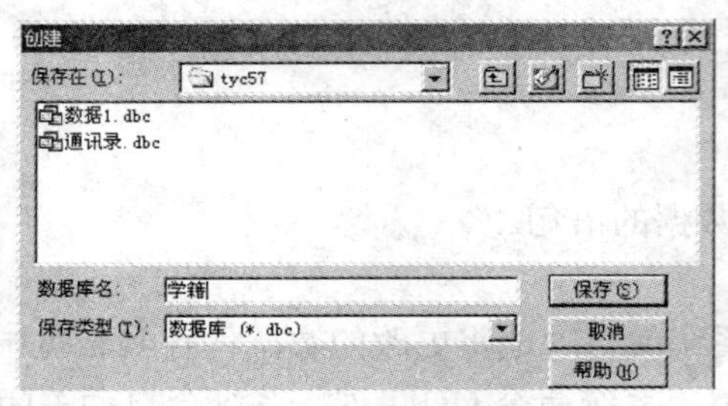

图 5.46 “创建”对话框

图 5.47 “数据库设计器”窗口

2. 向数据库中添加表

新建立的数据库是一个空数据库，只有在数据库中添加了数据表或基于表的查询以后，数据库才能在项目中起到应有的管理数据表及其关系的作用。数据库中不仅包含数据表，还保存着表与表之间的关系等。设有一个“学生名册”表，表中的内容如表 5.1 所示。

表 5.1 学生名册

学号	姓名	性别	出生日期	入学成绩	家庭住址	联系电话
200312108	尹彤	男	1988/11/25	605	上海	28652278
200309215	王丽丽	女	1984/12/08	609	北京	64516635
200307309	刘国徽	女	1985/03/21	610	武汉	53781389
200305206	王道平	男	1984/12/27	599	天津	83328629
200306207	陈宝玉	男	1985/03/15	598	南京	25768963

单击“数据库设计器”中的“新建表”按钮，屏幕上出现“新建表”对话框，如图 5.48 所示。单击其中的“新建表”按钮，屏幕上出现“创建”对话框，如图 5.49 所示。在“输入表名”文本框中输入“学生名册”，选择 tyc57 文件夹作为保存数据库的位置。单击“保存”按钮，屏幕上出现“表设计器”对话框，如图 5.50 所示。选择其中的“字段”选项卡，在“字段名”中输入表 5.1 中的各项标题栏，并同时确定他们的类型、宽度和小数位数等，如图 5.51 所示。

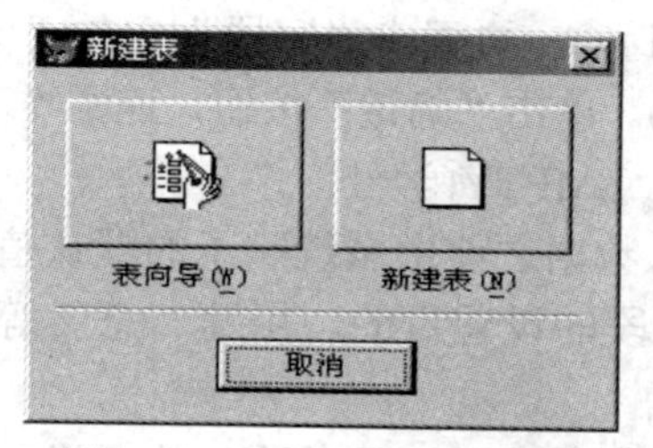

图 5.48　“新建表”对话框

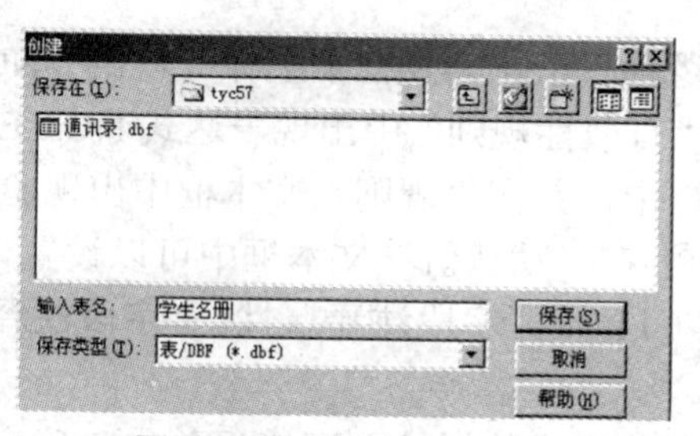

图 5.49　“创建”对话框

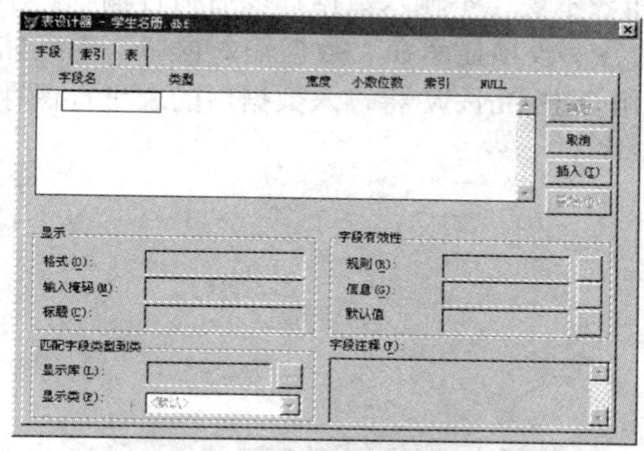

图 5.50　空表设计器

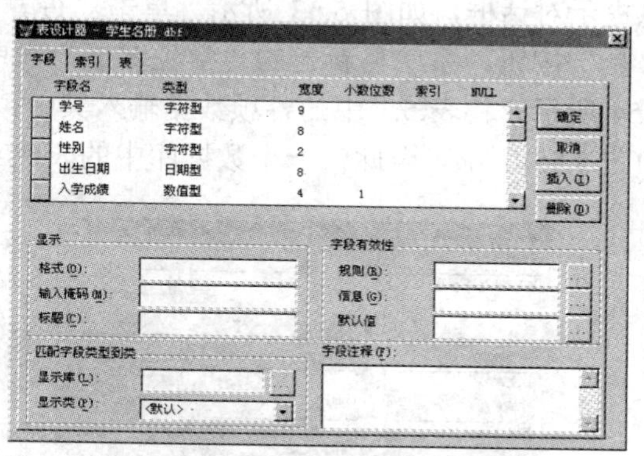

图 5.51　输入数据的表设计器

（1）定义字段。在表设计器中选择“字段”选项卡，在“字段名”提示处输入字段名。字段名要符合字段名的命名规则，即字段名由英文字母、数字、汉字、下划线组成，字段名中不包含空格。对于数据库表来说，字段名的长度可以达到 128 个字符，用汉字定义字段名的长度可以达到 64 个汉字。定义字段的宽度、小数位数等的过程与定义自由表结构的过程相同。

（2）设置字段的显示属性。在“字段”选项卡中，“显示”属性有 3 项：格式、输入掩码和标题。这 3 项是控制字段在浏览窗口、表单或报表中的显示状态。

① 在“格式”文本框中输入表达式可以控制字段在浏览窗口、表单和报表中显示时的大小写、字体大小和样式。例如，在此处输入 UPPER(姓名)，则字段在显示时全部以大写方式显示。

②“输入掩码”用于指定在字段中输入数据的格式。例如，在“输入掩码”文本框中输入 DTOS(出生日期)，则可以使该字段在显示“出生日期”时以“年　月　日”格式显示。

③ 在“标题”文本框中输入的字符串可以替代“字段名”出现在浏览窗口、表单或报表的字段标题中。

（3）设置字段有效性属性。“字段有效性”属性有 3 项：规则、信息和默认值，用于确定字段输入值的有效性验证。

① 在“规则”文本框中可以输入表达式，用于字段输入规则的有效性检查，在每次输入数据的时候都要检查输入数据的有效性。例如，规定某字段中的值不能为空时，可在“规则”文本框中输入 NOT EMPTY(学号)，此命令用于检查“学号”字段输入值是否有效。EMPTY()函数检查“学号”字段是否为空，如果输入的姓名字段值为空，返回值为真（.T.）；否则，返回值为假（.F.）。当“姓名”字段输入值为空时，NOT EMPTY()的返回值为假。

单击文本框右侧的 ... 按钮，在屏幕上会出现“表达式生成器”对话框，如图 5.52 所示。

在“逻辑”下拉列表框中选择（双击）NOT 和 EMPTY()，再双击“字段”中的“学号”，即可在“有效性规则”中出现表达式 NOT EMPTY(学号)。单击“确定”按钮，返回“表设计器”对话框中，并在“规则”文本框中出现验证规则 NOT EMPTY(学号)。

② 在“默认值”文本框中可以设置该字段在输入数据之前由系统赋予的默认值。

（4）设置字段注释属性。“字段注释”用于对字段的设置目的、用途、意义等进行解释说明。

有关字段数据输入完毕后单击“确定”按钮，屏幕上出现“现在输入数据记录吗？”信息提示对话框，如图 5.53 所示。单击“否”按钮表示现在不输入数据，以后另行输入。单击“是”按钮，系统将新建的“学生名册”表中的各字段项显示在“数据输入窗口”中，如图 5.54 所示。将表 5.1 中的各项数据输入其中，按组合键 Ctrl+W 将输入数据后的表进行保存，如图 5.55 所示。至此，一个数据库中的表建立完毕了。

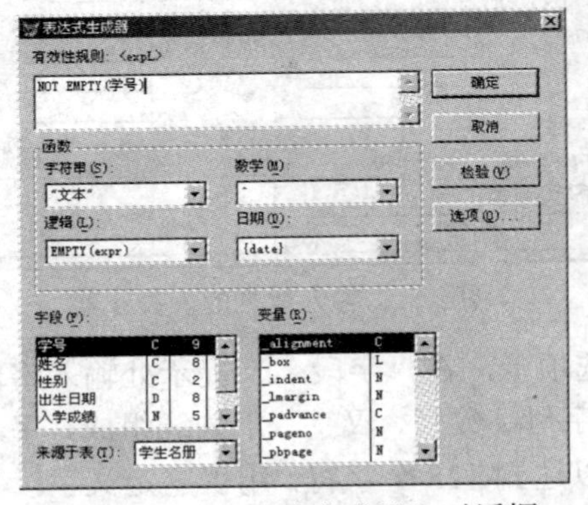

图 5.52 “表达式生成器”对话框

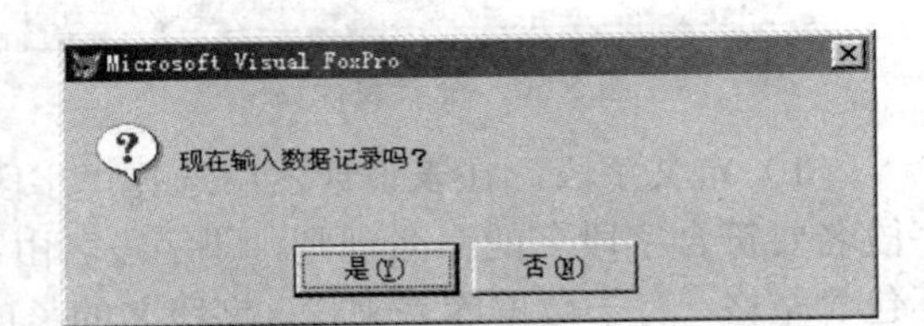

图 5.53 信息提示对话框

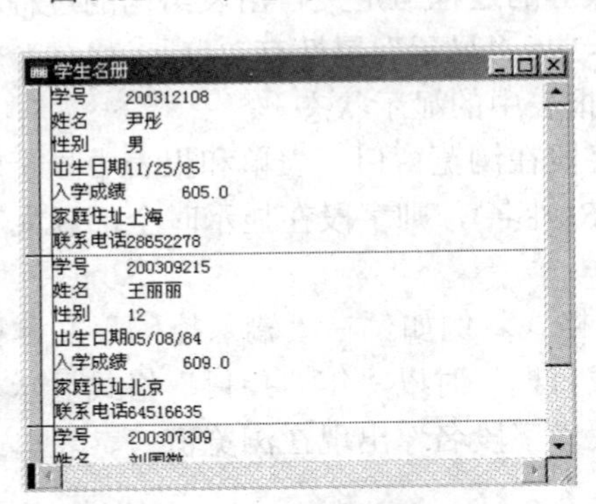

图 5.54 数据输入窗口

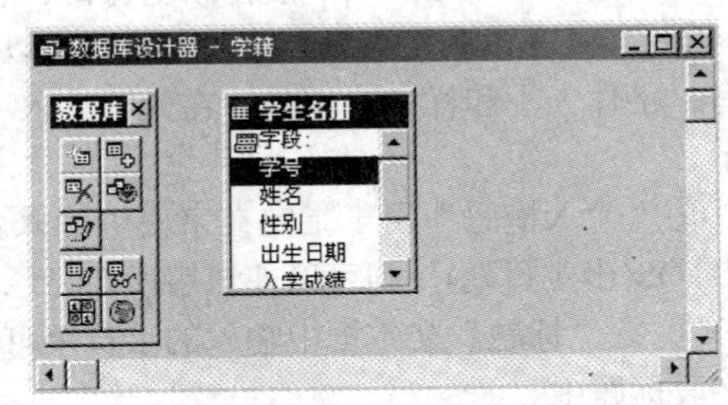

图 5.55 已建立好的“学生名册”库表

3．打开数据库

数据库中的表不同于自由表，数据库中的表是一种附属于数据库的表，称为库表。数据库可以对其附属表进行维护。在 Visual FoxPro 系统中，用 USE 命令可以打开自由表，由于库表是附属于数据库的，只有打开数据库后才能使用 USE 命令访问附属于数据库的库表。

（1）用命令方式打开数据库。

打开数据库的命令格式如下：

OPEN DATABASE 数据库名

打开数据库后，可以打开其中的表。

例 5.7　打开“学籍”数据库中的“学生名册”表的操作。

```
OPEN DATABASE 学籍
USE 学生名册
```

Visual FoxPro 系统还提供了另一种用命令方式直接使用数据库表的方法：使用感叹号字符“!”。“!”在 Visual FoxPro 系统中作为数据库限定运算符，作用是限定数据表与哪个数据库相关联，只有在使用非活动的数据库中的表时才使用到数据库限定运算符。为了引用库表，在其前面加上所属数据库的名称和数据库限定符，就可以在数据库处于非活动状态时打开所属表格了。

例 5.8　直接打开库表的操作。

```
USE 通讯录! students IN 0
USE 学籍!学生名册 IN 0
```

此例中打开了两个库表，分别为 students.dbf 和学生名册.dbf，他们分别附属于数据库“通讯录.dbc”和“学籍.dbc”，这两个数据库并没有打开，不是活动数据库，但在两个工作区中的两个库表都是处于活动状态。

（2）用可视化方式打开数据库。

单击“打开”按钮，屏幕上出现“打开”对话框，在其中选择路径和库文件，如图 5.56 所示。选择好后单击“确定”按钮，屏幕上出现“数据库设计器”窗口，其中有“学生名册”库表，如图 5.57 所示，双击之即可打开此库表。

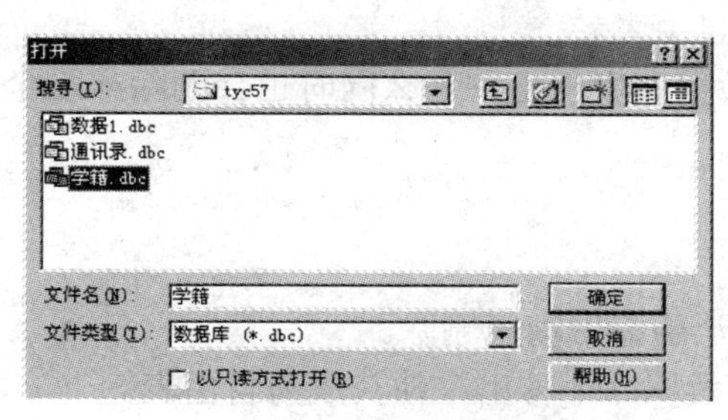

图 5.56　“打开”对话框

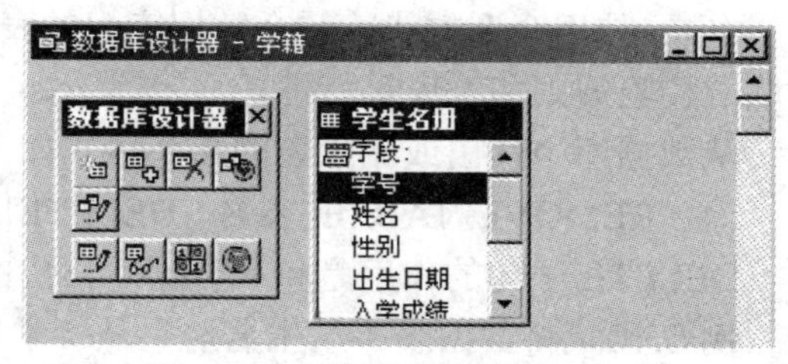

图 5.57　“数据库设计器”窗口

4. 关闭数据库

关闭数据库的命令如下：

```
CLOSE   DATABASE
CLOSE   ALL
```

5.3　数据的基本操作

5.3.1　向数据库中添加与删除数据表

数据库之外的表称为自由表。自由表虽然使用方便，但与库表相比少了很多优势。例如，自由表不能使用长的字段名、字段名的长度不能超过 10 个字符、使用汉字不能超过 5 个汉字，而数据库表的字段名长度可以达到 128 个字符。一个自由数据表成为一个数据库的库表之后，此表就不能再成为其他数据库的库表了。如果要把一个数据库的库表添加到另一个数据库中，就必须将该表从原来的数据库中删除，即把这个表从该数据库中删除，然后再添加到其他的数据库中。

1. 向数据库中添加数据表

（1）使用命令方式。向一个数据库添加数据表，先要打开数据库，然后将数据表添加到数据库中。向数据库添加数据表，可以使用的命令格式如下：

```
ADD TABLE 表文件名 NAME 长表名
```

例 5.9 将数据表“学生名册”放入新建的“学籍”数据库中，并用“2003 级学生名册”作为长表名。

```
OPEN DATABASE 学籍
ADD TABLE 学生名册 NAME 2003 级学生名册
```

在示例中起了一个长表名“2003 级学生名册”，以后要访问这个表时，就可以使用这个长表名了。

（2）使用可视化方式。向数据库中添加数据表，还可以使用数据库设计器。单击“打开”按钮，屏幕上出现“打开”对话框，在其中选择 tyc57 文件夹和“学籍”库文件，如图 5.56 所示。选择好后单击“确定”按钮，屏幕上出现“数据库设计器”窗口，单击其中的“添加表”按钮，屏幕上出现“打开”对话框，在其中选择“学生名册”表，然后单击“确定”按钮，在“数据库设计器”窗口中会出现“学生名册”库表，如图 5.57 所示。

2. 从数据库中移出数据表

将数据库中的表从数据库中移出，使其成为自由表。

（1）使用命令方式。一个数据库中的表从数据库中移出，那么同时也会删除与这个表相关联的校验规则和约束等特性。

从数据库中移出或删除表的命令格式如下：

```
REMOVE TABLE 表名 [DELETE]
```

DELETE 子句的作用是将从数据库移出的表从磁盘中彻底删除。

例 5.10 将数据表“学生名册”从“学籍”数据库中移出，使其成为自由表。

```
OPEN DATABASE 学籍
REMOVE TABLE 学生名册
```

此时“学生名册”表从“学籍”数据库中移出，成为一个自由表。如果在命令中使用了 DELETE 子句：

```
REMOVE TABLE 学生名册 DELETE
```

则将“学生名册”表从“学籍”数据库中移出，然后从磁盘中物理删除。

（2）使用可视化方式。从数据库中移出数据表，还可以使用数据库设计器进行。单击“打开”按钮，屏幕上出现“打开”对话框，在其中选择 tyc57 文件夹和“学籍”库文件，如图 5.56 所示。选择好后单击“确定”按钮，屏幕上出现“数据库设计器”窗口，选择好要移出的表并单击“移去表”按钮，屏幕上出现确认对话框，如图 5.58 所示。在其中单击“移去”按钮，表示将选中的表从数据库中移出；单击“删除”按钮，表示将选中的表从数据库中移

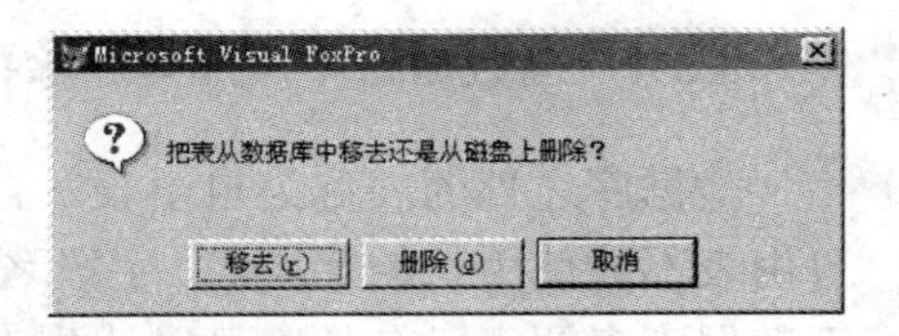

图 5.58 确认对话框

出并从磁盘中物理删除；单击“取消”按钮，表示取消此次操作。

5.3.2 数据库有关的函数

Visual FoxPro 系统提供了用于获取数据库和数据库组件有关信息的函数。

1. ADATABASE()函数

ADATABASE()函数的使用格式如下：

ADATABASE(数组名)

此函数的作用是将已经打开的数据库的名字和相关的路径信息放到指定的数组中。如果这个数组不存在，系统会为函数创建数组。如果数组的大小不符合要求，系统会重新调整数组的大小以容纳数据库名和有关路径的信息。数组的第一个元素保存数据库的名称，第二个元素保存数据库的路径信息。

例 5.11 将“学籍”数据库的信息存入数组中。

```
OPEN DATABASE 学籍
? ADATABASE(ARRAY)
```

2. ADBOBJECTS()函数

ADBOBJECTS()函数的使用格式如下：

ADBOBJECTS(数组[,名称变量])

此函数将当前活动数据库的表名、连接名或 SQL 视图的名称插入到指定的数组中。如果这个数组不存在，系统会为函数创建数组。如果数组的大小不符合要求，系统会重新调整数组的大小以容纳对象的信息。准备放在数组中的对象名称是由“名称变量”参数决定的，表 5.2 中列出了“名称变量”可以使用的值。

表 5.2 名称变量使用的值

名称变量	置于数组中的名称
TABLE	数据表名
CONNECTION	连接名
VIEW	视图名

例 5.12 将“学籍”数据库的信息存入数组中。

```
OPEN DATABASE 学籍
? ADBOBJECTS(ARRAY  CONNECTION)
```

3. CANDIDATE()和 PRIMARY()函数

在 Visual FoxPro 系统中，CANDIDATE()和 PRIMARY()函数用于判断数据库中指定的索引标志是一个主索引标志还是一个候选索引标志。如果索引标志是一个候选索引标志，CANDIDATE()函数返回值为真（.T.），PRIMARY()函数返回值为假（.F.）。如果索引标志是一个主索引标志，CANDIDATE()函数返回值为假（.F.），PRIMARY()函数返回值为真（.T.）。由于候选索引也可以成为一个主索引，因此这个函数可以用于判断一个索引是否可以当作一个主索引使用。

4. CURVAL()和 OLDVAL()函数

在 Visual FoxPro 系统中，CURVAL()函数返回一个指定字段的当前值，而 OLDVAL()函数则返回一个更新过了的字段的原始值。可以用这两个函数的返回值进行比较来了解一个字段的内容是否在编辑过程中改变了。

5. DBC()函数

DBC()函数可以返回当前活动数据库的名字和路径，如果当前没有活动的数据库，DBC()函数就会返回一个空字符串。

例 5.13 返回“学籍”数据库所在的路径。

```
OPEN DATABASE 学籍
? DBC()
c:\program files\microsoft visual studio\vfp98\tyc57\学籍.dbc
```

5.3.3 修改数据表的结构

修改数据表的结构可以用命令方式和可视化方式进行。

1. 使用命令方式

修改数据表结构的命令格式如下：

```
MODIFY STRUCTUR
```

对于自由表，在命令窗口中输入 MODIFY STRUCTUR 命令后，屏幕上出现“打开”对话框，在其中选择路径和表文件，如图 5.59 所示。选择好后单击“确定”按钮，屏幕上出现“表设计器”对话框，在此对话框中可以对其中的各项表结构进行修改。对于库表，要先打开库文件，然后在命令窗口中输入 MODIFY STRUCTUR 命令，屏幕上出现数据库的表“打开”对话框，在其中选择表文件，如图 5.60 所示。选择好表文件后单击“确定”按钮，屏幕上出现“表设计器”对话框，在其中可以对表结构中的各项进行修改。

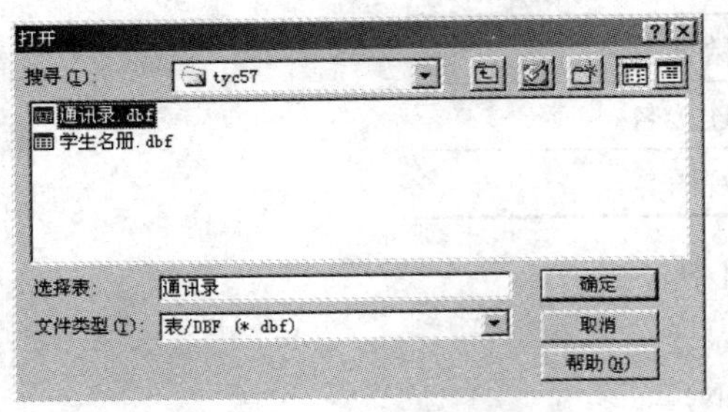

图 5.59 “打开”对话框

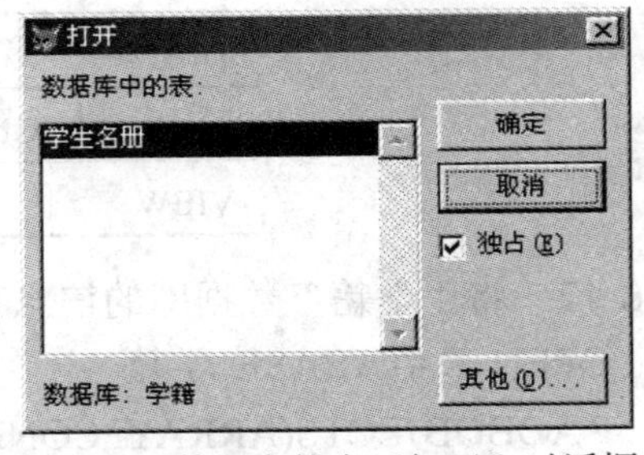

图 5.60 数据库的表“打开”对话框

2. 使用可视化方式

在“表设计器”对话框的“字段”选项卡中，字段名前的双向箭头表明是当前行。修改数据表结构的基本操作如下：

（1）要在同行中的各项之间移动光标，可以用 Tab 键；在各字段之间移动光标，可以用向上“↑”和向下“↓”移动键。

（2）如果想在某一字段前插入一个字段，则先选中该字段，然后单击“插入”按钮，就会在当前的字段前添加一个新字段，用户可以输入要增加的字段名、类型等其他各项。

（3）若要删除一个字段，则选中该字段，然后单击“删除”按钮。若被删除的字段后还有其他字段，后面的字段自动上移。

（4）若要移动某个字段的位置，只需用鼠标拖动该字段旁的小方块到所需位置即可。

（5）其他操作与建立表结构时相同。

修改完毕，单击“确定”按钮。在出现的“表设计器更改表结构”对话框中单击“是”按钮，将改变后的表结构永久保存，如图 5.61 所示。

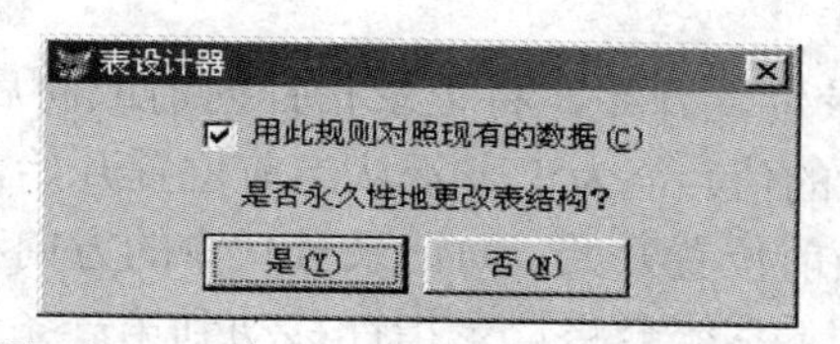

图 5.61　“表设计器更改表结构”对话框

5.3.4　记录指针的定位

为了方便浏览表中的数据，Visual FoxPro 系统提供了记录指针的概念。在每一个数据表中都定义了一个指针，而且表中只能有一个指针指向记录，当需要访问其他记录时就改变指针的位置，Visual FoxPro 会根据记录指针位置的变化访问不同的记录。在 Visual FoxPro 系统中无论什么时候访问数据表，一次只能访问一条记录。当需要在数据表中浏览数据或访问另一条记录时，需要更改表的记录指针的位置。

1. 绝对定位

绝对定位命令的格式如下：

GO N / TOP / BOTTOM

或

GOTO N / TOP / BOTTOM

命令的功能：以绝对位置的方式移动记录的指针，又称为绝对位移命令。即 GO 或 GOTO 命令执行后，命令就会将记录指针直接定位到指定的记录上。N 表示记录号；TOP 表示数据表顶，即第一条记录；BOTTOM 表示数据表底，即最后一条记录。其关系为：

TOP < N < BOTTOM

例 5.14　将记录指针定位到第 1 条记录、第 18 条记录和最后一条记录上。

```
USE C:\MICROSOFT VISUAL STUDIO\VFP98\TYC57\学生名册
GO TOP
GO 18
GO BOTTOM
```

或

```
GOTO TOP
GOTO 18
GOTO BOTTOM
```

上述两类命令的执行结果是一致的，都是将记录指针定位到表文件的第 1 条记录、第 18 条（如果有第 18 条记录的话）记录和最后一条记录上。

如果在打开数据表时使用了索引，那么第一条记录和最后一条记录的位置就会根据索引顺序发生变化，索引表示的是记录的相对位置。当没有索引时，其代表的就是记录的实际位置。此时，GO TOP 就会将记录指针定位到索引的第一条记录上，GO BOTTOM 会将指针定位到索引的最后一条记录上。

2. 相对定位

相对定位命令的格式如下：

SKIP +/- 数值表达式

命令的功能：从当前记录位置开始，将记录指针向前或向后移动一条或数条记录，每次移动的距离为“数值表达式”的值。值为正表示从当前位置开始，向记录号增加的方向移动记录指针；如果值为负表示从当前位置开始，向记录号减少的方向移动记录指针。当指定移动的记录数超过可以移动的记录时，系统会将记录指针移动到第一条记录或最后一条记录。如果试图将记录指针超越第一条和最后一条记录时，系统会分别给出超界警告信息。

例 5.15 将记录指针定位到第 3 条记录，向记录号增加的方向移动 4 条记录，再向记录号减少的方向移动 5 条记录。

```
USE C:\MICROSOFT VISUAL STUDIO\VFP98\TYC57\学生名册
GO 3
SKIP 4
SKIP -5
```

3. 条件定位

条件定位命令的格式如下：

LOCATE [范围] FOR 条件表达式

命令的功能：在指定范围内，对满足条件的记录定位。该命令不选“范围”参数时，系统默认为 ALL。命令执行时，在指定范围内从前到后对每条记录进行条件比较，找到第一条符合条件的记录就将指针定位在该记录处，并将此记录号显示在状态栏上（不能显示记录的内容）。若想继续查找其他符合条件的记录，则必须使用 CONTINUE 命令。

CONTINUE 命令是按照 LOCATE 命令的范围和条件在上一次查找定位的基础上继续向后查找，直到找到另一条符合条件的记录为止。可以反复地使用 CONTINUE 命令找出符合给定条件的全部记录。CONTINUE 命令只能与 LOCATE 命令配合使用，单独使用没有意义。

LOCATE 命令只能在状态栏上显示定位记录的记录号，不能显示记录的内容。因此，在实际运用时还需要与显示命令配合使用，一般与 DISPLAY 命令配合为宜，这是因为 DISPLAY 命令在省略范围参数时只对当前记录进行显示。

5.3.5 数据输入

对于已经建立好结构的表，可以进行数据输入了。最简单的数据输入方法是数据的追加。

1. 追加数据

（1）使用命令方式。

追加数据命令的格式如下：

APPEND [BLANK]

命令的功能：对已存在的表，在最后一条记录之后添加记录。BLANK 子句的作用是添加一条空记录。

（2）使用可视化方式。打开数据表后，选择“显示”→“浏览”菜单项，屏幕上出现数据浏览窗口，如图 5.62 所示。此时，在“显示”菜单中选择“编辑”选项，如图 5.63 所示，屏幕上出现数据输入窗口，如图 5.64 所示。

学号	姓名	性别	出生日期	入学成绩	家庭住址	联系电话
200312108	尹彤	男	11/25/85	605.0	上海	28652278
200309215	王丽丽	12	05/08/84	609.0	北京	64516635
200307309	刘国徽	女	03/21/85	610.0	武汉	25768963
200305206	王道平	男	12/27/84	599.0	天津	83328629
200306207	陈宝玉	男	03/15/85	598.0	南京	25768963
ewrwe			/ /			

图 5.62　数据浏览窗口

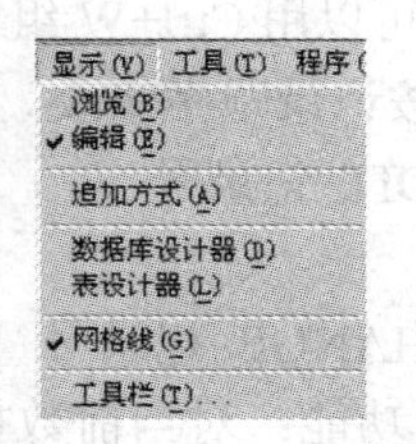

图 5.63　“显示”菜单

在数据浏览窗口中，选择“表”→“追加新记录”菜单项，如图 5.65 所示，或者选择“显示”→“追加方式”菜单项，均可在最后一条记录之后输入新记录，如图 5.66 所示。在数据输入窗口中，选择“表”→“追加新记录”菜单项，或者选择“显示”→“追加方式”菜单项，均可在最后一条记录之后输入新记录，如图 5.67 所示。在这两种状态下，都可以追加数据。

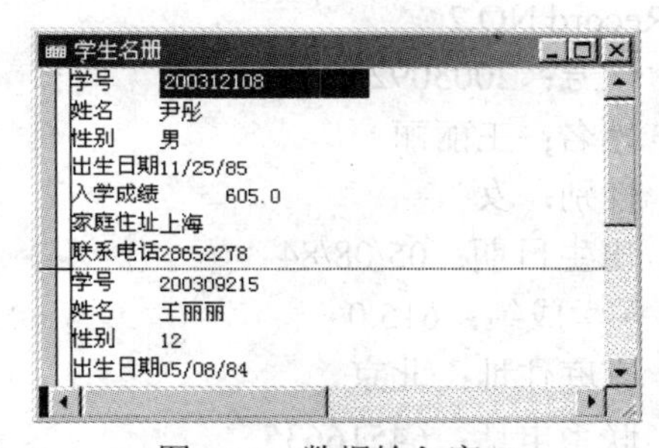

图 5.64　数据输入窗口

图 5.65　表菜单

学号	姓名	性别	出生日期	入学成绩	家庭住址	联系电话
200312108	尹彤	男	11/25/85	605.0	上海	28652278
200309215	王丽丽	12	05/08/84	609.0	北京	64516635
200307309	刘国徽	女	03/21/85	610.0	武汉	25768963
200305206	王道平	男	12/27/84	599.0	天津	83328629
200306207	陈宝玉	男	03/15/85	598.0	南京	25768963
ewrwe			/ /			
			/ /			

图 5.66　在浏览窗口中追加数据

图 5.67　在输入窗口中追加数据

2．插入数据

插入数据就是在指定的位置输入数据，要先定位，后输入。插入数据的命令格式如下：

INSERT [BLANK] [BEFORE]

命令的功能：在当前记录的之后插入一条记录。BLANK 子句的作用是插入一条空记录，BEFORE 子句表示在当前记录的前面插入记录。

例 5.16　在第 3 条记录之前插入一条空记录。

```
USE C:\MICROSOFT VISUAL STUDIO\VFP98\TYC57\学生名册
GO 3
INSERT  BLANK  BEFORE
```

5.3.6 数据的修改、复制、删除与恢复

1. 数据修改

数据的修改方式有多种，用户可以根据自己的情况选择最适合的方式进行修改。在修改操作过程中，可以用 Ctrl+W 组合键存盘结束操作，也可以用 Ctrl+Q 组合键放弃刚刚作过的修改。

（1）按记录顺序修改。按记录顺序修改的命令格式如下：

EDIT 记录号

或

CHANGE 记录号

命令的功能：对当前数据库的记录作顺序修改。当指定记录号后，系统从指定的记录号开始将记录的结构和内容显示在编辑窗口中，如图 5.64 所示，用户可以对其中的内容逐条进行修改。因此，该修改形式要求给出的记录号不能大于最后一条记录的记录号。

例 5.17 修改学生名册表中第二条记录的“入学成绩”，由原来的 609 改为 615。

USE C:\MICROSOFT VISUAL STUDIO\VFP98\TYC57\学生名册

EDIT 2

Record NO.2		Record NO.2
学号：200309215		学号：200309215
姓名：王丽丽		姓名：王丽丽
性别：女	⟹	性别：女
出生日期：05/08/84		出生日期：05/08/84
入学成绩：609.0		入学成绩：615.0
家庭住址：北京		家庭住址：北京
联系电话：64516635		联系电话：64516635

（2）按指定的字段和条件进行修改。按指定的字段和条件进行修改的命令格式如下：

EDIT [范围] [FIELDS 字段名表] [FOR 条件表达式] [WHILE 条件表达式]

或

CHANGE [范围] [FIELDS 字段名表] [FOR 条件表达式] [WHILE 条件表达式]

命令的功能：对满足条件的记录中的指定字段进行修改。选择 FIELDS 短语时，系统按照“字段名表”中的顺序在屏幕上显示字段名表中的字段；不选择此短语时，系统将全部字段按照表结构的顺序显示在屏幕上的编辑窗口中，如图 5.64 所示。

选择了 FOR 短语或 WHILE 短语后，系统对当前表中的记录按给出的条件进行筛选，将符合条件的记录显示在屏幕上，供用户修改，直到数据表的最后一条记录为止；不选择 FOR 短语或 WHILE 短语时，表示对数据修改时没有条件，从当前记录开始直到表的最后一条记录或用户发出结束指令时停止。

例 5.18 将学生陈宝玉的家庭住址改为“北京”。

USE C:\MICROSOFT VISUAL STUDIO\VFP98\TYC57\学生名册

CHANG FIELDS 家庭住址 FOR 姓名="陈宝玉"

Record NO.5		Record NO.5
家庭住址：南京	⟹	家庭住址：北京

（3）浏览修改命令。浏览修改命令的格式如下：

BROWSE [FIELDS 字段名表] [LOCK 数值表达式] [FOR 条件表达式]
[FREEZE 字段名] [NO MENU] [NO FOLLOW]

命令的功能：从当前记录开始分屏显示当前表中的全部记录。不选择任何子句时，系统将当前表中的记录显示在屏幕上，如图 5.62 所示。用户可以对屏幕上的内容进行修改操作。该命令默认不允许向数据表中追加记录。

BROWSE 命令是最常用的命令之一，其中的短语子句可以突出该命令的某一方面的特性。

FIELDS 短语表示在显示数据时按照字段名表的顺序显示；不选择此项则按照表结构的顺序将全部字段显示在屏幕上。

LOCK 短语表示在屏幕中的内容左右移动时在屏幕的左边锁住指定个数的字段，表达式的值就是要锁住的字段个数。这些字段中的数据仍可以修改，只是当其他字段移动时这些字段在屏幕中的位置不变。

FREEZE 短语表示能够进行修改数据的字段名，选择此短语后，其他字段中的数据只能读不能写（即修改）。

NO MODIFY 子句表示不允许修改数据表中的数据，此时数据表中的数据只能浏览不能修改。

NO MENU 子句表示不允许变换显示方式，选择此子句，则在“显示”菜单中没有显示方式选择项；不选择此子句时，在“显示”菜单中有显示方式选择项，由此可以变换显示方式。

2. 数据更新命令

数据更新命令的格式如下：

REPLACE [范围] 字段名 1 WITH 表达式 1 [, 字段名 2 WITH 表达式 2 ,…]
[FOR 条件表达式] [WHILE 条件表达式]

命令的功能：用表达式的值替换指定字段名中的数据。替换是按照命令中指定的范围和条件进行的。不选择“范围”参数时，只对当前记录进行替换；给出替换条件时，表示对当前表中符合条件的记录进行数据替换。

FOR 和 WHILE 短语虽然都表示操作条件，但是有区别：FOR 短语对满足条件的所有记录进行操作；WHILE 短语是从表中的当前记录开始向下顺序判断，只要出现不满足条件的记录就终止执行，而不管其后是否还有满足条件的记录。

此命令语句可以同时替换若干个字段的内容，一般考虑到语句的长度、执行速度等因素，一条命令以替换 5～6 个字段的内容为宜，如果需要替换的字段很多时，可以用多个 REPLACE 语句来完成。

3. 数据复制

数据复制命令的格式如下：

COPY TO 表文件名 [范围] [FIELDS 字段名表] [FOR 条件表达式]
[WHILE 条件表达式]

命令的功能：将当前数据表中符合条件的记录复制到指定的数据表文件中。

该命令中的“表文件名”不能与当前表文件同名，复制后的表文件的内容可以是当前表文件的部分或全部，这主要取决于命令中的各个可选短语的选择。当选择 FIELDS 短语后，复制后表文件的结构由“字段名表”中的字段组成；当选择 FOR 或 WHILE 短语后，复制后表文件中的记录由符合给定条件的记录组成；当不选择任何可选短语时，复制后的表文件与当前表文件完全相同，此种方法可以用于数据表文件的备份。

例 5.19 复制“学生名册”表。

```
USE C:\MICROSOFT VISUAL STUDIO\VFP98\TYC57\学生名册
COPY TO C:\MICROSOFT VISUAL STUDIO\VFP98\TYC57\学生名册 b
USE C:\MICROSOFT VISUAL STUDIO\VFP98\TYC57\学生名册 b
LIST
```

记录号	学号	姓名	性别	出生日期	入学成绩	家庭住址	联系电话
1	200312108	尹彤	男	11/25/85	605.0	上海	28652278
2	200309215	王丽丽	女	05/08/84	609.0	北京	64516635
3	200307309	刘国徽	女	03/21/85	610.0	武汉	25768963
4	200305206	王道平	男	12/27/84	599.0	天津	83328629
5	200306207	陈宝玉	男	03/15/85	598.0	南京	25768963

4. 数据删除

从一个数据文件中删除数据是一件非常耗费时间和精力的工作，有时考虑不周还会将有用的数据删除。为了避免这类情况的发生，Visual FoxPro 系统提供了对数据的逻辑删除和物理删除两类命令。对数据的逻辑删除是可恢复性的删除，物理删除是不可恢复性的删除。

（1）逻辑删除命令。逻辑删除的命令格式如下：

DELETE [范围] [FOR 条件表达式] [WHILE 条件表达式]

命令的功能：对符合条件的记录标上删除标记*。该命令若不选择“范围”参数，也不指定条件时，系统仅对当前记录标上删除标记。若指定范围而无条件时，表示将指定范围内的所有记录都标上删除标记*。

在数据浏览窗口中，使用黑色的标记块标记那些已经被删除的记录，如图 5.68 所示。记录前有黑块的表示此记录已经使用 DELETE 命令删除，但还没有进行物理删除。也就是说，在文件中这些记录依然存在，还有恢复的可能。黑色的标记块也可以用鼠标单击的方法去除和标记。

（2）恢复数据命令。恢复数据的命令格式如下：

RECALL [范围] [FOR 条件表达式] [WHILE 条件表达式]

命令的功能：去除符合条件的记录上的删除标记*。此命令与逻辑删除命令是互逆命令，它们的使用方式相同，各子句、短语的使用方法也相同，只是作用相反。

在数据浏览窗口中，执行恢复命令后记录前的黑色标记块被去除，如图 5.69 所示。

学生名册

学号	姓名	性别	出生日期	入学成绩	家庭住址	联系电话
200312108	尹彤	男	11/25/85	605.0	上海	28652278
200309215	王丽丽	女	05/08/84	609.0	北京	64516635
200307309	刘国徽	女	03/21/85	610.0	武汉	25768963
200305206	王道平	男	12/27/84	599.0	天津	83328629
200306207	陈宝玉	男	03/15/85	598.0	南京	25768963
ewrwe			/ /			
fisffs			/ /			

图 5.68 数据浏览窗口中的删除标记

学生名册

学号	姓名	性别	出生日期	入学成绩	家庭住址	联系电话
200312108	尹彤	男	11/25/85	605.0	上海	28652278
200309215	王丽丽	女	05/08/84	609.0	北京	64516635
200307309	刘国徽	女	03/21/85	610.0	武汉	25768963
200305206	王道平	男	12/27/84	599.0	天津	83328629
200306207	陈宝玉	男	03/15/85	598.0	南京	25768963
ewrwe			/ /			
fisffs			/ /			

图 5.69 执行恢复命令后的数据浏览窗口

例 5.20 将“学生名册 b”表中男同学的记录打上删除标记。

```
USE C:\MICROSOFT VISUAL STUDIO\VFP98\TYC57\学生名册 b
DELETE FOR 性别="男"
```

LIST

记录号	学号	姓名	性别	出生日期	入学成绩	家庭住址	联系电话
1 *	200312108	尹彤	男	11/25/85	605.0	上海	28652278
2	200309215	王丽丽	女	05/08/84	609.0	北京	64516635
3	200307309	刘国徽	女	03/21/85	610.0	武汉	25768963
4 *	200305206	王道平	男	12/27/84	599.0	天津	83328629
5 *	200306207	陈宝玉	男	03/15/85	598.0	南京	25768963

例 5.21 将“学生名册 b”表中男同学记录上的删除标记去除。

```
USE C:\MICROSOFT VISUAL STUDIO\VFP98\TYC57\学生名册 b
RECALL FOR 性别="男"
LIST
```

记录号	学号	姓名	性别	出生日期	入学成绩	家庭住址	联系电话
1	200312108	尹彤	男	11/25/85	605.0	上海	28652278
2	200309215	王丽丽	女	05/08/84	609.0	北京	64516635
3	200307309	刘国徽	女	03/21/85	610.0	武汉	25768963
4	200305206	王道平	男	12/27/84	599.0	天津	83328629
5	200306207	陈宝玉	男	03/15/85	598.0	南京	25768963

（3）物理删除命令。逻辑删除并不是真正地删除记录，而只是在被删除的记录上做一个标记，表示此记录已经被删除。真正从表中删除记录的是物理删除。

物理删除的命令格式如下：

```
PACK
```

命令的功能：将全部带有删除标记的记录清除出数据表。使用该命令之前，必须对欲删除的记录打上删除标记，否则此命令不能清除任何没有删除标记的记录。

例 5.22 将“学生名册 b”表中男同学的记录从表中删除。

```
USE C:\MICROSOFT VISUAL STUDIO\VFP98\TYC57\学生名册 b
DELETE FOR 性别="男"
PACK
LIST
```

记录号	学号	姓名	性别	出生日期	入学成绩	家庭住址	联系电话
1	200309215	王丽丽	女	05/08/84	609.0	北京	64516635
2	200307309	刘国徽	女	03/21/85	610.0	武汉	25768963

（4）清表命令。清表命令的格式如下：

```
ZAP
```

命令的功能：清除当前数据表内的所有记录，使之成为空表。此命令的作用相当于将表中的记录全部逻辑删除，然后再用物理删除使之成为没有任何记录的表。

ZAP ⟹ { DELE ALL
PACK }

例 5.23 将“学生名册 b”表中的全部记录从表中清除。

```
USE C:\MICROSOFT VISUAL STUDIO\VFP98\TYC57\学生名册 b
ZAP
```

（5）对带有删除标记数据的处理方式。Visual FoxPro 系统提供了对带有删除标记的记录设置其处理方式的命令，该命令的格式如下：

SET DELETE ON/OFF

命令的功能：控制已经被逻辑删除的记录显示与否。执行 SET DELETE ON 命令，在列表或浏览时将不显示已经被逻辑删除的记录；当执行命令 SET DELETE OFF 时，所有的记录无论是否被逻辑删除都显示出来。

5.3.7 数据查询

1. 使用命令方式

（1）显示查询。

1）数据表连续显示查询命令。

数据表连续显示命令的格式如下：

LIST [范围] [FIELDS 字段名列表] [FOR 条件表达式] [OFF]
[WHILE 条件表达式] [TO PRINT]

命令的功能：连续显示当前数据表中的记录。

不选用任何子句和短语时，将显示表中的全部记录，当记录很多一屏不能全部容纳时，该命令以连续滚动的方式将表中的全部记录显示一遍，只有最后一屏的记录停留在屏幕上。

不选择“范围”参数，系统自定范围为 ALL；选定范围，则按指定范围显示记录。

不选择“字段名表”短语，系统将记录的全部组成字段都显示在屏幕上。记录的长度超出屏幕的宽度时，将折行显示记录。选定了“字段名表”短语时，系统将按照列表中的字段名和顺序显示记录。

选择 FOR 或 WHILE 短语，表示只显示那些符合给定条件的记录；不选择条件短语，表示显示记录时没有条件限制，即显示全部记录。

选择 OFF 子句，表示显示记录时不显示记录号，此子句只有显示命令才有。

选择 TO 子句，表示要打印输出所显示的记录。

例 5.24 将“学生名册”表中的女生记录全部打印输出，不要记录号。

USE C:\MICROSOFT VISUAL STUDIO\VFP98\TYC57\学生名册
LIST FOR 性别="女" OFF TO PRINT

学号	姓名	性别	出生日期	入学成绩	家庭住址	联系电话
200309215	王丽丽	女	05/08/84	609.0	北京	64516635
200307309	刘国徽	女	03/21/85	610.0	武汉	25768963

2）数据分屏连续显示查询命令。

数据分屏连续显示命令的格式如下：

DISPLAY [范围] [FIELDS 字段名表] [FOR 条件表达式] [OFF]
[WHILE 条件表达式] [TO PRINT]

命令的功能：分屏连续显示当前数据表中的记录。

不选用任何子句和短语时，只显示当前记录的内容。当选择范围为 ALL 时，将显示当前表中的全部记录；当记录很多一屏显示不完时，将分屏显示全部记录，即显示满一屏时暂停，在屏幕的下部显示 Press any key continue…，意思是“按任意键即可继续显示”，如此一屏屏地显示下去，直到全部记录显示完毕。

其他的子句和短语的作用和使用方法与 LIST 命令相同。

（2）浏览查询。浏览查询命令就是 BROWSE 命令，是在“浏览窗口”中进行查询。具体操作参看前面的“浏览修改”命令。

（3）条件查询。在 DISPLAY、LIST 和 BROWSE 命令中，使用条件短语就能达到条件查询的目的。例 5.24 就是一种条件查询。

2. 使用可视化方式

利用查询向导建立查询文件，也可以达到查询数据的目的。用查询向导建立查询文件的操作如下：

（1）打开需要建立查询的数据表“学生名册”。

（2）在常用工具栏中单击“新建”按钮，在屏幕上出现“新建”对话框，如图 5.1 所示。在其中选择“查询”项，单击“向导”按钮，屏幕上出现“向导选取”对话框，如图 5.70 所示。

（3）在其中选择“查询向导”，该选项用来建立一个标准查询；然后单击“确定”按钮，屏幕上出现“查询向导步骤 1-字段选取”对话框，如图 5.71 所示。

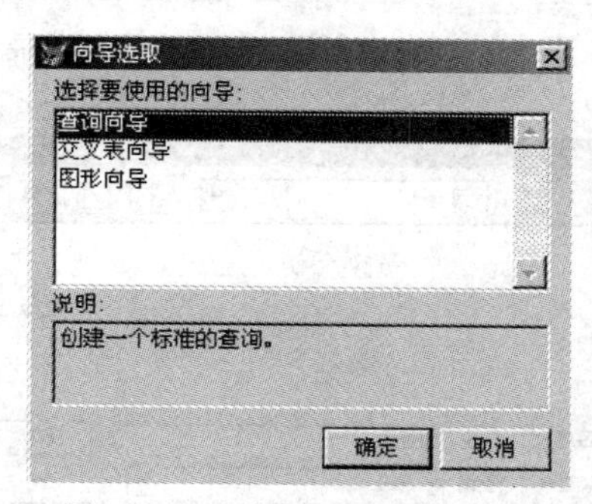

图 5.70　“向导选取”对话框

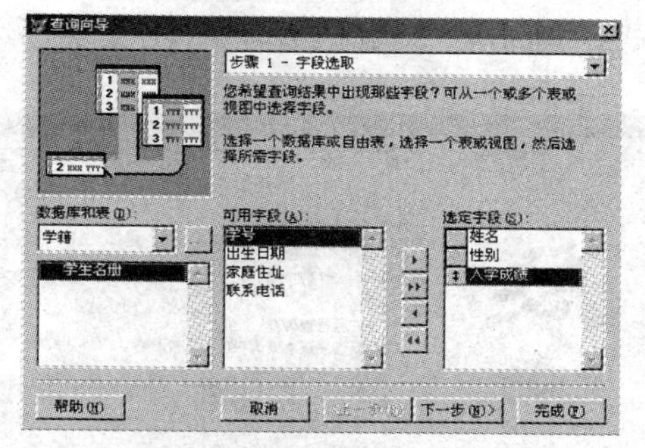

图 5.71　查询向导步骤 1-字段选取

（4）在其中选择“可用字段”列表框中的字段到“选定字段”列表框中，单击“下一步”按钮，屏幕上出现“查询向导步骤 3-筛选记录”对话框，如图 5.72 所示，在其中设置筛选条件：入学成绩<600 或 性别='女'。单击“预览”按钮，屏幕上出现“预览”窗口，如图 5.73 所示。关闭“预览”窗口，单击“下一步”按钮，屏幕上出现“查询向导步骤 4-排序记录”对话框，如图 5.74 所示。

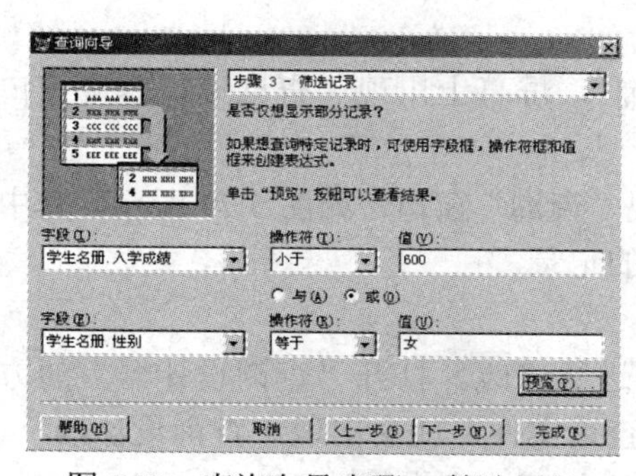

图 5.72　查询向导步骤 3-筛选记录

图 5.73　预览窗口

（5）在其中选择“入学成绩”字段作为排序的关键字，单击“添加”按钮放入“选定字段”列表框中。单击“降序”作为排序的方式，单击“下一步”按钮进入到“查询向导步骤4a-限制记录”对话框，如图5.75所示。在其中可以确定对记录的显示限制，记录的显示限制确定后单击“下一步”按钮，出现“查询向导步骤5-完成”对话框，如图5.76所示。单击其中的“完成”按钮，“查询”创建完毕，屏幕上出现“另存为”对话框，在“文件名”文本框中输入新建的查询文件名“学生名册查询”，如图5.77所示。

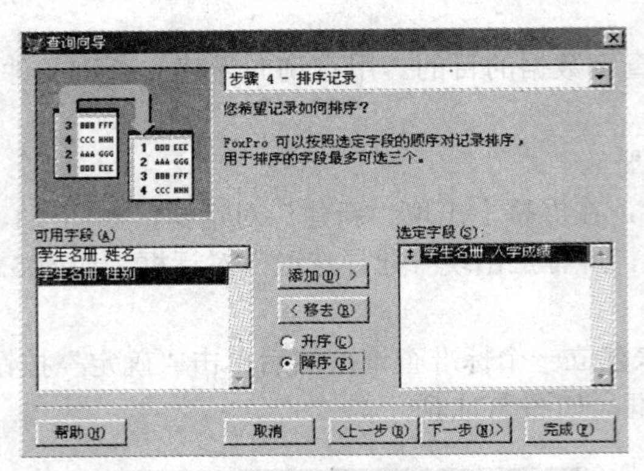

图 5.74　查询向导步骤4-排序记录

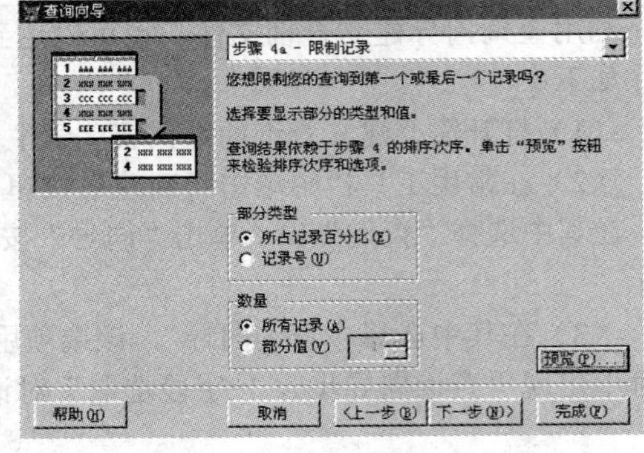

图 5.75　查询向导步骤4a-限制记录

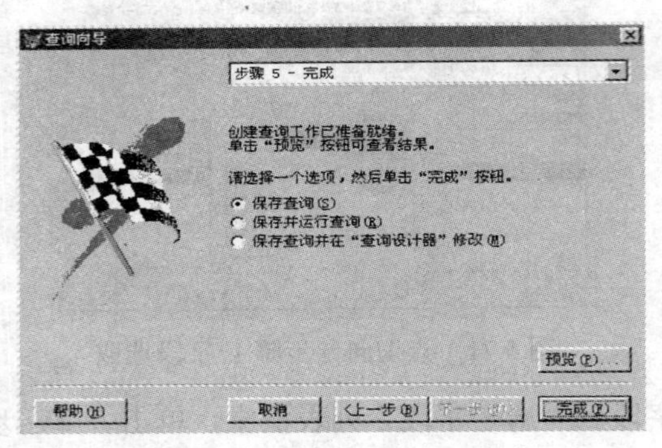

图 5.76　查询向导步骤5-完成

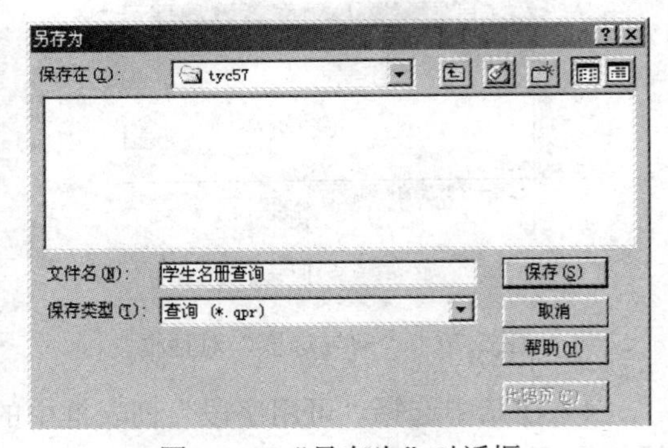

图 5.77　“另存为”对话框

3．运行查询文件

查询文件建立后，可以通过运行已建好的查询文件来浏览查询结果。查询文件的扩展名为.qpr，可以在命令窗口中输入执行命令来运行该查询文件，例如 DO 学生名册查询.qpr，也可以用以下可视化的操作方法来运行查询文件：

（1）打开已经建立的查询文件“学生名册查询”，屏幕上出现“查询设计器”窗口，如图5.78所示。

（2）单击常用工具栏中的 ! 按钮，屏幕上出现“查询”窗口，如图5.79所示。其中的记录是符合筛选条件“入学成绩<600 或 性别='女'”的记录。

4．使用查询设计器修改查询

对已建好的查询文件可以使用“查询设计器”进行修改。打开“查询设计器”的方法有多种，可以先打开相关的数据表，再打开已建立的查询文件，就会出现“查询设计器”窗口，如图5.78所示。在这里着重讲述在“项目管理器”中打开“查询设计器”的方法。

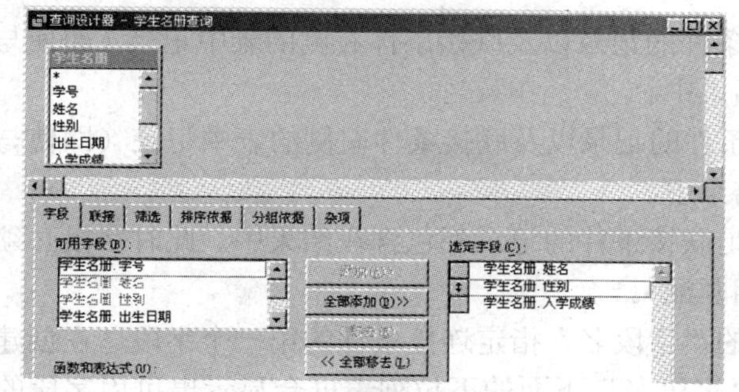
图 5.78　“查询设计器”窗口

图 5.79　查询窗口

（1）打开“查询设计器”窗口。

1）在“打开”对话框中选择“学籍”项目文件，如图 5.80 所示。单击“打开”按钮，屏幕上出现“项目管理器-学籍”对话框，如图 5.81 所示。

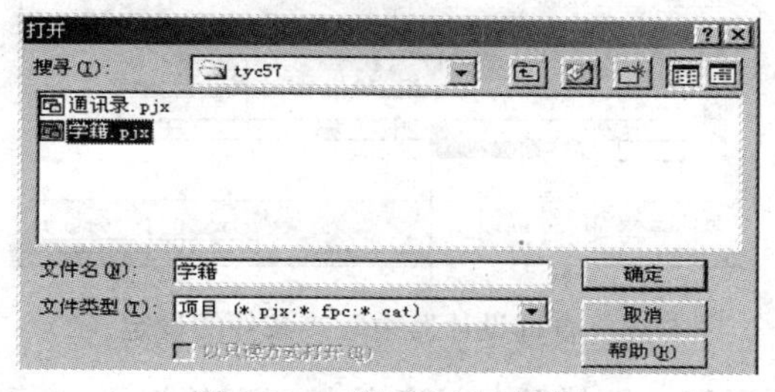
图 5.80　“打开”对话框

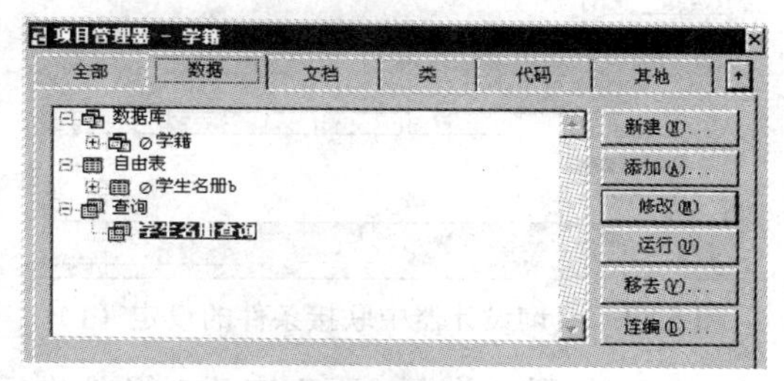
图 5.81　“项目管理器-学籍”对话框

2）在“项目管理器”对话框中选择“数据”选项卡，先打开相关的数据库“学籍”，再展开“查询”图标，选中“学生名册查询”，然后单击“修改”按钮。屏幕上出现“查询设计器”窗口，如图 5.78 所示。在“查询设计器”窗口中有“字段”、“联接”、“筛选”、“排序依据”、“分组依据”和“杂项”6 个选项卡。

- “字段”选项卡。“字段”选项卡的作用是指定在查询中的字段 SUM 或 COUNT 之类的合计函数或其他表达式。选中以后，单击“添加”按钮，将所选字段添加到“选定字段”列表框内；单击“全部添加”按钮，则将所有字段都添加进去，如图 5.78 所示。此时，若想将表中的其他字段增加到未来的查询中，可以通过这个方法进行添加。若将“选定字段”列表框中的已有字段移出，可以选中要移出的字段，再单击“移去”按钮。单击“全部移去”按钮，可以将“选定字段”列表框中的全部字段移出。可以拖动字段左边的垂直双箭头来调整查询的显示顺序。
- “联接”选项卡。“联接”选项卡的作用是为匹配一个或多个表或视图中的记录指定联接条件（如字段的特定值、表间临时关系的联接条件等）。查询中表之间的关系是临时、松散的关系，它依据“联接”选项卡中设置的一个联接表达式进行联接。默认时，联接条件的类型为 Inner Join（内部联接）。

  “联接”选项卡有 6 个组成部分，各组成部分的意义介绍如下：

  ➢ 类型。单击“类型”下面的下拉列表框会弹出一个联接类型下拉列表，如图 5.82 所示。其中有以下 4 项：

    Inner Join：只有满足联接条件的记录包含在结果中。此类型是系统的默认设置。

Right Outer Join：满足联接条件的记录以及联接条件右侧的表中记录（即使与联接条件不匹配）都包含在结果中。

Left Outer Join：满足联接条件的记录以及联接条件左侧的表中记录（即使与联接条件不匹配）都包含在结果中。

Full Join：所有满足和不满足联接条件的记录都包含在结果中。此时字段必须满足实例文本（字符与字符相匹配）。

- ➢ 字段名。“联接”选项卡中的“字段名”指定连接条件的第一个字段。在创建一个新的连接条件时，单击“字段名”下面的下拉列表框会显示出可用字段的下拉列表，如图 5.83 所示。

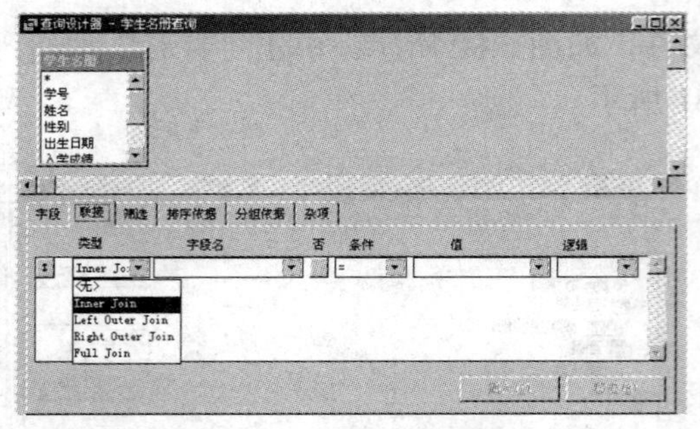

图 5.82 查询设计器中联接条件的设定（1）

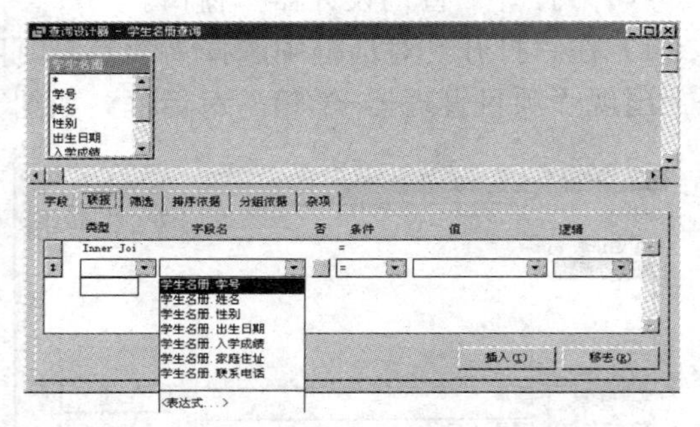

图 5.83 查询设计器中联接条件的设定（2）

- ➢ 否。单击“否”表示对条件进行否运算，即排除与该条件相匹配的记录。
- ➢ 条件。单击“条件”下面的下拉列表框，会出现一个条件运算符下拉列表。其中有：相等（=）、相似（Like）、全等（= =）、大于（>）、小于（<）、大于等于（>=）、小于等于（<=）、空（Is NULL）、介于（Between）和包含（In）等。其中= =是指字符完全匹配；In 是指定字段必须与实例文本中逗号分隔的几个样本中的一个相匹配；Is NULL 是指定字段包含空值；Between 是指字段值在指定的范围值之间。
- ➢ 值：用于指定联接条件中的其他表和字段。
- ➢ 逻辑：用于在联接条件列表中添加 AND 或 OR 条件。

如果要增加一个联接，单击“插入”按钮，可以在当前位置插入一个空联接条件，等待输入新的联接；如果要删除一个联接，可选定联接条件，然后单击“移去”按钮。

- “筛选”选项卡。“筛选”选项卡用来指定选择记录的条件。例如，在字段内指定值或在表之间定义临时关系的连接条件等，如图 5.84 所示。其中各个组成部分的说明如下：
  - ➢ 字段名：用于指定联接条件的第一个字段，在创建一个新的联接条件时，单击下面的方框可以选用字段名列表中的字段。
  - ➢ 实例：用于指定比较条件，可以是字段或表达式。
  - ➢ 大小写：用于指定在条件中是否与实例的大小写字母相匹配。

其他选项与“联接”选项卡相同。

- “排序依据”选项卡。“排序依据”选项卡用于设置查询结果的记录排列顺序。如果在“杂项”选项卡中已选定“交叉数据表”选项，会自动创建排序字段的列表，如图 5.85 所示。

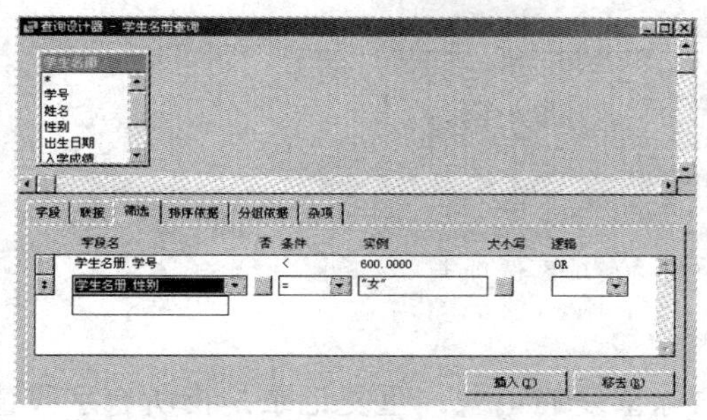

图 5.84　查询设计器中的“筛选”选项卡

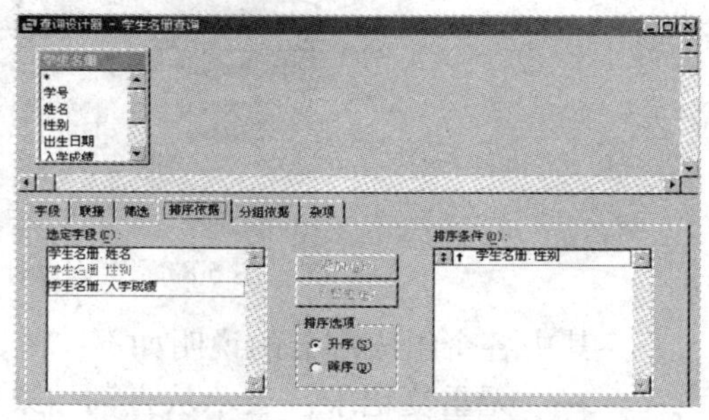

图 5.85　查询设计器中的“排序依据”选项卡

其中各个组成部分的说明如下：

- ➢ 选定字段：列出将出现在视图或查询结果中的可选字段和表达式。
- ➢ 排序条件：指定用于查询结果排序的字段和表达式。显示在每一字段名左侧的箭头指定递增（向上）还是递减（向下）排序。箭头左侧显示的移动框可以更改字段的顺序。
- ➢ 排序选项：用户可以选择“升序”或“降序”，对指定的字段进行排序。

- “分组依据”选项卡。“分组依据”选项卡用于将有相同字段值的记录合并为一组，实现对查询结果进行分组。用户只需在“可用字段”列表框中选择要进行分组的字段，然后单击“添加”按钮将其添加到“分组字段”列表框中。其中各个组成部分的说明如下：
  - ➢ 可用字段：其中列出了当前表中可用于分组的字段。
  - ➢ 分组字段：其中列出了用于分组的字段。各字段按照他们在列表中显示的顺序分组，可以拖动字段左边的垂直双箭头来更改字段顺序和分组层次，如图 5.86（a）所示。
  - ➢ 满足条件：单击该按钮将显示“满足条件”对话框，如图 5.86（b）所示。可以在此为记录分组指定条件，该条件决定在查询结果中包含哪一组记录。

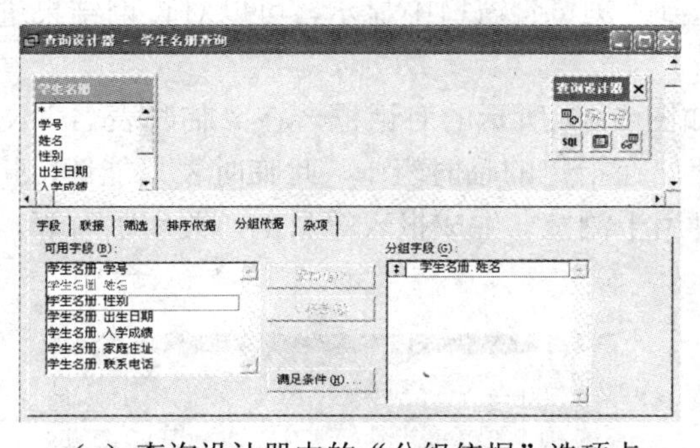

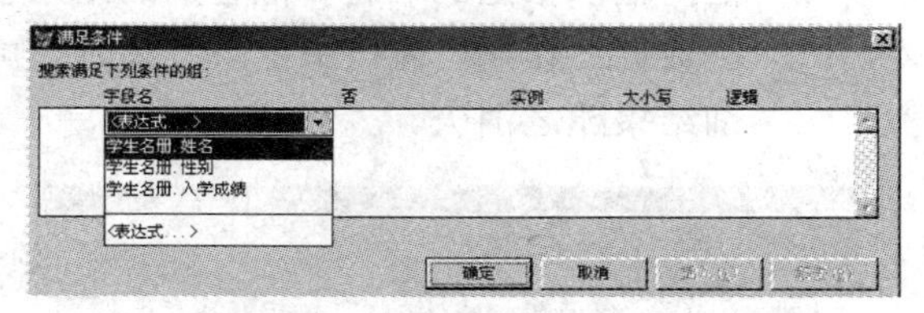

（a）查询设计器中的“分组依据”选项卡　　　　（b）“满足条件”对话框

图 5.86　“分组依据”选项卡和“满足条件”对话框

- “杂项”选项卡。“杂项”选项卡用于指定是否要对重复记录进行检索，以及是否要对记录（返回记录的最大数目或最大百分比）进行限制，如图 5.87 所示。

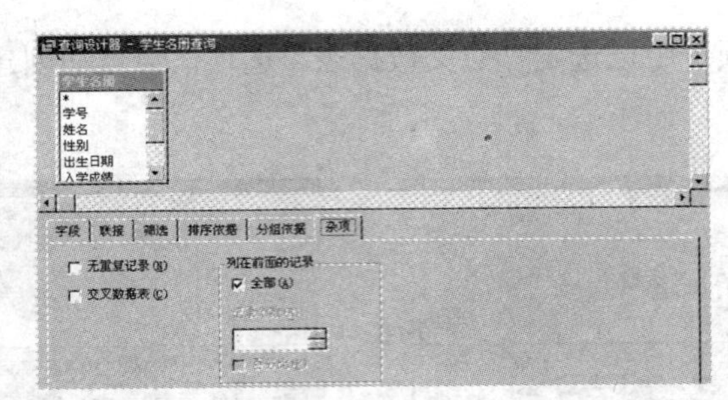

图 5.87　查询设计器中的“杂项”选项卡

其中各个组成部分的说明如下：

➢ 无重复记录：表示从查询结果中清除重复的记录。重复记录是指所有字段值都相同的记录。
➢ 交叉数据表（只用于查询）：将查询或视图的结果以交叉表格形式传送给 Microsoft Graph、报表或者表。只有当“选定字段”刚好为 3 项时，才可使用“交叉数据表”选项。此 3 项代表 X 轴、Y 轴和图形的单元值。
➢ 列在前面的记录：用于在结果中选择记录的数目或百分比。在指定数目或百分比时，可以在“查询设计器”对话框中使用“排序依据”选项卡选择哪些记录位于查询结果的前部。
➢ 全部：用于指定查询或视图选择的所有记录都包括在查询结果中。
➢ 记录个数：用于设置一个数，决定包含在查询结果中的记录个数。
➢ 百分比：用于设置查询结果中的记录数，此值必须大于 1%。

3）“查询去向”按钮。

在“查询”菜单里有“查询去向”菜单项，在“查询设计器”工具栏里有“查询去向”按钮。

在“查询设计器”工具栏中单击“查询去向”按钮，或者选择“查询去向”菜单项，屏幕上会出现“查询去向”对话框，如图 5.88 所示。在其中有 7 个不同的按钮，允许将查询结果传送给 7 个不同的输出设备。单击不同的按钮，对话框中的内容也不一样。

- 单击“浏览”按钮，表示将查询结果送到“浏览”窗口中显示，可以对查询结果进行检查和编辑。
- 单击“临时表”按钮，屏幕上会出现如图 5.89 所示的对话框。在“临时表名”文本框内输入指定的名称，将查询的结果存储在指定的临时表中。此临时表只能读，并在“数据工作期”窗口中出现。临时表可用于浏览、生成报表等目的。关闭临时表，查询结果随之消失。

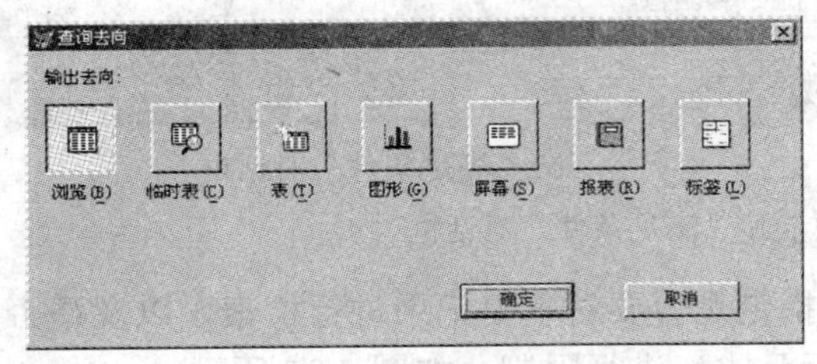

图 5.88　“查询去向”对话框-浏览

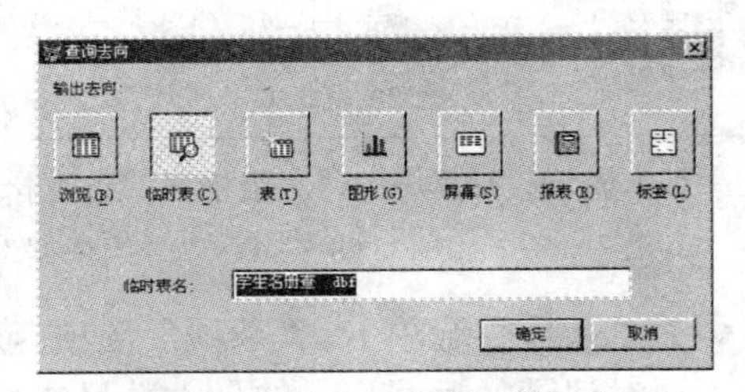

图 5.89　“查询去向”对话框-临时表

- 单击“表”按钮，屏幕上会出现类似图 5.89 所示的对话框。在“表名”文本框内输入指定的名称，表示将查询的结果存储在指定的表文件（.dbf）中。还可以单击 ... 按钮来选择一个已有的、可以覆盖的表。
- 单击“图形”按钮，可以产生一个由 Microsoft Graph 处理的图形，在设置 GENGRAPH 之后才能用。
- 单击“屏幕”按钮，屏幕上会出现如图 5.90 所示的对话框，表示将查询结果在活动的输出窗口中显示。通过选择“次级输出”区域中的单选按钮可以在查询结果输出到屏幕的同时输出到打印机或文本文件中。“选项”复选框可以设置是否输出列标头和是否在查询结果输出满屏时暂停输出，使用户可以看清输出的数据。
- 单击“报表”按钮，屏幕上会出现如图 5.91 所示的对话框。这表示将查询结果按照指定的报表布局显示。

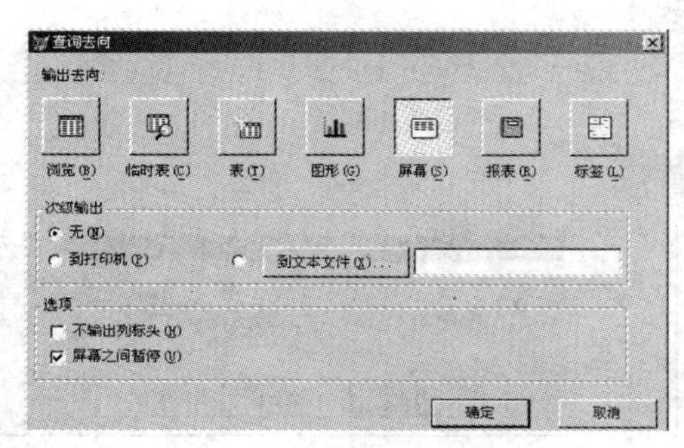

图 5.90　“查询去向”对话框-屏幕

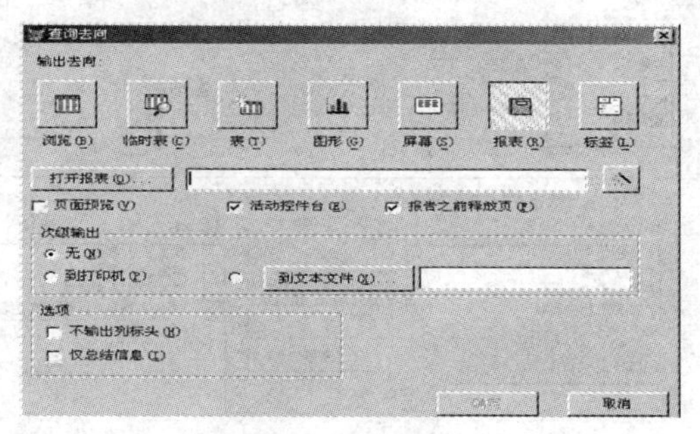

图 5.91　“查询去向”对话框-报表

- 单击“标签”按钮，表示将查询结果按照某一标签的格式输出。

（2）修改“学生名册查询”。

1）可以为查询添加或去掉所选字段。当用户要为“学生名册查询”增加一个字段时，可以在“字段”选项卡的“可用字段”列表框内选择需要添加的字段，然后单击“添加”按钮将该字段添加到“选定字段”列表框中。

2）如果希望在查询结果中添加某一字段，可以使用函数或表达式生成相应的查询结果字段。例如，计算学生的年龄，可以用当前系统日期中的年份减去学生的“出生日期”中的年份，这样便得到一个学生年龄的表达式，然后将这个表达式以字段的形式添加到“选定字段”列表框中去。

要添加表达式字段到查询结果中，可以单击“字段”选项卡中“函数表达式”文本框右边的 ... 按钮，在弹出的“表达式生成器”对话框中创建表达式。在“函数”区域的“日期”下拉列表框中选择 YEAR()函数，然后再选择 DATE()函数。在生成的 YEAR(DATE())表达式后输入“-”号，然后再选择 YEAR()函数，最后双击“字段”列表框中的“出生日期”字段。此时，查询表达式已经生成，为了在查询结果浏览框中显示“年龄”字段名，可以在表达式后面加上“as 年龄”，如图 5.92 所示。

最后单击“确定”按钮，此时可以看到表达式已经生成，如图 5.93 所示。单击“添加”按钮，将表达式添加到“选定字段”列表框中，如图 5.94 所示。关闭“查询设计器”，屏幕上会出现如图 5.95 所示的对话框，单击“是”按钮保存修改过的查询。

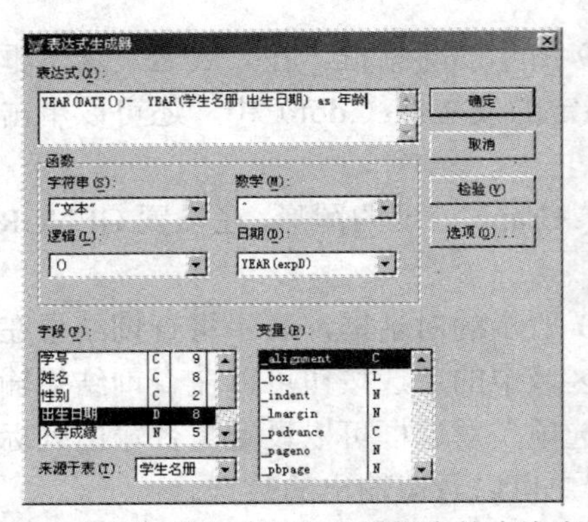

图 5.92 “表达式生成器”对话框中的查询表达式

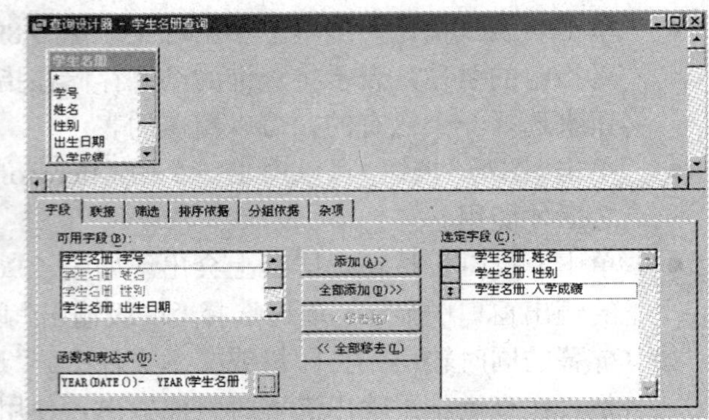

图 5.93 查询设计器中生成的表达式

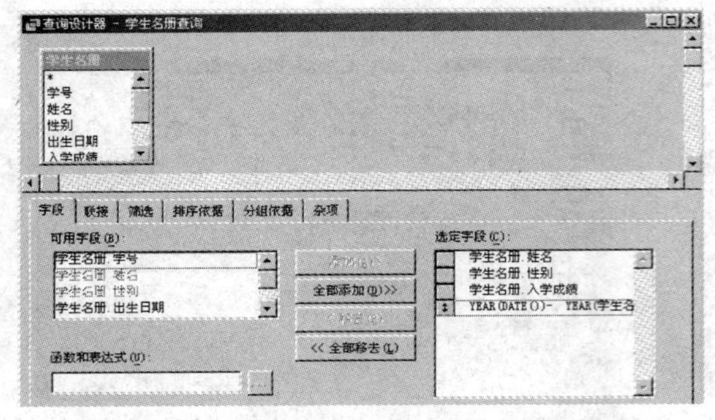

图 5.94 表达式添加到“选定字段”列表框中

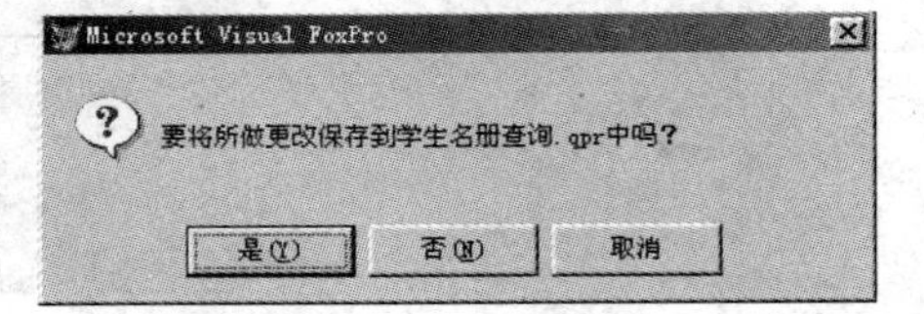

图 5.95 保存修改过的查询

3）在“项目管理器”窗口中选中“学生名册查询”，然后单击“运行”按钮，可以看到新的查询结果出现在窗口中，如图 5.96 所示。该窗口中新增了“年龄”字段，其值是由表达式生成的。

姓名	性别	入学成绩	As年龄
			2003
			2003
王道平	男	599.0	19
陈宝玉	男	598.0	18
王丽丽	女	609.0	19
刘国徽	女	610.0	18

图 5.96 新的查询结果

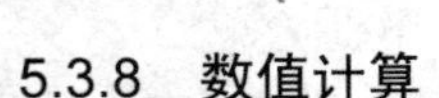

5.3.8 数值计算

1. 记录统计

记录统计命令的常用格式如下：

COUNT [范围] [FOR 条件表达式] [WHILE 条件表达式] [TO 变量名]

命令的功能：统计出在指定范围内满足条件的记录个数，并将结果存放到指定的内存变量中。不选任何参数时，将统计出数据表中的全部记录数，该数应与表中的最后一条记录的记录号相同。选择 TO 短语，表示将统计结果存入指定的内存变量中。不选范围参数时，系统自定义为 ALL。

例 5.25 统计出“学生名册”表中男同学的人数和全部学生人数。

```
USE 学生名册
COUNT FOR 性别="男" TO XB
COUNT TO XC
? XB,XC
```

在实际运用中，单纯的记录数统计是没有什么意义的，如果将记录数与实际事物相对应，通过他们之间的对应关系就可以由记录数间接了解相关事物的信息。上例就是通过人数与记录数的一对一对应关系，由记录数得知人数的。找出记录数与实际事物的对应关系是 COUNT 命令具有实用价值的关键所在，实际上这种对应关系在设计数据表存放数据时就已经确定了。

2. 数值求和

数值求和命令的常用格式如下：

SUM [范围] [字段名表] [FOR 条件表达式] [WHILE 条件表达式] [TO 变量名表]

命令的功能：对当前数据表中符合条件的记录按指定字段进行列向求和运算，并将结果存放到相应的变量中。不选任何参数时，该命令将当前数据表中的全部数值型字段分别列向求和，并将求和结果在屏幕上显示。若选用字段名表，则按照列出的字段名进行列向求和。TO 短语一般要与字段名表同时选用，因为 TO 短语中的变量名表是存放按字段名表中各字段列向求和的结果，而且是按照一一对应的方式存放的，这就要求字段名表中的字段个数与变量名表中的变量个数相同。不选范围参数时，系统自定义为 ALL。

例 5.26 统计出“学生名册”中女同学的“入学成绩”总分。

```
USE 学生名册
SUM 入学成绩 FOR 性别="女" TO SU
? SU
1219.00
```

3. 数值求平均值

数值求平均值命令的格式如下：

AVERAGE [范围] [字段名表] [TO 变量名表] [FOR 条件表达式] [WHILE 条件表达式]

命令的功能：对当前数据表中的记录按条件对指定的数值型字段求平均值，并将结果存放到对应的变量中。该命令中各短语的作用与 SUM 命令中的相同，当不选任何参数时，表示对当前数据表中的全部数值型字段分别列向求平均值。

实际上在数值统计命令中，该命令只是为了方便而不是必需的，它的作用可以用 COUNT 命令和 SUM 命令联合使用来代替。

例 5.27 统计出“学生名册”中男同学“入学成绩”的平均分。

```
USE 学生名册
AVERRAGE 入学成绩 FOR 性别="男" TO AV
? AV
600.67
```

4. 数据分组求和

数据分组求和命令的格式如下：

TOTAL ON 分组关键字段名 TO 新表文件名 [范围] [FIELDS 字段名表]
[FOR 条件表达式] [WHILE 条件表达式]

命令的功能：在指定范围内，对指定的数值型字段按关键字值分组求和，并将结果存放在新建的数据表中，该表的结构与当前表文件相同，在按关键字索引时，关键字值相同的记录作为一组，取各组中的第一条记录作为新表中的记录。表中每条记录中的数值型字段已失去原来的意义，而是作为存放小组合计数的地方。

注意：*在使用该命令之前要先按相应的关键字段建立索引文件，然后才能使用该命令进行分组求和。*

TOTAL 命令的工作过程：先建立一个指定的新表，然后将索引后按关键字值分成逻辑块的记录作为一组，复制各组的第一条记录到新表中，然后对各组的（指定的）数值字段分别求和并将各组求和的结果写入到新表相应记录的对应字段中。这些字段只能是数值型的，其他类型的字段保持原值。

新建数据表中的记录是当前表中的一部分，是当前数据表按某一关键字段值分组的代表，用于存放分组求和的结果。记录中各字段除了数值型字段中的数值表示分组求和结果之外，其余各字段均无任何实际意义。

命令中的各可选短语的含义与作用与前面讲过的相同，不再重复。

例 5.28 分别统计出“学生名册”中男、女学生的入学成绩总和。

```
USE 学生名册
INDEX ON 性别 TO XSMC
TOTAL ON 性别 TO XSMC
USE XSMC
LIST
```

学号	姓名	性别	出生日期	入学成绩	家庭住址	联系电话
200312108	尹彤	男	19851125	1802.0	上海	28652278
200309215	王丽丽	女	19840508	1219.0	北京	64516635

5.4 数据的索引与排序

为了使用户能方便地使用数据，Visual FoxPro 系统提供了对表中数据进行排序的两种方法：排序和索引。在 Visual FoxPro 系统中，使用最多、占内存最少的是数据的索引。

Visual FoxPro 系统中的索引和书的目录类似。书中的目录是一份带有章节标题及其页码的列表，指出有关内容所在的页码；表索引是关键字值以及对应的记录号的列表，它确定了记录的处理顺序。

对于已有的表，索引可以进行数据排序，加快数据检索的速度，可以快速显示、查询或者打印数据，还可以选择记录、控制重复字段值的输入并支持表间的关系操作。

表索引不改变数据表中所存储数据的顺序，只改变了 Visual FoxPro 系统读取每条记录的顺序。可以将索引理解为一个文件记录的查找目录，根据索引指定的位置可以在原文件中很容易地找到所需要的记录，就像我们查字典一样。因此，索引文件往往比源数据表文件要小很多，并不占用过多的磁盘空间。更重要的是，建立索引文件并不需要移动源数据表文件中的记录，因而可以节省时间。

Visual FoxPro 系统的排序，是指将源数据表文件中的记录重新排列，并将排列后的记录存放到新的表文件中。因此，排序操作的结果是建立了一个与源数据表文件大小一样、内容相同、排列顺序不同的表文件。

5.4.1　索引特点

1. 独立索引

建立数据表的索引，是将一个索引关键字表达式的索引放入一个索引文件中，这种独立的索引文件以.IDX 为扩展名，索引文件可以与表文件不同名。这样的索引文件称为独立的索引文件，每个索引文件包含着一个索引关键字表达式的值并且是相互独立的。对一个数据表可以定义任意多个独立的索引，其数量只受系统允许打开的最多文件数的限制。

对于独立的索引文件，需要在打开数据表的同时将其索引文件一同打开，否则，Visual FoxPro 系统是不会同步维护与更新未打开的索引文件的。

很显然，独立索引文件的名称通常与他们的数据表名（.DBF）没有什么关系，所以很容易疏忽索引是属于哪个表的。如果在编辑表时没有打开全部的索引，则 Visual FoxPro 系统不会更新没有打开的索引。在这种情况下，索引可能指向错误的记录。

2. 复合索引

Visual FoxPro 系统还采用了一种将多个索引关键字值定义在特殊的索引文件并放到一个物理文件中的方法来建立索引文件，这种索引文件称为复合索引文件。复合索引文件是以.CDX 作为扩展名，复合索引文件名与数据表名相同。Visual FoxPro 系统在打开数据表的同时，会自动地打开其复合索引文件。

如果为一个表建立过多的索引，例如为一个表的每个字段建立一个索引，那些不常用的索引往往会降低程序的执行速度。

5.4.2　索引类型

Visual FoxPro 系统为用户提供了多种建立索引的方法，除了上述的用命令方法建立索引之外，用户还可以用“表设计器”建立所需要的复合索引。

在 Visual FoxPro 系统中，为用户提供了以下 4 种索引类型：

（1）主索引。主索引用于确保字段中输入值的唯一性，并决定了处理记录的顺序。可以为数据库中的每个数据表建立一个主索引。如果一个数据表已经有了主索引，可以继续添加候选索引。主索引是为了保证关系完整性而存在的，通常与数据表文件一起使用。

（2）候选索引。与主索引一样要求字段值的唯一性，并决定了处理记录的顺序。在数据库表和自由表中，可以为每个表建立多个候选索引。

（3）普通索引。普通索引决定了记录的处理顺序，允许字段值重复出现。在数据表中可以加入多个普通索引。

（4）唯一索引。为了保持与低级版本的兼容性，还可以建立唯一索引，以字段的首次出现值为基础选定一组记录，并对记录进行排序。

5.4.3　建立索引

1. 命令方式

（1）建立独立的索引文件。建立独立索引文件的命令格式如下：

```
INDEX ON 索引表达式 TO 索引文件名 [FOR 条件表达式]
        [ASCENDING / DESCENDING]
```

命令的功能：按照指定的“索引表达式”和条件建立独立的索引文件。

索引表达式指明索引关键字，可以是一个字段名或多个字段名，不能使用变量或数组。

ASCENDING/DESCENDING 指明索引是按升序还是降序进行，系统默认为升序。

FOR 条件表达式表示符合条件的记录将被索引到索引文件中。

例 5.28 就是一个建立独立索引文件的例子。

（2）建立复合索引文件。建立复合索引的命令格式如下：

```
INDEX ON 索引表达式 TAG 索引标识名 [FOR 条件表达式]
        [ASCENDING / DESCENDING]
```

其中索引表达式、ASCENDING / DESCENDING 和 FOR 条件表达式的含义与“独立索引”命令相似。

“TAG 索引标识名”表示创建一个复合索引文件，这个复合索引文件与数据表同名，其中包含所有用户定义的索引标识，这个索引标识都由其索引标识名定义。索引标识名可以由不超过 10 字符的字母、下划线、数字组成，每个标识都代表着指定的索引顺序。复合索引文件能容纳索引标识的数量只受内存和磁盘空间的限制。

例 5.29 为“学生名册”表建立一个复合索引文件“学生名册.CDX”。

```
USE 学生名册
INDEX ON 学号 TAG XH ASCENDING
INDEX ON 性别 TAG XB DESCENDING
INDEX ON 性别+学号 TAG XBXH
BROW
```

在复合索引文件“学生名册.CDX”中，有 3 个索引标识：XH、XB 和 XBXH。他们分别是按照“学号”、“性别”和“性别+学号”方式进行索引的。通过“表设计器”对话框中的“索引”选项卡可以查看在“学生名册”表中用户已建立的复合索引，如图 5.97 所示。BROW 命令执行的结果可以显示索引排序后的数据顺序，如图 5.98 所示。

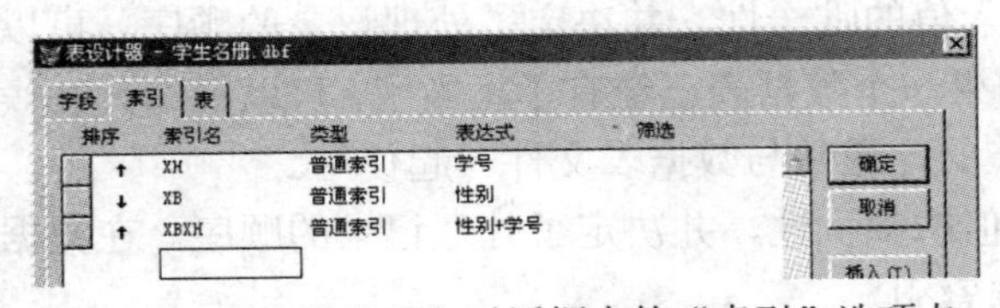

图 5.97 “表设计器”对话框中的“索引”选项卡

学生名册

学号	姓名	性别	出生日期	入学成绩	家庭住址	联系电话
200305206	王道平	男	12/27/84	599.0	天津	83328629
200306207	陈宝玉	男	03/15/85	598.0	南京	25768963
200312108	尹彤	男	11/25/85	605.0	上海	28652278
200307309	刘国徽	女	03/21/85	610.0	武汉	25768963
200309215	王丽丽	女	05/08/84	609.0	北京	64516635

图 5.98 BROW 命令执行的结果

2. 可视化方式

利用“表设计器”对话框中的“索引”选项卡可以为表建立索引。在项目管理器中选择“数据”选项卡，在展开的“数据库”图标中选择“学籍”数据库的“学生名册”表，然后单击“修改”按钮，此时弹出“表设计器”对话框。在“表设计器”对话框中单击“索引”选项卡，如图 5.97 所示。从图中可以看到，要建立一个索引，用户需要分别定义记录的“排序”方式、索引名称、索引类型、索引表达式，以及对记录的筛选条件等。

建立图 5.97 所示“学号”字段的索引，具体的操作步骤如下：

（1）确定索引名。单击“索引名”下面的方框，在“索引名”文本框中键入索引标识名 XH。如果在“字段”选项卡中已经为“学号”设置了索引，则索引名“学号”将自动出现在

“索引名”文本框内。

（2）确定索引类型。从“类型”列表中选定索引类型，单击“类型”下拉列表框并选择“主索引”。

（3）确定索引表达式。在“表达式”文本框中键入作为记录排序依据的字段名“学号”，或者单击表达式文本框后面的 .. 按钮，在弹出的“表达式生成器”对话框中建立索引表达式。

例如，在“表达式生成器”对话框中双击“字段”列表框中的“学号”，则“学号”表达式自动出现在“表达式”文本框中，然后单击“确定”按钮，则索引表达式出现在“表达式”文本框中。

（4）设定筛选记录条件。若想有选择地输出记录，可以在“筛选”文本框中输入筛选表达式，或者单击 .. 按钮来建立表达式。

（5）确定排序的顺序。索引名左侧的箭头按钮表示排序顺序，箭头方向向上时按升序排序，向下时按降序排序。

所有的选项确定完毕以后，单击“确定”按钮。至此，对“学生名册”表建立了一个索引名为 XH 的复合索引，该复合索引是对“学生名册”表中的“学号”字段进行索引。

为表建好复合索引后，便可以用于记录排序了。

可以按以下步骤对记录进行排序：

（1）在“项目管理器”中选择“学生名册”表，单击“浏览”按钮，屏幕上显示“浏览”窗口。此时，浏览窗口中的数据并没有按“学号”排序。

（2）选择“表”→“属性”菜单项，弹出“工作区属性”对话框，在“索引顺序”下拉列表框中选择要用的索引“学生名册：Xh”，如图 5.99 所示，单击“确定”按钮。

此时，显示在“浏览”窗口中的表将按照索引指定的顺序排列记录，如图 5.100 所示。选定索引后，通过运行查询或报表还可以对它们的输出结果进行排序。

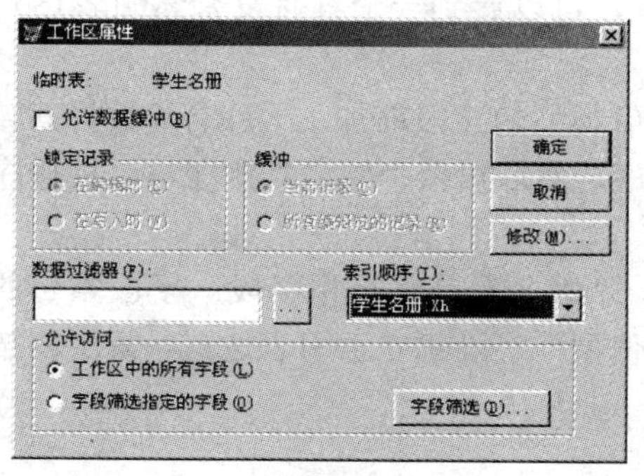

图 5.99　“工作区属性”对话框

学生名册

学号	姓名	性别	出生日期	入学成绩	家庭住址	联系电话
200305206	王道平	男	12/27/84	599.0	天津	83328629
200306207	陈宝玉	男	03/15/85	598.0	南京	25768963
200307309	刘国徽	女	03/21/85	610.0	武汉	25768963
200309215	王丽丽	女	05/08/84	609.0	北京	64516635
200312108	尹彤	男	11/25/85	605.0	上海	28652278

图 5.100　浏览窗口

5.4.4　多个字段索引

为了提高对多个字段进行筛选的查询的速度，可以在索引表达式中指定多个字段对记录进行排序。这种对多个字段的索引一般称为复杂索引。

建立复杂索引的方法与建立单一字段索引的方法基本相同，只是用户在“表达式”文本框中输入的索引表达式是多个字段与表达式的组合。具体的操作步骤如下：

（1）在“项目管理器”中展开“数据库”图标下的“学籍”数据库，选择“学生名册”

表，单击“修改”按钮，在“表设计器”对话框中系统将该表的结构打开。

（2）在“索引”选项卡中，输入索引名XM并选择索引类型为“普通索引”。

（3）在“表达式”文本框中输入表达式，单击表达式旁边的 按钮，在弹出的“表达式生成器”中构造表达式：双击“字段”列表框中的“姓名”字段，“表达式”文本框中将出现“姓名”，考虑到可能会有姓名相同的学生，故在按“姓名”排序的基础上，再加上“出生日期”第二个字段参加排序。此时，可以用“+”号建立“字符型”字段的索引表达式如下：

姓名+DTOC(出生日期)

具体操作过程是：在表达式生成器的“表达式”文本框中键入“+”号，然后在“函数”区域内的“日期”下拉列表框中选择函数DTOC()，最后再双击“字段”列表框中的“出生日期”字段名。至此，一个复杂索引表达式已经建立完毕，如图5.101所示。

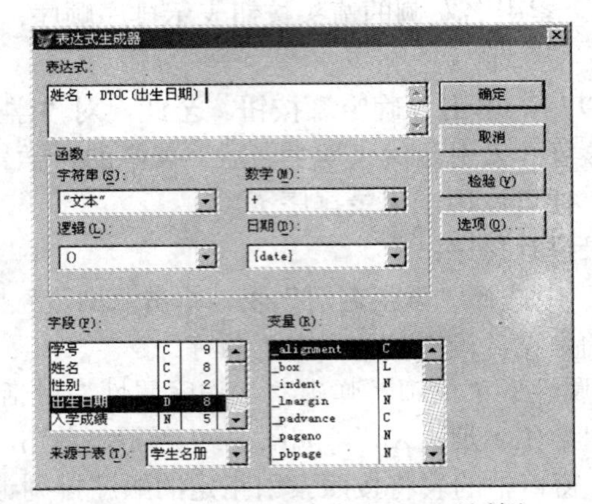

图5.101 “表达式生成器”对话框

单击“确定”按钮返回到“表设计器”对话框，可以看到一个具有复杂索引表达式的复合索引已经建成，单击“确定”按钮。

如果想用数值类型的字段作为索引，可以在数值类型的字段前加上STR()函数将其转换成“字符型”字段。例如，先按“入学成绩”字段排序，然后再按“姓名”排序，这种排序的索引表达式为：STR (入学成绩,1,2) + 姓名。

在这个表达式中，“入学成绩”是数值型字段，“姓名”是字符型字段。字段索引的顺序与其在表达式中出现的顺序相同。如果用多个“数值型”字段建立索引表达式，索引将按照字段的和而不是字段本身对记录进行排序。

5.4.5 筛选记录

在建立索引表达式以后，用户可以通过添加筛选表达式来控制哪些记录可以包含在索引中。要建立筛选表达式，在“表设计器”对话框的“索引”选项卡中创建或选择一个索引，然后单击“筛选”后面的 按钮，在“表达式生成器”对话框中输入一个筛选表达式后单击“确定”按钮。筛选表达式必须是与索引表达式相关的字段表达式。

至此，已经对“学生名册”表建立了4个复合索引、一个主索引和3个普通索引。主索引是以一个简单索引表达式进行索引，普通索引里有两个是以复杂索引表达式进行索引。可以在“项目管理器”对话框中的“学生名册”表中看到这些索引标志，如图5.102所示。

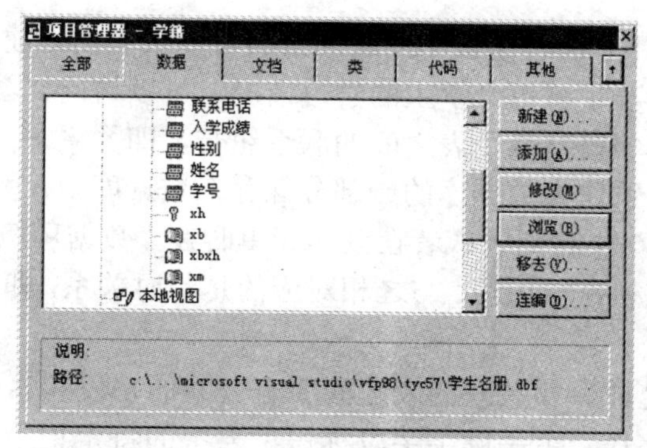

图 5.102 项目管理器中的“数据”选项卡

5.4.6 数据排序

数据表的排序就是按照指定字段值的大小将表中记录的顺序进行排列。Visual FoxPro 系统的排序命令的格式如下：

SORT TO 新表文件名 ON 字段名 1 [/A|/D] [/C], 字段名 2 [/A|/D] [/C] …
[范围] [FIELDS 字段名表 \ FIELDS LIKE 通配符 \ FIELDS EXCEPT 通配符]
[FOR 条件表达式] [WHILE 条件表达式]

命令的功能：按照指定的条件建立一个新的表文件，表中的记录是按照指定字段值的顺序进行排列的。

说明：系统默认的范围是 ALL。格式中“/A”表示新表文件中记录的排列顺序为升序，系统默认为升序；“/D”表示新表文件中记录的排列顺序为降序；“/C”表示对记录排列顺序时不区分字母的大小写。“FIELDS 字段名表”表示在新表文件中应包含的字段及其顺序。“条件表达式”表示将当前表中符合条件的记录复制到新表文件中。

例 5.30 将“学生名册”表的内容按学号降序进行排列，并将排好序的内容存放到表文件“学生名册 b.DBF”中。

```
USE 学生名册
SORT TO 学生名册 b ON 学号/D
USE 学生名册 b
LIST
```

记录号	学号	姓名	性别	出生日期	入学成绩	家庭住址	联系电话
1	200312108	尹彤	男	11/25/85	605. 0	上海	28652278
2	200309215	王丽丽	女	05/08/84	609.0	北京	64516635
3	200307309	刘国徽	女	03/21/85	610.0	武汉	25768963
4	200306207	陈宝玉	男	03/15/85	598.0	南京	25768963
5	200305206	王道平	男	12/27/84	599.0	天津	83328629

5.5 数据表之间的关联

为表建立索引的目的是便于访问表中的数据，用户可以根据自己的需要重新进行数据的组织。索引的建立还使数据库表之间建立联系成为可能。

在“数据库设计器”中，通过链接不同表的索引可以很方便地建立表与表之间的关系，例如在“学籍”数据库中，要了解每个学生的学习情况，可以访问“学生名册”和“学生成绩”两个表。共同的“学号”字段是两个表之间的联系纽带，即关系。

在数据库中建立的关系作为数据库的一部分保存在数据库中，称之为永久关系。在“查询设计器”或“视图设计器”中使用表或者在创建表单时在“数据环境设计器”中使用表时，永久关系将作为表之间的默认链接出现。与之相对应的是临时关系，即两个自由表之间仅在运行时存在的关系。

在表之间创建关联之前，相关联的表之间要有公共的字段和索引。这样的字段称为主关键字字段和外部关键字字段。主关键字字段标识了表中的特定记录，外部关键字字段标识了存于数据库中其他表的相关记录。还需要对主关键字字段做主索引，对外部关键字字段做普通索引。

现在以“学籍”数据库中的“学生名册”和“学生成绩”表之间建立关系为例，介绍创建数据库表之间的永久关系的操作步骤。

5.5.1 创建表之间的关联

（1）为表建立索引。将“学生名册”表中的“学号”字段设置为主索引，将“学生成绩”表中的“学号”设置为普通索引。

（2）在“项目管理器”对话框中的“数据”选项卡中展开“学籍”数据库，选择“学生名册”表，单击“浏览”按钮。

（3）选择“显示”→“数据库设计器”菜单项，屏幕上显示“数据库设计器”窗口，该窗口的标题栏为“学籍”，且在该窗口中显示已建好的表，如图 5.103 所示。要将“学生名册”表与“学生成绩”表建立关联，只需用鼠标拖住“学生名册”表中的主索引标识 xh 到“学生成绩”表中的普通索引“学号”上释放即可。此时，建立了关联的两表之间出现了一条相关的连线，如图 5.104 所示。如果要删除两个表之间的关系，只需选中这条关联线，然后按 Del 键即可。

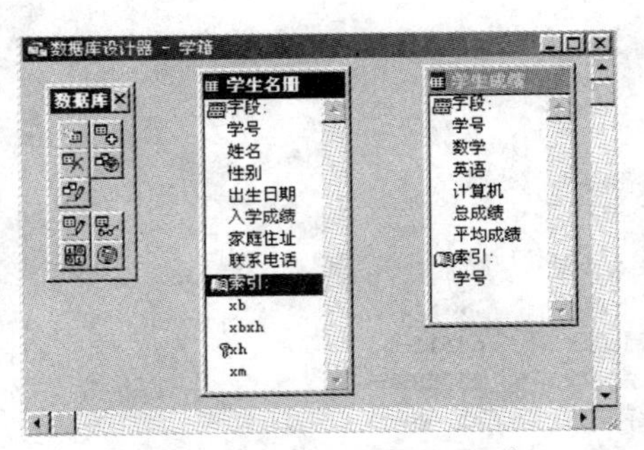

图 5.103 “数据库设计器”窗口

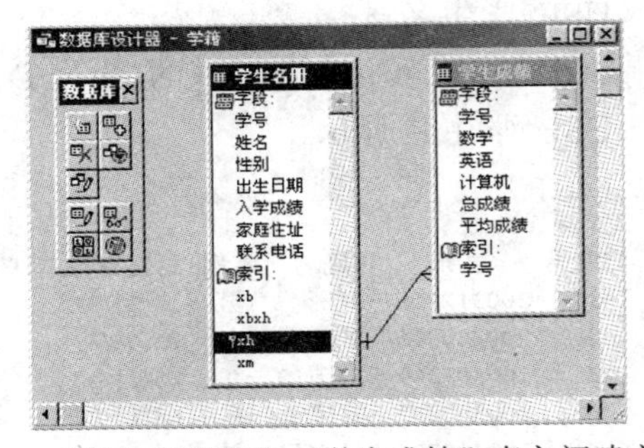

图 5.104 “学生名册”和“学生成绩”表之间建立的关系

在图 5.104 中可以看出，这条连线一方为一头，一方为多头（三头），表示建立的是一对多关系，数据表之间的关系简单明了。

只有在“数据库属性”对话框中的“关系”复选项选中时，才能看到这些表示关系的连线。如果建立关系后看不到连线，可以在“数据库设计器”窗口中右击，在弹出的快捷菜单中选择“属性”选项，弹出“数据库属性”对话框，选择“关系”复选项。

5.5.2　编辑表之间的关联

创建表间的关系后，还可以对其进行编辑，具体方法如下：

（1）删除关联。单击关系连线，连线将会变粗，按 Delete 键可删除该关系。

（2）编辑关联。双击表间的关系连线，会弹出“编辑关系”对话框，如图 5.105 所示。在其中进行适当的设置，单击“参照完整性”按钮，屏幕上出现“参照完整性生成器”对话框，如图 5.106 所示。

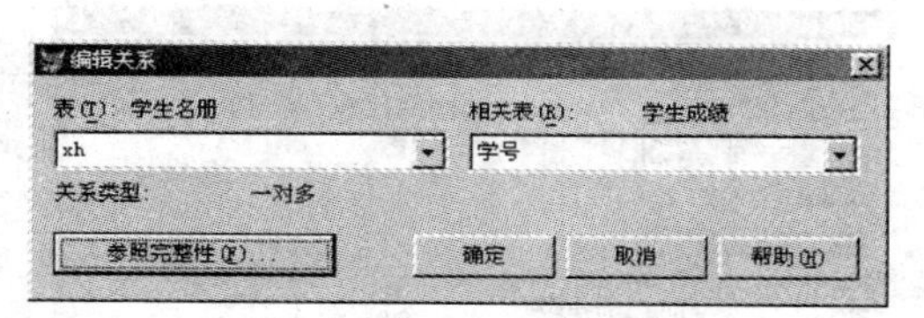

图 5.105　“编辑关系”对话框

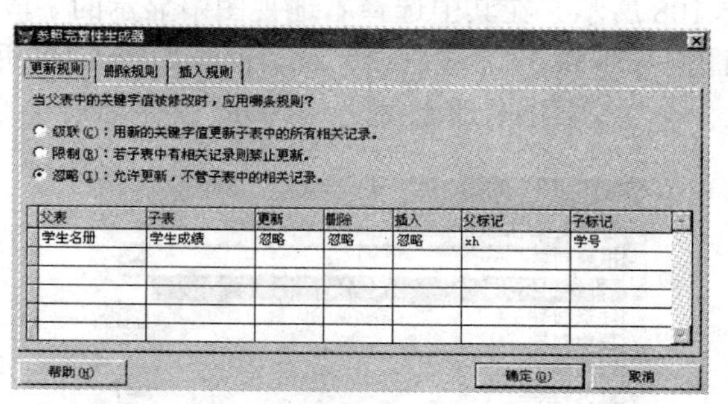

图 5.106　“参照完整性生成器”对话框

关系分为一对一关系和一对多关系，上述两表之间的关系是一对多关系。建立的关系类型是由子表中所用索引的类型决定的。例如，子表的索引是主索引或候选索引，则关系是一对一的。对于唯一索引和普通索引，建立的是一对多的关系。

5.6　数据视图

视图是用户根据需要设定的虚拟表。视图中的数据可以来源于本地机、远程机，可以来源于一个表或多个表，或者其他的视图。可以使用视图来更新数据表中的数据，并保存当前正在使用的数据内容。

视图存放于数据库中，创建视图前必须有相关的数据库。Visual FoxPro 系统的视图分为本地视图和远程视图两类。本地视图的数据来自本地计算机中的数据表，远程视图的数据来自本地计算机之外的计算机之上的远程数据源。

视图不是“图”，而是查看数据表中信息的一个定制的浏览窗口。在数据库应用中，经常遇到这样的问题：对于一个数据表中的信息，我们只想查看感兴趣的数据。例如，只想查看“学生名册”表中所有男生的情况或“入学成绩”在 600 分以上的学生的情况等。此时，可以使用查询来快速得到结果，这在前面已经讲过。但是查询只能得出结果，不能对表中的数据进行更新。使用视图可以解决这一问题，视图不但可以查阅数据，还可以更新数据并返回给数据表。

使用视图，可以从表中将常用的一组记录提取出来组成一个虚拟表，而不管数据源中的其他信息，还可以改变这些记录的值，并把更新结果送回到源数据表中。这样，就不必面对数据源中的所有信息了，提高了操作效率，而且由于视图不涉及数据源中的其他数据，增强了操作的安全性。

5.6.1 建立本地视图

在 Visual FoxPro 系统中，建立本地视图有专用的向导——本地视图向导，用户只需要根据屏幕上的提示进行选择就可以建立一个本地视图。建立本地视图的具体操作如下：

（1）选择“工具”→“向导”→“全部”菜单项，在弹出的“向导选取”对话框中选择“本地视图向导”选项，如图 5.107 所示。

（2）单击“确定”按钮，屏幕上出现“本地视图向导步骤 1-字段选取”对话框，如图 5.108 所示。在其中选择本地视图中显示的字段，单击“下一步”按钮，屏幕上出现“本地视图向导步骤 3-筛选记录”对话框，如图 5.109 所示。在其中设置筛选条件，例如：

学生名册.性别 ='男' OR 学生名册.入学成绩 >600

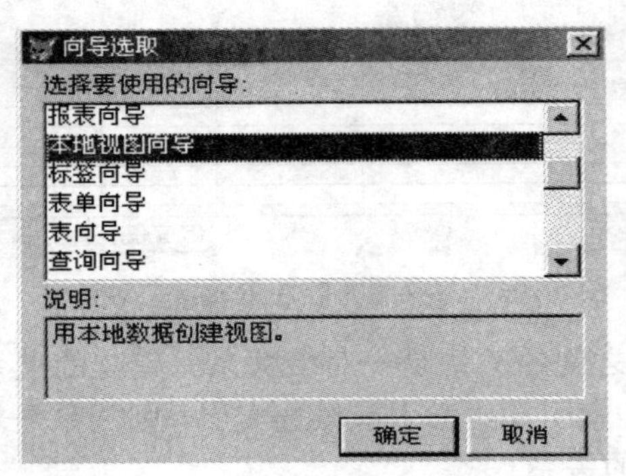

图 5.107 “向导选取”对话框

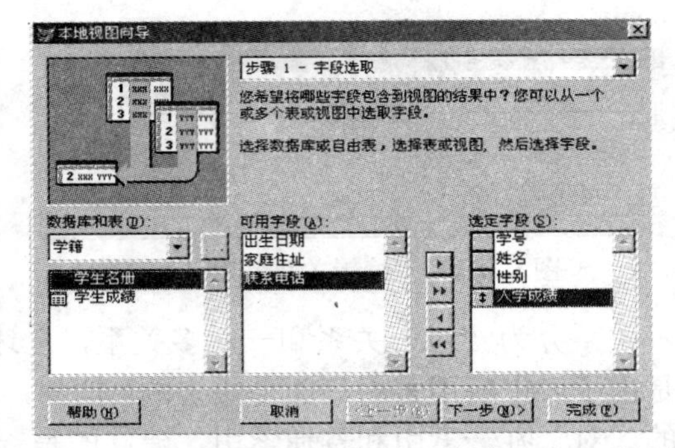

图 5.108 “本地视图向导步骤 1-字段选取”对话框

（3）单击“下一步”按钮，屏幕上出现“本地视图向导步骤 4-排序记录”对话框，如图 5.110 所示，选择“学生名册.性别”作为排序记录的依据。

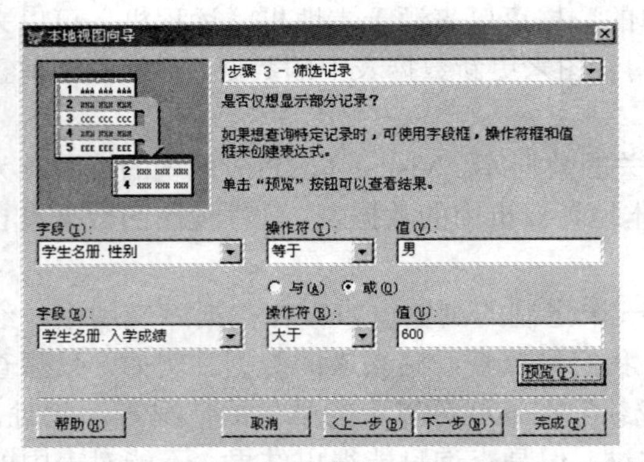

图 5.109 “本地视图向导步骤 3-筛选记录”对话框

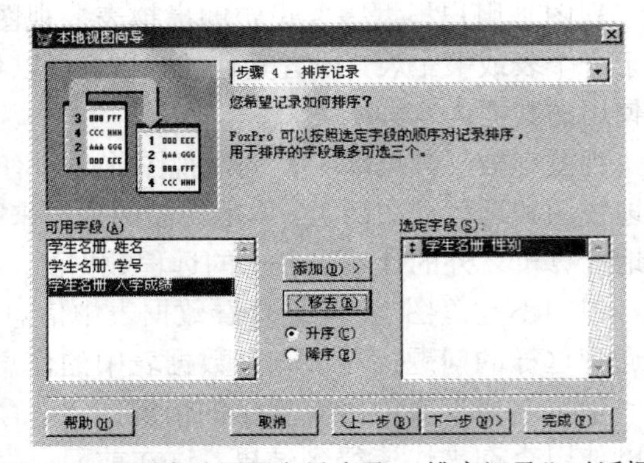

图 5.110 “本地视图向导步骤 4-排序记录”对话框

（4）单击“下一步”按钮，屏幕上出现“本地视图向导步骤 4a-限制记录”对话框，如图 5.111 所示。在其中确定对记录的限制形式，然后单击“下一步”按钮，屏幕上出现“本地视图向导步骤 5-完成”对话框，单击“完成”按钮，屏幕上出现“视图名”对话框，如图 5.112 所示。在“视图名”文本框中输入“学生名册”，单击“确认”按钮。至此，建立“本地视图”的操作全部完成，建成后的“学生名册视图”可以在“项目管理器”对话框中看到，如图 5.113 所示，也可以在“数据库设计器”窗口中看到，如图 5.114 所示。

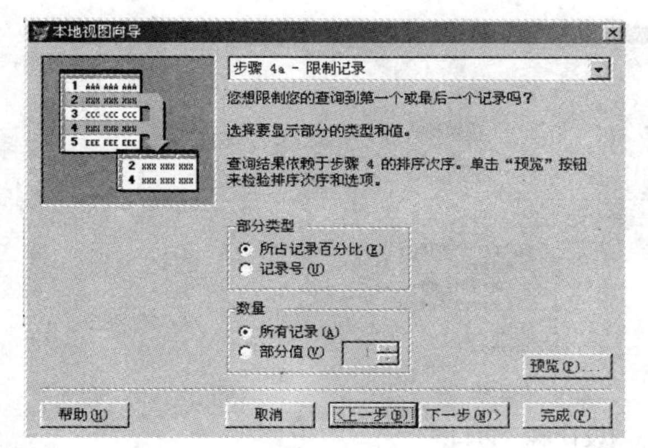

图 5.111　“本地视图向导步骤 4a-限制记录”对话框

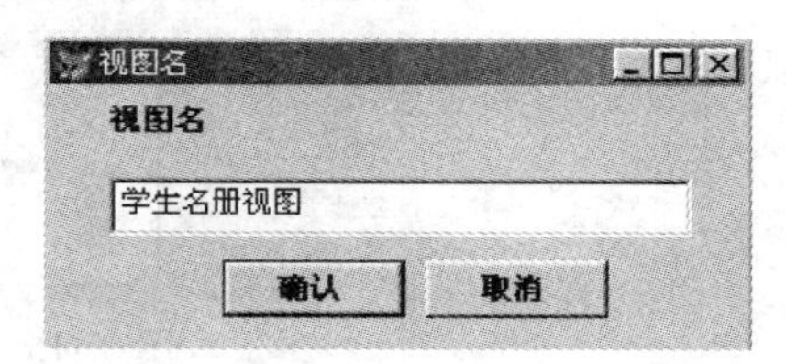

图 5.112　“视图名”对话框

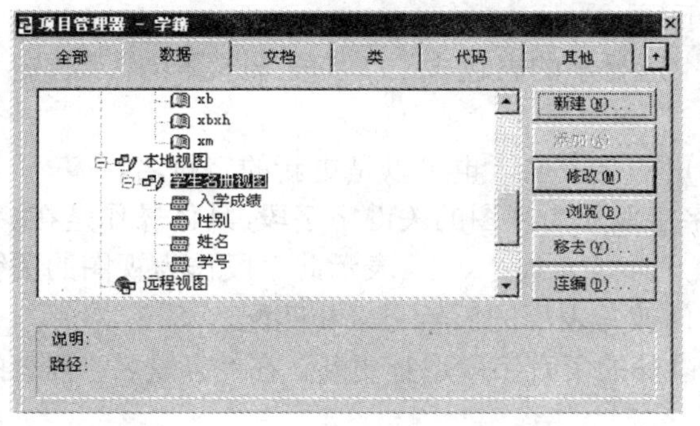

图 5.113　“项目管理器”对话框

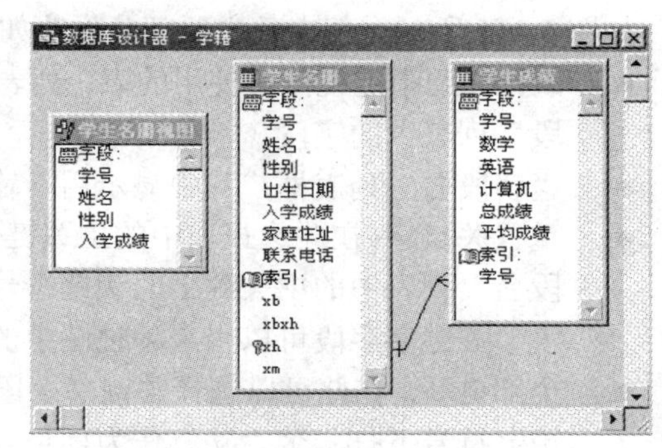

图 5.114　“数据库设计器”窗口

建立本地视图的方法有多种，上面讲述的是其中之一，还可以使用下述方法来建立本地视图：

- 在打开数据库之后，选择“文件”→“新建”菜单项，在弹出的“新建”对话框中选择“视图”选项，然后单击“向导”按钮。
- 在“项目管理器”对话框中选择“数据”选项卡，单击“视图”图标，然后单击“新建”按钮。
- 在“项目管理器”对话框中打开“数据库设计器”窗口并右击，在弹出的快捷菜单中选择“新建本地视图向导”选项，然后在出现的“新建本地视图”对话框中单击“视图向导”按钮。

5.6.2　修改本地视图

本地视图建好以后，可以通过“视图设计器”窗口进行修改。要修改视图，先在“项目管理器”对话框的“数据”选项卡中选择视图，然后单击“修改”按钮，“视图设计器”窗口就会出现在屏幕上，如图 5.115 所示。在“视图设计器”窗口中可以看到，上半部分放置数据源，下半部分是设置视图的“字段”、“联接”、“筛选”、“排序依据”、“分组依据”、“更新条件”和“杂项”7 个选项卡。这些选项卡的意义与“查询设计器”中的相似，只是“查询设计器”中没有“更新条件”选项卡，下面只对“更新条件”选项卡进行介绍。

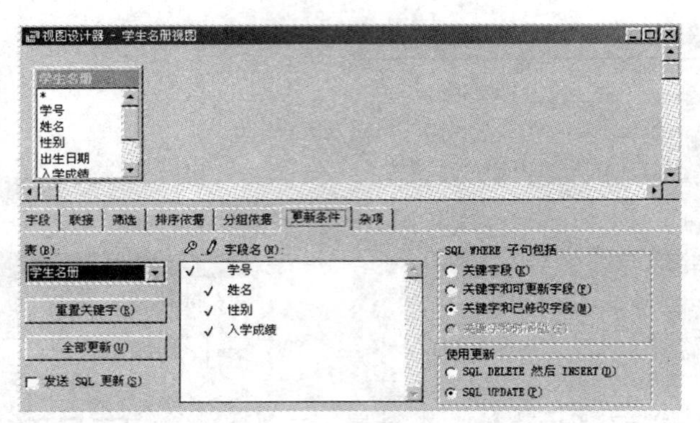

图 5.115 “视图设计器”窗口

“更新条件”选项卡用于更新视图的条件，把对视图的修改传送到视图所使用的数据表中，如图 5.115 所示。其中各主要部分说明如下：

- 表：在此指定视图所使用的表。列表中所显示的表包含了“字段”选项卡中“选定字段”列表中的字段。
- “字段名”列表框：其中显示用于输出的字段名，也可以是更新的字段名。
- 重置关键字：在此选择表中的主关键字字段作为视图的关键字字段，具体操作是在“字段名”列表中的主关键字的钥匙符号下面打一个“ √”，表示此字段作为视图的关键字。关键字字段可以用来使视图中的修改与表中的原始记录相匹配。
- 全部更新：在此可以选择关键字字段以外的所有字段进行更新，在“字段名”列表的铅笔符号下打一个“ √ ”作为标记。
- 发送 SQL 更新：在此指定是否将视图记录中的修改传送给原始表。

对于视图或查询都可以用 SQL 子句产生，所以在视图设计器的右下方是对 SQL 查询子句的限定。这些选择决定是否对远程数据进行检验或修改。

通过上述介绍，用户能够了解各个选项卡的功能，并能使用他们建立与修改视图。视图修改完毕以后，关闭“视图设计器”窗口，返回到“项目管理器”对话框，再浏览该视图，确定是否满意。一个完美的视图是需要反复修改的。

5.7 数据输入与输出

Visual FoxPro 系统为屏幕的输入与输出提供了专用的命令，这些命令可以分为两类：一类是行输入与输出命令，此类命令通常将命令结果输出到屏幕的当前光标位置或者打印在打印机的当前位置处；另一类是全屏幕输入与输出命令，这类命令通常使用@符号，可以在屏幕的指定位置对数据进行编辑、修改和输出。

5.7.1 行输入与输出命令

1. 交互式数据输入命令

使用行输入命令可以将输入的数据存储到一个内存变量或数组中。这种命令可以在屏幕上显示提示信息，使用户在提示信息的提示下输入相应的数据，就像计算机与用户进行对话一样，使用户感觉非常方便。

（1）多字符接收命令。多字符接收命令的格式如下：

```
ACCEPT  [提示信息]  TO 内存变量/数组变量
```

命令的功能：暂停程序运行，在屏幕上显示"提示信息"，等待用户从键盘上输入数据，并将该数据赋给指定的变量或数组，直到键入回车键再继续执行其下面的命令。命令中的"提示信息"是起提示作用的，它显示在屏幕上，提示用户应该从键盘上输入哪些数据。它可以是一个字符型表达式或用定界符括起来的字符串。

该命令可以接收一个字符串，字符串长度不得超过 254 个字符，然后将其存放到指定的内存变量或数组中。

例 5.31 按姓名在"学生名册"数据表中进行查询。

```
USE 学生名册
ACCEPT "请输入欲查询人员的姓名：" TO XM
LOCA FOR 姓名=XM
DISP
USE
```

（2）单字符接收命令。单字符接收命令的格式如下：

```
WAIT [提示信息] [TO 变量] [WINDOW [NOWAIT]]
          [TIMEOUT 数值表达式] [CLEAR]
```

命令的功能：暂停程序执行，在屏幕上显示"提示信息"，等待用户键入任意一个字符后继续执行。

值得一提的是，不选任何参数时该命令可以用于程序调试，在不同结构处用此命令使程序暂停，以便观察该段程序运行的情况。这种分段调试程序方法在程序设计中是常用的一种方法。该命令还可以用于控制结构的选择执行，这样使得程序既简练又方便。

例 5.32 对例 5.30 加上一个判断询问功能。

```
WAIT "现在是否要按姓名查询？（Y/ N）" TO CX
IF UPPE(CX)='Y'
    USE 学生名册
    ACCE "请输入查询姓名：" TO XM
    LOCA FOR 姓名=XM
    DISP
ENDIF
USE
```

使用 WINDOW 子句可以在屏幕的右上角显示一个小窗口，在这个窗口中显示"提示信息"，这时按下任意键或单击鼠标左键可以关闭 WINDOW 窗口并继续执行其下面的程序；如果同时还使用了 NOWAIT 子句，此时 WAIT 命令将在一个小窗口中显示"提示信息"，但不等待用户的操作而继续执行下面的程序，这时在键盘上按下任意键或移动鼠标均可使窗口消失。

使用 WAIT CLEAR 命令可以清除在屏幕中显示的 WAIT 窗口，这对那些等待时间比较长，而且需要给出命令运行提示的地方经常使用。

使用 TIMEOUT 子句，会使 WINDOW 窗口在屏幕上保持指定的时间，在 TIMEOUT 子句中指定一个时间参量，这个时间参量以秒为单位，当指定的时间到达后，显示在屏幕上的WINDOW 窗口就会自动消失。

例 5.33　清除“学生名册”数据表中“姓名”字段值为空的记录。

```
WAIT "现在是否要清除姓名为空值的记录？（Y/N）" TO CX
IF UPPE(CX)='Y'
    USE 学生名册
    WAIT "正在进行删除…" WINDOW NOWAIT TIMEOUT 10
    DELETE ALL FOR EMPTY(姓名)
    PACK
    WAIT CLEAR
ENDIF
```

在此例中使用了 NOWAIT 关键字，程序在运行后屏幕的右上角会显示窗口，窗口中显示出字符串“正在进行删除…”，同时程序继续进行删除工作，直到执行了 WAIT CLEAR 命令，显示的窗口消失。使用了 TIMEOUT 10 短语，在 10 秒后还没有任何键盘输入动作或鼠标动作 WAIT 窗口就会自动消失。

WAIT 命令中的提示字符串可以是多行排列，这时需要在提示信息中插入回车换行符，之后显示的“提示信息”就是多行的了。例如：

```
WAIT "问君能有几多愁" +CHR(13)+"恰似一江春水向东流" WINDOW
```

（3）多类型数据接收命令。多类型数据接收命令的格式如下：

INPUT [提示信息] TO 内存变量/数组变量

命令的功能：暂停程序执行，将提示信息显示在屏幕上，等待用户按提示信息的提示从键盘上输入相应的数据，并将输入的数据赋给指定的变量或数组，直到用户键入回车键再继续执行程序。

该命令可以接收字符型、数值型、日期型和逻辑型等类型的数据。当输入字符型数据时，要使用字符串定界符来标识。INPUT 命令在使用时要比 ACCEPT 命令灵活得多，多用于非字符数据的接收。

例 5.34　按出生日期在“学生名册”数据表中进行查询。

```
USE 学生名册
INPUT "请输入学生的出生日期：" TO ZW
LOCA FOR 出生日期= ZW
DISP
```

2. 数据输出命令

数据输出命令的格式如下：

? 表达式表

?? 表达式表

命令的功能：? 命令表示在下一行显示“表达式表”中各表达式的值；?? 命令表示在当前行显示“表达式表”中各表达式的值。数据输出命令中各表达式之间用逗号“,”分隔，各表达式的类型可以不同。

例 5.35　数据输出命令示例。

```
A1="08/23/96"
A2=(9+6)/3
A3=98-25
A4="ABCD"
? A1, A2
08/23/96     5
?? A3, A4
73     ABCD
```

5.7.2　全屏幕输入与输出命令

全屏幕输入、输出命令均以@字符开头，根据不同的用途可以有不同的形式，其中有些形式具有接收数据的功能，有些形式具有输出数据的功能。

在@命令中最常使用的就是 SAY 子句和 GET 子句，这两个子句可以完成在屏幕的指定位置输出或输入数据。常用的一般格式如下：

```
@ 行, 列 SAY 表达式 [PICTURE 模式符] [FUNCTION 功能符]
                    [GET 变量 [PICTURE 模式符] [FUNCTION 功能符]
                    [RANGE 上限值,下限值] [VALID 条件表达式]]
READ SAVE
```

命令的功能：在屏幕的指定位置按照特定的格式输出或输入数据。

@命令的使用方法很复杂，在使用时要注意以下几个方面：

（1）在该命令格式中，SAY 子句及其后面的短语是用于输出数据，以及对输出数据的格式进行限制的。GET 子句是用于输入数据，其后的短语是对输入数据的格式、内容进行限制的。

（2）当系统执行到 GET 子句时，将暂停执行程序，等待用户从键盘上输入数据，然后由 READ 命令读入并赋给 GET 子句中的变量。因此，@命令格式具有接收数据作用时必须与 READ 命令联用，否则不能正常使用。

（3）命令中的“模式符”和“功能符”都是对输出或接收数据的格式进行限制的符号，不同的符号有不同的作用。

（4）在 PICTURE 短语中使用的是“模式符”，若要使用功能符，其前面必须使用@符号，功能符必须在模式符之前使用，两者间至少要有一个空格分隔。在 FUNCTION 短语中只能使用功能符，其前面可以不使用@符号。

（5）RANGE 短语是对接收数据的限制，上限与下限是表示限制的范围，接收给变量的数据应在此限制之内。

（6）VALID 短语是对输入的数据加以条件限制，与 RANGE 短语的作用相似。

1. 模式符

模式符的特点是每个符号仅对输出或输入数据中与其位置相对应的字符起作用，并且是一一对应地控制。模式符允许连用，使用时必须加定界符。模式符有 12 个，每种模式符代表的含义如下：

A：只允许字母。

L：只允许逻辑型数据。

N：只允许字母和数字。

X：只允许 ASCII 码字符。

Y：只允许 Y、y、N、n，并将小写的 y、n 转换成大写的 Y、N。

9：字符型只允许数字，数值型只允许数字，允许正负号。

#：允许数字、空格、正负号。

!：将小写字母转换为大写字母。

$：以$符代替数值型数据中的无效零。

*：以*符代替数据型数据中的无效零。

.：指定数值型数据的小数点位置。

,：用于分隔数值型数据的整数部分。

2. 功能符

功能符的特点是相同的功能符和矛盾的功能符不能连用。功能符使用时也要使用定界符。功能符有 17 个，每种功能符代表的含义如下：

A：只允许字母。

B：左对齐货币型、双精度型、浮点型、整数型、数值型数据。

C：在 SAY 子句中的货币型、双精度型、浮点型、整数型、数值型数据的正数后显示贷方符号（CR）。

D：将日期型、字符型和数值型数据按当前的 SET DATE 格式显示。

E：将日期型、字符型和数值型数据按英国日期格式编辑。

I：使字符型、货币型、双精度型、浮点型、整数型、数值型数据居中显示。

J：使字符型、货币型、双精度型、浮点型、整数型、数值型数据右对齐。

K：当光标移动到这个字段时，对字段的值进行编辑处理。

L：货币型、双精度型、浮点型、整数型、数值型数据输出时显示前导零取代空格的位置。

R：在模式符串中可以插入其他字符，插入的字符只在对应的位置上显示，不存入变量中，只能用于字符型数据。

T：从字符型字段中删除前置和后置的空格。

X：将 SAY 子句中的货币型、双精度型、浮点型、整数型、数值型数据的负数后显示借方符号（DB）。

Z：对货币型、双精度型、浮点型、整数型、数值型数据以空字符串代替 0 值数据。

(：将 SAY 子句中负的浮点型或数值型数据加上括号。

!：将小写字母转换为大写字母。

^：用科学记数法显示浮点型、双精度型或整数型数据。

$：用货币格式显示货币型、双精度型、浮点型、整数型、数值型数据。

例 5.36 按照指定的格式显示数据。

```
A = 26.79
@ 2,5 SAY A PICT "$9999.9"
$ 26.7
? A
```

```
26.79
CLEAR
C = CTOD("10/30/96")
@ 2,5 SAY VAL(DTOC(C,1)PICT "9999 年 99 月 99 日"
1996 年 10 月 30 日
```

5.8　数据报表与标签

存储在数据表中的数据可以用报表的形式输出。报表有两个基本组成部分：数据源和数据布局。报表文件保存了数据输出的格式和相应的数据信息，并存储在具有.FRX 扩展名的文件中。

在报表设计中，数据源可以是数据表、视图、查询等，还可以按照对数据源的使用要求对数据进行筛选、排序和分组等操作，并对各个控件在报表的位置、所占空间、颜色等进行设置。报表文件并不存储指定的字段值，而是存储这些数据的位置和格式信息。因此，每次输出报表文件的内容都会随着数据表的内容改变而改变。

5.8.1　数据报表

1. 用可视化方式创建报表

Visual FoxPro 系统提供了“报表向导”工具，用于快速创建报表。

使用“报表向导”与使用其他“向导”工具一样，通过回答一系列的选择进行报表设计，使得建立报表省时省力。在应用“报表向导”进行设计后，还可以通过“报表设计器”对报表细节进行补充和修改。使用“报表向导”创建报表的一般步骤如下：

（1）在“项目管理器”中，打开要建立报表的数据源。例如，打开“学籍”数据库。选择“文档”选项卡中的“报表”选项，如图 5.116 所示。单击“新建”按钮，弹出“新建报表”对话框，如图 5.117 所示。

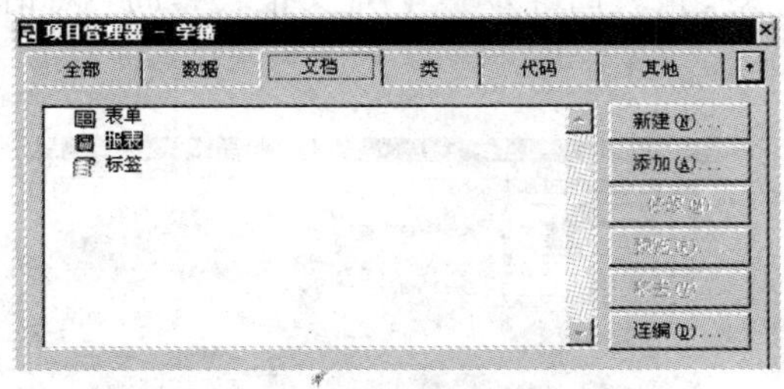

图 5.116　“项目管理器”对话框

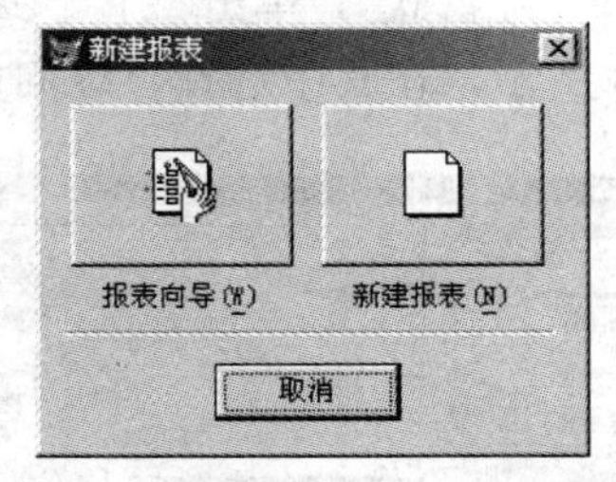

图 5.117　“新建报表”对话框

（2）单击“报表向导”按钮，在出现的“向导选取”对话框中选择“报表向导”选项，如图 5.118 所示。

（3）单击“确定”按钮，屏幕上出现“报表向导步骤 1-字段选取”对话框，如图 5.119 所示。该对话框与前面讲过的“查询向导”和“视图向导”中的“字段选取”操作基本相同，这里不再重复了。

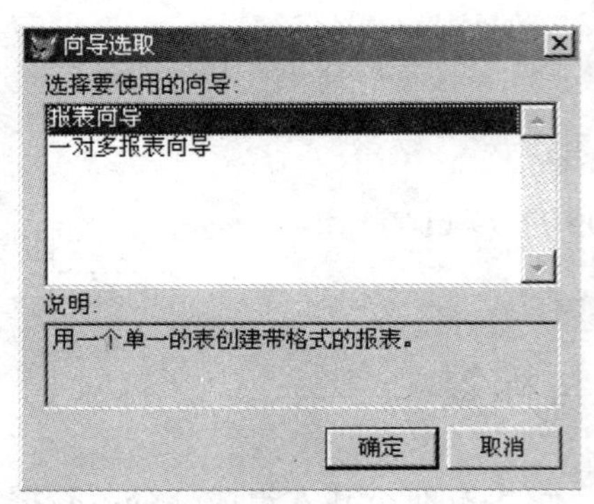

图 5.118 “向导选取”对话框

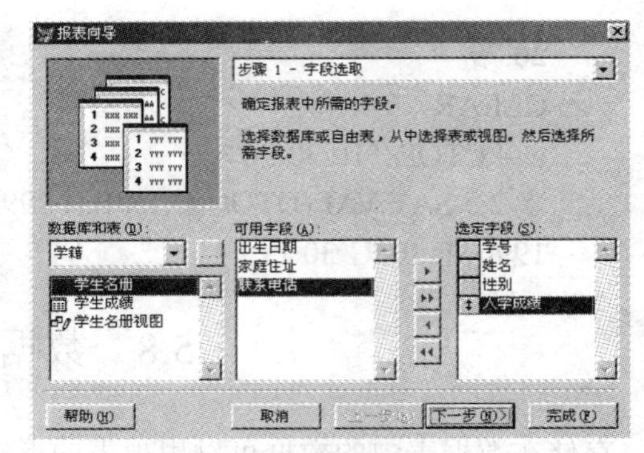

图 5.119 “报表向导步骤 1-字段选取”对话框

（4）单击“下一步”按钮，进入“报表向导步骤 2-分组记录”对话框，如图 5.120 所示。该对话框用于对报表中的记录进行分组，统计每组相应的记录数或总计等。这里选择“性别”进行分组，单击“分组选项”按钮，弹出“分组间隔”对话框，如图 5.121 所示，即将相同性别的学生放在一组进行统计输出。

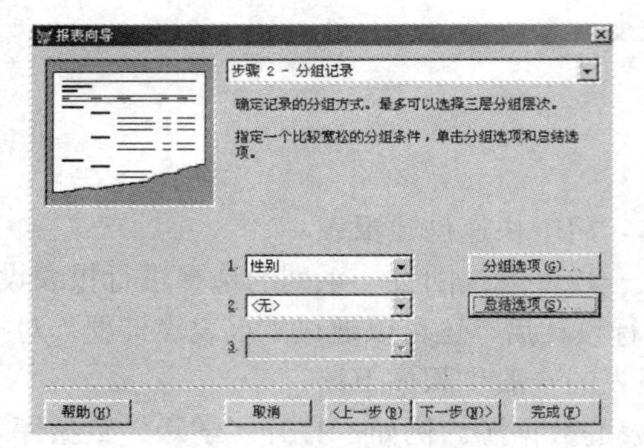

图 5.120 “报表向导步骤 2-分组记录”对话框

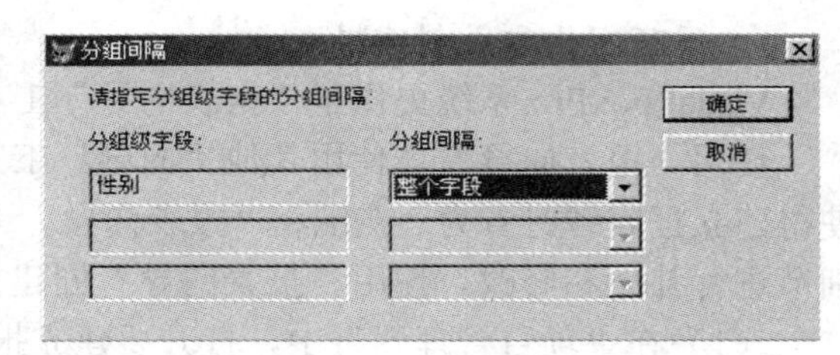

图 5.121 “分组间隔”对话框

（5）单击“下一步”按钮，进入“报表向导步骤 3-选择报表样式”对话框，如图 5.122 所示。选择“经营式”，单击“下一步”按钮，进入“报表向导步骤 4-定义报表布局”对话框，如图 5.123 所示，在其中选择“纵向”。

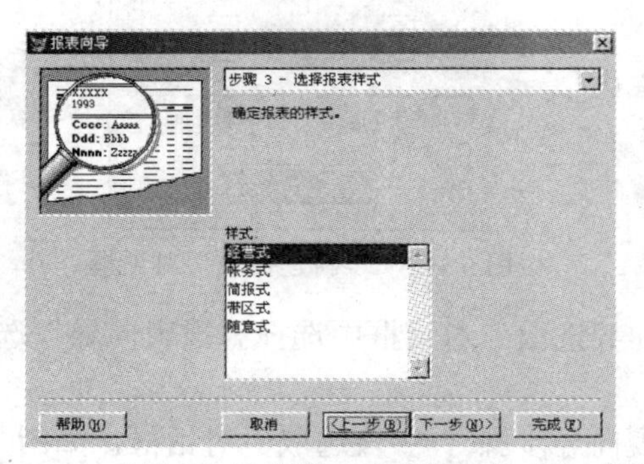

图 5.122 “报表向导步骤 3-选择报表样式”对话框

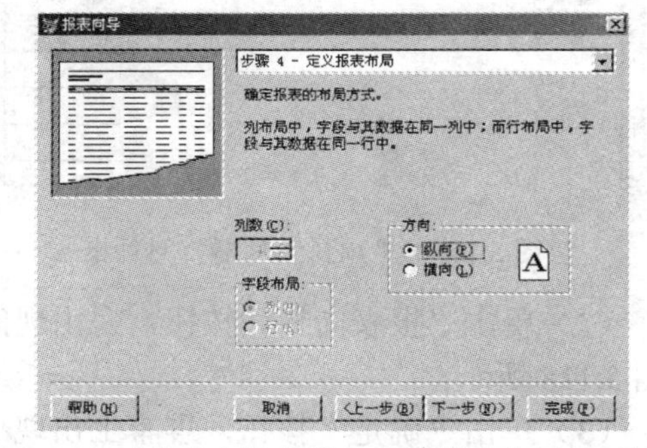

图 5.123 “报表向导步骤 4-定义报表布局”对话框

（6）单击“下一步”按钮，进入“报表向导步骤 5-排序记录”对话框，如图 5.124 所示。选择“学号”作为排序依据，单击“下一步”按钮完成全部操作，如图 5.125 所示。

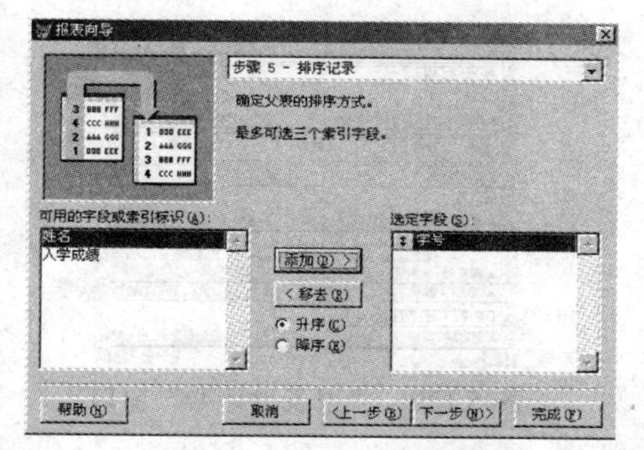

图 5.124 “报表向导步骤 5-排序记录”对话框

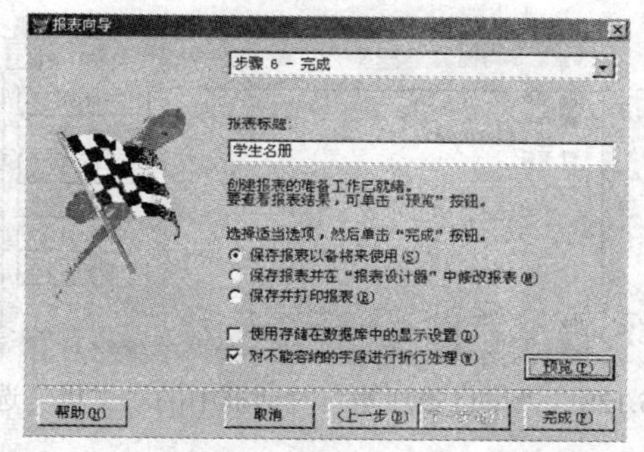

图 5.125 “报表向导步骤 6-完成”对话框

（7）单击“预览”按钮，可以看到已经建好的报表，如图 5.126 所示。单击“完成”按钮，屏幕上会出现“另存为”对话框，如图 5.127 所示。在其中为报表取名为“学生名册报表”，然后单击“保存”按钮将报表存盘。

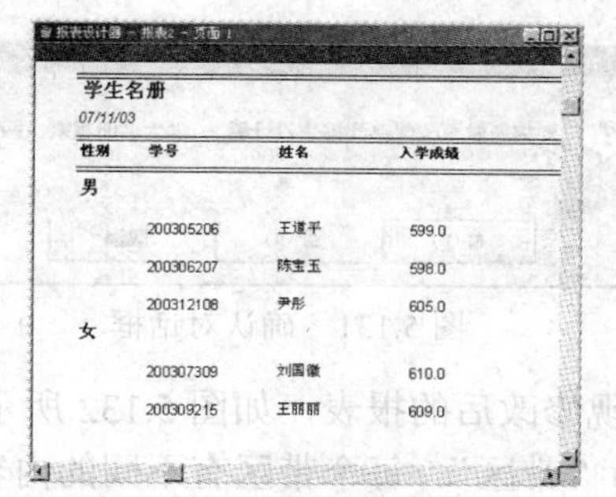

学生名册

07/11/03

性别	学号	姓名	入学成绩
男			
	200305206	王道平	599.0
	200306207	陈宝玉	598.0
	200312108	尹彤	605.0
女			
	200307309	刘国徽	610.0
	200309215	王丽丽	609.0

图 5.126 已经建好的报表

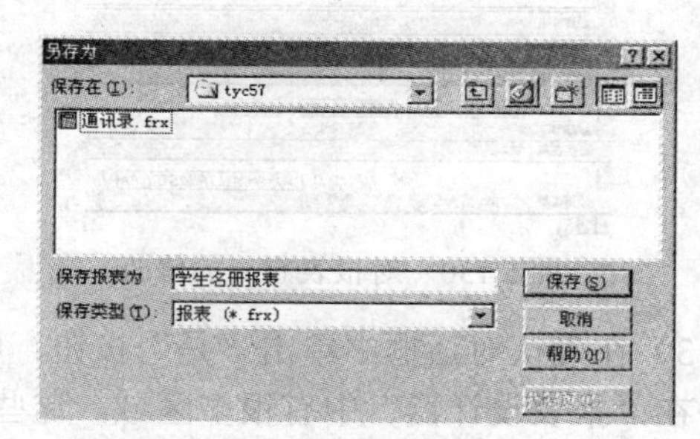

图 5.127 “另存为”对话框

2. 浏览建立好的报表

对于已经建立好的报表可以进行浏览，浏览报表可以在“项目管理器”中进行。

例 5.37 浏览“学生名册报表”。

浏览“学生名册报表”的操作步骤如下：

（1）打开“项目管理器”，选择“文档”选项卡，如图 5.128 所示。

（2）打开“文档”选项卡中的“报表”项，选择其中的“学生名册报表”。单击“预览”按钮或选择“显示”→“预览”菜单项，屏幕上会出现已经建好的“学生名册报表”，如图 5.126 所示。

3. 修改报表

对于已经建立好的报表，可以在“报表设计器”中对报表布局进行修改。

（1）在“项目管理器”中打开报表。在“项目管理器”的“文档”选项卡中选择“报表”→“学生名册报表”项，然后单击“修改”按钮，“学生名册报表”以编辑方式在“报表设计器”中打开，如图 5.129 所示。在“报表设计器”中可以重新调整报表布局。

例 5.38 修改“学生名册报表”的布局。

修改“学生名册报表”布局的操作步骤如下：

1）打开“项目管理器”，选择“文档”→“报表”项中的“学生名册报表”，如图 5.128 所示。单击“修改”按钮，屏幕上会出现“报表设计器”窗口，如图 5.129 所示。

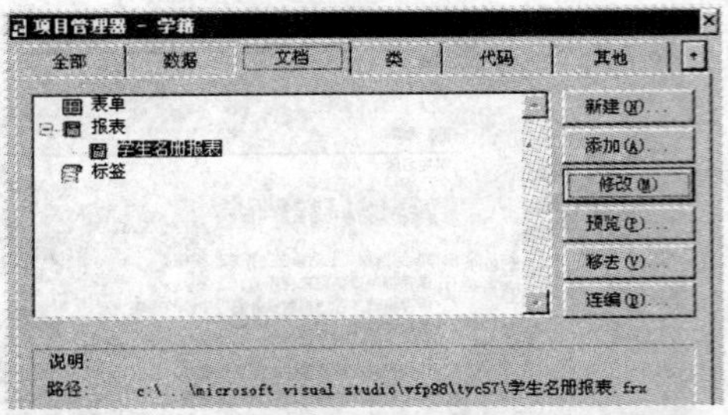

图 5.128 “项目管理器”对话框中的“文档”选项卡

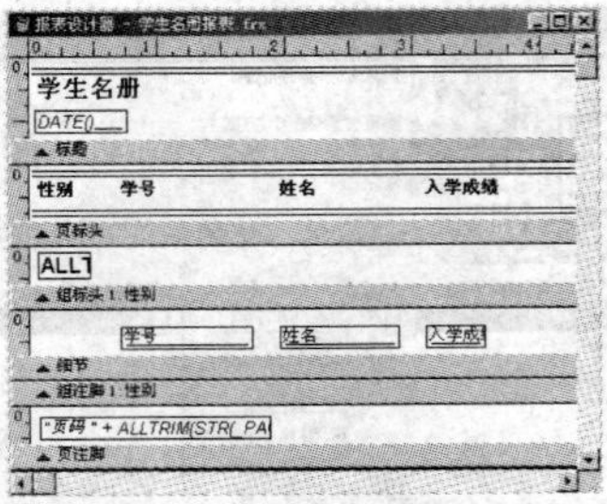

图 5.129 “报表设计器”窗口

2）在“报表设计器”窗口中，可以对报表布局进行修改，如图 5.130 所示。修改完毕后单击关闭窗口按钮 ×，屏幕上出现修改确认对话框，如图 5.131 所示。

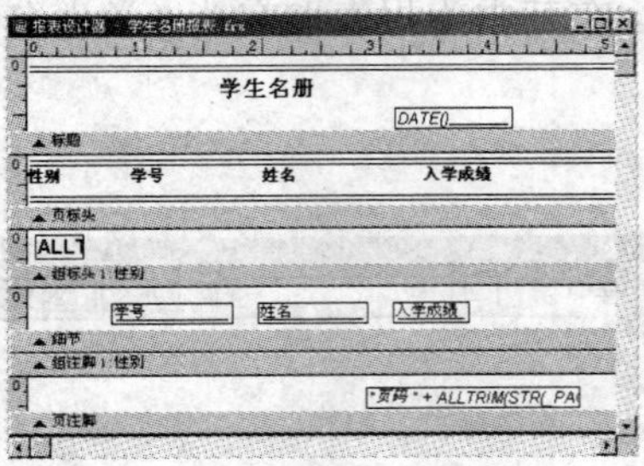

图 5.130 对报表布局的修改

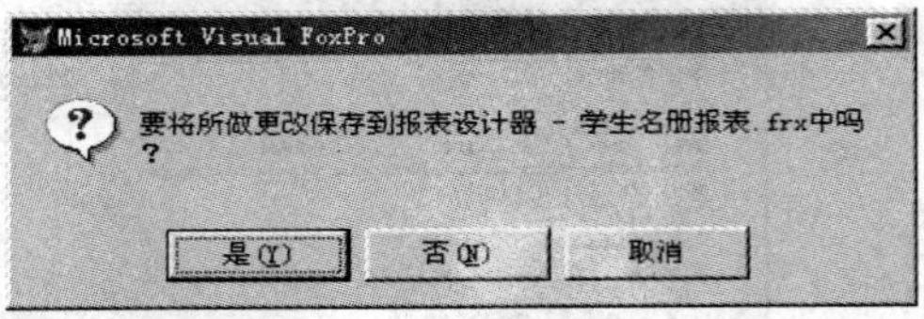

图 5.131 确认对话框

3）在确认对话框中单击“是”按钮，屏幕上出现修改后的报表，如图 5.132 所示。

在“报表设计器”中有很多区域，这些区域称为“带区”。每个带区有不同的内容，这些内容分别是：文本、表中的字段、函数或表达式、线条和框等。这些内容是“报表向导”自动加入的，可以根据需要进行修改。修改的方法是通过“报表控件工具栏”、“调色板工具栏”和“布局工具栏”对各带区的内容进行修改。要打开“报表控件工具栏”、“调色板工具栏”和“布局工具栏”，可以在“报表设计器”中选择“显示”→“报表控件工具栏”、“显示”→“调色板工具栏”或“显示”→“布局工具栏”菜单项，此时“报表控件工具栏”、“调色板工具栏”和“布局工具栏”会显示在报表设计器中，如图 5.133 所示。

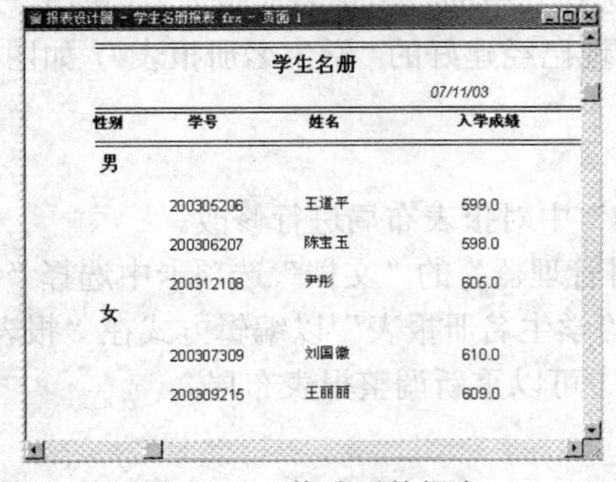

图 5.132 修改后的报表

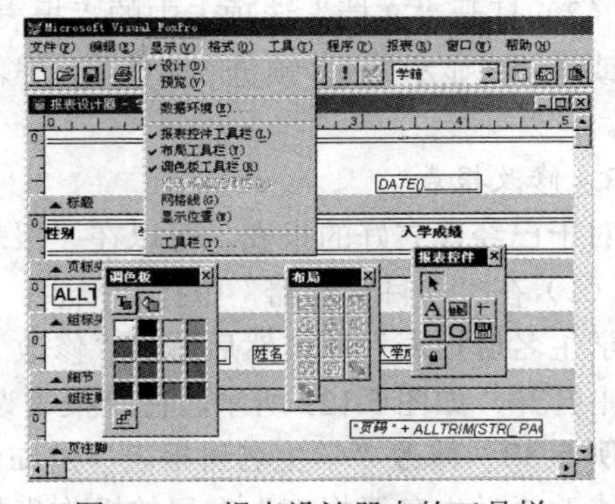

图 5.133 报表设计器中的工具栏

在“报表设计器”的带区中，可以插入各种控件，他们包含打印的报表中所需的标签、字段、变量和表达式。例如，在“学生名册报表”的布局中，向导已将字段控件置成“学号”、

"姓名"、"性别"和"入学成绩"等。

带区底部的灰色条称为分隔符栏。带区名称显示在靠近蓝箭头▲的部位，蓝箭头指示该带区位于栏之上而不是之下。用鼠标左键按住相应的分隔符栏将带区栏拖动到适当高度，可以调整报表带区的大小。默认情况下，"报表设计器"显示 3 个带区：页标头、细节和页注脚。

- 页标头带区：放在该带区中的内容在报表中只出现一次。一般情况下，报表的标题、栏标题和当前日期可以放在该带区中。
- 细节带区：如果要将表中的数据显示在报表中，可以放在该带区中。它可以包含来自表中的一条或多条记录。
- 页注脚带区：出现在报表底部的内容（如页码、节等）可以放在该带区中。

如果报表中的数据分了组，报表中还会增加其他带区，即报表也可能有多个分组带区或者多个列标头和注脚带区。

（2）利用"报表设计器"修改"学生名册报表"。

1）利用"报表控件工具栏"中的"标签"工具修改报表标题。标签工具是报表中的文字性工具，其作用是建立或修改文字内容。报表的标题可以用标签工具建立和修改。

选择标签工具A，在"报表设计器"中的标题带区中单击需要修改的标题，例如将"学生名册"改为"学生入学成绩名册"，修改完毕用鼠标在"报表设计器"中的任意地方单击即可。若想将标题放到报表的中间，可以用鼠标单击标题，此时标题被 4 个小黑方块包围，然后选择"显示"→"布局工具栏"菜单项，"布局工具栏"显示在"报表设计器"中，单击"布局工具栏"中的"水平居中"按钮，此时"学生入学成绩名册"立即移动到报表的中间。如果希望修改标题的颜色，可以通过选择"显示"→"调色板工具栏"菜单项来打开"调色板工具栏"。单击"前景色"按钮，然后选择所需要的颜色即可。

2）利用域控件ab|进行日期修改、增加字段等操作。报表中的域控件可以和表、视图中的字段、变量或表达式绑定在一起。当报表运行时，报表的域控件从数据表中获取字段值、变量的值，或计算表达式的结果，并用最后的结果填充这些域控件。报表中添加了"域控件"的地方最后显示的将是与"域控件"绑定在一起的字段、变量或表达式的值。

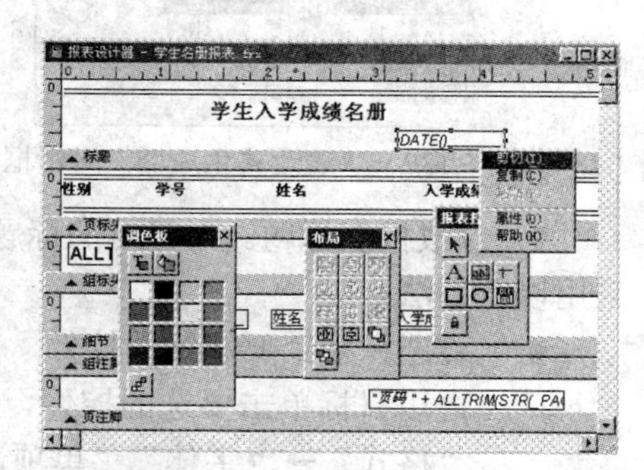

图 5.134　弹出的快捷菜单

例 5.39　修改"学生名册报表"中的日期。

修改"学生名册报表"中的日期的操作步骤如下：

①在"标题带区"单击显示日期的控件，该控件被 8 个黑色小方块包围，表示该项被选中。在该控件上右击，弹出快捷菜单，如图 5.134 所示。

②在弹出的快捷菜单中选择"属性"选项，也可以直接双击此控件，屏幕上出现"报表表达式"对话框，如图 5.135 所示。将其中的表达式 DATE()修改如下：

```
ALLT(STR(YEAR(DATE())))+"年"+ALLT(STR(MONTH(DATE())))+"月"
        +ALLT(STR (DAY(DATE())))+"日"
```

③可以在"报表表达式"对话框中单击"表达式"文本框右边的 按钮，屏幕上出现"表达式生成器"对话框，在其中将 DATE()修改为上式，如图 5.136 所示。然后单击"确定"按钮，返回"报表表达式"对话框，再单击"确定"按钮，完成修改。

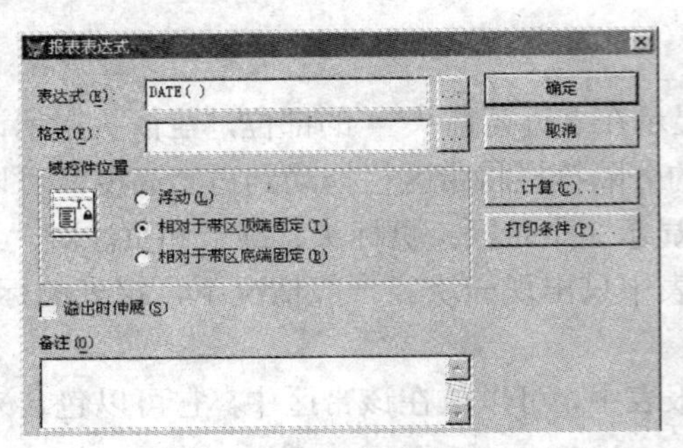

图 5.135 “报表表达式”对话框

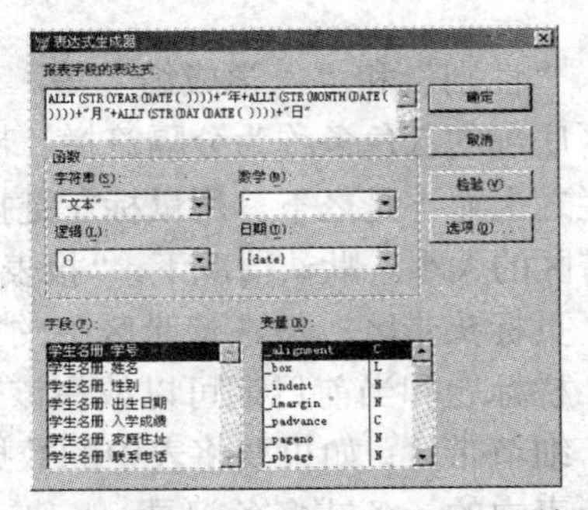

图 5.136 “表达式生成器”对话框

用同样的方法还可以在“细节”带区加上用于计算“年龄”的控件。

例 5.40 为“学生名册报表”添加“年龄”数据项。

为“学生名册报表”添加“年龄”数据项的操作步骤如下：

①先用标签工具A在“报表设计器”中的页标头带区添加上“年龄”标题。

②单击“报表控件工具栏”中的“域控件”按钮ab|，然后在“细节”带区中的“年龄”标题下单击，此时屏幕上会出现“报表表达式”对话框，如图 5.135 所示。

③单击“表达式”文本框旁的...按钮，屏幕上出现“表达式生成器”对话框，在“报表字段的表达式”文本框中写入计算年龄的表达式：YEAR(DATE())-YEAR(学生名册.出生日期)，如图 5.137 所示，然后单击“确定”按钮，此时在“细节”带区增加了一个新的计算年龄的控件，如图 5.138 所示。

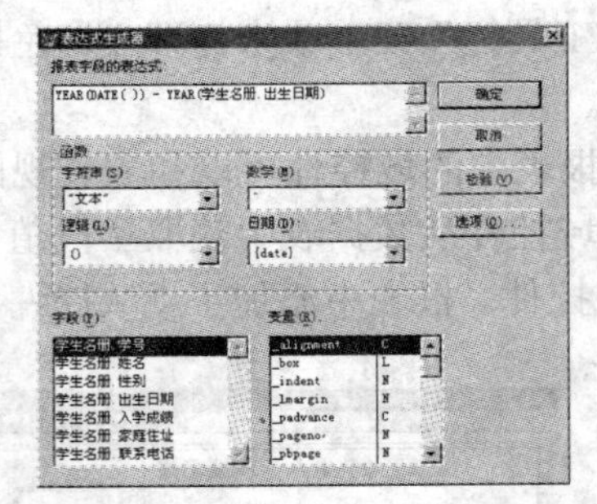

图 5.137 “表达式生成器”对话框

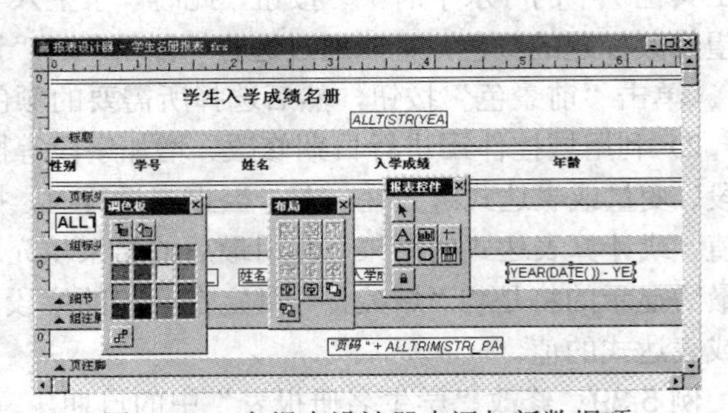

图 5.138 在报表设计器中添加新数据项

3）修改报表标题。对已有的标题或字段控件进行修饰，例如改变字体、画线条等，可以采用以下方法：

- 要选择多个要修饰的控件，可以按下 Shift 键，再用鼠标单击要选的控件，选好控件后再选择“格式”→“字体”菜单项，在弹出的“字体”对话框中选择满意的字体、字体样式、字体大小、效果和颜色等，如图 5.139 所示。
- 如果想用“线条”、“矩形”或“圆角矩形”等简单的线条修饰一下报表画面，可以单击“线条”、“矩形”或“圆角矩形”按钮，在需要的带区上画直线和方框等。

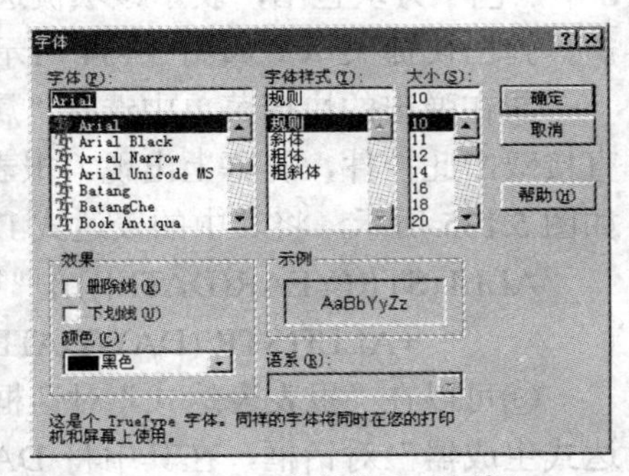

图 5.139 “字体”对话框

4）修改报表的页码。页注脚一般包含一个用于显示制表日期的日期函数，系统变量_PAGENO 用于显示当前打印的页数。“报表向导”会在报表的“页注脚”中自动地加入这两个控件，如果报表中没有这些项，可以将“标签”按钮和“域控件”按钮配合使用即可加入。

例 5.41 修改“学生名册报表”中的页码显示方式。

修改“学生名册报表”中页码显示方式的操作步骤如下：

①双击“页注脚”中的“页码”控件，在出现的“报表表达式”对话框中单击“表达式”文本框右边的...按钮，屏幕上出现“表达式生成器”对话框，如图 5.137 所示。将“报表字段的表达式”文本框中的表达式"页码" +ALLTRIM(STR(_PAGENO))修改如下：

"第"+STR(_PAGENO,2)+"页"

②单击“确定”按钮返回到“报表表达式”对话框中，如图 5.140 所示。在其中单击“确定”按钮，“页码”控件修改完毕。式中的系统变量_PAGENO 的功能是返回当前的页码。

5）修改报表数据的分组。“学生名册报表”的数据是按“性别”分组显示的。利用分组可以明显地分隔每组的记录，使数据以组的形式显示。组的分隔是根据分组表达式进行的，这个表达式通常由一个以上的字段生成，有时也会相当复杂，可以添加一个或多个组、更改组的顺序、重复组标头或者更改、删除组带区。

分组之后，报表布局就有了组标头和组带区，对其可以进行修改或向其添加控件。组标头带区中包含了组所用的字段“域控件”，可以添加线条、矩形、圆角矩形等，也可以添加出现在组内第一条记录之前的任何标签。组注脚通常包含组总计和其他组总结性信息。

要修改分组，在“报表设计器”中可以选择“报表”→“数据分组”菜单项，屏幕上会出现“数据分组”对话框，如图 5.141 所示，其中已经有了“性别”作为分组依据。在该对话框中，可以对分组进行重新设置，其中包括标头、注脚文本、重置页号等设置。

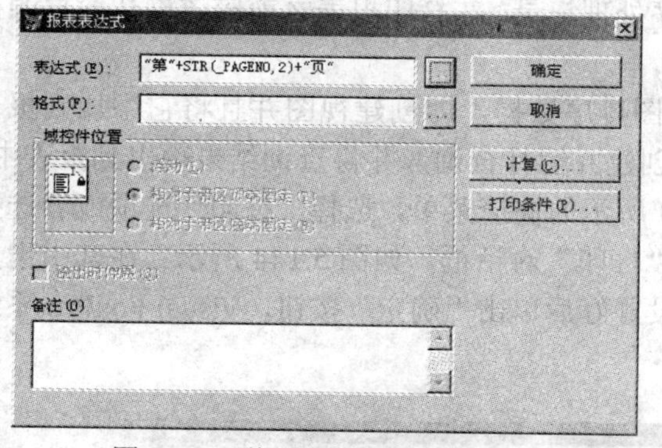

图 5.140 修改后的页码显示方式

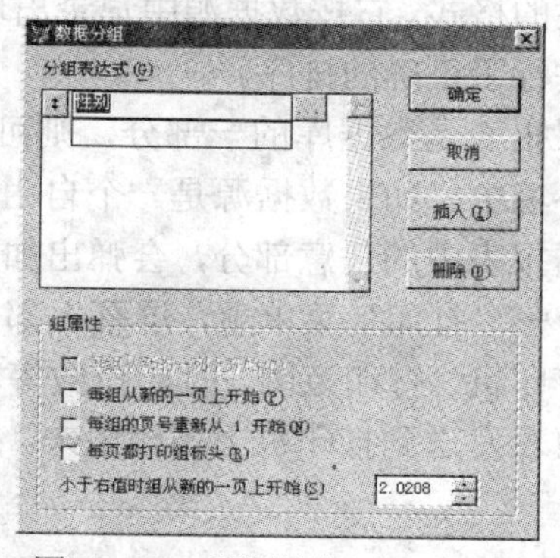

图 5.141 “数据分组”对话框

“数据分组”对话框中包含如下几个部分：

- 分组表达式：是当前报表的分组依据（可以由字段名及其表达式组成），允许输入新的字段名。如果要创建一个新的表达式，单击其后面的...按钮，可以在出现的“表达式生成器”对话框中输入。
- 组属性：用于设置报表分页。若要增加一个分组，则单击“插入”按钮在“分组表达式”框中插入一新的分组表达式。若要去掉一个分组，选择分组表达式，再单击“删除”按钮即可。

修改或添加了分组表达式后，可以在带区内放置任意需要的控件。通常，把分组所用的“域控件”从“细节”带区移动到“组标头”带区。在删除某个分组带区前，应先将带区中的各控件删除。

6）预览结果。通过预览报表，即可看到报表的页面外观。例如检查数据列的对齐和间隔，或查看报表是否返回所需的数据等。有两个选择：显示整个页面或者缩小到一部分页面。“预览”窗口有它自己的工具栏，使用其中的按钮可以一页一页地进行预览。

要预览报表的结果，可以选择“显示”→“预览”菜单项，屏幕上将出现修改过的报表，如图 5.142 所示。如果报表是多页，可以在“打印预览”工具栏中单击“上一页”或“前一页”按钮切换页面。若要更改报表图像的大小，单击“缩放”按钮；若要打印报表，单击“打印报表”按钮；单击“关闭预览”按钮将返回到“报表设计器”窗口。

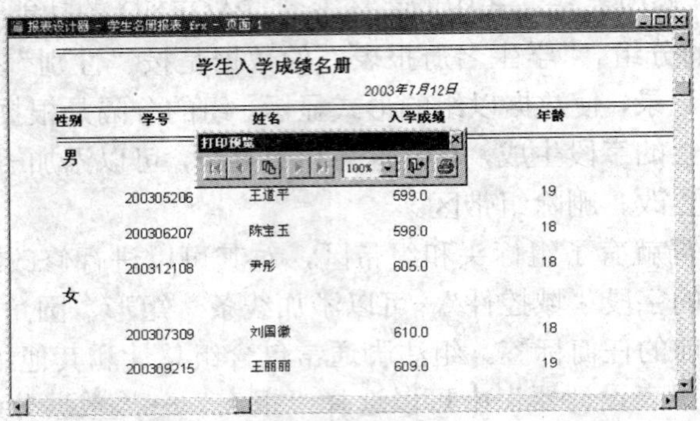

图 5.142 学生名册报表及“打印预览”工具栏

7）打印报表。使用“报表设计器”创建的报表文件只是一个框架，它将要打印的数据组织成需要的格式。它按数据源中记录出现的顺序处理记录，在打印报表之前应该确认数据源已对数据进行了正确的排序。

如果报表是数据库的一部分，则可以用视图排序数据，即创建视图并且将它添加到报表的数据环境中。如果数据源是一个自由表，可创建并运行查询，并将查询结果输出到报表中。

右击报表中的任意部分，会弹出如图 5.143 所示的快捷菜单，选择“打印”选项或者选择“文件”→“打印”菜单项，屏幕上都会出现“打印”对话框，如图 5.144 所示。在其中设置合适的打印机、打印范围、打印份数等项目，设置好后单击“确定”按钮，Visual FoxPro 系统就会将报表发送到打印机上打印出来。

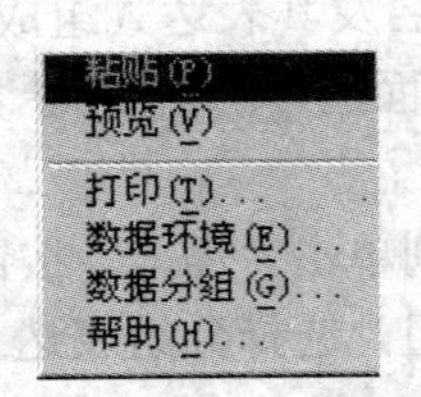

图 5.143 快捷菜单

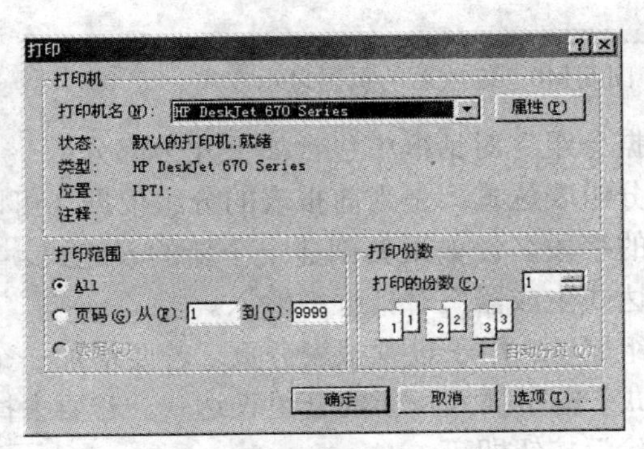

图 5.144 “打印”对话框

5.8.2　标签

标签是一种特殊的报表，可以用于显示简短的文本信息，其扩展名是.LBX，编译后为.LBT。标签可以用于制作邮件标签、名片和准考证等，其创建、修改和编辑的方法与报表相似，可以用可视化方式创建标签，也可以用手工方式创建标签。

1. 用可视化方式创建标签

用可视化方式创建标签的具体步骤如下：

（1）在“项目管理器”中选择“文档”选项卡中的“标签”项，单击“新建”按钮，出现“新建标签”对话框。单击其中的“标签向导”按钮，在出现的“向导选取”对话框中选择“报表向导”项，出现“标签向导步骤 1-选择表”对话框，在其中选择要建立标签的数据源，例如打开“学生名册”表，如图 5.145 所示。

（2）单击“下一步”按钮，屏幕上出现“标签向导步骤 2-选择标签类型”对话框，在其中选择要创建标签的大小，如图 5.146 所示。

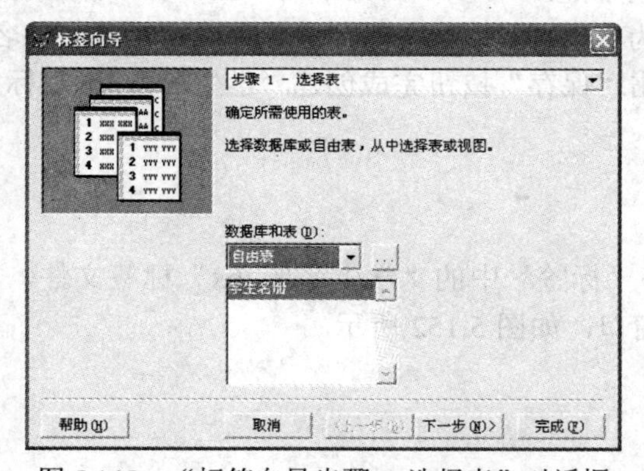

图 5.145　“标签向导步骤 1-选择表”对话框

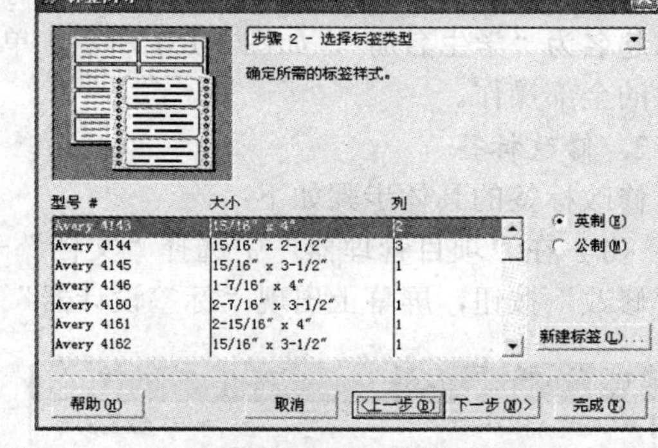

图 5.146　“标签向导步骤 2-选择标签类型”对话框

（3）单击“下一步”按钮，屏幕上出现“标签向导步骤 3-定义布局”对话框，在其中选择需要显示在标签内的字段，如图 5.147 所示。

（4）单击“下一步”按钮，在出现的“标签向导步骤 4-排序记录”对话框中确定在标签中按哪些字段排序，如图 5.148 所示。

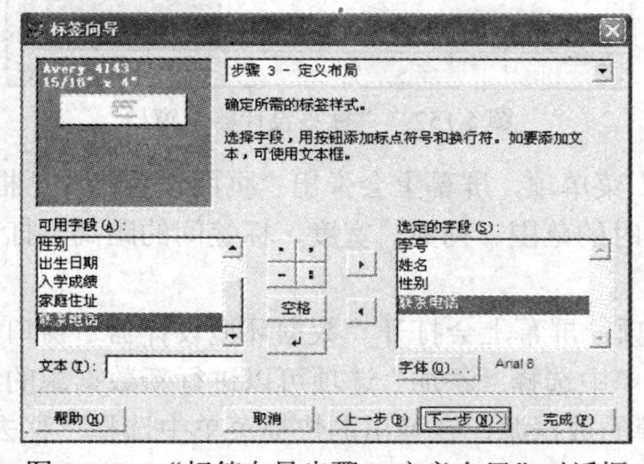

图 5.147　“标签向导步骤 3-定义布局”对话框

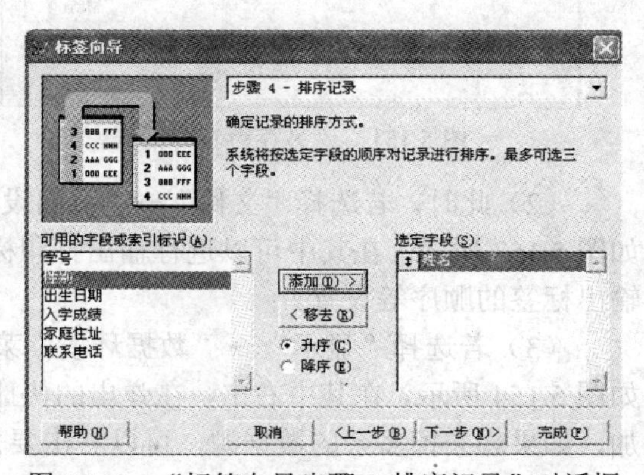

图 5.148　“标签向导步骤 4-排序记录”对话框

（5）单击“下一步”按钮，屏幕上出现“标签向导步骤 5-完成”对话框，如图 5.149 所示。单击其中的“预览”按钮会出现标签预览窗口，如图 5.150 所示。

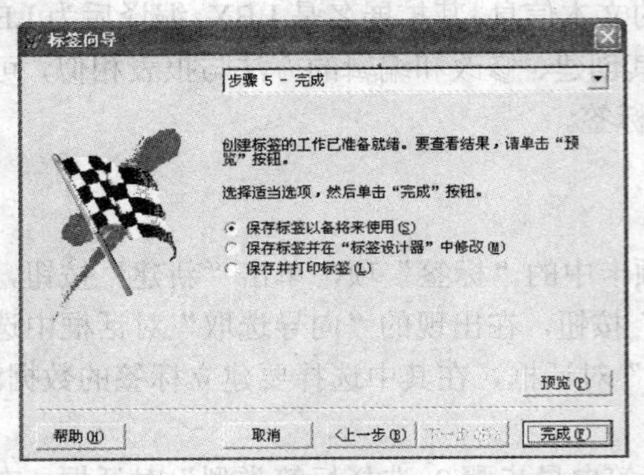

图 5.149 “标签向导步骤 5-完成”对话框

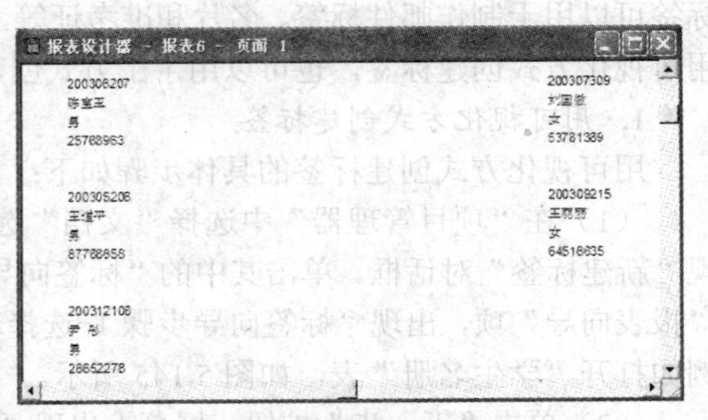

图 5.150 标签预览窗口

（6）关闭标签预览窗口，如果对标签形式不满意，可以单击其中的“上一步”按钮进行重新创建。单击“完成”按钮，在出现的“另存为”对话框中选择保存位置和确定标签文件名，例如起名为“学生名册”，如图 5.151 所示，单击“保存”按钮完成创建“学生名册.lbx”标签文件的全部操作。

2. 修改标签

修改标签的具体步骤如下：

（1）在“项目管理器”中选择“文档”→“标签”中的“学生名册.lbx”标签文件，单击“修改”按钮，屏幕上出现“标签设计器”窗口，如图 5.152 所示。

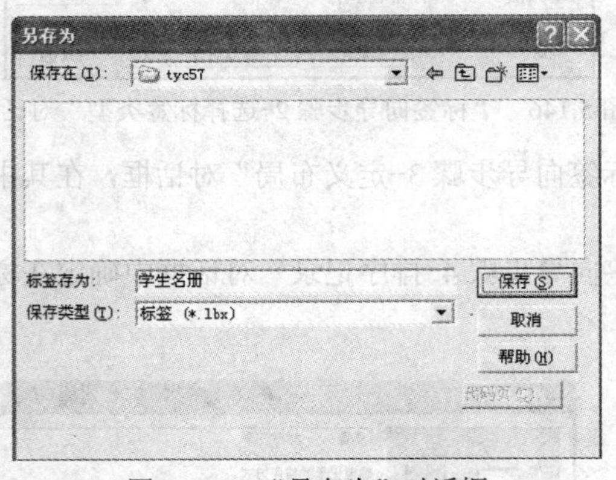

图 5.151 “另存为”对话框

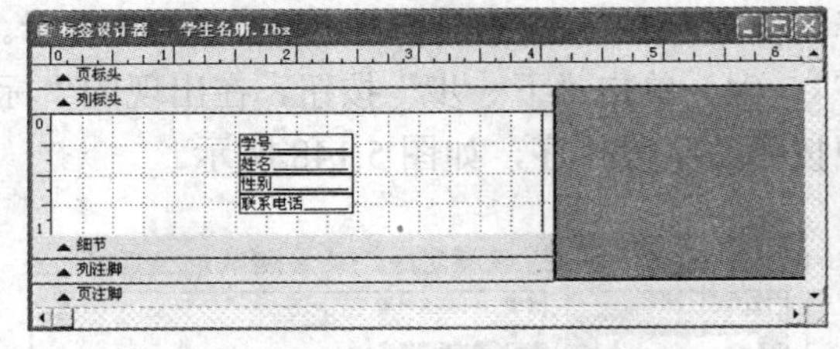

图 5.152 “标签设计器”窗口

（2）此时，若选择“文件”→“页面设置”菜单项，屏幕上会弹出“页面设置”对话框，如图 5.153 所示。在其中可以进行输出打印标签时的范围、列数、宽度、标签间的距离、打印输出标签的顺序等设置。

（3）若选择“显示”→“数据环境”菜单项，屏幕上会打开“数据环境设计器”窗口，如图 5.154 所示。在其中右击，在弹出的快捷菜单中选择“添加”选项可以进行新数据源的添加，如果想去掉多余的数据源，可以右击要去掉的数据源，在弹出的快捷菜单中选择“移去”选项。

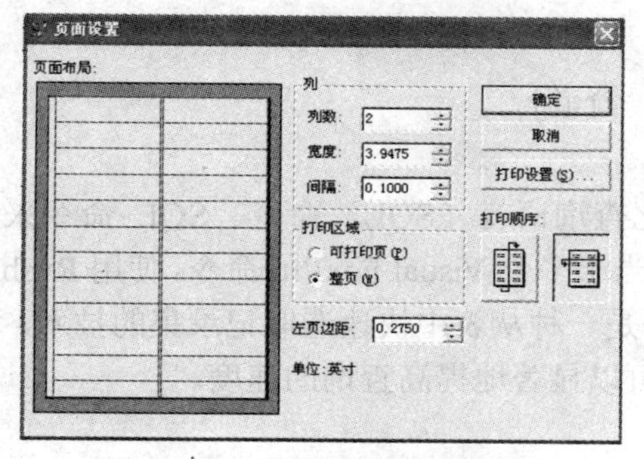

图 5.153 “页面设置”对话框

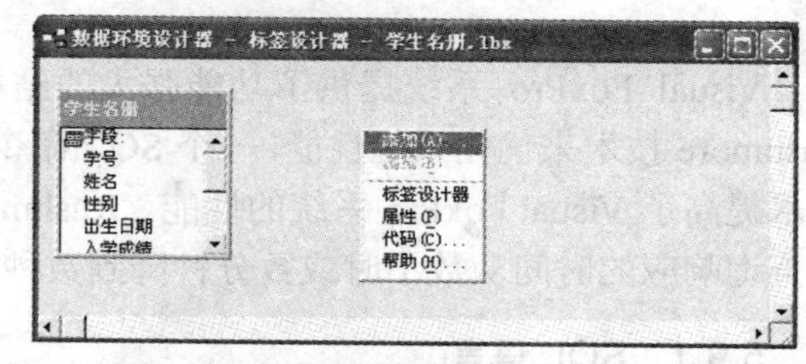

图 5.154 “数据环境设计器”对话框

3. 快速创建标签

快速创建标签的具体步骤如下：

（1）单击“新建”按钮或者选择“文件”→“新建”菜单项，屏幕上弹出“新建”对话框，在其中选择“标签”项，单击“新建文件”按钮，屏幕上会出现“标签设计器”窗口，如图 5.155 所示。

（2）选择“报表”→“快速报表”菜单项，如果没有数据源，此时会出现“打开”对话框，可以在此选择数据源；如果已经打开了数据源，屏幕上会出现“快速报表”对话框，如图 5.156 所示。

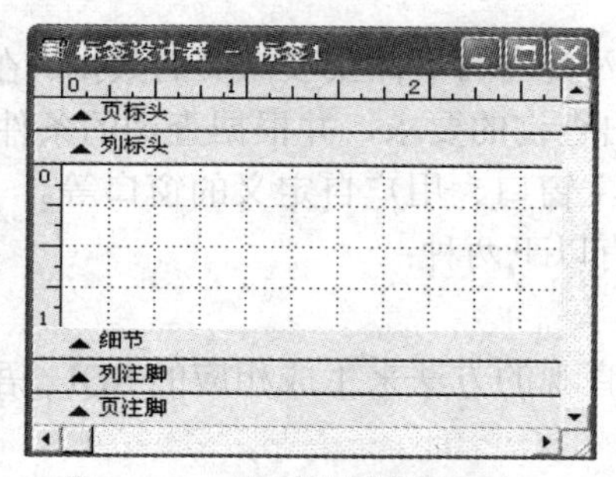

图 5.155 “标签设计器”窗口

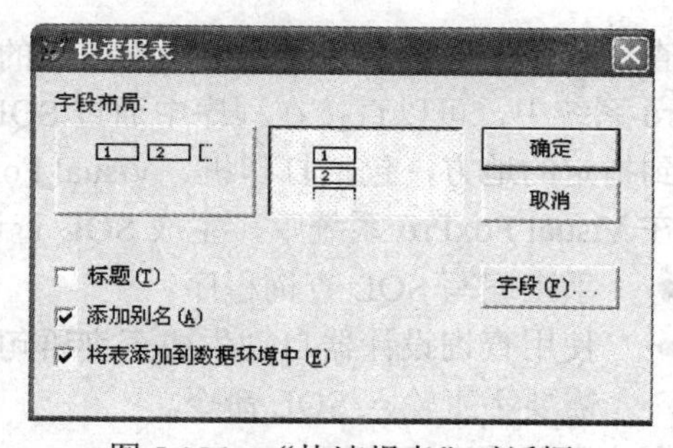

图 5.156 “快速报表”对话框

（3）在“快速报表”对话框中可以设置标签布局和标题，设置好后单击“确定”按钮，即可创建好要建立的标签，如图 5.157 所示。关闭“标签设计器”窗口，系统会询问是否要保存已创建好的标签，单击“是”按钮，屏幕上会出现“另存为”对话框，在其中选择保存的位置和名称，如“学生名册”，然后单击“保存”按钮，“标签设计器”窗口消失。

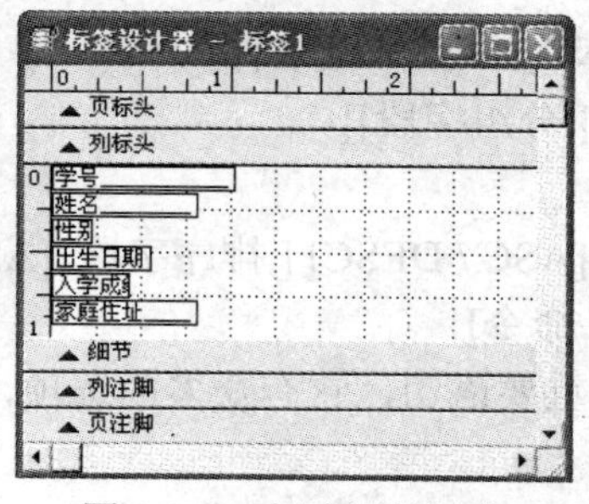

图 5.157 创建好的标签

5.9 SQL 查询

Visual FoxPro 系统提供了功能强大的结构化查询语言（SQL）命令。SQL 命令采用了 Rushmore 技术来优化系统性能，一个 SQL 命令相当于多个 Visual FoxPro 命令，使用 Rushmore 技术提高了 Visual FoxPro 系统的性能。Rushmore 是一种从表中快速选取记录集的技术，它可将查询响应的时间从数小时或数分钟降到数秒，可以显著地提高查询的速度。

5.9.1 SQL 语言

SQL（Structured Query Language）意为结构化查询语言，是一种标准的数据查询语言，用于对关系型数据库中的数据进行存储、查询、更新等操作，SQL 语言已经成为多种数据库系统都支持的、功能齐全的标准化语言。SQL 的功能有：数据定义、数据检索、数据操作、存储控制、数据共享、数据完整性操作等。SQL 语言是一种交互式的计算机操作语言，不仅能够在单机环境下对数据库进行各种访问操作，而且还可以作为分布式数据库语言用于 Client /Server 模式数据库。由于篇幅所限，本节只对 SQL 语言中最重要的数据查询功能进行介绍，此功能在 Visual FoxPro 系统中可以像其他命令一样使用。

5.9.2 Visual FoxPro 系统的 SQL 查询

查询就是向数据库系统发出检索信息的请求，输入查询的条件获取需要的数据。在 Visual FoxPro 系统中，可以直接在程序中通过 SQL 命令发出查询的要求，并根据查询的条件将结果发送到指定的地方，包括打印机、Visual FoxPro 系统主窗口、用户自定义的窗口等。

在 Visual FoxPro 系统中，生成 SQL 查询的方法有以下两种：

- 手工编写 SQL 查询程序。
- 使用查询设计器自动生成查询语句。这是用直观的方法来生成相应的 SQL 语句，不需要手工输入 SQL 命令。

在这里着重讲述使用 Visual FoxPro SQL 命令编写查询语句的方法。SQL 查询命令的一般格式如下：

```
SELECT [ALL / DISTINCT] 项名表
FROM 表名集
[[INTO 输出目标]/[TO FILE 文件名 [ADDITIVE]/ TO PRINTER [PROMPT]/
    TO SCREEN]]
[WHERE 筛选条件 [AND / OR 筛选条件] …]
[GROUP BY 分组字段 [,分组字段]]
[HAVING 筛选条件]
[ORDER BY 排序字段 [ASC / DESC] [,排序字段 [ASC / DESC]…]]
[UNION [ALL] SELECT 命令]
```

SELECT 语句是 SQL 查询的重要语句，它有众多的选项，每个选项都有各自的作用。

1. *项名表*

项名表是由多个项名组成的，每个项名之间用“,”分隔，项名可以是以下情况：

（1）*，表示数据源表中的所有字段。例如 SELECT * FROM FRIENDS，表示在屏幕上显示 FRIENDS 表中的所有字段和记录。

（2）FROM 子句中列出的数据表中的字段，表示要查询的字段，例如 SELECT FRIENDID, FIRSTNAME, CITY FROM FRIENDS，表示在屏幕上显示 FRIENDS 表中的 FRIENDID、FIRSTNAME 和 CITY 字段的全部内容。字段应是 FROM 子句中列出的数据表中的字段。

如果选择的字段是一个不在当前工作区中打开的数据库中的表中的字段时，要在表名前加上数据库名和感叹号“!”，格式为：

SELECT 字段名 FROM 数据库名!表名

（3）函数名。项名为函数名，表示查询的结果为函数作用的结果。例如 SELECT AVG(SUM(YEAR(DATE())-YEAR(BIRTHDATE)))FROM FRIENDS，表示查询 FRIENDS 表中所有人的平均年龄。可以用作项名的函数还有：COUNT()（统计指定字段与选择标准相符的记录数）、MIN()（求出一个字段的最小值）、MAX()（求出一个字段的最大值）。

2. ALL/DISTINCT 子句

DISTINCT 子句用于消除查询结果中重复出现的记录，ALL 表示保留查询结果的全部记录。例如 SELECT DISTINCT FIRSTNAME, CITY FROM FRIENDS，表示具有相同 FIRSTNAME 和 CITY 值的记录，只保留一个在显示结果中。

3. INTO 子句

INTO 子句用于指定查询结果输出的位置，有 3 个选项：ARRAY、CURSOR 和 TABLE。

（1）ARRAY 表示将查询结果存储于数组中。如果这个数组不存在，由系统创建这个数组。例如：

```
SELECT FRIENDID, FIRSTNAME, CITY;
FROM FRIENDS INTO ARRAY afriend
```

（2）CURSOR 表示将查询结果放在一个临时只读表中，该表由系统创建。例如：

```
SELECT FRIENDID, FIRSTNAME, CITY;
FROM FRIENDS INTO CURSOR cufriends
```

（3）TABLE 表示将查询结果存放到一个本地表中，该表由系统创建。例如：

```
SELECT FRIENDID, FIRSTNAME, CITY;
FROM FRIENDS INTO TABLE newfriends
```

4. TO 子句

TO 子句用于将查询结果输出到指定的文件中、打印机或屏幕上。

5. WHERE 子句

（1）WHERE 子句用于筛选符合条件的记录。最简单的选择标准是将字段值与常量比较。例如：

```
SELECT FRIENDID, FIRSTNAME, CITY;
FROM FRIENDS TO SCREEN;
  WHERE CITY="New York"
```

（2）在 WHERE 子句中可以使用关系运算符=、==、<>或!=或#、>、>=、<、<=，也可以使用逻辑运算符 AND、OR 和 NOT 来组合筛选条件。例如：

```
SELECT FRIENDID, FIRSTNAME, CITY;
```

```
FROM FRIENDS INTO TABLE newfriends;
WHERE CITY="Hangkang" OR CITY="Tokyo"
```

6. GROUP BY 子句

GROUP BY 子句用于将查询结果分组，分组后允许对一组记录执行同一个操作。例如：

```
SELECT FRIENDID, FIRSTNAME, CITY;
FROM FRIENDS INTO TABLE newfriends;
GROUP BY CITY
```

7. HAVING 子句

HAVING 子句用于对分组记录使用筛选条件。例如：

```
SELECT FRIENDID, FIRSTNAME, CITY;
FROM FRIENDS INTO TABLE newfriends;
GROUP BY CITY
HAVING YEAR(DATE())－YEAR(BIRTHDATE) > 70
```

8. ORDER BY 子句

ORDER BY 子句用于将查询结果进行排序。例如：

```
SELECT FRIENDID, FIRSTNAME, CITY;
FRIENDS INTO TABLE newfriends;
ORDER BY CITY DESC
```

9. UNION 子句

UNION 子句用于两个以上查询语句的组合，组合查询的结果是各个查询语句共同作用的结果。例如：

```
SELECT 学号,姓名,性别,入学成绩;
FROM 学生名册 INTO TABLE 学生调查;
UNION;
SELECT 学号,总成绩
FROM 学生成绩
ORDER BY 总成绩
```

例 5.42 设在 tyc57 文件夹内存在表文件 friends.dbf，若要将该表中的指定字段显示在当前用户自定义的窗口中，用 SQL 命令如何实现呢？

用 SQL 命令实现的形式如下：

```
SELECT FRIENDID, FIRSTNAME, CITY, COUNTRY, HOMEPHONE;
FROM FRIENDS;
WHERE COUNTRY="USA";
ORDER BY FRIENDID;
TO SCREEN
```

5.10 与高级语言的数据交换

由于 Visual FoxPro 系统的数学运算能力较差，在实际应用中往往要借助其他语言进行较为复杂的数学运算。另外，对于某些有特殊需求的应用系统，仅用 Visual FoxPro 语言不能满足其编程的需要。为此，Visual FoxPro 系统提供了与其他语言连接的接口，主要有以下两种：

- 提供数据表文件与其他语言的数据文件交换数据。
- 调用用其他语言编写的可执行程序或库函数。

通过接口可以将数据表的格式数据（包括存储在备注型字段和通用型字段中的数据）转换为可供其他语言直接使用的标准数据文件。反之，其他语言的标准数据文件也可以追加到数据表中。另外，Visual FoxPro 系统还提供有关文件操作函数，在必要时可调用低级文件函数直接对数据文件进行数据的输入/输出处理。

5.10.1　数据表文件转换为其他系统的数据文件

将.DBF 文件和.FPT 文件转换为标准的数据文件，命令格式如下：

（1）COPY TO 文件名 [范围] [FIELDS 字段名列表] [FOR 条件表达式]
[WHILE 条件表达式] [[WITH] CDX]/[[WITH] PRODUCTION]
[NOOPTIMIZE] [[TYPE] [SDF/WK3/XLS
/DELIMITED [WITH 分隔符/WITH BLANK/WITH TAB]]]

命令的功能：将当前工作区中打开的数据表中的指定字段（备注型和通用型字段除外）、符合条件的数据复制成一个指定类型和分隔符的文件。

命令中“文件名”、“范围”、FIELDS、FOR 和 WHILE 各部分的功能前面已经讲过，不再重复。这里将前面没有遇到的子句的功能讲述如下：

- WITH CDX 和 WITH PRODUCTION 子句用于生成数据表文件，生成文本文件时不能使用 WITH 子句。
- NOOPTIMIZE 子句表示不使用 Rushmore 技术优化 FOR 子句的执行。
- TYPE 子句用于指定输出数据文件的格式。用 SDF 生成.TXT 系统数据文件；用 WK3 生成 Lotus 1-2-3 3.X 版电子表格文件；用 XLS 生成 Excel 电子表格文件。
- DELIMITED 子句用于指定字段间的分隔符，可以是指定的符号、空格或制表符。

（2）COPY MEMO 备注型字段名 TO 文件名 [ADDITIVE]

命令的功能：将当前工作区中打开的数据表中指定的“备注型”字段内容复制到一个指定的数据文件中。ADDITIVE 子句的作用是将复制的数据放到文件的尾部，不用此子句，表示要将文件中的原内容用新数据覆盖。

5.10.2　其他系统的数据文件转换为数据表文件

将其他系统的数据文件转换为数据表文件的命令格式如下：

（1）APPEND FROM 文件名 /? [FIELDS 字段名列表] [FOR 条件表达式]
[[TYPE] [SDF/WK3/XLS
/DELIMITED [WITH 分隔符/WITH BLANK/WITH TAB]]]

命令的功能：该命令与 COPY TO 命令的功能相反，是将数据表或其他系统的数据文件追加到当前打开的数据表文件中，成为.DBF 文件格式的数据。其中，FROM 子句用于指定追加数据的源数据文件；“?”将在屏幕上出现“打开”文件对话框，从中选择用于追加数据的数据文件。其他子句的功能与 COPY TO 命令中相同子句的功能一样，这里不再重复。

注意：使用 APPEND FROM 命令需要事先打开或创建一个接收数据的数据表文件，并且追加数据只能在当前工作区内进行，不能指定其他工作区或使用表文件的别名向在其他工作区中打开的数据表追加数据。

（2）APPEND MEMO 备注型字段名 FROM 文件名 [OVERWRITE]

命令的功能：该命令与 COPY MEMO TO 命令的功能相反，它将存储在由文件名指定的数据文件中的数据写入到当前工作区中已经打开的数据表的备注型字段中。写入的备注型字段名由命令中的“备注型字段名”指定。OVERWRITE 子句在缺省状态下表示写入的数据将追加到指定的“备注型字段”中已有数据的后面，使用 OVERWRITE 子句表示将其原有的数据覆盖。

注意：命令中的文件名必须写出全名（包括扩展名），否则系统会找不到所需的文件。另外，对追加到备注型字段的数据没有任何限制。

5.10.3 用文件操作函数交换数据

只要知道了某种语言使用的数据格式，通过使用系统提供的低级文件操作函数也可以与这种语言进行数据交换。这类函数主要有以下几种：

（1）FCHSIZE()函数。

格式：FCHSIZE(数值表达式 1，数值表达式 2)

功能：改变已打开数据文件的大小。返回值<0，表示改变失败。

（2）FCLOSE()函数。

格式：FCLOSE(数值表达式)

功能：关闭用文件函数打开的文件或通信端口。返回值为“.T.”表示关闭成功。

（3）FCREATE()函数。

格式：FCREATE(字符表达式，数值表达式)

功能：创建并打开数据文件。返回值<0，表示创建失败。

（4）FEOF()函数。

格式：FEOF(数值表达式)

功能：测试文件指针是否在文件尾。返回值为“.T.”表示指针在文件尾。

（5）FERROR()函数。

格式：FERROR()

功能：测试文件操作错误，返回错误号。返回值为 0，表示无错误。

（6）FFLUSH()函数。

格式：FFLUSH(数值表达式)

功能：将缓冲区中的数据写入文件。返回值为“.T.”表示写入成功。

（7）FGETS()函数。

格式：FGETS(数值表达式 1，数值表达式 2)

功能：从文件或端口读入数据，直到遇到回车符为止。

（8）FOPEN()函数。

格式：FOPEN(字符表达式 [,数值表达式])

功能：打开数据文件或通信端口。返回值<0，表示打开失败。

（9）FPUTS()函数。

格式：FPUTS(数值表达式 1, 字符表达式 [, 数值表达式 2])

功能：返回写入数据文件或通信端口的字节数。返回值为 0，表示写入失败。

（10）FREAD()函数。

格式：FREAD(数值表达式 1, 数值表达式 2)

功能：从文件或通信端口读取指定的数据。

（11）FSEEK()函数。

格式：FSEEK(数值表达式 1, 数值表达式 2 [, 数值表达式 3])

功能：在数据文件中移动指针，返回指针移动的字节数。

（12）FWRITE()函数。

格式：FWRITE(数值表达式 1, 字符表达式 [, 数值表达式 2])

功能：将数据写入数据文件。返回值为 0，表示写入失败。

本章小结

本章通过建立一个简单的 Visual FoxPro 应用程序介绍了用 Visual FoxPro 系统建立用户应用程序的一般过程，并简略介绍了有关编程工具的使用方法。

项目管理器的作用是对应用程序的各个组件（包括数据库、表单、报表、菜单、视图等）进行管理和组织，项目管理器是在 Visual FoxPro 数据库中建立应用程序的一个有效的工具。表向导使用户可以以回答问题的形式轻松地完成创建表的工作。表单向导可以引导用户创建并把数据库添加到用于交互的表单中，形成可用于输入/输出数据的用户友好的界面。为了使应用程序的设计更加方便和实用，Visual FoxPro 提供了报表向导功能，可以在报表中设计报表格式、添加数据、统计数据，并打印出完美的报表。

在 Visual FoxPro 系统中，有些表是独立存在的，称之为自由表；有些表是隶属于某个数据库的，称之为库表。无论是自由表还是数据库表，都是应用程序的重要组成部分，是应用程序的数据源。

本章还讲述了对数据的基本操作，如向数据库添加与删除数据表、修改数据表的结构、记录指针的定位、数据的输入、数据的修改、删除与恢复数据查询、数值计算等。

为了使用户能方便地使用数据，Visual FoxPro 系统提供了对表中数据进行排序的两种方法：排序和索引。

在 Visual FoxPro 系统中，使用最多、功能最强的是数据的索引。为表建立索引的目的是便于访问表中的数据，用户可以根据自己的需要来重新组织数据。索引的建立还使不同表之间的相互访问成为可能。

视图是用户根据需要设定的虚拟表。视图中的数据可以来源于本地机、远程机，可以来源于一个或多个表或者其他的视图。可以使用视图来更新数据库表中的数据，并保存当前正在使用的数据内容。

视图是基于数据库的，因此创建视图前必须有相关的数据库。

Visual FoxPro 系统为进行屏幕输入与输出提供了大量的命令，这些命令可以分为两类：一类是行输入与输出命令，行输出命令通常将命令结果输出到当前屏幕的光标位置或者打印机的行列位置处；另一类是全屏幕输入与输出命令，这类命令通常使用@可以在屏幕上对数据进行编辑和修改，还可以将命令执行的结果输出到屏幕的指定位置上。

存储在数据库中的数据可以以报表的形式进行输出。报表有两个基本组成部分：数据源和数据布局。报表文件保存了数据打印输出的格式和相应的数据信息，并存储在具有.FRX扩展名的文件中。

Visual FoxPro 系统提供了功能强大的结构化查询语言（SQL）命令。SQL 命令采用了 Rushmore 技术来优化系统性能，一个 SQL 命令相当于多个 Visual FoxPro 命令。使用 Rushmore 技术提高了 Visual FoxPro 系统的性能。

由于 Visual FoxPro 系统的数学运算能力差，在实际应用中往往要借助于其他语言进行复杂的数学运算。另外，对于某些有特殊需求的应用系统，仅用 Visual FoxPro 语言是不能满足编程需要的。为此，系统提供了与其他语言连接的接口。

习题五

一、选择题

1．在 Visual FoxPro 中创建具有菜单、报表和表单等功能的应用程序的最简便有效的方法，就是使用（　　）来建立应用程序。

A．项目文件　　B．数据文件　　C．表文件　　D．数据库

2．制作报表的方法是，在项目管理器中选择（　　），单击“新建”按钮。

A．自由表图标　　B．报表图标　　C．数据图标　　D．视图图标

3．数据库文件中不仅保存着表格文件的信息，而且还保存着（　　）之间的关系的信息，以及其他有关的信息。

A．数据与数据　　B．文件与文件　　C．表与表　　D．记录与记录

4．Visual FoxPro 中工作区最多允许同时使用（　　）个，分别以数字 1～32767 表示。

A．32768　　B．32766　　C．32767　　D．65535

5．索引（　　）表中所存储数据的顺序，它只改变了 Visual FoxPro 系统读取每条记录的顺序。

A．改变　　B．不改变　　C．引起　　D．使得

6．（　　）是为了保证关系完整性而存在的，通常与表文件一起使用。

A．辅索引　　B．次索引　　C．主索引　　D．普通索引

7．在数据库表和自由表中，可为（　　）建立多个候选索引。

A．每个表　　B．单个表　　C．库与表　　D．表与表

8．视图不是“图”，而是查看表中信息的一个（　　），相当于定制的浏览窗口。

A．界面　　B．表单　　C．报表　　D．窗口

9．格式化输入与输出命令均以（　　）字符开头，根据不同的用途可以有不同的形式。

A．#　　B．&　　C．@　　D．%

二、判断下列各题的正确性，对者用“√”表示，错者用“×”表示

1．建立项目的目的就是对应用程序中的各种组成文件进行组织、管理和维护，项目文件是通过项目管

理器编译并运行的。

2．数据库与表格有不同的概念，数据库是表文件的集合，可以包含一个或多个表文件。

3．数据库中的表格是以单独文件的形式存放在数据库文件中。

4．独立存在的表，称之为自由表；隶属于某个数据库的表，称之为库表。

5．数据库文件是一个数据容器，在数据库中保存着多个数据，以及这些数据之间关系的信息。

6．如果定义的字段宽度小于实际数据的长度，那么系统自动按实际数据的长度接收数据。

7．表文件是一组相关记录的集合，是 Visual FoxPro 处理数据和建立关系型数据库及其应用程序的基本单位，数据库是表文件的集合。

8．为了引用库表，在其前面加上所属数据库的名称和数据库限定符，就可以在数据库处于非活动状态时打开所属表格。

9．一个自由数据表成为一个数据库的库表之后，还可以成为其他数据库的表。

10．表索引是带有记录号的关键字值的列表，指向待处理的记录，并确定了记录的处理顺序。

11．用将多个索引关键字值定义在特殊的索引文件并放到一个物理文件中的方法来建立索引文件，这种索引文件称为复合索引文件。

12．如果为一个表建立过多的复合索引，这些不常用的索引不会影响程序的执行速度。

13．为表建立索引的目的是便于访问表中的数据，用户可以根据自己的需要来重新组织数据。

14．视图是用户根据需要设定的表。视图中的数据可以来源于本地机、远程机，可以来源于一个或多个表或者其他的视图。

15．视图是基于数据库的，因此创建视图前必须有相关的数据库。

16．本地视图的数据源是那些没有放在服务器上的当前数据库中的数据表。

17．使用视图，可以从表中将常用的一组记录提取出来组成一个虚拟表，而不管数据源中的其他信息。

18．模式符的特点是，每个符号仅对应输出或输入数据中的一个字符起作用，与位置无关，不是一一对应控制。

19．SQL 是一种标准的关系数据库查询语言，用于对关系型数据库中的数据进行存储、查询、更新等操作。

20．查询就是向数据库系统发出检索信息的请求，提出检索的条件以提取需要的数据。

三、填空题

1．制作表单可以在项目管理器的__________中单击__________图标，然后单击“新建”按钮。

2．在自由表中缺乏__________、__________等属性，不保存与其他表之间的关系。

3．既可以使用__________方式建立自由表，又可以使用__________方式建立并控制自由表的使用。

4．字段名只能是英文字母、__________、汉字或__________，第一个字符必须是__________或汉字，__________不能在字段名中出现。

5．小数位数项用于指定__________、__________和__________字段的小数位数。

6．索引文件往往比源数据文件要__________，而且__________可以在一个索引文件中共存，因此并不占用__________磁盘空间。

7．在表之间创建关联之前，相关联的表之间要有__________字段和索引。这样的字段称为__________字段和__________字段。

8．主关键字字段标识了表中的__________，外部关键字字段标识了存于__________中其他表的相关记录。

9．Visual FoxPro 系统的视图分为__________和__________两类。

10．报表有两个基本组成部分：__________和__________。

11．在报表设计中，数据源可以是数据库中的__________、__________、__________等。

12．报表文件并不存储指定的__________，而是存储__________和__________。

13．报表中的__________可以和表、视图的__________、变量或__________绑定在一起。

14．Rushmore 是一种从表中快速选取__________的技术，它可将__________的时间从数小时或数分钟降到数秒，可以显著地提高查询的速度。

15．SQL 为用户提供的功能有：数据定义、__________、数据操作、__________、数据共享、__________操作等。

四、操作与编程

1．建立一个学生联络应用程序，要求能查看、输出联络数据的内容。

2．建立一个学生成绩统计表，要求要有一个班学生一学期的课程及成绩；建立一个学生通讯录表，要求要有一个班学生的联络方式。

3．建立一个学生数据库，将已经建立的表放到该数据库中。

4．对已建立的学生成绩统计表和学生通讯录表进行数据的修、删、改和插入等操作，并进行数据查询。

5．对学生成绩统计表中的数据进行计算，如求个人的总成绩、平均成绩，求课程的总成绩、平均成绩，求男女生的总成绩、平均成绩等。

6．对学生成绩统计表按个人总成绩、单科成绩等进行排序，要求建立独立索引和复合索引。

7．建立个人的学习成绩、联系方式的视图。

8．建立学生学习成绩报表。

9．用 SQL 命令查询各单科成绩最高的学生、各单科成绩最低的学生、总成绩最高的学生、总成绩最低的学生、总平均成绩最高的学生、总平均成绩最低的学生。

第 6 章　程序设计基础

知 识 点

- 运算符、表达式
- 语句、程序结构、程序文件

难 点

- 建立条件表达式
- 选择结构、循环结构及其嵌套
- 程序的编制与调试方法

要 求

熟练掌握以下内容：

- 条件表达式的使用
- 选择结构与循环结构的使用
- 选择结构与循环结构的嵌套使用方法
- 程序文件的建立、调试与维护
- 面向对象的程序设计方法

了解以下内容：

- 调用外部程序的过程
- ON 命令

6.1　程序设计概述

程序是计算机能够识别、执行的指令集合。程序设计是程序员或计算机用户根据解决某一问题的步骤，按照一定的逻辑关系，将计算机指令组合在一起的过程。程序执行就是程序中的指令执行过程。

Visual FoxPro 系统为普通用户提供了菜单驱动和命令交互使用方式，还为高级用户提供了程序执行方式。使用程序方式，是将解决某一实际问题的命令按照一定的逻辑顺序编制成程序，并以文件的形式存放在磁盘上。程序执行时，计算机按照逻辑顺序自动、连续地执行程序文件中的每条命令。

Visual FoxPro 系统有一套完整的语法规则，使用该语言可以解决大量数据处理的实际问题。

6.1.1　使用计算机解决问题的基本过程

（1）分析问题。遇事先进行分析，对需要解决的事情要进行详细的分析，对于某些项目还要分析用户需求、技术条件、成本核算，以及经济和社会效益等问题。

（2）确定算法。要特别注意选择解决问题的方法和过程，对于某些问题还需要确定数学模型或计算方法。

（3）设计数据库。根据实际问题的需要设计、建立数据库。

（4）编写程序。根据解决问题的方法和步骤编制应用程序。

（5）上机调试。将设计好的程序输入计算机，调试、修改并运行程序，直到运行结果满意为止。

（6）分析运算结果。确认程序在各种可能的状态下都能正确执行，输出的结果准确无误。

（7）编制文档资料。编写程序的编制过程说明以及程序使用和维护说明书等。

（8）维护和再设计。对程序进行日常维护，进一步改进和完善功能。

6.1.2 程序的建立与编辑

1. 程序文件的建立

建立、编辑 Visual FoxPro 程序文件有两种方式：命令方式和可视化操作方式。

（1）命令方式建立程序文件。用命令方式建立程序文件的命令格式如下：

MODIFY COMMAND [程序文件名/?]

命令的功能：启动文本编辑器进行程序文件的建立或编辑。若程序文件不存在，系统建立指定的程序文件；若程序文件已存在，系统从磁盘存储器中调入程序文件到内存并显示在编辑器窗口中，可以进行编辑和修改。

其中，“程序文件名”指要建立或编辑的程序文件名。若省略文件名，系统会自动取名为 UNTITLE.PRG；若省略扩展名，系统会自动在文件名后加上扩展名.PRG。通配符“*”或“？”可以在文件名中使用，此时系统会同时打开若干个窗口编辑相应的文件。

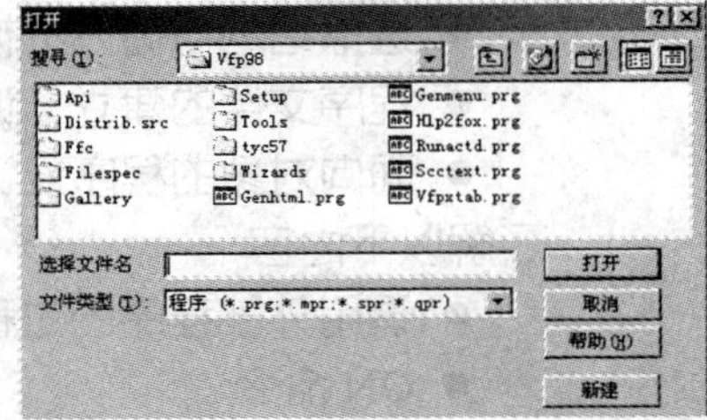

图 6.1 “打开”对话框

用“？”号代替文件名，屏幕上会出现“打开”对话框，如图 6.1 所示。用户可以在其中的文件列表中选择需要编辑的文件。

用命令方式建立程序文件的步骤如下：

1）在命令窗口中键入命令，如图 6.2 所示。

2）在编辑窗口中输入命令行，如图 6.3 所示。

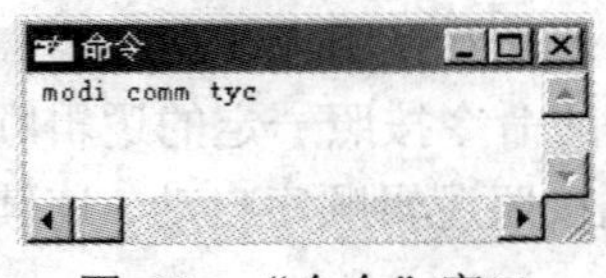

图 6.2 “命令”窗口

图 6.3 编辑窗口

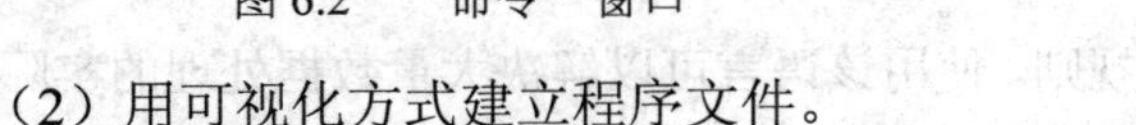

（2）用可视化方式建立程序文件。

用可视化方式建立程序文件的步骤如下：

1）选择“文件”→“新建”命令，在弹出的“新建”对话框中选择“程序”选项，进入编辑窗口。

2）在编辑窗口中输入命令行，如图 6.3 所示。

3）命令行输入完成后，选择“文件”→“保存”命令或按组合键 Ctrl+W，此时系统会自动提示用户输入程序文件名和选择存放文件的文件夹。在用户正确输入程序文件名后，系统自动将程序文件存入到用户选择的文件夹中。

2. 编辑程序文件

程序文件的编辑步骤如下：

（1）选择“文件”→“打开”命令。

（2）在“打开”对话框中输入或选择要修改的文件名，系统自动按输入的文件名将程序文件调入内存并显示在文本编辑窗口中以供修改。

（3）修改完毕，选择“文件”→“保存”命令或按组合键 Ctrl+W，系统将修改后的程序文件用原文件名存盘，而修改之前的文件仍保留，只是文件名后的扩展名自动变为.BAK。

修改后的程序文件也可以重新命名，保存时选择“文件”→“另存为”命令，在“另存为”对话框中输入新文件名即可。

（4）选择“文件”→“关闭”命令或按组合键 Ctrl+Q，可放弃本次的修改，退出编辑状态。

6.1.3 程序文件的编译与执行

1. 程序文件的编译

Visual FoxPro 系统提供了将源程序转换为目标程序的编译功能，编译后的目标文件的扩展名为.FXP。

程序文件的编译有命令和可视化两种方式。

（1）编译程序文件的命令方式。程序文件编译的命令格式如下：

COMPILE 程序文件名

命令的功能：对指定的程序文件进行编译。

（2）编译程序文件的可视化方式。

1）选择“程序”→“编译”命令，如图 6.4 所示。

2）屏幕上出现“编译”对话框，在其中输入或选择程序文件名，如图 6.5 所示，系统会自动地对选定的程序文件进行编译。

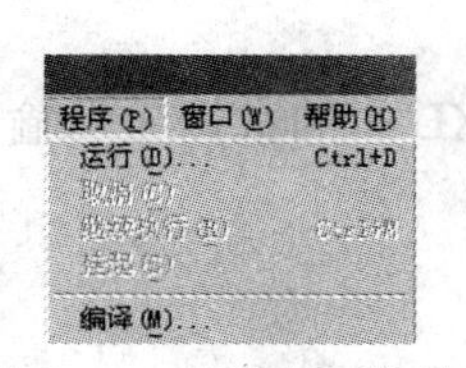

图 6.4 “程序”菜单

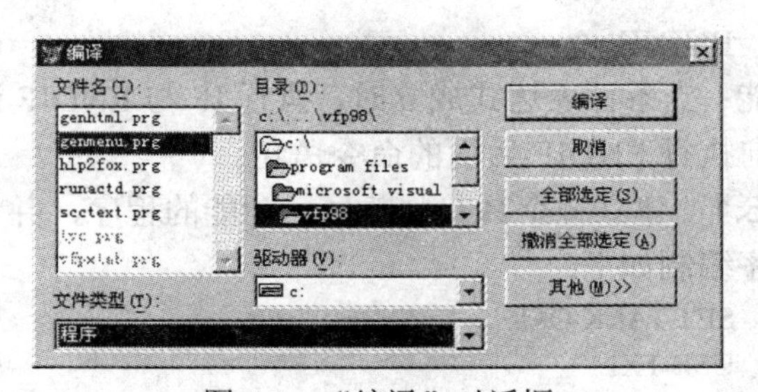

图 6.5 “编译”对话框

2. 程序文件的执行

程序文件存入磁盘、经过编译后，系统可以自动、连续地执行程序文件中的每条命令或语句。程序文件的执行有命令方式和可视化方式两种。

（1）程序文件执行的命令方式。执行程序文件的命令格式如下：

DO 程序文件名

命令的功能：将程序文件从磁盘调入内存并执行。系统执行该程序文件时，先查找以.FXP为后缀名的文件，若无该类文件，再查找同名的.PRG 文件，并将其编译成.FXP 目标文件后再执行。

（2）程序文件执行的可视化方式。

1）选择“程序”→“运行”命令，屏幕上出现“运行”对话框（如图 6.6 所示），在其中输入要执行的程序文件名，然后单击“运行”按钮。

2）在 Windows 环境下，单击“开始”按钮，选择“运行”选项，屏幕上出现“运行”对话框（如图 6.7 所示），在其中输入要执行的程序文件名，然后单击“确定”按钮。

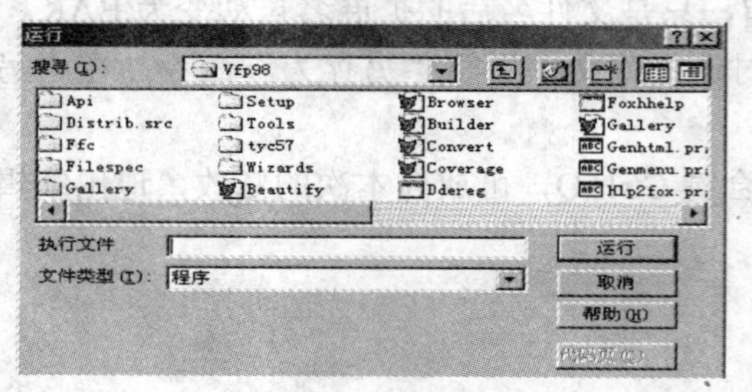

图 6.6 Visual FoxPro 系统的运行对话框

图 6.7 Windows 环境下的运行对话框

6.2 选择结构设计

选择结构是程序设计的基本结构之一，它能根据给定条件的当前值选择一段适合的程序执行。选择结构的基本形式有 3 种，这 3 种结构的嵌套形式却是多种多样的。

6.2.1 简单判断语句

简单判断语句的格式如下：

```
IF 条件表达式
    命令序列
ENDIF
```

功能：当条件表达式成立时，执行 IF 与 ENDIF 语句之间的命令序列，否则不执行命令序列，转向执行 ENDIF 后面的命令语句。

例 6.1 建立一个具有判断显示功能的程序，并将表 TXL 中的数据显示输出。

程序编制如下：

```
SET TALK OFF
USE TXL
WAIT "是否显示全体人员的记录？（Y/N）" TO AA
IF UPPE(AA) ='Y'
   LIST
ENDIF
```

```
USE
SET TALK ON
RETU
```

6.2.2　选择判断语句

选择判断语句的格式如下：

```
IF 条件表达式
    命令序列 1
ELSE
    命令序列 2
ENDIF
```

功能：先判断条件表达式，当条件表达式成立时，执行命令序列 1；当条件表达式不成立时，执行命令序列 2。不管是执行命令序列 1 还是执行命令序列 2，执行完毕后都要执行 ENDIF 后面的命令语句。

例 6.2　给系统程序设置“口令”，回答正确者能使用系统，回答错误者给出提示并退出系统。

程序编制如下：

```
CLEAR
SET TALK OFF
?"请输入口令！"
SET CONS OFF
    ACCE TO MM
SET CONS ON
IF MM="WIN96"
    ?"口令正确！欢迎使用本系统！"
ELSE
    ?"非法口令！不能使用本系统！"
    QUIT
ENDIF
SET TALK ON
RETURN
```

6.2.3　多选择判断语句

多选择判断语句的格式如下：

```
DO CASE
    CASE 条件表达式 1
            命令序列 1
    CASE 条件表达式 2
            命令序列 2
                ⋮
    CASE 条件表达式 N
```

```
        命令序列 N
    [OTHERWISE
        命令序列 N+1]
ENDCASE
```

功能：依次判断各条件表达式的值，若有一个条件表达式成立，则执行相对应的命令序列，执行完毕不再接着判断是否还有条件表达式成立，直接转向 ENDCASE 后面的语句执行。当有若干个表达式同时成立时，只判断最前面的一个条件表达式，执行相应的命令序列，其余的条件表达式都不会再比较判断。当所有的条件都不成立时，则执行 OTHERWISE 短语中的命令序列。

例 6.3 设计一个简易的菜单程序，并配上相应的调用程序结构。

程序编制如下：

```
SET TALK OFF
CLEAR
SET MESS TO 15
@ 4,30 SAY "数据库维护系统"
@ 5,26 PROM "1. 输入数据" MESS "向数据库添加记录"
@ 5,40 PROM "2. 修改数据" MESS "按记录号修改"
@ 7,26 PROM "3. 删除数据" MESS "按记录号删除"
@ 7,40 PROM "4. 插入数据" MESS "按记录号插入"
@ 9,26 PROM "5. 查询数据" MESS "按关键字值查询"
@ 9,40 PROM "6. 打印数据" MESS "打印全体人员记录"
@ 11,26 PROM "0. 退出系统" MESS "结束系统运行"
 MENU TO TGM
DO CASE
   CASE TGM=1
        DO APPEND1
   CASE TGM=2
        DO EDIT1
   CASE TGM=3
        DO DELETED1
   CASE TGM=4
        DO INSERT1
   CASE TGM=5
        DO LOCATE1
   CASE TGM=6
        DO PRINT1
   CASE TGM=0
        RETURN
ENDCASE
SET TALK ON
RETURN
```

6.2.4 选择结构的比较

在 3 种选择结构中，都有开始和结束语句，这两个语句缺一不可。在 3 种形式中，以

IF-ELSE-ENDIF 的形式最有代表性，IF-ENDIF 语句形式是 IF-ELSE-ENDIF 语句形式的特例。在需要根据多种条件进行选择时，也可以用若干个 IF 语句组合实现，但是在结构上不如使用 DO CASE 语句简单、明了。

例 6.4　用 IF 语句替代例 6.3 中的 DO CASE 语句。

程序编制如下：

```
SET TALK OFF
SET MESS TO 15
CLEAR
@ 4,30 SAY "数据库维护系统"
@ 5,26 PROM "1. 输入数据" MESS "向数据库添加记录"
@ 5,40 PROM "2. 修改数据" MESS "按记录号修改"
@ 7,26 PROM "3. 删除数据" MESS "按记录号删除"
@ 7,40 PROM "4. 插入数据" MESS "按记录号插入"
@ 9,26 PROM "5. 查询数据" MESS "按关键字值查询"
@ 9,40 PROM "6. 打印数据" MESS "打印全体人员记录"
@ 11,26 PROM "0. 退出系统" MESS "结束系统运行"
 MENU TO TGM
IF TGM=0
    RETURN
ENDIF
IF TGM=1
    DO APPEND1
ENDIF
IF TGM=2
    DO EDIT1
ENDIF
IF TGM=3
    DO DELETED1
ENDIF
IF TGM=4
    DO INSERT1
ENDIF
IF TGM=5
    DO LOCATE1
ENDIF
IF TGM=6
    DO PRINT1
ENDIF
SET TALK ON
RETURN
```

6.2.5　选择语句的嵌套

选择语句的嵌套形式多种多样，在实际运用中要根据具体情况灵活运用。一般地说，在上述 3 种基本形式的命令序列中都可以再含有 3 种选择语句形式中的一种、两种或 3 种。

```
（1）IF 条件表达式 1
        IF  条件表达式 2
            命令序列 1
        ELSE
            命令序列 2
        ENDIF
    ELSE
        命令序列 3
    ENDIF
（2）IF  条件表达式 1
        命令序列 1
    ELSE
        IF  条件表达式 2
            命令序列 2
        ELSE
            IF  条件表达式 3
                命令序列 3
            ELSE
                命令序列 4
            ENDIF
        ENDIF
    ENDIF
（3）IF  条件表达式 1
        DO CASE
            CASE  条件表达式 2
                    命令序列 1
            CASE  条件表达式 3
                    命令序列 2
        ENDCASE
    ELSE
        DO CASE
            CASE  条件表达式 4
                    命令序列 3
            CASE  条件表达式 5
                    命令序列 4
            OTHE
                    命令序列 5
        ENDCASE
    ENDIF
```

（4）DO CASE

```
CASE 条件表达式 1
    命令序列 1
CASE 条件表达式 2
    DOCASE
        CASE 条件表达式 3
            命令序列 2
        CASE 条件表达式 4
            命令序列 3
        OTHE
            命令序列 4
    ENDCASE
CASE 条件表达式 5
    命令序列 5
OTHE
    命令序列 6
ENDCASE
```

6.2.6　条件选择函数

在某些情况下，使用条件选择语句（IF-ELSE-ENDIF）仅仅是为了选择一个合适的值赋给一个内存变量。此时，操作虽然简单，但是IF语句结构不能少。

```
IF 条件表达式
    A= 表达式 1
ELSE
    A= 表达式 2
ENDIF
```

为了简化这种结构，Visual FoxPro 系统提供了一个条件函数来完成同样的功能，这个函数就是IIF()函数。IIF()函数的格式比较简单，形式如下：

A = IIF(条件表达式,表达式 1,表达式 2)

在这个函数中有 3 个参数：判断条件和两个需要赋给内存变量的值。这个函数的使用，与IF-ELSE-ENDIF语句的功能是一样的。先要判断“条件表达式”的值，如果该值为真，将“表达式 1”的值赋给内存变量A；如果该值为假，将“表达式 2”的值赋给内存变量A。总之，在使用这个函数时，内存变量会根据条件表达式的返回值得到一个值。

例如，A = IIF(B ="王道平",23,0)。在示例中，先判断内存变量B的值是否与字符串“王道平”相同，如果相同就将23赋给A变量；如果不相同就将0赋给A变量。

6.3　循环结构设计

在日常事务处理过程中，需要重复进行处理的事情很多，在计算机中用于处理这类重复事情的结构就是“循环”。Visual FoxPro 系统提供了多种循环形式，可以满足不同情况的程序设计需要。

6.3.1 条件循环

条件循环是 Visual FoxPro 程序设计的基本结构之一，基本格式如下：

```
DO WHILE 条件表达式
    命令序列 1
  [LOOP]
    命令序列 2
  [EXIT]
    命令序列 3
ENDDO
```

功能：当条件表达式成立时，反复执行 DO WHILE 与 ENDDO 之间的命令序列，直到表达式不成立为止。

解释说明：在基本格式中，有两个可选的辅助语句 LOOP 和 EXIT，在一般情况下，这两个语句都要放在 IF 语句结构中，否则循环不能正常进行。LOOP 语句的功能是结束本次循环（使循环“短路”），返回到 DO WHILE 语句继续执行。如果该语句不用条件语句限制，循环语句将一直“短路”，LOOP 语句之后的命令序列将永远不能执行。EXIT 语句的功能是结束整个循环过程，退出循环结构（使循环“断路”）。如果该语句不用条件语句限制，循环将不能继续进行。

例 6.5 显示“学生名册”表中入学成绩高于 600 分的所有学生。

程序编制如下：

```
CLEAR
USE 学生名册
LOCATE FOR 入学成绩 >= 600
DO WHILE .NOT. EOF()
    DISP
    CONTINU
    WAIT "按任意键继续，按 Esc 键退出"
ENDDO
?"结束"
RETURN
```

例 6.6 根据输入的记录号显示“学生名册”表中的记录，如果输入的记录号为 0 或负数，表示结束循环；如果记录号超出了表中已有记录号的范围，则要求重新输入。

程序编制如下：

```
CLEAR
USE 学生名册
COUNT TO N

DO WHILE .T.
    INPUT "请输入记录号：" TO A
```

```
    DO CASE
        CASE A <= 0
            EXIT
        CASE A > N
            ? "记录号太大！"
        CASE A < N AND A > 0
            GO A
            DISP
    ENDCASE
ENDDO
RETURN
```

例 6.7 给例 6.4 中的菜单程序配上循环结构，使之能反复执行。

程序编制如下：

```
SET TALK OFF
SET MESS TO 15
CLEAR
DO WHILE .T.
    @ 4,30 SAY "数据库维护系统"
    @ 5,26 PROM "1. 输入数据" MESS "向数据库添加记录"
    @ 5,40 PROM "2. 修改数据" MESS "按记录号修改"
    @ 7,26 PROM "3. 删除数据" MESS "按记录号删除"
    @ 7,40 PROM "4. 插入数据" MESS "按记录号插入"
    @ 9,26 PROM "5. 查询数据" MESS "按关键字值查询"
    @ 9,40 PROM "6. 打印数据" MESS "打印全体人员记录"
    @ 11,26 PROM "0. 退出系统" MESS "结束系统运行"
    MENU TO TGM
    DO CASE
      CASE TGM=1
          DO APPEND1
      CASE TGM=2
          DO EDIT1
      CASE TGM=3
          DO DELETED1
      CASE TGM=4
          DO INSERT1
      CASE TGM=5
          DO LOCATE1
      CASE TGM=6
          DO PRINT1
      CASE TGM=0
          RETURN
    ENDCASE
ENDDO
SET TALK ON
RETURN
```

6.3.2 计数循环

计数循环也是程序设计的基本结构之一，基本格式如下：

```
FOR 循环控制变量 = 循环初值 TO 循环终值 [STEP 步长]
    语句序列 1
   [LOOP]
    语句序列 2
   [EXIT]
    语句序列 3
ENDFOR/NEXT
```

功能：先将循环初值赋给循环控制变量，然后判断循环变量的值是否超过终值，若没有超过，执行循环体内的语句序列，否则退出循环，执行 ENDFOR 后面的语句；当遇到 ENDFOR/NEXT 子句时，返回 FOR 语句，并将循环变量的值增加一个步长值，并再与循环终值比较，判断循环变量的值是否超过终值……，如此重复执行循环体内的语句序列，直到循环变量的值超过循环终值为止。

解释说明：当省略步长值时，系统默认步长值为 1；当初值小于终值时，步长值应为正值，当初值大于终值时，步长值应为负值，否则会造成死循环；步长值不能为 0，因为那样也会造成死循环。在循环体内不要随便改变循环控制变量的值，否则会使循环次数发生混乱或死循环。

[LOOP]和[EXIT]子句的功能和用法与条件循环中的相同。

例 6.8 求 N 值的阶乘。

程序编制如下：

```
CLEAR
FAC = 1
INPUT "请输入 N 的值：" TO N
FOR J = 1 TO N STEP 1
    FAC = FAC*J
    ? STR(J, 10) +"!="+ STR(FAC, 10)
ENDFOR
```

6.3.3 多重循环

多重循环就是循环体内又嵌套着循环的情况。处于循环体内的循环称为内循环，处于外层的循环称为外循环。内外循环的层次必须分明，不允许有交叉现象出现。内外循环的循环变量不能同名。在嵌套情况下，EXIT 语句使控制跳转到下方离其最近的 ENDDO 语句之后，而 LOOP 语句使控制跳转到其上方离其最近的 DO-WHILE 语句继续执行。

例 6.9 设计能打印出如图 6.8 所示的小学生九九表的程序。

程序编制如下：

```
SET TALK OFF
TT = 0
? "          *   1   2   3   4   5   6   7   8   9"
DO WHILE TT < 9
    TT = TT+1
```

```
        ? TT
        NN = 0
        DO WHILE NN < TT
            NN = NN+1
            ?? STR( NN*TT, 4 )
        ENDDO
    ENDDO
    SET TALK ON
```

*	1	2	3	4	5	6	7	8	9
1	1								
2	2	4							
3	3	6	9						
4	4	8	12	16					
5	5	10	15	20	25				
6	6	12	18	24	30	36			
7	7	14	21	28	35	42	49		
8	8	16	24	32	40	48	56	64	
9	9	18	27	36	45	54	63	72	81

图 6.8　下三角形九九表

思考：编写打印上三角形九九表的程序。

6.3.4　扫描循环

扫描循环是数据表专用的循环语句，循环执行时将对表中的数据进行扫描，基本格式如下：

```
SCAN [范围] [FOR 条件] [WHILE 条件]
    语句序列 1
  [LOOP]
    语句序列 2
  [EXIT]
    语句序列 3
ENDSCAN
```

功能：在当前数据表文件中按指定条件查询数据。若条件成立，执行循环体内的语句序列；否则退出循环，执行 ENDSCAN 后面的语句。

解释说明：该语句可以快速地对当前表文件中所有满足条件的记录进行处理，避免了在循环体内重复执行库文件查询等命令。

[LOOP]和[EXIT]子句的功能和用法与条件循环中的相同。

例 6.10　查询“学生名册”表中入学成绩大于 600 分的所有男生的姓名。

程序编制如下：

```
CLEAR
USE 学生名册
SCAN ALL FOR 入学成绩 >= 600
    IF 性别 ="男"
        LOOP
```

```
        ENDIF
        DISP FIEL 姓名,性别,入学成绩
    ENDSCAN
    RETURN
```

6.4 数组及其应用

数组是具有相同名称的变量的集合。每个数组具有一个作为标识的名字称为数组名，数组中元素的顺序号称为下标，下标是区分数组中不同元素的依据，数组名及其不同的下标表示了不同的数组元素。由于数组中的元素是用下标进行区别的，所以数组元素又称为下标变量，下标放在数组名后面的括号内。数组必须先定义后使用。

6.4.1 数组的定义与赋值

1. *数组定义语句*

数组定义语句的格式如下：

```
DIMENSION 数组名1(数值表达式1 [, 数值表达式2 ,…])
        [, 数组名2(数值表达式3 [, 数值表达式4 , …])…]
```

功能：定义一个或多个数组变量。

解释说明：语句中的“数值表达式”是指所定义数组中的下标上限值，数组下标的变化是从1开始直到“数值表达式”的值为止。数值表达式可以是常量、变量或表达式，但必须大于0，如果是非整数，则系统自动取整。数组可以重复定义，重复定义时，前面定义的元素保持不变。

例6.11 定义数组变量。

```
DIMENSION X(10) , Y(2, 3) , Z(3, 3, 3)
INPUT "A = " TO A
INPUT "B = " TO B
DIMENSION M(A, B+2)
```

2. *数组赋值语句*

数组赋值语句的格式如下：

① STORE 表达式 TO 数组名表/数组元素表

② 数组名/数组元素 = 表达式

功能：将表达式的值赋给指定的数组或数组元素。

解释说明：格式①可以将表达式的值同时赋给多个数组或数组元素，而格式②只能赋给一个数组或数组元素。若语句中使用数组名，则表示将表达式的值赋给数组中的每一个下标变量。

例6.12 定义一个有20个元素的数组，数组的一个元素存放一个学生英语课程的成绩，并求出这20个学生英语课程的平均成绩。

程序编制如下：

```
CLEAR
DIMENSION A(20)
```

```
STORE 0 TO X,B
FOR X = 1 TO 20
     INPUT "请输入英语课成绩：" TO A(X)
     B = B + A(X)
ENDFOR
CLEAR
B = B/20
@3,10 SAY "英语课的平均成绩是：" +STR(B)
RETURN
```

例 6.13 从键盘上输入若干本英文书籍的名称，按英文字母的顺序将这些英文书籍重新排列并在屏幕上显示。

程序编制如下：

```
CLEAR
INPUT "请输入英文书籍的总本数：" TO A
DIMENSION BOOKNAME(A)
FOR I = 1 TO A
     CLEAR
     ACCEPT "请输入书名：" TO BOOKNAME(I)
ENDFOR
FOR I = 1 TO A－1
     FOR J = I + 1 TO A
          IF BOOKNAME(I) > BOOKNAME(J)
               T = BOOKNAME(I)
               BOOKNAME(I) = BOOKNAME(J)
               BOOKNAME(J) = T
          ENDIF
     NEXT
NEXT
FOR I=1 TO A
     ? BOOKNAME(I)
ENDFOR
RETURN
```

6.4.2 数据表与数组的数据交换

1. 数据表中的数据传送到数组

数据表中的数据传送到数组的命令格式如下：

SCATTER [FIELDS 字段名表] TO 数组名 [MEMO]

功能：将数据表当前记录中的字段值按“字段名表”的顺序依次传送给数组的对应元素。

解释说明：若省略“字段名表”，表示将当前记录中的所有字段按顺序依次传递给数组元素，MEMO 表示字段中有备注型字段。在字段传送过程中，数据表的记录指针保持不变。

在传送中，如果字段数多于定义的数组元素个数，系统会自动扩大数组元素个数来接收多出的字段内容；如果定义的数组元素的个数多于字段个数，则多余的数组元素保持原来的值不变。

例 6.14 在“学生成绩”表中，对学生的数学课成绩进行分段统计。

程序编制如下：

```
CLEAR
USE 学生成绩
COUNT ALL TO R
GO TOP
DIMENSION S(10), A(1)
STORE O TO S
FOR J = 1 TO R
    SCATTER FIELD 数学 TO A
    IF A(1) < 60
       S(5) = S(5)+1
    ELSE
       M = INT(A(1)/ 10)
       S(M) = S(M) + 1
    ENDIF
    IF EOF()
  EXIT
    ENDIF
    SKIP
ENDFOR
? "不及格的人数为：" + STR(S(5),3 )
FOR J = 6 TO 9
    ? STR(J*10,2 )+ "……" +STR(J*10+9,2)+ "的人数为：" +STR(S(J),3 )
NEXT
? "100 分的人数为：" +STR(S(10),3 )
RETURN
```

2. 数组中的数据传送到数据表

数组中的数据传送到数据表的命令格式如下：

GATHER FROM 数组名 [FIELDS 字段名表] [MEMO]

功能：从数组元素的第一个元素开始，按顺序依次将数据传送给当前数据表的当前记录中指定的字段。

解释说明：数组与表文件各字段的类型必须一致。省略“字段名表”，数组向当前记录中的字段依次传送数据。如果在传送过程中数组元素的个数少于字段个数，多余字段内容用空格输入；如果数组元素的个数多于字段个数，多余的数组元素中的数据不传送。

例 6.15 按学号修改“学生名册”表中的入学成绩。

程序编制如下：

```
CLEAR
DIMENSION B(1)
USE 学生名册
DO WHILE .NOT. EOF()
    ACCEPT "请输入学生的学号：" TO XH
    IF LEN(XH) = 0
        EXIT
    ENDIF
```

```
    LOCATE FOR 学号 = XH
    SCATTER FIELD 入学成绩 TO B
    DO WHILE .T.
        @ 6,20 SAY "入学成绩：" GET B(1) PICTURE '999'
            READ
        WAIT "数据正确吗? " TO AN
        IF UPPE(AN)= "N"
            CLEAR
            LOOP
        ELSE
            GATHER FROM B FIELD 入学成绩
            CLEAR GET
            EXIT
        ENDIF
    ENDDO
ENDDO
  RETURN
```

6.4.3　与数组有关的常用函数

1．数组的插入函数

数组插入函数的格式如下：

AINS (数组名，数值 [, 2])

功能：将数组元素插入到指定的数组中。

解释说明："数值"表示数组中的行或列。可选项"2"表示插入列元素。如果插入成功，函数返回值为 1。

例 6.16　数组插入函数的应用举例。

程序编制如下：

```
CLEAR
DIMENSION X(5,5)
STORE 3 TO X
FOR A = 1 TO 5
    FOR B = 1 TO 5
        ?? X(A, B)
    ENDFOR
    ?
ENDFOR
AINS(X, 4, 2)              &&插入 1 列，将从 4 列开始的元素后移，最后一列自动丢失
?
FOR A = 1 TO 5
    FOR B = 1 TO 5
        ?? X(A, B)
    ENDFOR
    ?
ENDFOR
RETURN
```

2. 数组的删除函数

数组删除函数的格式如下：

ADEL (数组名, 数值 [, 2])

功能：删除数组的行或列元素。

解释说明："数值"表示数组的行号或列号。可选项"2"表示要删除列元素。如果删除成功，函数返回值为 1。

例 6.17 数组删除函数的应用举例。

程序编制如下：

```
CLEAR
DIMENSION Y(5, 5)
FOR A = 1 TO 5
    FOR B = 1 TO 5
        Y(A, B) = A + B
        ?? Y(A, B)
    ENDFOR
    ?
ENDFOR
ADEL(Y, 3 )                     && 删除第 3 行，第 4 行自动前移一行，最后一行为空
?
FOR A = 1 TO 5
    FOR B = 1 TO 5
        ?? Y(A, B)
    ENDFOR
    ?
ENDFOR
RETURN
```

3. 数组的排序函数

数组排序函数的格式如下：

ASORT(数组名 [, 起始元素或起始行号 [, 排序元素个数或行数[, 0/1]]])

功能：将数组中的元素进行排序。

解释说明：在排序中可以指定排序元素的起始位置、排序元素的个数或行数。选择 0 表示按升序排列，选择 1 表示按降序排列。排序成功，函数返回值为 1，否则返回值为-1。

例 6.18 数组排序函数的应用举例。

程序编制如下：

```
CLEAR
DIMENSION D(10)
? "排序前："
FOR A = 1 TO 10
    D(A) = A
    ?? D(A)
ENDFOR
?
ASORT(D, 3, 5, 1)
```

```
?
? "排序后："
FOR A = 1 TO 10
    ?? D(A)
ENDFOR
RETURN
```

4. 数组的复制函数

数组复制函数的格式如下：

ACOPY (源数组名, 目标数组名 [, 源数组起始元素 [, 复制元素个数 [, 目标数组起始元素]]])

功能：复制源数组中的指定元素到目标数组中。

解释说明：如果不指定源数组元素的起始位置和个数，则将源数组中的所有元素完全复制到目标数组中。复制成功，返回复制元素的个数。

例 6.19　数组复制函数的应用举例。

程序编制如下：

```
CLEAR
DIMENSION M(5, 5), N(5, 5)
STORE 0 TO N
? "M 数组："
?
FOR A = 1 TO 5
    FOR B = 1 TO 5
        M(A, B) = A + B
        ?? M(A, B)
    ENDFOR
    ?
ENDFOR
=ACOPY(M, N, 6, 5, 11)          &&将 M 数组中的第 2 行元素拷贝到 N 数组的第 3 行
? "N 数组："
?
FOR A = 1 TO 5
    FOR B = 1 TO 5
        ?? N(A, B)
    ENDFOR
    ?
ENDFOR
RETURN
```

6.5　特殊事件处理

特殊事件处理是 Visual FoxPro 系统中重要的控制数据流程的方式。“事件”是在 Visual FoxPro 系统中发生的特殊情况，包括程序出错或按错键等，当系统捕获到这些特殊情况时，就执行一段特定的程序来处理这些特殊情况，ON 命令就是用于处理这种情况的命令。ON 命

令可以设置一个触发机制，当特定的事件发生后，这个触发机制可以执行由ON命令指定的程序段。

ON命令及其触发的事件如下：

ON ERROR：当程序产生一个错误时发生。

ON ESCAPE：当用户按下Esc键时发生。

ON KEY：当用户按下任意键时发生。

ON KEY LABEL：当用户按下一个特定的键时发生。

ON MOUSE：当用户在客户区的任意地方单击鼠标左键时发生。

ON PAGE：经过了用户设定的页面行号时发生。

ON EADERROR：出现一个READ 命令错误时发生。

ON SHUTDOWN：当用户使用“文件”菜单的“退出”命令或用QUIT命令退出系统时发生。

（1）ON ERROR。ON ERROR命令在程序运行发生错误时执行。当应用系统运行发生了错误时，Visual FoxPro系统就会执行ON ERROR命令中指定的命令参数。如果在系统发生了错误时没有设定ON ERROR命令，或者这个命令中没有指定命令参数，那么系统会在屏幕上显示一个出错信息提示。

在一个ON ERROR命令中，指定的命令参数一般都是DO命令。但是，这不是一个严格的限制，在出错进程中常用的函数有：ERROR()和MESSAGE()函数，同时还有RETRY命令。

ERROR()函数可以向用户报告最近一次出错的编号，MESSAGE()函数可以返回对错误进行解释的字符串，RETRY命令可以重新执行导致错误的命令行。

使用ON ERROR命令时可以嵌套使用，第一个ON ERROR命令会一直处于活动状态，引导下一层ON ERROR命令的执行，其语法格式为：ON ERROR [命令]。

（2）ON ESCAPE。用户在程序的执行过程中按下了Esc键，系统会执行ON ESCAPE命令。在这个命令中指定了命令参数，当用户触发了Esc键时，系统就会自动执行指定的命令。如果在ON ESCAPE命令程序中使用了RETRY命令，系统就会在程序执行完毕后将系统的控制权返回给中断程序，并从按下Esc键时正在执行的命令行处开始执行。但是，如果在命令程序中指定了RETURN命令，那么系统就会将控制权返回给被中断的程序，并从按下Esc键时即将执行的命令行处开始执行。

ON ESCAPE命令的执行受到SET ESCAPE命令的影响，当系统设定SET ESCAPE ON时，ON ESCAPE命令才能设置捕获ESCAPE键的触发机制。如果系统的设置为SET ESCAPE OFF，那么ON ESCAPE命令不会产生任何作用。这个命令的语法格式为：ON ESCAPE [命令]。

（3）ON KEY。当系统中设定了ON KEY命令后，用户按下任意键都会触发命令中指定的进程，这个命令的语法格式为：ON KEY [命令]。

如果在系统中指定了SET ESCAPE ON命令，按下Esc键不会触发ON KEY命令。Visual FoxPro系统设定的ON ESCAPE命令的优先级大于ON KEY命令。当指定了ON ESCAPE命令后，用户按下Esc键，系统会响应ON ESCAPE命令中指定执行的命令。

（4）ON KEY LABEL。当用户按下该命令指定的键时，会触发ON KEY LABEL命令中指定要执行的命令。在这个命令中需要指定一个按键，系统会根据该键响应用户按下的键。例如：

```
ON KEY LABEL F2 ?"按下了 F2 键"
ON KEY LABEL CTRL+B DO TYC
```

在上面的这两个命令中，第一条命令中指定当用户按下 F2 键后，在屏幕中显示出一条信息；第二条命令中当用户按下 Ctrl+B 组合键后，会执行一个程序。

使用这个命令，可以对鼠标按键做出反应。对鼠标按键进行反应时，需要指定 3 个特定的键标：MOUSE、LEFTMOUSE 和 RIGHTMOUSE。使用这个命令对鼠标按键事件进行响应不会影响到 ON MOUSE 命令。这个命令的语法格式为：ON KEY [LABEL 键标] [命令]。

（5）ON MOUSE。使用了 ON MOUSE 命令，用户单击鼠标左键可以执行 ON MOUSE 命令中指定执行的命令，但是这个命令对用户在标题栏中单击鼠标按键的事件不会响应。该命令的语法格式为：ON MOUSE [命令]，例如：

```
ON MOUSE DO WRITTYC
```

在上面的例子中，当用户按下鼠标左键时，可以执行 WRITTYC 进程。

（6）ON READERROR。该命令与 ON ERROR 命令类似，但是 ON READERROR 命令只能对在 READ 命令执行期间产生的用户输入错误进行控制。使用 VARREAD()函数可以帮助 ON READERROR 命令对错误产生的环境进行控制。

ON READERROR 命令可以设置一个触发机制，在@…GET 编辑字段中出现以下输入错误就会触发这个命令：

- 输入了无效的数据。
- 超出了 RANGE 子句设定的限制。
- 日期不符合 VALID 子句的条件。

该命令的语法格式为：ON READERROR 命令。

（7）ON SHUTDOWN。在“文件”菜单中选择“退出”，或在命令窗口中使用 QUIT 命令，或在程序中使用 QUIT 命令后，都会触发 ON SHUTDOWN 命令。

在程序中可以使用这个命令，当用户从程序中退出时可以提醒用户保存数据或进行其他的工作。该命令的语法格式为：ON SHUTDOWN [命令]。

（8）ON() 函数。ON()函数返回一个字符串，在这个字符串中包含着在程序中设定的 ON 命令的命令子句。该函数通常可以保存 ON 命令设置的环境参数，当用户在使用 ON 命令进行操作时，可能需要使用相同的命令进行其他的操作。为了在操作过程中不引起麻烦，需要将初始设置的 ON 命令的环境状态保存下来，在命令处理完毕后再恢复初始的 ON 命令设置的环境状态。函数的语法格式为：返回值 = ON(关键字[,键标])。

这个函数的第一个参数需要指定一个关键字，这个关键字就是用户希望取得的 ON 命令的值。在 ON 函数中指定的关键字的值可以是下列值之一：ERROR、ESCAPE、KEY、PAGE、READERROR 和 SHUTDOWN。

要想得到有关 ON KEY LABEL 命令的 ON()函数的返回值，在 ON()函数中必须指定“键标”参数。下面以示例的形式来说明这个函数的使用方法。

例 6.20　ON() 函数应用举例。

```
ON KEY LABEL F2 ? CHR(7)
    ...
KEYLABEL = ON("KEY","F2")
```

```
? KEYLABEL                                    &&结果为 ? CHR(7)
ON KEY LABEL CTRL+B DO TYC
        ...
ON KEY LABEL &KEYLABEL
        ...
```

在上面的示例中，ON()函数按照字符串的方式返回了 ON KEY LABEL 命令中指定执行的命令? CHR(7)，并将这个字符串保存在变量 KEYLABEL 中，最后使用宏命令恢复了 ON KEY LABEL 命令初始设置的环境。

6.6 子程序、过程与自定义函数的程序设计

6.6.1 子程序

1. 子程序的概念

在程序设计中，常把需要重复使用的一段程序设计成独立的程序，这种具有相对独立性和通用性的程序段称为子程序。子程序能被其他程序多次调用，调用子程序的程序称为主程序，被调用的子程序在执行后自动返回到调用它的主程序。使用子程序设计方法，可以将一个较大的程序按一定的功能分解成若干个较小的子程序，这样可以简化程序的设计和调试过程，缩短程序设计时间，方便对整个程序系统的管理。

子程序的设计与一般的程序设计方法一样，子程序应以独立的程序文件方式存在。在程序执行过程中，主程序能够调用子程序，而子程序又可以调用另一个子程序，但子程序不能调用主程序。

2. 子程序的建立与调用

建立子程序的方法与建立一般程序的方法相同，但在子程序的适当位置要加上返回语句，以便主程序在调用子程序后能返回到主程序继续执行。返回语句的格式如下：

RETURN [表达式/TO 程序文件名/TO MASTER]

调用子程序语句的格式如下：

DO 子程序文件名

功能：系统执行 DO 调用语句时，将指定的子程序调入内存并执行。当执行到 RETURN 语句时，返回到调用该子程序的主程序，并执行调用语句下面的第一条可执行语句。

解释说明：在返回语句中，选择可选项“表达式”，将表达式的值返回给调用程序；选择可选项“TO 程序文件名”，可以直接返回到指定的程序文件；选择可选项 TO MASTER，不论前面有多少级调用，直接返回到第一级主程序。

例 6.21 数据表记录定位子程序。

程序编制如下：

```
*数据表记录定位子程序 BDW.PRG
CLEAR
WAIT "是否按记录号进行定位？（Y/ N）" TO A
IF UPPER(A) ='Y'
    INPUT "请输入记录号：" TO H
```

```
        GO H
        EXIT
    ENDIF
    RETURN
```

例 6.22 编制查询记录子程序。

程序编制如下：

```
    *查询记录子程序
    CLEAR
    USE 学生名册
    DO BDW
    WAIT "是否打印？（Y/N）" TO B
    IF UPPER(B) ='Y'
        DISP TO PRINT
    ELSE
        DISPLAY
        WAIT "按任意键继续"
    ENDIF
    RETURN
```

3. 子程序的嵌套

主程序调用子程序，子程序再调用子程序，这样就形成一种嵌套的调用方式。在子程序的嵌套中，一定要注意调用和返回的路径。子程序的嵌套调用与返回关系如图 6.9 所示。

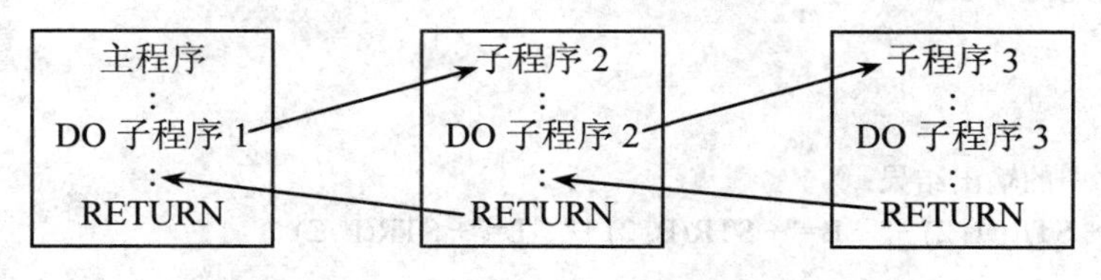

图 6.9 子程序的嵌套调用

4. 子程序调用过程中的数据传递

为了使数据能够共享，在程序调用过程中，子程序与主程序之间可以有数据的传递，称为程序之间的参数传递。参数传递是主程序在调用子程序时发送给子程序的数据传递，以及子程序返回给主程序的数据传递的过程。

（1）全局变量与局部变量。

局部变量是能在定义它的程序以及被它调用的各级子程序中使用的变量。用赋值语句或数组定义语句定义内存变量后，这个变量自动被默认是局部变量，局部变量在定义它的程序执行完毕后其变量和值将自动消失。

全局变量是指在各级程序中都可以使用的内存变量。当某一子程序执行完毕时，全局变量及其值仍存在。全局变量可以在主程序或子程序中定义，也可以在命令窗口中定义。定义全局变量的语句格式如下：

    PUBLIC 变量名表

功能：将“变量名表”中的变量定义为全局变量。

解释说明：“变量名表”中的变量可以是简单变量，也可以是下标变量。

（2）变量屏蔽。

为了解决在不同层次的程序中使用相同变量名的问题，Visual FoxPro 系统采用了变量屏蔽的方法。在子程序中，将与主程序同名的变量用声明语句说明后屏蔽起来，这样在子程序中使用的变量只能是局部变量，怎样修改都不会影响主程序中的同名变量，返回主程序后，同名变量中的值不变。所谓变量“屏蔽”就是将变量“私有化”，语句格式如下：

PRIVATE 变量名表 [ALL[LINK / EXCEPT 通配符]]

功能：将上层调用程序中与当前程序中同名的变量进行屏蔽，使这些变量在当前程序中不起作用，在当前程序中只能使用在本程序中定义的同名的变量。

例 6.23 主程序调用子程序过程中的变量屏蔽举例。

程序编制如下：

```
*主程序 TYC1.PRG
CLEAR
PUBLIC A, B
STORE 1 TO A, B, L
DO YLH1.PRG
?"主程序的输出结果："
?"   A="+ STR(A, 2) +"   B="+ STR(B, 2) +"   L="+ STR(L, 2)
RETURN
* 子程序 YLH1.PRG
CLEAR
PRIVATE B, L
A = A*2
B = A+1
L = B+1
?"子程序中的输出结果："
?"   A="+ STR(A, 2) +"   B="+ STR(B, 2) +"   L="+ STR(L, 2)
RETURN
```

（3）程序调用过程的参数传送。

在主程序和子程序的调用过程中，可以利用全局变量传送数据，但主程序与子程序之间需要传送数据的变量要有相同的变量名。若要使子程序完全独立于主程序，利用变量的方式传送数据就要受到一定的限制，特别是在大型程序系统的设计中要统一变量名是非常麻烦的事。利用程序调用中参数的传送方法可以提高子程序的相对独立性，使主程序与子程序的结构更清晰。

参数传送就是在主程序的调用语句中将需要传送的数据加以说明，在子程序的开始处加上接收数据的语句，该语句中的变量用来接收主程序中传送的参数数据，实参与形参的个数及类型要一一对应。

发送参数数据的语句格式如下：

DO 子程序名 WITH 实参表

接收参数数据的语句格式如下：

PARAMETERS 形参表

功能：系统执行 DO 语句时，调用子程序并将“实参表”中的实参传送给子程序。当执行子程序中的第一条语句 PARAMETERS 时，由“形参表”中的变量接收数据。

解释说明：PARAMETERS 语句必须放在子程序的第一行，并且要与 DO 语句中的“实参表”配合使用。实参的个数、类型要与“形参表”中的形参个数、类型一致，实参可以是常量、变量或表达式。如果实参是常量或表达式，形参值的改变不影响实参值的改变；如果实参是变量，它与形参的数据传递是通过共用一个存储单元来进行的，因此在子程序中改变了形参的值也就直接改变了实参的值。

子程序中需要返回到主程序的数据必须放到 PARAMETERS 语句中对应的变量或全局变量中。

例 6.24　求 N = X ! + Y ! + Z !。

程序编制如下：

```
*主程序
* N = X ! + Y ! + Z !
CLEAR
INPUT "请输入 X 值：" TO X
INPUT "请输入 Y 值：" TO Y
INPUT "请输入 Z 值：" TO Z
STORE 0 TO N, M
DO TYC2 WITH X, M
N = N + M
DO TYC2 WITH Y, M
N = N + M
DO TYC2 WITH Z, M
N = N + M
? STR(X, 2) +"! +"+ STR(Y, 2) +"! +"+ STR(Z, 2) +"! ="+ STR(N, 6)
RETURN

* 求阶乘子程序 TYC2.PRG
PARAMETER P, M
M = 1
FOR A = 1 TO P
    M = M * A
ENDFOR
RETURN
```

6.6.2　过程

1. 过程

过程与子程序相似，不同的是过程既可以像子程序那样独立存在，也可以放在调用它的主程序后面作为程序的一部分，过程文件以 PROCEDURE 作为开始标志。过程文件的基本语法格式如下：

```
PROCEDURE  过程名
[PARAMETERS  参数表]
  语句序列
RETURN
```

过程文件的调用语句格式如下：

DO 过程名 [WITH 参数表]

功能：调用并执行过程文件。

例 6.25 试编制删除“学生名册 b”表中记录的过程文件。

程序编制如下：

```
*删除记录的过程程序
PROCEDURE TSCB
DO BDW                                    &&调用记录定位子程序
DELE
WAIT "要物理删除吗？（Y/ N）" TO B
IF UPPER(B) = “Y”
    PACK
ENDIF
RETURN

* 调用删除记录的过程文件
SET PROCEDURE TO TSCB                     &&打开过程文件
DO TSCB
RETURN
```

2. 过程文件

子程序不仅使程序设计的效率大大提高，同时还使程序的层次结构更加清晰。但是，在程序中频繁地调用子程序会导致程序的执行速度降低。“过程文件”就是为了解决这一矛盾而采用的方法，“过程文件”是将多个子程序合并成一个文件，在这个文件中，每个子程序仍是相互独立的。“过程文件”在程序执行的过程中将一次性调入内存中，主程序调用子程序时就直接在内存中的过程文件中去找，这样就避免了频繁地调用子程序，提高了系统运行的效率。

（1）过程文件的基本格式。

```
PROCEDURE 过程名 1
    语句序列 1
RETURN
PROCEDURE 过程名 2
    语句序列 2
RETURN
    ⋮
PROCEDURE 过程名 n
    语句序列 n
RETURN
```

（2）过程文件的建立语句。

格式：MODIFY COMMAND 过程文件名

功能：建立过程文件。

（3）打开过程文件语句。

格式：SET PROCEDURE TO 过程文件名

功能：打开指定的过程文件，将过程文件中所包含的子程序全部调入内存中。

解释说明：系统在同一时刻只能打开一个过程文件，打开新的过程文件的同时将关闭已经打开的过程文件。若要修改过程文件的内容，一定要先关闭该过程文件。

例 6.26　编写计算圆面积、圆周长及球体积的过程文件 TYC3.PRG。

程序编制如下：

```
MODIFY COMMAND TYC3
*圆计算过程文件
*计算圆面积
PROCEDURE YMJ
INPUT  "请输入圆半径 R：" TO R
S = 3.14159*R*R
? "圆面积= "+ STR(S, 9, 5)
WAIT "按任意键返回"
RETURN
*计算圆周长
PROCEDURE YZC
INPUT "请输入圆半径 R：" TO R
C = 3.14159*R
? "圆的周长= "+ STR(C, 7, 3 )
WAIT "按任意键返回"
RETURN
*计算球的体积
PROCEDURE YTJ
INPUT "请输入球半径 R：" TO R
V = (4/3)*3.14159*R*R*R
? "球的体积= "+ STR(V, 9, 5 )
WAIT "按任意键返回"
RETURN
```

例 6.27　试编写计算圆的程序的主程序 TYH。

程序编制如下。

```
MODIFY COMMAND TYH
*计算圆的程序
SET PROCEDURE TO TYC3
DO WHILE .T.
    CLEAR
    TEXT
    ****************************
    *       计算圆的程序        *
    *   1. 计算圆的面积         *
    *   2. 计算圆的周长         *
    *   3. 计算球的体积         *
    *   4. 结束                 *
    ****************************
    ENDTEXT
    WAIT "请按编号选择：" TO T
```

```
        DO CASE
            CASE T = '1'
                DO YMJ
            CASE T = '2'
                DO YZC
            CASE T = '3'
                DO YTJ
            CASE T = '4'
                EXIT
            OTHER
                ? "选择错误！请重选"
        ENDCASE
    ENDDO
    CLOSE PROCEDURE
    RETURN
```

6.6.3 用户自定义函数

为了方便编写程序，Visual FoxPro 系统提供了 400 余个常用函数供用户使用。但是，这些函数并不能满足用户的某些特殊需求，因此，Visual FoxPro 语言允许用户定义自己使用的特殊函数。用户自定义的函数可以有自己的返回值，用户定义自己的函数需要使用 FUNCTION 关键字。

自定义函数的编制方法与子程序的编制方法基本相同，只是在返回语句中要说明函数的返回值，并将程序名改为函数名。自定义函数的语法格式如下：

```
FUNCTION 函数名
PARAMETERS 参数表
  语句序列
RETURN 表达式
```

功能：定义用户自己使用的特殊函数。

解释说明：若自定义函数是作为程序的一部分放在程序中，则语句 FUNCTION 不能省略，该语句作为自定义函数的开始标志应放在自定义函数的前面。自定义函数不能与系统函数和已定义的内存变量同名。

自定义函数的调用方式如下：

函数名([实参表])

执行一个用户自定义的函数不需要使用 DO 命令，可以用函数名直接调用，也可以用表达式来激活。自定义函数与过程一样，可以独立存放和使用，也可以放在程序中作为程序的一部分。

用户自定义函数中一次最多可以传递 24 个参数，这些参数可以是变量，也可以是数组或是数组中的元素。例如：

```
FIRST(SAND)              && 传递一个内存变量
DIMENSION A[12]
SECOND(SAND,A)           && 传递一个内存变量和一个数组的全部元素
```

```
THIRD(A[10])                && 传递数组中的一个元素
```

定义用户自定义函数需要使用 FUNCTION 关键字，在建立一个函数时也可以为这个函数确定参数，确定参数时可以使用参数列表，也可以使用 PARAMETER 来指定这些参数。例如：

```
FUNCTION TYCNUMBER(FIRST, SECOND, THIRD, FOURTH)
```

或

```
FUNCTION TYCNUMBER
PARAMETER FIRST, SECOND, THIRD, FOURTH
```

如果希望用户自定义函数可以返回值，则必须使用 RETURN 关键字指定返回的值。在关键字 RETURN 后就是需要返回的值，这个值可以是函数的计算结果，也可以是一个表达式，将这个值返回到自定义函数的调用处。

6.7 面向对象的程序设计简介

6.7.1 面向对象的程序设计

面向对象的程序设计是应用软件设计的主要方法，它与面向过程的程序设计方法在思路上有很大的区别。面向过程的编程方式，要求程序员将现实生活任务模拟到计算机中，仔细地研究分析处理的对象，形成一定的编程思想和步骤，尽量地使实现的设计合理，不断地优化自己的程序。

这种传统的结构化程序设计采用顺序过程驱动的方式，并按程序员编制的顺序工作。编程者需要面对大量的程序行一步一步地输入计算机，并利用它们模拟现实世界中的事件处理过程，这种编程方法对编程人员要求较高，因为在编程的过程中，程序员要不断地考虑程序的流程是否符合实际要求，怎样才能使事件的描述方法适应计算机的要求，考虑输入的代码在计算机内如何转换等。

每一个程序都需要由程序员自始至终按顺序输入、调试并运行，大量的时间被花费到程序的编写过程中。这种编程的代码的重复率高，而且一个小小的错误往往会使整个程序无法正确地运行。诸如字符的输入错误或变量的错误使用，都可能使调试平台显示出大量的错误，使程序员无从着手解决。当程序需要修改完善时，程序员还要考虑程序的插入对整体的影响，需要进行相应的修改变更。这种编程的方法，对程序的检验、调试和更改都很不方便，费时费力不易维护的编程的方法需要彻底改变。

现今要处理的事件越来越多、越来越复杂，编程的工作量也十分巨大，在这种情况下程序的通用性、可读性、可移植性都受到影响和限制，已经难以适应现代应用的要求。面向对象的程序设计（Object Oriented Programming）方法是一种系统化的程序设计方法，它允许抽象化、模块化的分层结构，具有多态性、继承性和封装性。面向对象的程序设计思想主要考虑的是如何完成对事物形象的设计，系统提供的已经固化好的模块作为软件平台，程序员可以直接引用，并输入工作模块所需的特征参数，方法与过程等由软件平台在内部通过调用各类内部构件进行归类定义、计算并转换连接嵌入到应用程序中，使编程工作在程序员的监督、控制下按要求逐步地进行。这时程序员面对的已经不再是单个的程序，而是制作精美、功能完善的工具模块，通过它们可以实现对各种需要解决事件的处理。此时程序员思考解决问题的重点由编程的实现过程转向了如何更好地使系统软件平台适应解决现实中的事件和过程。

如果仔细深入地研究面向对象的程序设计，就会发现其最里层的实现方法与面向过程的编程实质是一样的，只是面向对象的程序设计的封装特性使操作对象内部的复杂性与应用程序的其他部分分离开来。例如，对一个对话框设置属性，就没必要了解标题字符串是如何存储的。这样就可以使程序员节省大量编写程序的时间，把这些工作留给计算机来完成。

使用系统提供的各种功能模块可以使得编程工作变得方便、快捷，而且其安全性、可靠性、通用性和可移植性等优点均可以在实际应用中体现。面向对象的程序设计思想使程序设计走向大众化，使一般用户只需了解软件的使用和维护方法，至于其内部的具体工作机制可以不做很深入的了解。

Visual FoxPro 系统在数据库方面，以其友好的应用界面、完善强大的功能、快捷方便的操作方式等受到了用户的好评，成为面向对象编程的典范。使用面向对象编程时，需要掌握常用的基本概念、定义和应用方法。

6.7.2 面向对象编程的概念

在 Visual FoxPro 系统中，会遇到对象、类、事件和方法等许多面向对象编程的概念，只有对这些概念充分理解了才能更好地运用 Visual FoxPro 系统进行编程。

广义的对象（Object）可以是现实世界中的任何事物，对象都具有一定的属性特征，可以产生一定的行为（Action），正是对象和行为构成了丰富多彩的现实世界。类（Class）是人们对具有共性的对象的概括和归纳，包括基类、父类和子类等概念。

例如，看纯平彩电。“彩电”就是对象，是家用电器类的一种；“纯平彩电”是定义了属性的彩电类。纯平彩电是彩电类的一个对象，可以对“打开”事件进行识别，作为响应会出现图像和声音。

1．对象与方法

对象是类的一个实例，它包含了数据和过程两个方面。例如，在表单上运行的控件就是一个对象。对象具有自己的属性，由对象基于的类所决定。例如，一个表单中的标题（Caption）、颜色（Color）等均是表单的属性。属性的设置可以在设计阶段完成，也可以在运行调试阶段完成。

对象具有事件和方法，可以对发生的动作进行识别和响应，可以通过调用类来进行对象的创建等操作，就像按照图纸生产产品一样，图纸只是制作产品的样本，而类是设置对象的“样本”。

属性是事物的特性，例如控件字段、对象的特性等。可以对属性进行设置，定义对象的特征或某一方面的行为，例如表单的属性可以决定表单的背景色等。可以利用属性窗口进行修改。

方法（Method）是指对象能执行的一段程序，就像人的说话、走路一样。Visual FoxPro 中的对象具有自己的行为。这些行为都是通过程序实现的。方法在类中定义或声明，是与类紧密相关的，是每个对象都具有的。方法与一般过程的调用方式不同，由对象或事件激活和引用。

事件（Event）是由对象识别的一个动作，用户可以编写相应的代码对其进行响应。事件可以由用户的一个动作产生，例如单击鼠标或按下键盘按键等，也可以由程序代码或系统产生，例如计数器溢出事件等。

2. 类

类（Class）是定义了对象特征以及对象外观和行为的模板，对象可以由类生成。在定义类时用户可以定义类应该具有哪些特征，并为其指定方法和事件。

基类（Base Class）是指 Visual FoxPro 系统内部定义的类，可用作其他用户自定义类的基础。例如，Visual FoxPro 系统中的表单和控件都是基类，用户可以在此基础上创建新类，按照实际情况增添自己所需要的功能。

子类（Sub Class）是在其他类定义的基础上，针对某一对象建立的新类。它具有自己的特性和方法，并继承了父类的特性和方法，子类同时也将继承任何对派生它的父类所做的修改。

在 Visual FoxPro 系统中，对象的种类由类决定，可分为容器类和控件类两大类，相应的对象也可以分为容器类对象和控件类对象两大类。

容器类（Container Class）可以包含其他基类的类，例如可以向一个表单基类添加一组控件类，可以将这些类作为一个整体进行操作，也可以对其中的某一控件单独进行访问。容器类包括容器表单集（非可视）、表单、表格、列、页框（非可视）、页面、工具栏、选项按钮组和命令按钮组。

控件类（Control Class）可以包含在容器类中，其封装性较好，不能被单独修改和操作，例如命令按钮和文本框均属于控件类。在 Visual FoxPro 系统的控件工具栏中，给出了可用的控件类，包括复合框、组合框、命令按钮、编辑框、图像、标签、线条、列表框、OLE 绑定型控件、OLE 容器型控件、形状、微调按钮、文本框和计时器（非可视类）等。

本章小结

在这一章中首先介绍了使用计算机解决问题的基本过程，然后介绍了一些有关程序设计的基础知识，其中包括：选择结构、循环结构、数组、对特殊事件的处理，以及子程序、过程与自定义函数的程序设计等。

选择结构是程序设计的基本结构之一，它能根据给定条件的当前值选择一段适合的程序执行。选择结构的基本形式有 3 种，而这 3 种的嵌套形式却是多种多样的。

在日常事务处理过程中，需要重复进行处理的事情很多，在计算机中用于处理这类重复处理事情的结构就是“循环”。Visual FoxPro 系统提供了多种循环形式，以满足不同情况的程序设计需要。

数组是具有相同名称变量的集合。每个数组具有一个作为标识的名字，称为数组名，数组中元素的顺序号称为下标，下标是区分数组中不同变量的依据。数组名及其不同的下标表示了不同的数组元素。由于数组中的元素是用下标进行区别的，所以数组元素又称为下标变量，下标放在数组名后面的括号内。数组必须先定义后使用。

特殊事件处理是 Visual FoxPro 系统中重要的控制流程的方式。“事件”是在 Visual FoxPro 系统中发生的特殊情况，包括程序出错或按键时间等，当系统俘获了这些特殊情况后，就执行一段特定的程序来处理这些特殊情况，ON 命令就用于这种情况的处理上。ON 命令可以设置一个陷阱，当特定的事件发生后，这个陷阱可以执行由 ON 命令指定的命令。

子程序、过程与自定义函数在程序设计过程中经常使用，应该弄清楚它们各自的用途与区别，掌握正确的使用方法。

在 Visual FoxPro 系统中，会遇到对象、类、事件和方法等许多面向对象编程的概念，只有对这些概念充分理解了才能更好地运用 Visual FoxPro 系统进行编程。

对象是类的一个实例，它包含了数据和过程两个方面。类是定义了对象特征以及对象外观和行为的模板，对象可以由类生成。在定义类时用户可以定义类应该具有哪些特征，并为其指定方法和事件。

习题六

一、选择题

1. Visual FoxPro 系统提供了将源程序转换为目标程序的编译功能，编译后的目标文件的扩展名为（ ）。

A. .PRG　　B. .FXP　　C. .IDX　　D. .DBF

2. 程序是计算机能够分析执行的（　　）集合。

A. 要求　　B. 程序　　C. 数据　　D. 指令

3. 程序执行的过程就是程序中（　　）指令的执行过程。

A. 所有　　B. 部分　　C. 集合　　D. 对象

4. 选择结构的基本形式有 3 种，而这 3 种的嵌套形式却是（　　）的。

A. 集中　　B. 全部　　C. 特殊　　D. 多种多样

5. 属性是事物的（　　）。

A. 特色　　B. 性质　　C. 特性　　D. 特别

6. 事件是由对象识别的一个动作，用户可以编写相应的（　　）对其进行响应。

A. 代码　　B. 代号　　C. 数据　　D. 属性

二、判断下列各题的正确性，对者用“√”表示，错者用“×”表示

1. 程序设计就是程序员或计算机用户根据解决某一问题的步骤，按照一定的逻辑关系，将一系列指令组合在一起的过程。

2. Visual FoxPro 系统只提供了菜单和命令交互方式。

3. Visual FoxPro 系统是一个自封闭系统，它有一套完整的语言规则和语法规则，使用该语言可以解决大量地处理数据的实际问题。

4. 遇事要先进行分析，对需要解决的事情要进行详细的分析，对于一些大型项目还要分析用户需求、技术条件、成本核算，以及经济和社会效益等问题。

5. 内、外循环的层次必须分明，不允许有交叉现象出现。内、外循环的循环变量可以同名。

6. 每个数组具有一个作为标识的名字，称为数组名，数组中元素的顺序号称为下标，下标是区分数组中不同变量的依据。

7. 面向对象的程序设计思想不考虑对事物形象的设计，系统提供的已经固化好的模块程序员不能直接引用。

8. 如果仔细深入地研究面向对象的程序设计，就会发现其最里层的实现方法与面向过程的编程实质是一样的，只是面向对象的程序设计的封装特性使操作对象内部的复杂性与应用程序的其他部分分离开来了。

9．方法是指对象能执行的一段程序。

10．类是定义了对象特征以及对象外观和行为的模板，对象可以由类生成。

三、填空题

1．使用程序方式，是将解决某一实际问题的__________，按照一定的逻辑顺序编制成程序，并以文件的形式存放在__________。

2．程序执行时，计算机将按照逻辑顺序自动、__________执行程序文件中的__________命令。

3．要特别注意选择解决问题的方法和过程，对于某些问题还需要确定__________模型或__________方法。

4．多重循环就是循环体内又嵌套着循环的情况。处于循环体内的循环称为__________，处于外层的循环称为__________。

5．数组是具有__________变量的集合。数组必须__________后使用。

6．在程序设计中，常把需要重复使用的一段程序设计成独立的程序，这种具有相对独立性和__________的程序段称为__________。

7．面向对象的程序设计方法是一种系统化的程序设计方法，它允许__________、模块化的分层结构，具有__________、继承性和__________。

8．Visual FoxPro 系统在数据库方面，以其友好的应用__________，完善、__________的功能，快捷方便的__________等，受到了用户的好评，成为__________编程的典范。

9．对象是类的一个__________，它包含了数据和__________两个方面。

10．对象具有事件和__________，可以对发生的动作进行识别和响应，可以通过调用类来进行__________的创建等操作。

四、编程题

1．写出下列程序的运行结果。

```
SET TALK OFF
SET PRINT OFF
CLEAR
A=100
B=32767
C=3.14159
?A,B,C
SET TALK ON
SET PRINT ON
RETURN
```

2．写出下列程序的运行结果。

```
SET TALK OFF
SET PRINT OFF
CLEAR
STORE 0 TO X,S
DO WHILE .T.
    X=X+1
    S=5*X
    IF INT(X/2)=X/2
```

```
            LOOP
        ELSE
            ??STR(S ,2)+ " "
        ENDIF
        IF S=55
            EXIT
        ENDIF
    ENDDO
    SET TALK ON
    SET PRINT ON
    RETURN
```

3．分析程序并指出可能的运行结果。

```
SET TALK OFF
SET PRINT OFF
PI=3.1415926
X=5
Y=8
CLEAR
INPUT "请输入数值：" TO A
IF A>0
  INPUT "请输入半径，计算圆的周长、面积和球的体积。R=" TO R
  L=2*PI*R
  S=PI*R*R
  V=4/3*PI*R*R*R
  @ 5,15 SAY "圆的周长为：" +STR(L,8,3)
  @ 7,15 SAY "圆的面积为：" +STR(S,8,3)
  @ 9,15 SAY "球的体积为：" +STR(V,8,3)
ELSE
  V=X*Y
  @ 8,15 SAY "能量值为：" +STR(V,8,3)
ENDIF
SET TALK ON
SET PRINT ON
RETURN
```

4．编写计算球的体积和表面积的程序。

5．试编制求余数的程序，要求：输入两个整数，求它们的余数。

6．试编制计算三角形面积的程序，要求使用公式计算三角形面积。计算三角形面积的公式为：

$$s=\sqrt{L\times(L-A)\times(L-B)\times(L-C)}$$

式中 A、B、C 是三角形的三条边，L 是三边之和的一半。

7．试编制能判断闰年的程序，要求：可以根据给定的年份判断该年是不是闰年。

8．试编制能比较大小的程序，要求：求出 3 个数中的最大数。

9．给学生写评语。

10．计算每月的天数。

11．模拟台式计算器。

12．编写一个能使输入的正数各位颠倒输出的程序。如输入 12345，输出 54321。

13．试编写一个程序，输入一系列字符，遇到字符“#”后不再分类计数，将这一系列字符分成 4 类分别计数，即字符 x、y、z 为第一类，字符$为第二类，字符“.”为第三类，其余为第四类，最后输出分类计数结果。

14．试编写一个输出九九乘法表的程序。

15．试编写能显示一个用数字组成的菱形图案的程序，图形如图 6.10 所示。

```
       1
      222
     33333
    4444444
   555555555
  66666666666
 7777777777777
888888888888888
 7777777777777
  66666666666
   555555555
    4444444
     33333
      222
       1
```

图 6.10　数字组成的图案

16．试编写一个解决“百鸡问题”的程序。“百鸡问题”：鸡翁一，值钱五；鸡母一，值钱三；鸡雏三，值钱一；百钱买百鸡，问翁、母、雏各几何？

17．试编写一个猜数程序。要求：程序设定一个数由用户猜，直到猜中为止。猜的过程中计算机应给出相关的提示。

18．试编写一个能在屏幕上显示杨辉三角形的程序，杨辉三角形如图 6.11 所示。

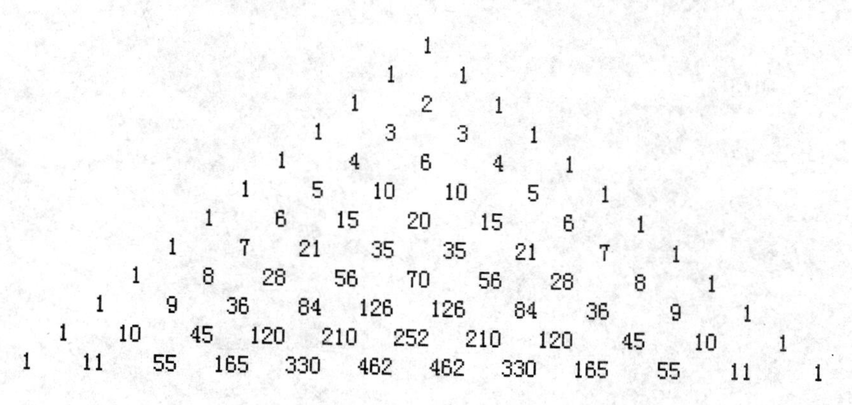

图 6.11　杨辉三角形

19．设计一个学生成绩管理数据库系统，数据库中应包含学号、姓名、班级、英语、数学、计算机、总成绩和平均成绩字段。要求系统要有以下功能：

（1）输入、输出数据。

（2）计算每个学生的总成绩和平均成绩并记入相应的字段。

（3）按平均分统计出各分数段的人数（<60，60～69，70～79，80～90，91～100）。

（4）按总分排出学生名次（从大到小的顺序）。

20．设有 4 个过程：数据输入、数据查询、数据修改和数据统计。请用不同的程序设计方法设计一主控菜单程序，实现功能的选择和功能的执行。如学籍管理程序、人事档案管理程序、财务管理程序等。例如：

人事档案管理系统

1 数据输入

2 数据查询

3 数据修改

4 数据统计

5 退出系统

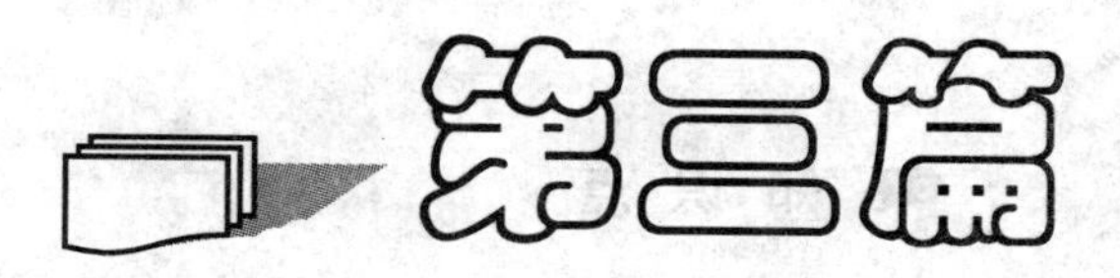

Visual FoxPro 系统的上机指导

Visual FoxPro 系统是一个数据库管理系统，可以建立应用项目文件并对其进行维护，可以管理数据库，并根据要求进行数据查询等操作。Visual FoxPro 系统的最大特点就是可视化的数据操作和可视化的程序设计方法。它能够用可视的方法直观地创建和维护数据库中的数据，编辑数据库中各个表之间的关系。可视化的编程方法大大简化了程序员的工作，使程序的编写更加容易、更加规范化。在本篇中将着重介绍 Visual FoxPro 系统的界面，主要包括：菜单、对话框和窗口等，以及常用的操作方法。目前学生上机进行数据库应用实验的环境使用最多的系统就是 Visual FoxPro 系统，它是 Microsoft 公司开发的 Visual 系列产品之一，具有良好的可视化编程功能。

在使用 Visual FoxPro 系统的过程中，需要注意以下几点：

（1）在任何界面之下以及系统的任何地方，都可以使用鼠标右键的功能，这会给用户带来很多方便。在当前的编辑环境下，与环境相关的一些功能一般都能在右键弹出的快捷菜单中找到。

（2）同一种功能，可以通过很多种方法来完成，这就像编程一样，同一个目的可以用很多种方式来完成。所以，不要对同一功能在不同的地方出现感到不解，它们的目的只是为了给用户带来方便。

（3）在遇到一个复杂的界面而不知道怎样操作时，可随时按下 F1 键，即可得到有关的帮助。例如，在众多的控件中，如果忘了某个控件的用法，此时可以求助于 F1 键获得帮助。

（4）Visual FoxPro 系统采用菜单替换方式，在不同的功能和环境下，菜单上的内容也有所不同。因此，在打开下一个界面的时候，不妨再看看菜单上的一些项目，也许会多了一些新功能。

第7章　Visual FoxPro 系统实验环境简介

知 识 点

- 界面、菜单与菜单项、常用工具栏与工具按钮
- 向导、对话框、控件、窗口

难 点

- 常用菜单项与常用工具栏的使用
- 常用对话框、窗口的使用
- 常用控件的使用

要 求

熟练掌握以下内容：

- 常用菜单与菜单项的使用
- 常用工具栏与工具按钮的使用
- 常用向导的使用
- 常用对话框窗口的使用
- 常用控件的使用

了解以下内容：

- Visual FoxPro 系统的界面

7.1　Visual FoxPro 系统的安装

7.1.1　Visual FoxPro 系统的安装环境

在以下的环境中可以安装、使用 Visual FoxPro 数据库系统：

- Windows 2000
- Windows XP

下面是在 Windows 系统中安装、运行 Visual FoxPro 系统的最低要求：

- 一台有 486、50MHzCPU 处理器或更高的 CPU 处理器的 IBM 或 IBM 兼容机
- 10MB 以上内存
- 简便安装需要 150MB 的硬盘空间，典型安装需要 200MB 的硬盘空间，最大安装需要 300MB 的硬盘空间
- 一个鼠标

在默认情况下，联机文档文件保存在光盘上，可以随时查看。为了更好地使用系统，可以将这些文件（约 140 MB）复制到本地计算机上，安装方法是：在安装 Visual FoxPro 时，选

择用户自定义安装选项，接着选择“全部选中”。

7.1.2　Visual FoxPro 系统的安装过程

把标有 Visual FoxPro 系统安装盘的只读光盘放入 CD-ROM 驱动器中，如果这时 Windows 操作系统会自动读入并执行光盘上的 autorun.ini 程序，在屏幕中显示的对话框中选择安装 Visual FoxPro 系统的选项后，便将 Visual FoxPro 系统安装到本地硬盘上了。

Visual FoxPro 系统的安装过程如下：

（1）将系统安装光盘放入 CD-ROM 驱动器中，开始进行安装。此时，屏幕上第一个出现的对话框是 Visual FoxPro 系统的安装向导，如图 7.1 所示。单击“下一步”按钮，屏幕上出现“最终用户许可协议”界面，在其中选择“接受协议”单选项，如图 7.2 所示。

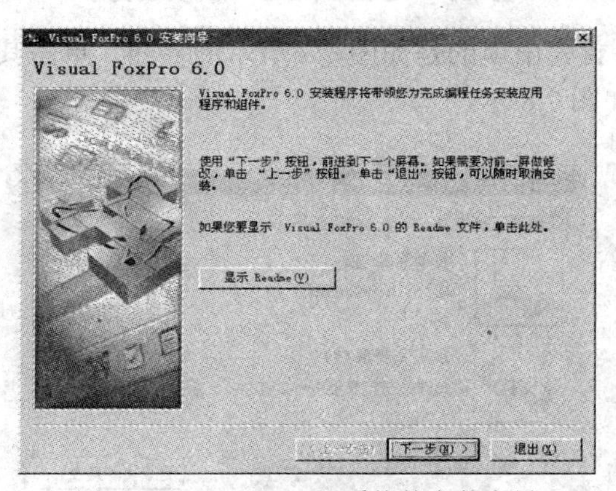

图 7.1　Visual FoxPro 系统的安装向导

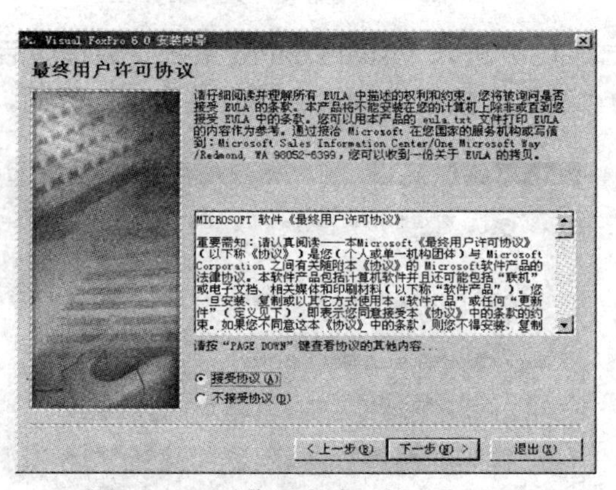

图 7.2　“最终用户许可协议”界面

（2）单击“下一步”按钮，屏幕上出现“产品号和用户 ID”界面，在其中输入产品的 ID 号、用户名称和单位名称，如图 7.3 所示。单击“下一步”按钮，屏幕上出现“选择公用安装文件夹”界面，如图 7.4 所示。单击“浏览”按钮，出现“浏览文件夹”对话框，如图 7.5 所示。在其中可以选择安装系统的路径，确定好安装路径后单击“确定”按钮，返回图 7.4 所示的界面，单击“下一步”按钮，启动“Visual FoxPro 系统安装”程序，此时会出现一个提示，如图 7.6 所示。

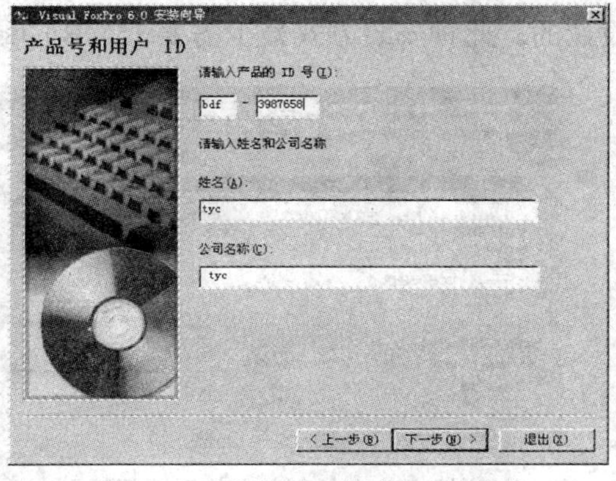

图 7.3　“产品号和用户 ID”界面

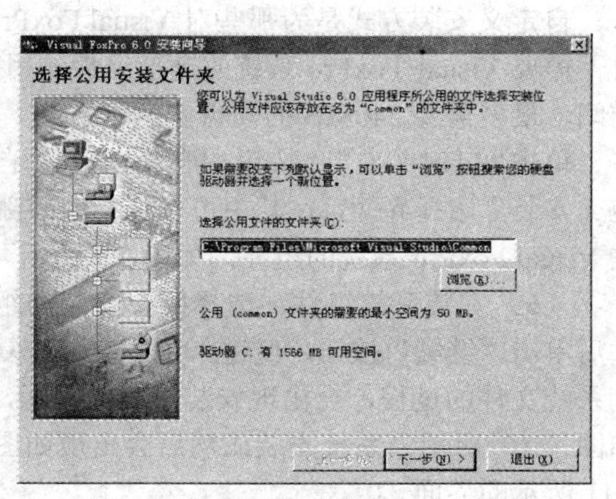

图 7.4　“选择公用安装文件夹”界面

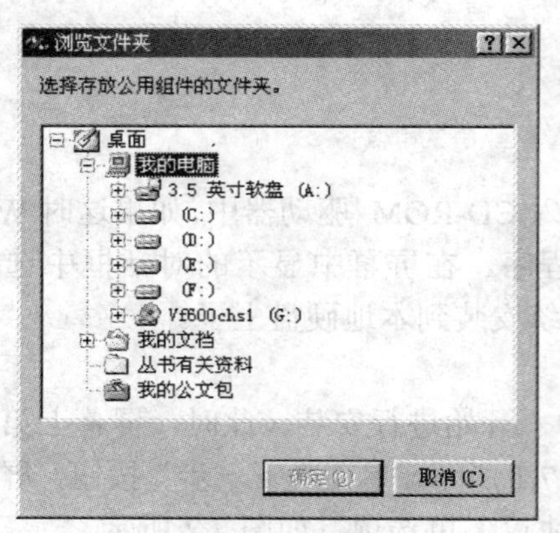

图 7.5 “浏览文件夹”对话框

图 7.6 Visual FoxPro 系统安装提示

（3）进入 Visual FoxPro 系统安装程序后，首先出现的是如图 7.7 所示的界面，单击其中的“继续”按钮进入“选择安装类型”界面，如图 7.8 示。

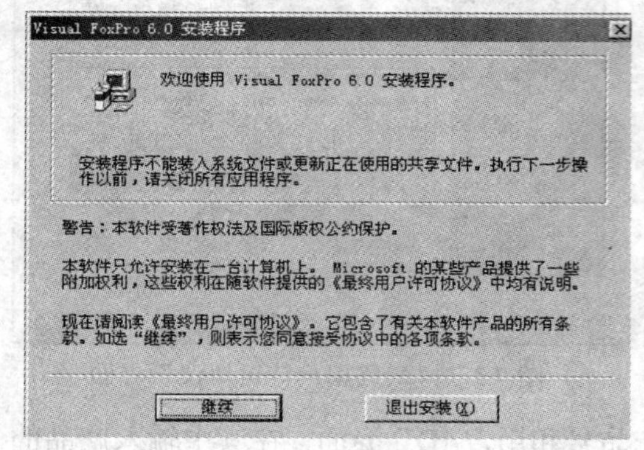

图 7.7 Visual FoxPro 安装程序欢迎界面

图 7.8 “选择安装类型”界面

（4）选择 Visual FoxPro 的安装方式。有两种安装方式：典型安装和自定义安装。

典型安装方式是 Visual FoxPro 的标准安装方式，需要大约 100MB 的硬盘空间。这种安装方式可以自动地处理安装过程，Visual FoxPro 系统会将必需的应用程序安装到硬盘上的指定文件夹中，无须用户干预。典型安装不安装用户的联机文档。

自定义安装方式是为那些对 Visual FoxPro 系统比较熟悉，并且在使用 Visual FoxPro 系统时不需要 Visual FoxPro 系统的全部组件的用户设计的。此种安装方式最少需要 15MB 的硬盘空间，最多需要 240MB 的硬盘空间。

单击“自定义安装”按钮，屏幕上出现“自定义安装”选择界面，在其中可以选择安装哪些 Visual FoxPro 系统的组件，如图 7.9 所示。

（5）安装系统组件。选择好要安装的组件后单击“继续”按钮，便进入到了安装、复制系统文件的过程，会出现安装进度的提示，如图 7.10 所示。系统安装成功后会出现如图 7.11 所示的界面。

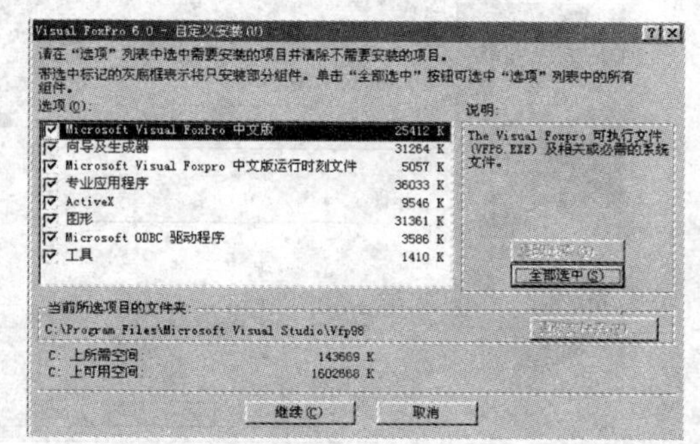

图 7.9 “自定义安装”选择界面

图 7.10　安装系统文件的过程提示

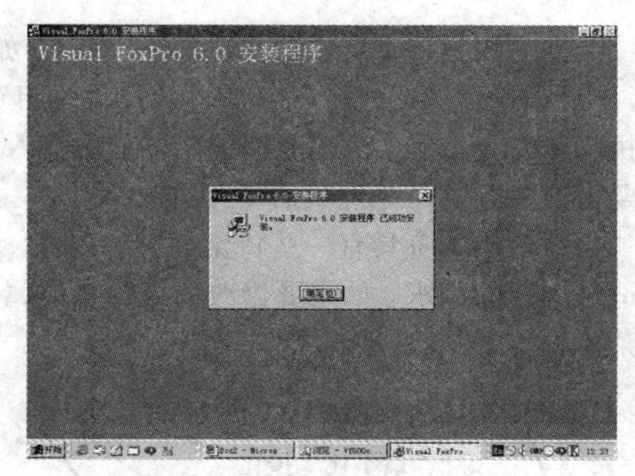

图 7.11　系统安装成功提示

7.2　Visual FoxPro 系统界面简介

在 Visual FoxPro 数据库系统安装完毕后，就可以使用这个系统了。在“开始”→“程序”菜单中选择 Visual FoxPro 程序，即可启动 Visual FoxPro 数据库系统。系统启动后立即进入 Visual FoxPro 系统的主界面，又称主窗口，如图 7.12 所示。

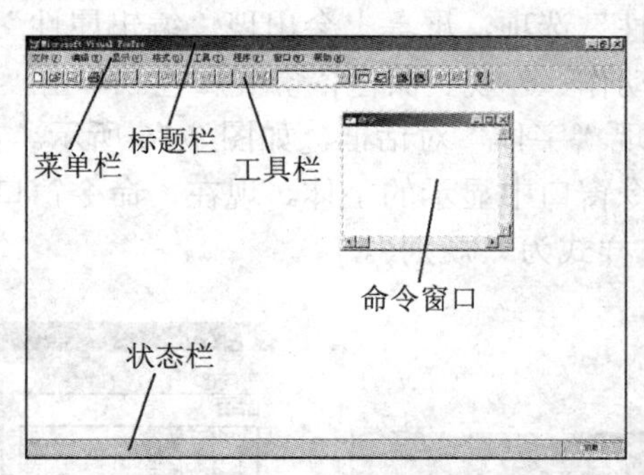

图 7.12　Visual FoxPro 系统的主窗口

Visual FoxPro 系统的主窗口与其他 Windows 应用程序的一样，具有标准的标题栏、菜单栏、工具栏和状态栏，单击主窗口右上角的“最大化”按钮可以使主窗口充满整个屏幕，单击“最小化”按钮会将主窗口缩小为图标，单击“关闭”按钮可以关闭 Visual FoxPro 系统。用鼠标的光标拖动主窗口右下角的三角符号可以调整 Visual FoxPro 系统主窗口的大小。在 Visual FoxPro 系统的主窗口中还有一个命令窗口，在命令窗口中可以发布 Visual FoxPro 系统的命令，控制数据库、修改记录、维护数据等。在任何时候都可以按 Ctrl+F2 组合键来显示命令窗口。

7.3　命令窗口

Visual FoxPro 系统有一个标准的命令窗口，在命令窗口中用户可以用命令的形式对数据库进行建立、维护、使用等一系列操作，还可以在命令窗口中使用 Visual FoxPro 提供的其他命令来建立菜单类库等内容。

命令窗口是一个标准的 Windows 窗口，如图 7.13 所示，有命令输入区、标准的控制滚动条、“最小化”按钮、“最大化”按钮、“关闭”按钮等。用户在命令输入区中输入命令，确认后执行该命令。命令窗口能够记忆以前所输入的所有命令，只要在命令窗口中移动光标，选择需要再次执行的命令确认后即可再次执行。

命令窗口本身具有一些特定的显示属性，这些属性可以根据用户的要求进行修改，从而更加适合用户的需求。如果要修改命令窗口的属性，可以在命令窗口内右击，屏幕上会出现“快捷菜单”，如图 7.14 所示。

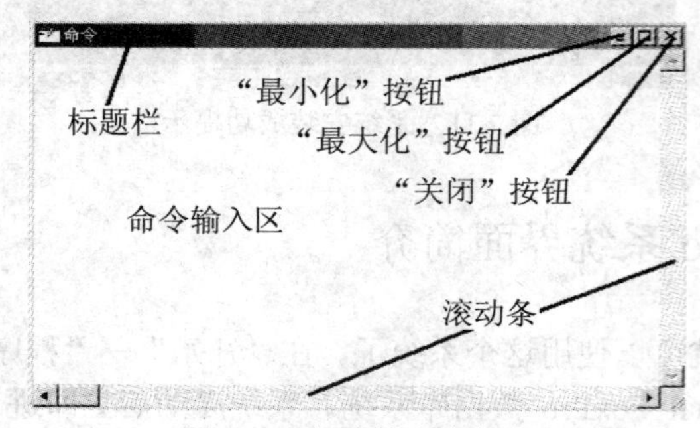

图 7.13　标准的命令窗口

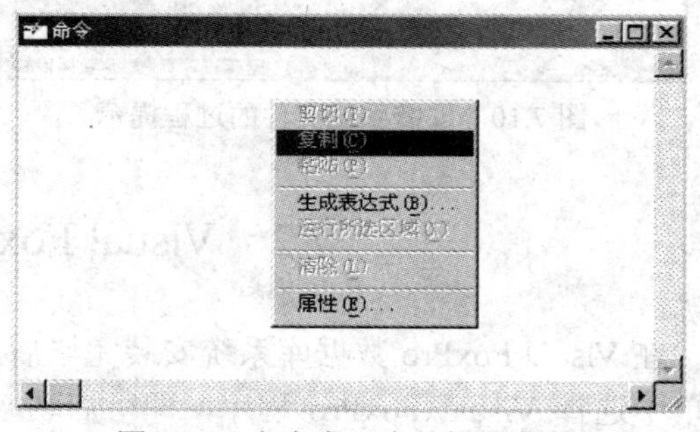

图 7.14　命令窗口中的快捷菜单

在快捷菜单中选择“属性”选项，屏幕上会出现“编辑属性”对话框，如图 7.15 所示。在其中可以更改命令窗口的动作、外观、保存备份等属性。单击“外观”区域中“字体”属性右侧的按钮...，屏幕上会出现“字体”对话框，如图 7.16 所示。在其中可以修改字体、字体大小等字体属性，改变在命令窗口中显示的字体。现在，命令窗口中使用的字体为“宋体”，字体大小为“小五号”，字体样式为“规则”。

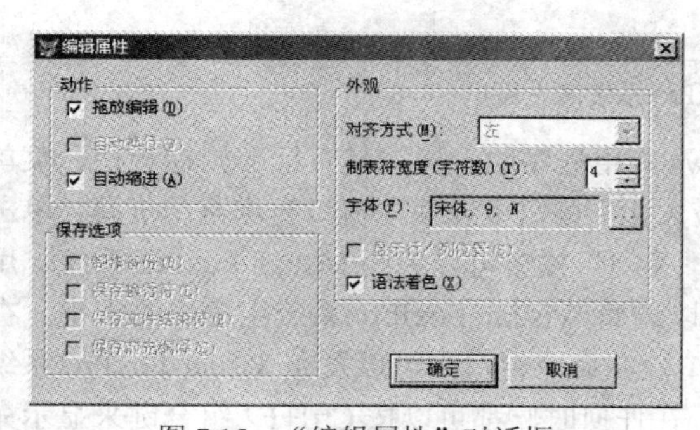

图 7.15　“编辑属性”对话框

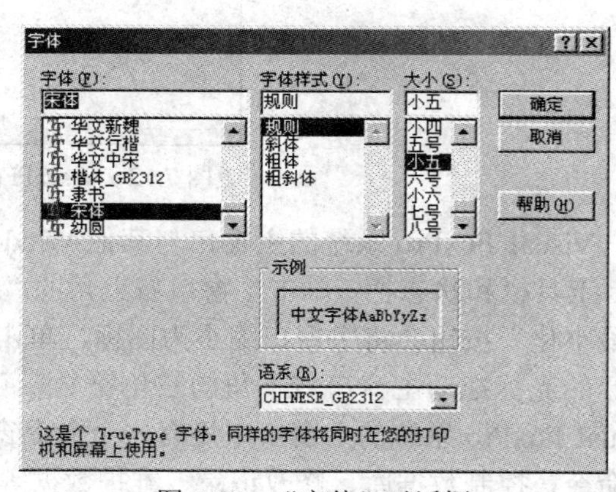

图 7.16　“字体”对话框

“语法着色”属性是 Visual FoxPro 系统提供的又一特色，单击“语法着色”复选框，其中出现对号☑表示选中此属性，并在命令窗口中使用“语法着色”功能。如果该复选框为空白☐则表示不使用“语法着色”功能。选中了“语法着色”属性，在命令窗口中输入的命令、内存变量、字段、函数等都会根据系统定义的语法颜色显示出不同的颜色，使用户可以清楚地辨别正在使用的是命令还是函数。“语法着色”属性中的不同语法的颜色定义可以是系统默认的颜色，也可以是由用户自行设置的颜色。

7.4 系统菜单

Visual FoxPro 系统提供了一个功能丰富的菜单，菜单中的每一个菜单项都对应着一个特定的命令，选中不同的菜单项可以执行不同的命令。Visual FoxPro 的菜单布置与 Windows 应用程序的菜单布置方式是一样的，“文件”菜单一般都放在菜单栏的第一项，紧接着是“编辑”菜单，“帮助”菜单一般都是菜单栏的最后一项。

7.4.1 “文件”菜单

“文件”菜单用于以“文件”为对象的操作，其中的各菜单项主要作用于当前文件或指定的文件。对文件的操作主要有：新建、打开、保存、关闭、打印等，如图 7.17 所示。其中各菜单选项的功能如下：

（1）“新建”菜单项。

选择“新建”菜单项，将打开系统的“新建”对话框，如图 7.18 所示。通过“新建”对话框，用户可以使用系统提供的设计器和向导来创建新的项目、数据库、表、查询、连接、视图、远程视图、表单、报表、标签、程序、类、文本文件和菜单等。它的快捷键为 Ctrl+N。

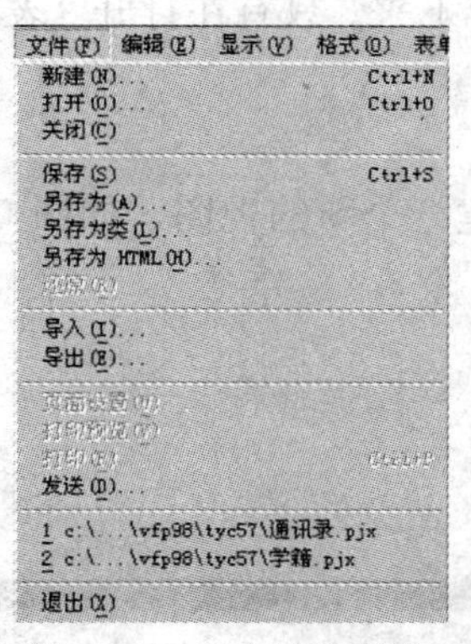

图 7.17　“文件”菜单

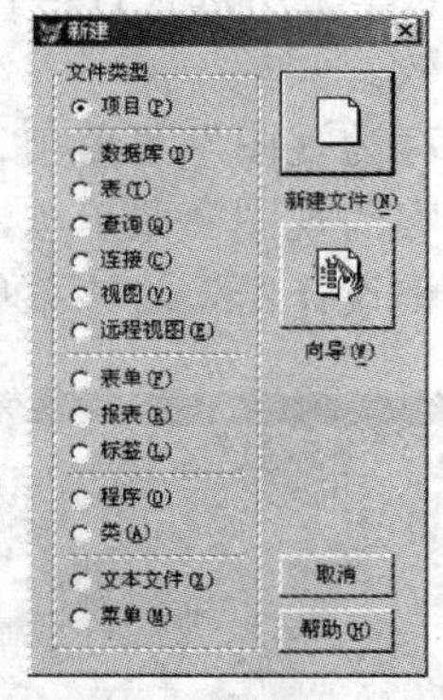

图 7.18　“新建”对话框

（2）“打开”菜单项。

选择“打开”菜单项，将打开系统的“打开”对话框。通过“打开”对话框，用户可以打开一个已经存在的文件。它的快捷键是 Ctrl+O。Visual FoxPro 系统的标准“打开”对话框如图 7.19 所示。其中，选择不同的文件夹可以改变文件的路径；“文件名”用于输入需要打开的文件的名称，“文件类型”决定了文件列表窗口中显示什么类型的文件。选择好文件后，单击“确定”按钮来打开，单击“取消”按钮放弃当前的操作，“帮助”按钮可使用户获得相关的帮助信息。

（3）“关闭”菜单项。

选择“关闭”菜单项，将关闭当前的活动窗口。如果按下 Shift 键并选择“文件”菜单，“关闭”命令项将变为“全部关闭”，此时可以关闭所有打开的窗口。

（4）“保存”菜单项。

选择“保存”菜单项，将保存对当前文件的修改。如果是第一次保存，除了“连接”和

“视图”操作之外，系统都将自动打开“另存为”对话框，提示用户输入文件名和类型。如果与系统中的文件重名，系统将提示用户。“保存”操作的快捷键是 Ctrl+S。

（5）“另存为”菜单项。

选择“另存为”菜单项，将显示“另存为”对话框，如图 7.20 所示，用于第一次保存文件或者将已存在的文件以另一个名字保存。

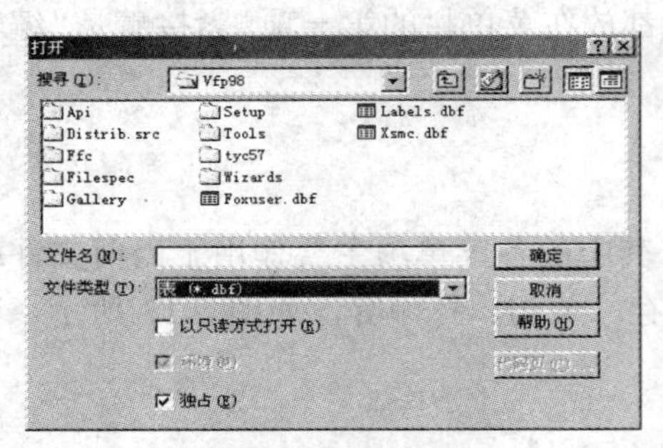

图 7.19 “打开”对话框

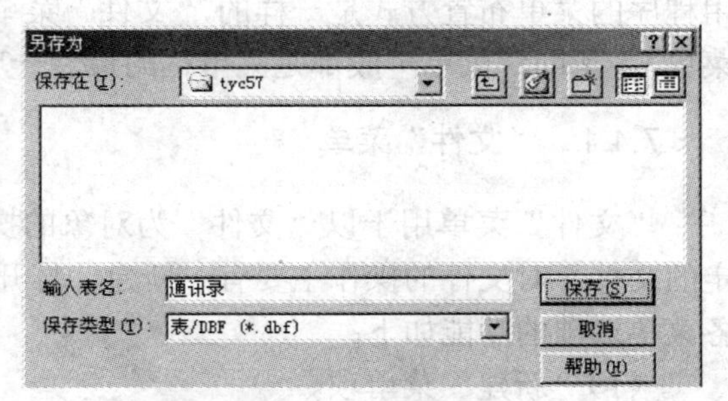

图 7.20 “另存为”对话框

（6）“另存为类”菜单项。

选择“另存为类”菜单项，将显示“另存为类”对话框，如图 7.21 所示。可以通过该对话框将表单、表单上所选控件等作为一个类的定义来保存下来。只有在打开“表单设计器”时该菜单项才有效。

（7）“另存为视图”菜单项。

选择“另存为视图”菜单项，将根据当前的查询创建一个新的视图，如图 7.22 所示。只有在打开“查询设计器”时该菜单项才有效。

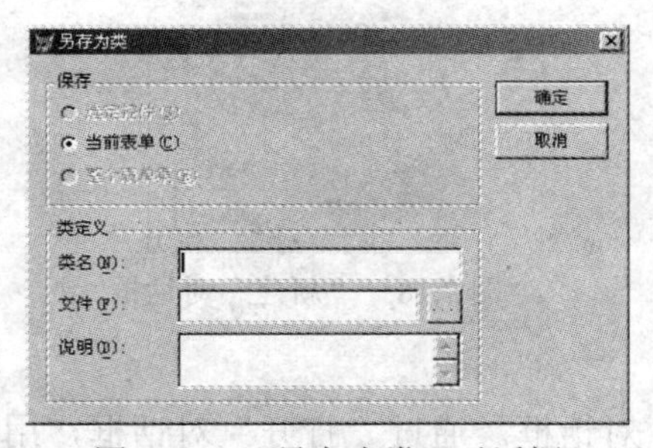

图 7.21 “另存为类”对话框

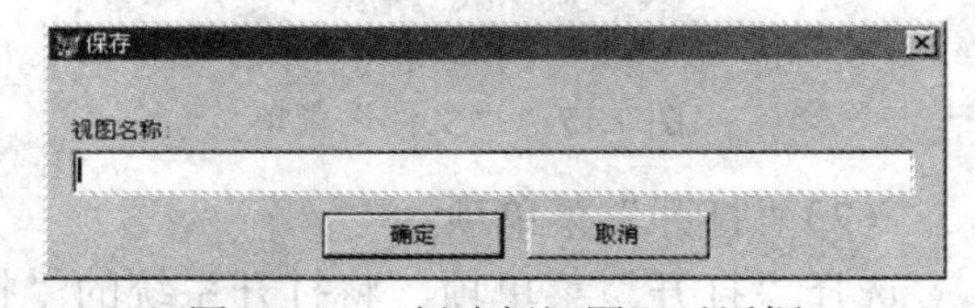

图 7.22 “创建新视图”对话框

（8）“另存为 HTML”菜单项。

选择“另存为 HTML”菜单项，将显示“另存为 HTML”对话框，如图 7.23 所示。用于将当前的文件另存为一个 HTML 格式的文件。

（9）“还原”菜单项。

选择“还原”菜单项，将取消对项目、查询、表单、报表、标签、程序、文本文件、菜单、视图、备注字段等的修改，恢复到上一次保存之前的情况。

（10）“导入”菜单项。

选择“导入”菜单项，将启动“导入”向导对话框，如图 7.24 所示。可以导入一个 Visual FoxPro 文件或由其他应用程序格式化的文件。

图 7.23　“另存为 HTML”对话框

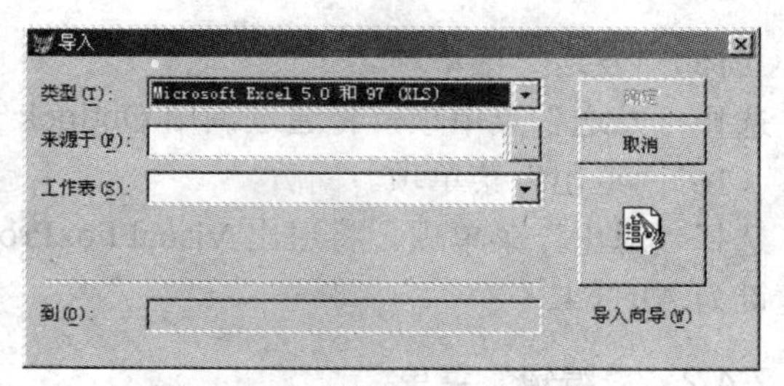

图 7.24　“导入”向导对话框

（11）“导出”菜单项。

选择“导出”菜单项，将显示“导出”对话框，如图 7.25 所示。由此可以从一个数据表中向一个文本文件、其他电子表格文件或另一个表中导出数据。

（12）“页面设置”菜单项。

选择“页面设置”菜单项，将显示“打印设置”对话框，如图 7.26 所示。从中可以调整报表或标签的列宽和页面布局。在打开了一个报表或标签时，“页面设置”菜单项才有效。

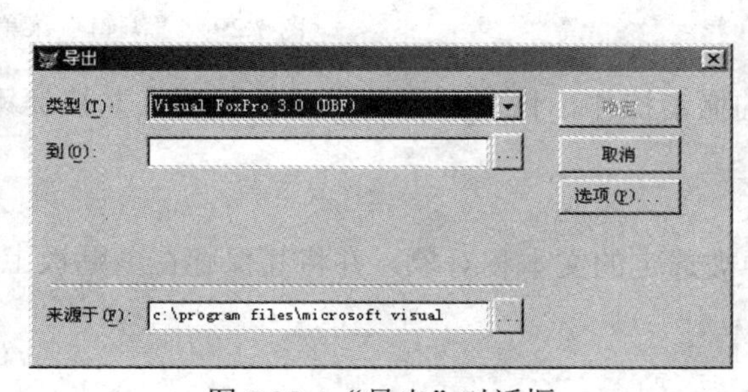

图 7.25　“导出”对话框

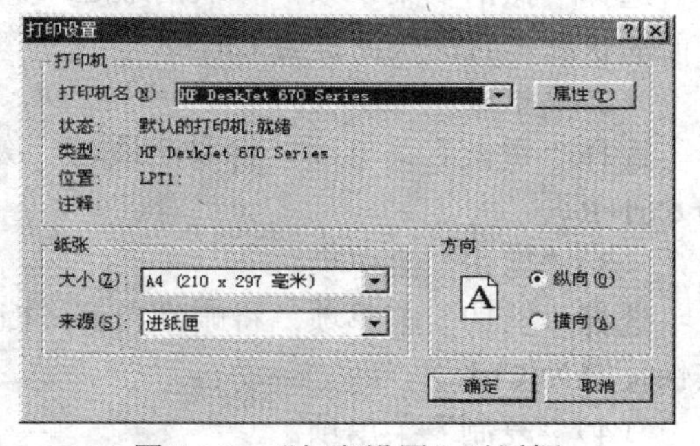

图 7.26　“打印设置”对话框

（13）“打印预览”菜单项。

选择“打印预览”菜单项，可以在窗口中预览要打印的报表等，如图 7.27 所示。打印预览中的格式与打印出来的形式相同。

（14）“打印”菜单项。

选择“打印”菜单项，将显示“打印”对话框，如图 7.28 所示。可以打印当前窗口中的文件或打印 Visual FoxPro 系统剪贴板上的内容。

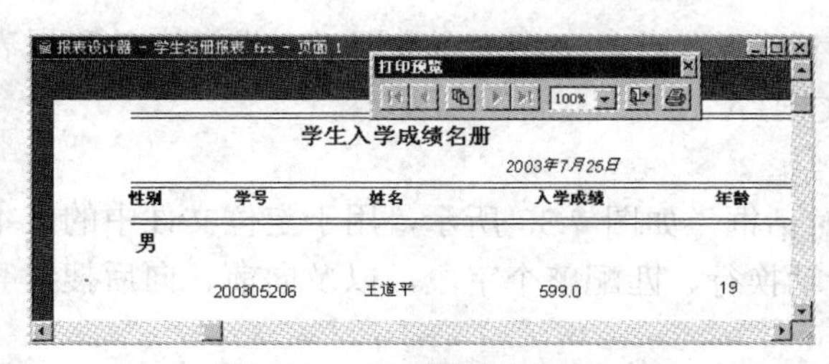

图 7.27　“打印预览”窗口

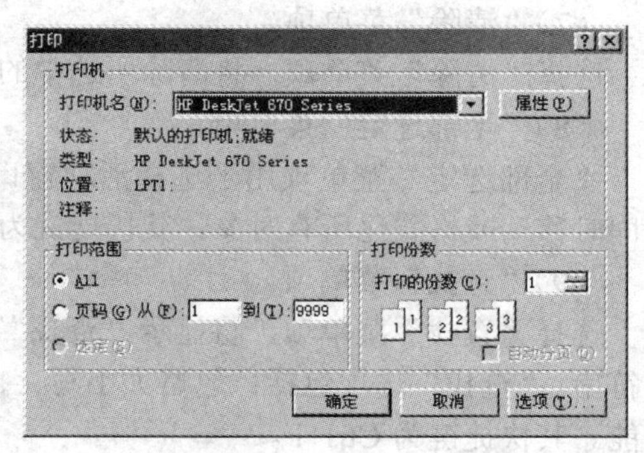

图 7.28　“打印”对话框

（15）“发送”菜单项。

选择“发送”菜单项，将通过调用 Outlook 来发送电子邮件。

（16）“退出”菜单项。

选择“退出”菜单项，将退出 Visual FoxPro 系统，返回到 Windows 操作系统环境下。其快捷键为 Alt+F4。

7.4.2 “编辑”菜单

“编辑”菜单中包含着许多编辑命令选项，用于编辑正文、程序、表和报表等。“编辑”菜单的许多菜单项都有快捷键，使用快捷键可以使编写正文变得方便。该菜单还包含了创建对象链接和嵌入（OLE）对象的功能。Visual FoxPro 系统的“编辑”菜单如图 7.29 所示。其中各菜单选项的功能如下：

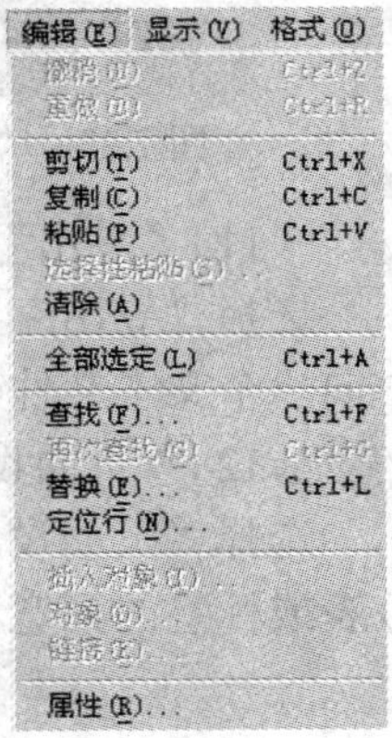

图 7.29 “编辑”菜单

（1）“撤消”菜单项。

选择“撤消”菜单项，将取消最近一次的编辑操作，恢复到改变之前的状况。它的快捷键为 Ctrl+Z。

（2）“重做”菜单项。

选择“重做”菜单项，将取消最近一次的撤消操作，恢复到撤消之前的状况。其快捷键为 Ctrl+R。

（3）“剪切”菜单项。

选择“剪切”菜单项，将删除当前文档中被选定的文本和对象，并将其保存在剪贴板上。其快捷键为 Ctrl+X。

（4）“复制”菜单项。

选择“复制”菜单项，将选中的文本、对象等复制到剪贴板上。其快捷键为 Ctrl+C。

（5）“粘贴”菜单项。

选择“粘贴”菜单项，将剪贴板上当前的内容拷贝到当前光标所在处。其快捷键为 Ctrl+P。

（6）“选择性粘贴”菜单项。

“选择性粘贴”菜单项用于将其他应用程序中的 OLE 对象插入到常规字段中，可以嵌入该对象或链接该对象。Visual FoxPro 系统在当前对象中保存了所嵌入对象的一份拷贝。在链接一个对象时，系统保存指向源文件的指针。

（7）“清除”菜单项。

选择“清除”菜单项，将清除所选中的文本、对象等。

（8）“全部选定”菜单项。

“全部选定”菜单项用于选择活动窗口中的所有对象，此选项常用于在设计表单和报表时同时移动或格式化所有对象。其快捷键为 Ctrl+A。

（9）“查找”菜单项。

选择“查找”菜单项，将显示“查找”对话框，如图 7.30 所示，用于定位文件中的文本字符串。“查找”选项包括：忽略大小写、自动换行、匹配整个字段，以及向前、向后搜索等功能。其快捷键为 Ctrl+F。

（10）“再次查找”菜单项。

选择“再次查找”菜单项，将从当前的插入点开始重复上一次的搜索，而不是从文档的开始处查找。其快捷键为 Ctrl+R。

（11）“替换”菜单项。

选择“替换”菜单项，将显示“替换”对话框，如图 7.31 所示。可以查找一个文本，并用指定的文本来替换它。其快捷键为 Ctrl+L。

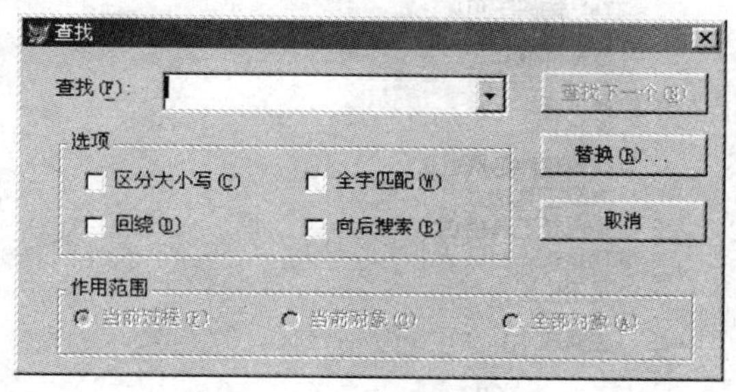

图 7.30 “查找”对话框

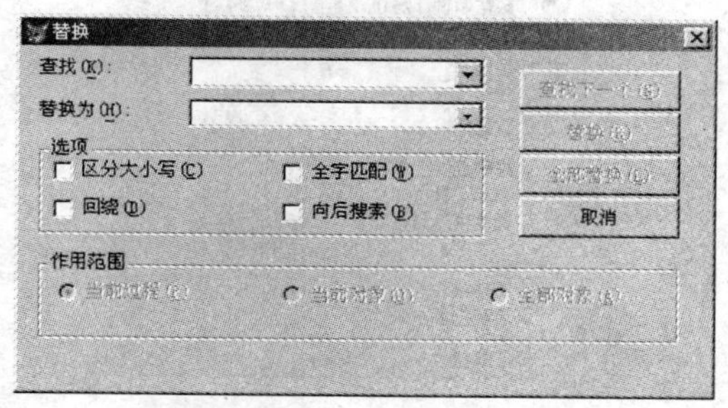

图 7.31 “替换”对话框

（12）“定位行”菜单项。

“定位行”菜单项主要用于在程序调试时将光标移动到程序文件中的指定行上。

（13）“插入对象”菜单项。

选择“插入对象”菜单项，将显示“插入对象”对话框，可以链接或嵌入到表单或数据表的通用字段中的 OLE 对象。

（14）“对象”菜单项。

选择“对象”菜单项，将为编辑所选定的 OLE 对象提供各种选项。

（15）“链接”菜单项。

选择“链接”菜单项，将打开被链接的文件并允许编辑该链接。

（16）“属性”菜单项。

选择“属性”菜单项，将显示编辑“属性”对话框，以便为当前的编辑窗口设置编辑选项，或为所有的编辑会话设置颜色和字体选项。

7.4.3 “显示”菜单

“显示”菜单是 Visual FoxPro 系统中一个与“背景相连”的菜单。该菜单显示的内容根据所打开窗口的不同而不同。第一次使用该菜单时，菜单中只包括一个工具栏，如图 7.32（a）所示。打开数据表后，显示菜单的内容如图 7.32（b）所示。显示菜单比较全的内容如图 7.32（c）和（d）所示。其中各菜单选项的功能如下：

（1）“浏览”菜单项。

选择“浏览”菜单项，将在“浏览”窗口中显示当前表或视图的内容，如图 7.33 所示。并允许用户对表或视图中的数据进行修改。

（2）“数据库设计器”菜单项。

选择“数据库设计器”菜单项，将显示“数据库设计器”窗口，如图 7.34 所示。用户可以对当前数据库中的所有表、视图和关系进行查看和修改。

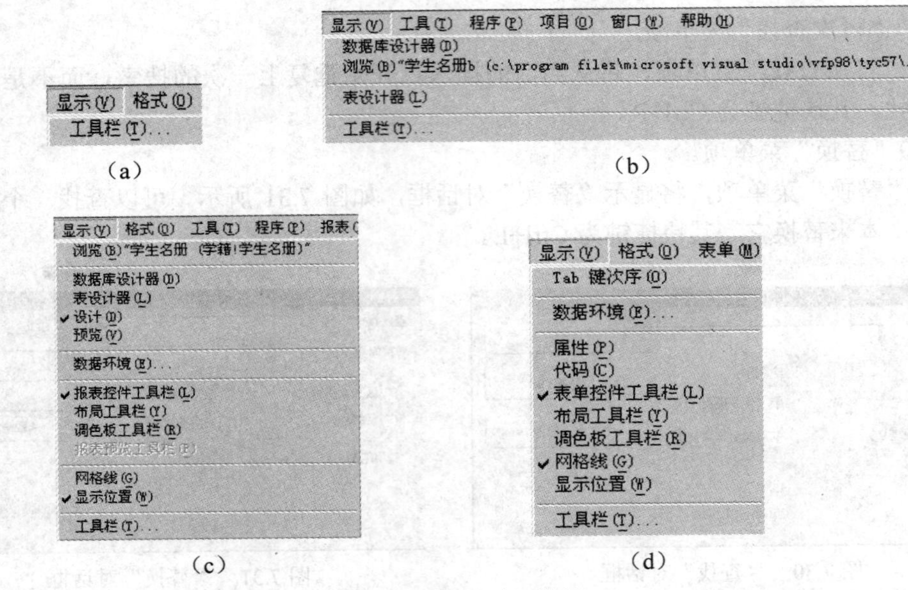

图 7.32 “显示”菜单

学生名册

学号	姓名	性别	出生日期	入学成绩	家庭住址	联系电话
200312108	尹彤	男	11/25/85	605.0	上海	28652278
200309215	王丽丽	女	05/08/84	609.0	北京	64516635
200307309	刘国徽	女	03/21/85	610.0	武汉	25768963
200305206	王道平	男	12/27/84	599.0	天津	83328629
200306207	陈宝玉	男	03/15/85	598.0	南京	25768963

图 7.33 “浏览”窗口

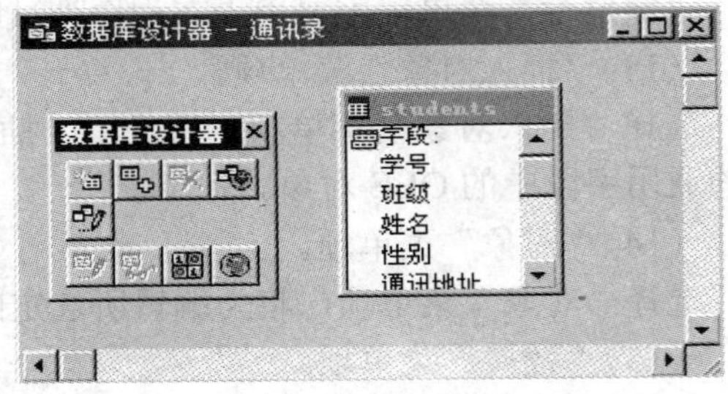

图 7.34 “数据库设计器”窗口

（3）“表设计器”菜单项。

选择“表设计器”菜单项，将显示“表设计器”对话框，如图 7.35 所示。用户可以创建数据库表、自由表、表的字段和索引等，并能够修改它们的结构。

（4）“Tab 键次序”菜单项。

通过“Tab 键次序”菜单项可以为表单中的对象设置跳转号，如图 7.36 所示。

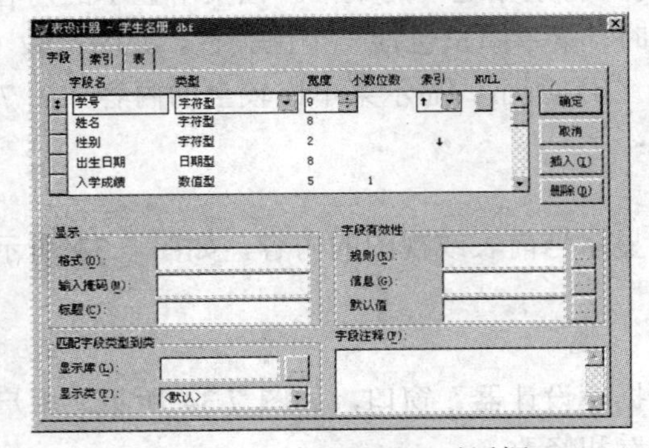

图 7.35 “表设计器”对话框

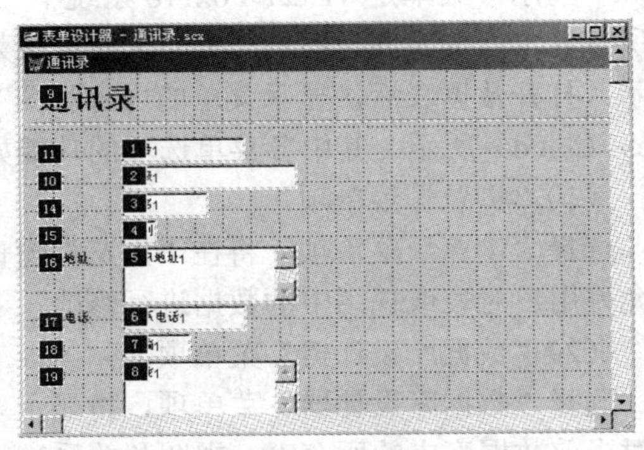

图 7.36 Tab 键跳转次序设置窗口

（5）“数据环境”菜单项。

选择“数据环境”菜单项，将显示“数据环境设计器”窗口，如图 7.37 所示。可以创建和修改表单、表单集、报表等的数据环境。

（6）“属性”菜单项。

选择“属性”菜单项，将显示表单、控件的属性，如图 7.38 所示。用户可以设置或更改属性。只有当打开“表单设计器”或“类设计器”时该菜单项才有效。

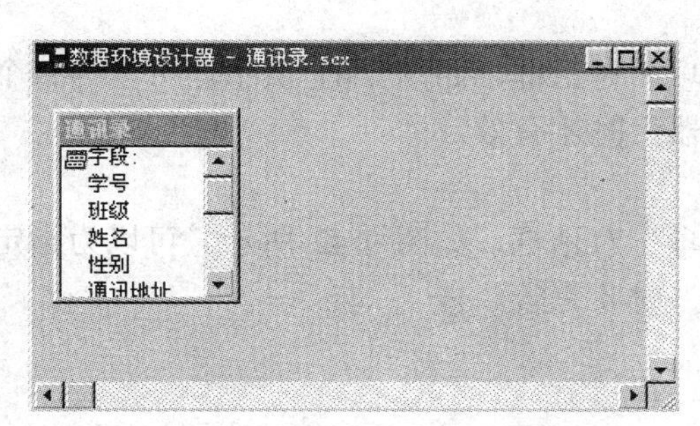

图 7.37　“数据环境设计器”窗口

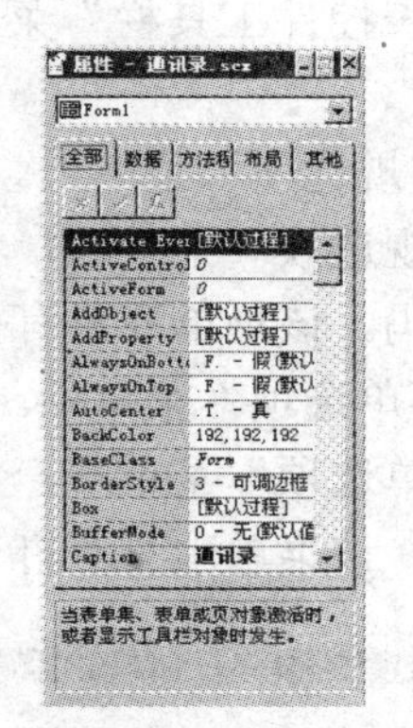

图 7.38　属性设置窗口

（7）“代码”菜单项。

选择“代码”菜单项，将显示“代码”窗口，如图 7.39 所示。用户可以编写、显示和编辑事件代码。

图 7.39　代码窗口

（8）“表单控制工具栏”菜单项。

选择“表单控制工具栏”菜单项，将显示“表单控件工具栏”窗口，使用它可以在表单中创建控件。

（9）“调色板工具栏”菜单项。

选择“调色板工具栏”菜单项，将显示“调色板”工具栏，可以为一个控件指定前景色和背景色等。

（10）“网格线”菜单项。

选择“网格线”菜单项，将清除或添加线，以帮助用户读取数据或定位对象。

（11）“显示位置”菜单项。

选择“显示位置”菜单项，会在状态栏中显示表单、报表或标签中选定对象的位置、高度和宽度等信息。

（12）“工具栏”菜单项。

选择“工具栏”菜单项，将显示“工具栏”对话框，如图 7.40 所示。允许用户创建、编辑或定制工具栏。

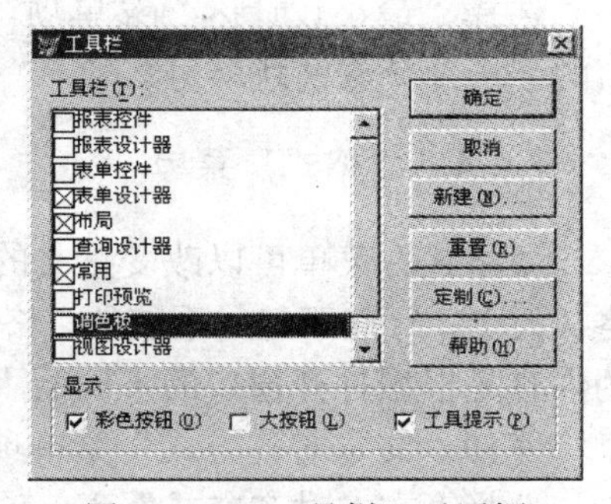

图 7.40　“工具栏”对话框

（13）“预览”菜单项。

选择“预览”菜单项，将以打印预览模式显示一个报表或标签。

（14）“编辑”菜单项。

选择“编辑”菜单项，将显示所选表或视图的内容，包含字段信息、列出记录，允许用户对表或视图中的数据进行修改。

(15)"添加模式"菜单项。

选择"添加模式"菜单项，将在最后一个记录之后自动向当前表或视图中添加新的记录。

(16)"设计"菜单项。

选择"设计"菜单项会将一个新的或已经存在的标签、报表或表单置成设计模式。

(17)"报表控件工具栏"菜单项。

选择"报表控件工具栏"菜单项，将显示"报表控件工具栏"窗口，可以在报表中创建控件。

(18)"常规选项"菜单项。

选择"常规选项"菜单项，将显示"常规选项"对话框，如图 7.41 所示。可以为整个菜单系统指定代码。该菜单项只有打开"菜单设计器"时才有效。

(19)"菜单选项"菜单项。

选择"菜单选项"菜单项，将显示"菜单选项"对话框，如图 7.42 所示。可以为指定的菜单设计代码。该菜单项只有打开"菜单设计器"时才有效。

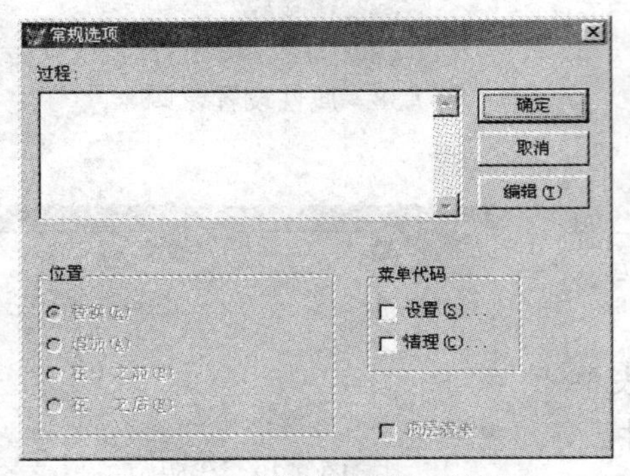

图 7.41 "常规选项"对话框

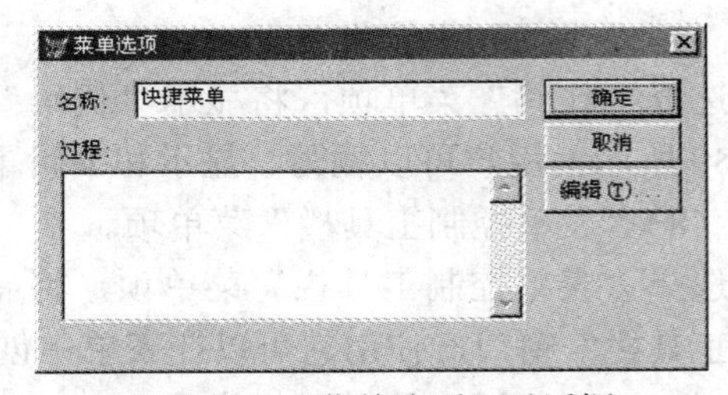

图 7.42 "菜单选项"对话框

(20)"最大设计区"菜单项。

选择"最大设计区"菜单项，将最大化查询和视图设计器的显示区域，使得用户能够看清查询或视图中的所有表。

(21)"最小设计区"菜单项。

选择"最小设计区"菜单项，将最小化查询和视图设计器的显示区域，使得用户能在窗口的下半部分看清跳转号。

7.4.4 "格式"菜单

"格式"菜单可以改变正文的属性，例如字体类型、文本缩进、风格、大小、行间距等。系统的"格式"菜单如图 7.43 所示。该菜单显示的内容是根据打开窗口的不同而不同的。其中各菜单选项的功能如下：

(1)"文本对齐方式"菜单项。

选择"文本对齐方式"菜单项，将在字段或标签控件内调整文本的对齐方式和间隔。此菜单项只有在处理报表和标签时才有效。

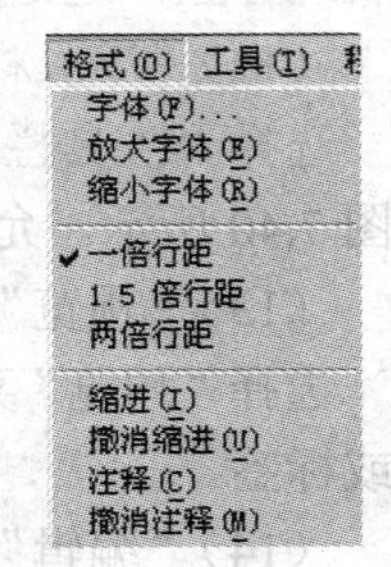

图 7.43 "格式"菜单

（2）“填充”菜单项。

选择“填充”菜单项，会使用“调色板”来填充选定控件。此命令项只有在处理报表或标签时才有效。

（3）“绘图笔”菜单项。

“绘图笔”菜单项用于设置标签或报表上矩形、圆角矩形的轮廓线、线条的磅值及设计样本。此菜单项在处理报表或标签时才有效。

（4）“方式”菜单项。

“方式”菜单项用于设置所选控件是“透明”的或“非透明”的。“非透明”的控件将不显示其后的控件，而“透明”的正好相反。

（5）“字体”菜单项。

选择“字体”菜单项，将显示“字体”对话框，如图 7.44 所示。用户可以设置字体类型、风格和大小。该菜单项只有在处理报表或标签中的文本、字段或标签控件或是在“命令”窗口中才有效。

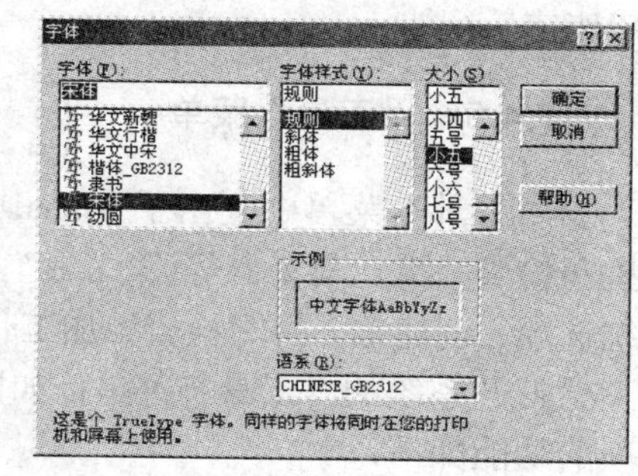

图 7.44　“字体”对话框

（6）“放大字体”菜单项。

选择“放大字体”菜单项，将把字体的大小增大到更大的可用尺寸。此菜单项在处理文本或程序文件或是在“命令”窗口中才有效。

（7）“缩小字体”菜单项。

选择“缩小字体”菜单项，将把字体的大小减小到更小的可用尺寸。此菜单项在处理文本或程序文件时有效。

（8）“一倍行距”菜单项。

选择“一倍行距”菜单项，在显示文本时文本行间无空白行。此命令在处理文本或程序文件时有效。

（9）“缩进”菜单项。

选择“缩进”菜单项会将选定的行缩进一个 Tab 键宽度。此菜单项在处理文本或程序文件时有效。

（10）“水平间距”菜单项。

选择“水平间距”菜单项，将显示“水平间距”子菜单，可以改变所选对象的水平间距。

（11）“垂直间距”菜单项。

选择“垂直间距”菜单项，将显示“垂直间距”子菜单，可以改变所选对象的垂直间距。

（12）“置前”菜单项。

选择“置前”菜单项会将所选的控件移动到最前面一层，而不被其他控件所覆盖。其快捷键为 Ctrl+G。

（13）“置后”菜单项。

选择“置后”菜单项会将所选的控件移动到最后面一层，而不被其他控件所覆盖。其快捷键为 Ctrl+J。

（14）“分组”菜单项。

“分组”菜单项的功能与用鼠标拖动来选中若干控件一样，它将所选控件联结起来，可以像操作一个控件那样操作“一组”控件。

（15）“取消组”菜单项。

选择“取消组”菜单项将取消前面的分组操作。

（16）“对齐格线”菜单项。

选择“对齐格线”菜单项，在选中并拖动控件时会以格子为单位移动。

（17）“设置网格刻度”菜单项。

选择“设置网格刻度”菜单项，将显示“设置网格刻度”对话框，如图 7.45 所示。可以用像素来定义格子的垂直和水平距离。

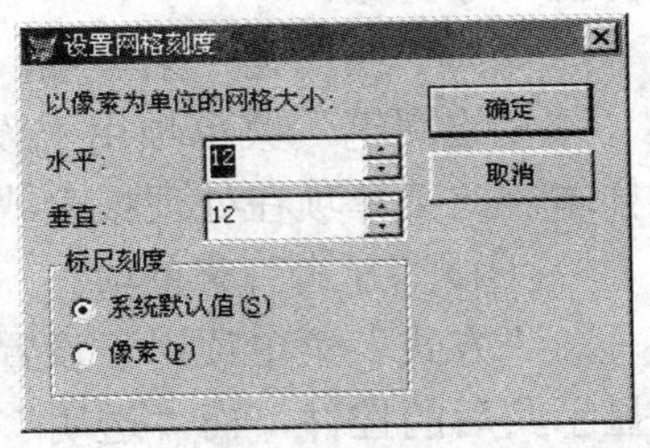

图 7.45 “设置网格刻度”对话框

7.4.5 “工具”菜单

“工具”菜单中列出了 Visual FoxPro 系统可以使用的所有工具的名称，例如向导、宏、拼写检查、类、浏览器等。“工具”菜单包含如下功能：设置系统选项、创建宏、拼写检查、加工代码、跟踪和调试源代码等。

打开系统的“工具”菜单，如图 7.46 所示。其中各菜单选项的功能如下：

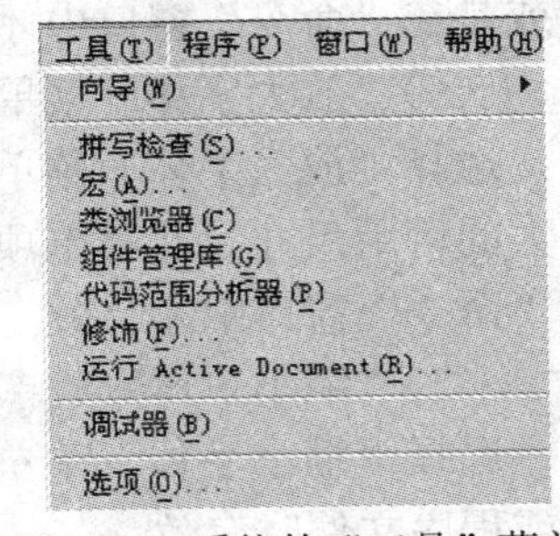

图 7.46 系统的“工具”菜单

（1）“向导”菜单项。

选择“向导”菜单项，将显示有关 Visual FoxPro 系统向导的“子菜单”，如图 7.47 所示。其中包含了所有的向导。单击“全部”选项，屏幕上会出现“向导选取”对话框，如图 7.48 所示。在其中可以选择系统提供的任意一个“向导”。

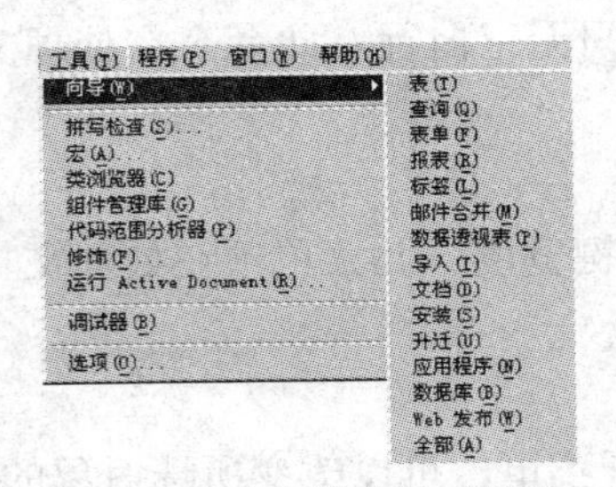

图 7.47 “向导”的子菜单

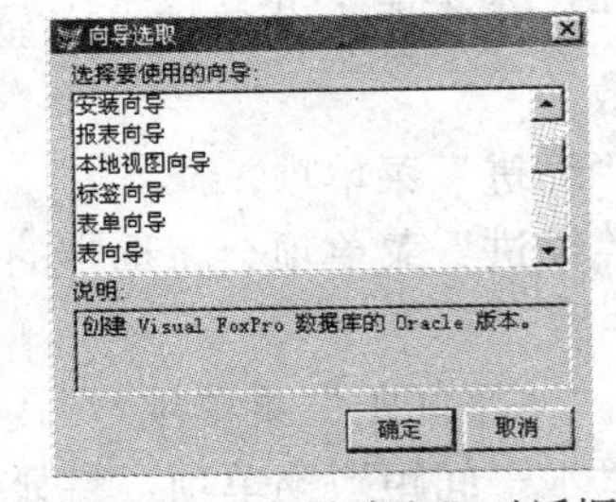

图 7.48 “向导选取”对话框

向导是 Microsoft 公司提出的一个非常有用的概念，向导其实就是一些应用程序。在这些程序执行的过程中，收集用户提供的信息，并根据用户提供的信息按照用户的要求建立程序、查询、透视表等。

（2）“拼写检查”菜单项。

“拼写检查”菜单项主要用于文本字段和备注字段的拼写检查。

（3）“宏”菜单项。

“宏”菜单项用于定义组合键来执行系统命令。

（4）“类浏览器”菜单项。

“类浏览器”菜单项用于检查任何类的内容，可以查看其属性和方法，甚至可以用于创建对象的真实代码。

（5）“组件管理库”菜单项。

选择“组件管理库”菜单项，将打开“组件管理库”窗口，如图 7.49 所示。“组件管理库”是帮助用户组织类库、表单、按钮、对象、项目、应用程序或其他组织的工具。

（6）“调试器”菜单项。

选择“调试器”菜单项，将打开“调试器”窗口，如图 7.50 所示。可以跟踪程序的运行，监视变量、数组元素、字段和属性的值，也可以查看 Visual FoxPro 系统函数的返回值等。

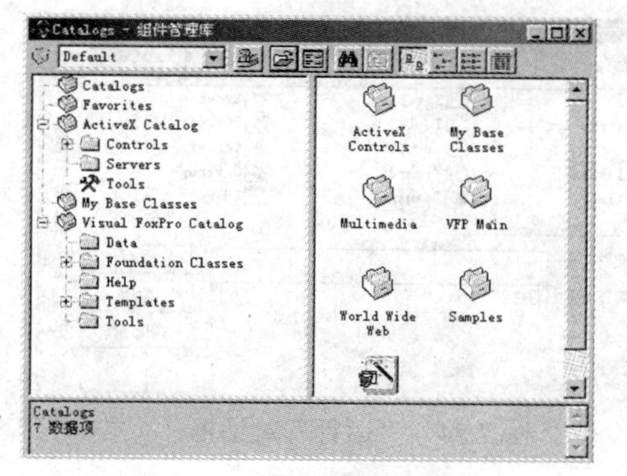

图 7.49　“组件管理库”窗口

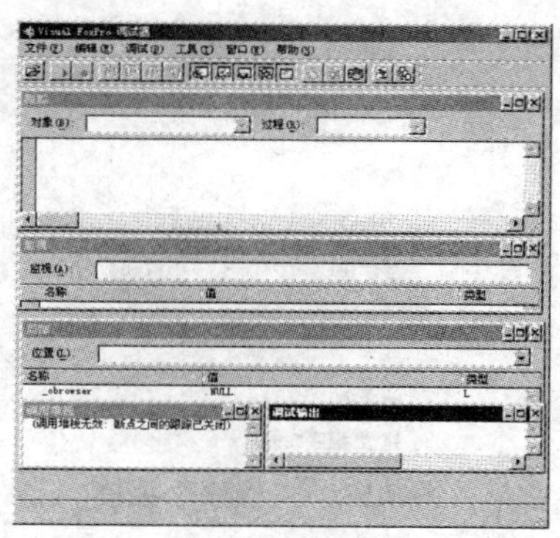

图 7.50　“调试器”窗口

在“跟踪”窗口中能够查看程序执行情况。在“监视”窗口中可以显示表达式及其当前值，并可以对表达式设置断点。在“局部”窗口中会显示指定的程序、过程或方法中的所有变量、数组、对象和对象成员。在“调用堆栈”窗口中会显示执行中的程序、过程或方法。在“调试”窗口中会显示活动程序、过程或方法的输出。

（7）“修饰”菜单项。

选择“修饰”菜单项，将显示“修饰选项”对话框，如图 7.51 所示。从中可以选择对文本和段落的修饰方式。

（8）“运行”菜单项。

选择“运行”菜单项，将打开系统控制应用程序。

（9）“选项”菜单项。

选择“选项”菜单项，将显示“选项”对话框，如图 7.52 所示。在其中可以设置多种系统选项。

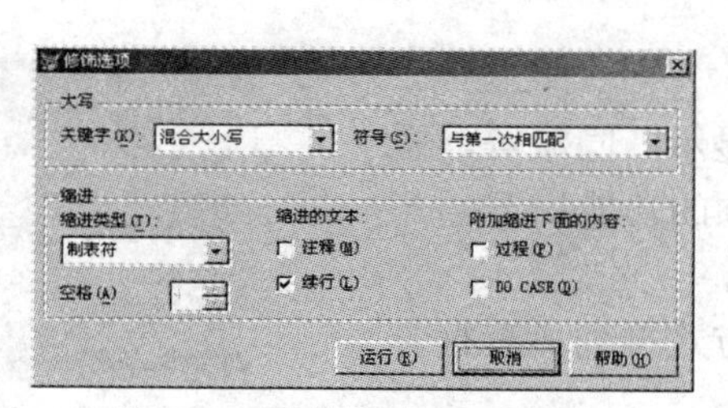

图 7.51　“修饰选项”对话框

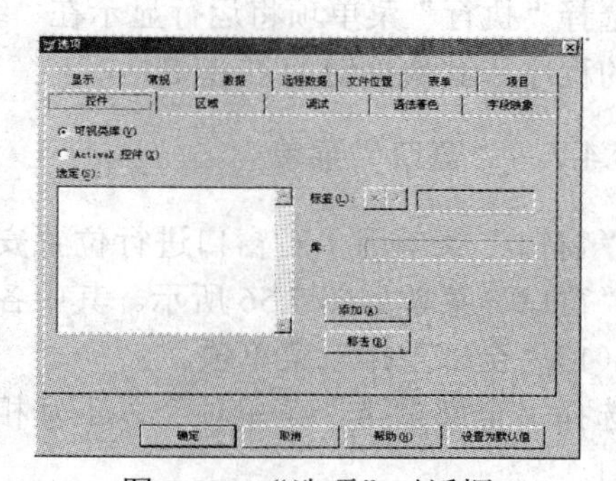

图 7.52　“选项”对话框

7.4.6 “程序”菜单

“程序”菜单中的所有命令选项都是用于运行和测试 Visual FoxPro 源代码的。打开系统的“程序”菜单，如图 7.53 所示。其中各菜单选项的功能如下：

（1）“运行”菜单项。

选择“运行”菜单项，将显示“运行”对话框，如图 7.54 所示。可以在其中指定并执行所选定的程序。其快捷键为 Ctrl+D。

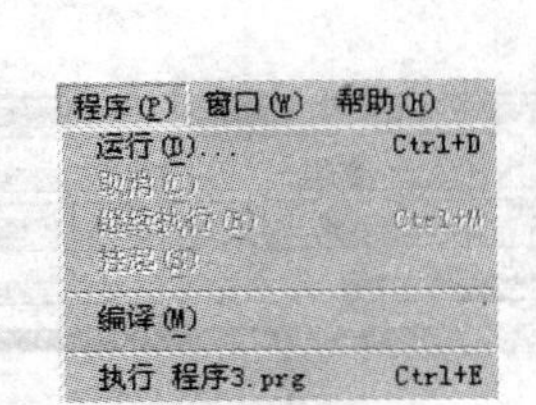

图 7.53 “程序”菜单

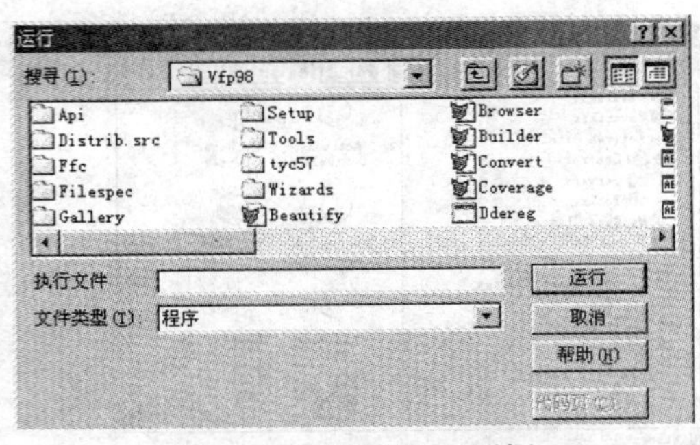

图 7.54 “运行”对话框

（2）“取消”菜单项。

选择“取消”菜单项将终止一个被挂起的 Visual FoxPro 程序的执行，此菜单项在程序被挂起时有效。

（3）“继续执行”菜单项。

“继续执行”菜单项用于恢复处于挂起状态的程序的运行，当用户程序被挂起时有效。

（4）“挂起”菜单项。

“挂起”菜单项用于暂时终止程序的运行，使该程序继续保持打开状态，可以再次继续执行程序。此菜单项在用户运行程序时可用。

（5）“编译”菜单项。

选择“编译”菜单项，将显示“编译”对话框，如图 7.55 所示。可以从中选择要编译的源文件，并将其编译成目标代码。

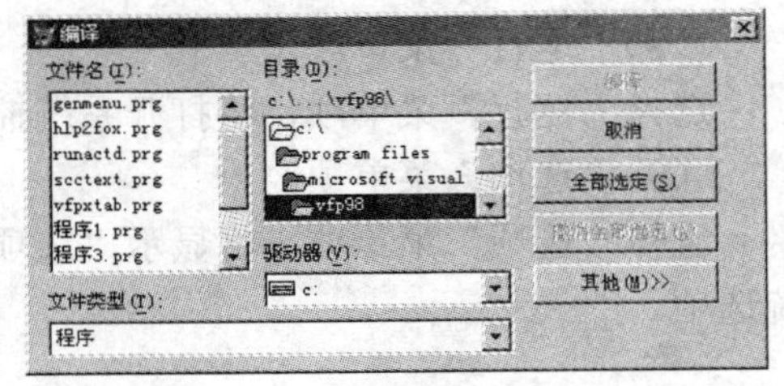

图 7.55 “编译”对话框

（6）“执行”菜单项。

选择“执行”菜单项将运行显示在“编辑”窗口中的程序。其快捷键为 Ctrl+E。

7.4.7 “窗口”菜单

“窗口”菜单用于对窗口进行位置安排或者显示、隐藏等。系统的“窗口”菜单如图 7.56 所示。其中各菜单选项的功能如下：

（1）“全部重排”菜单项。

选择“全部重排”菜单项会以不互相重叠的方式排列所有打开的窗口。

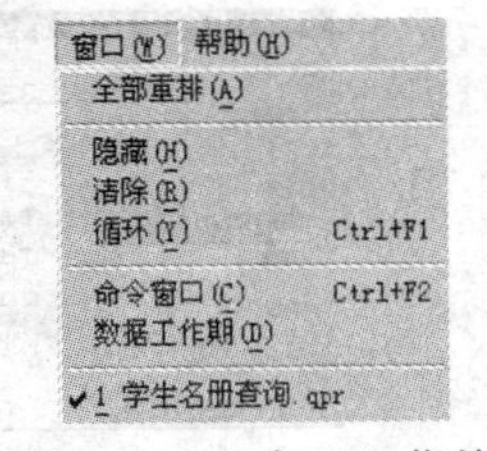

图 7.56 “窗口”菜单

（2）“隐藏”菜单项。

选择“隐藏”菜单项会将活动的窗口隐藏起来，该窗口仍将在内存中保存。

（3）“清除”菜单项。

选择“清除”菜单项，将从应用程序的工作空间或当前输出窗口中清除文本内容。

（4）“循环”菜单项。

选择“循环”菜单项，将从一个打开的窗口移到下一个窗口，使下一个窗口成为活动窗口。其快捷键为 Ctrl+F1。

（5）“命令窗口”菜单项。

选择“命令窗口”菜单项，将显示“命令”窗口。

（6）“数据工作期”菜单项。

选择“数据工作期”菜单项，将显示“数据工作期”窗口，如图 7.57 所示。通过它可以很容易地打开表、建立关系、设置工作区域属性等。

（7）“显示全部”菜单项。

选择“显示全部”菜单项，将显示所有打开的窗口。

（8）“窗口列表”菜单项。

选择“窗口列表”菜单项，将显示最早定义的 9 个窗口。用户可以选择它们，使它们成为当前的活动窗口。如果所定义的窗口数超过 9 个，将会出现“更多窗口”选项。

（9）“其他窗口”菜单项。

选择“其他窗口”菜单项，将显示“其他窗口”对话框，如图 7.58 所示。用户可以选择并激活其中的一个窗口。

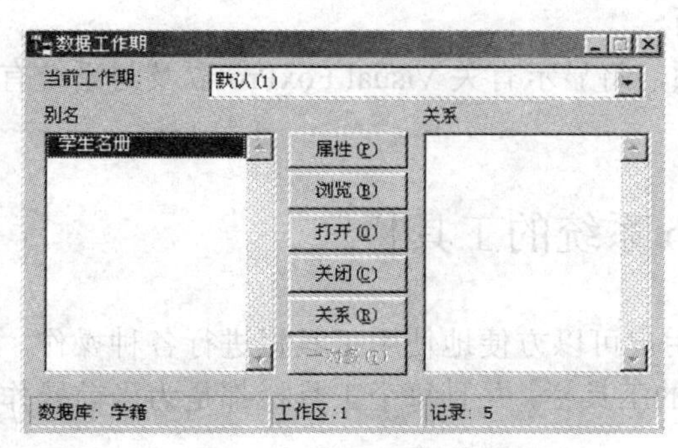

图 7.57　“数据工作期”窗口

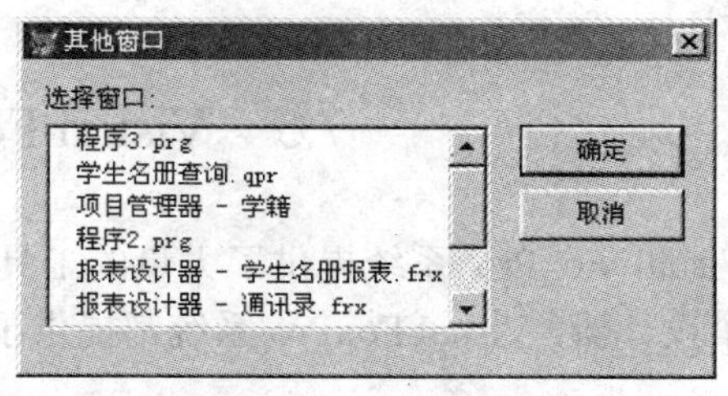

图 7.58　“其他窗口”对话框

7.4.8　“帮助”菜单

“帮助”菜单能提供有关 Visual FoxPro 系统的帮助选项，通过这个菜单可以得到 Visual FoxPro 的在线帮助信息，以及有关如何得到技术支持的信息。打开“帮助”菜单，如图 7.59 所示。其中各菜单选项的功能如下：

（1）“Microsoft Visual FoxPro 帮助主题”菜单项。

选择“Microsoft Visual FoxPro 帮助主题”菜单项，将显示 Visual FoxPro 帮助主题表。

（2）“目录”菜单项。

选择“目录”菜单项，将以“目录”的形式显示帮助信息。

（3）“索引”菜单项。

选择“索引”菜单项，将显示 Visual FoxPro 系统的帮助索引表。

（4）“搜索”菜单项。

选择“搜索”菜单项，将显示 Visual FoxPro 系统的帮助搜索表。

（5）“技术支持”菜单项。

选择“技术支持”菜单项，将显示有关的技术支持。

（6）Microsoft on the Web 菜单项。

选择 Microsoft on the Web 菜单项，将打开一个二级菜单，如图 7.60 所示。其中含有便于用户使用的选项，可以使用 Web 浏览器连接到 Web 上的 Visual FoxPro 页、Microsoft 的主页和其他地方。

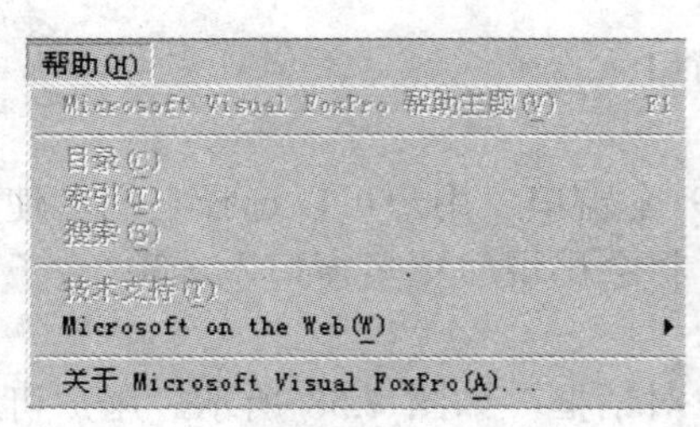

图 7.59 “帮助”菜单

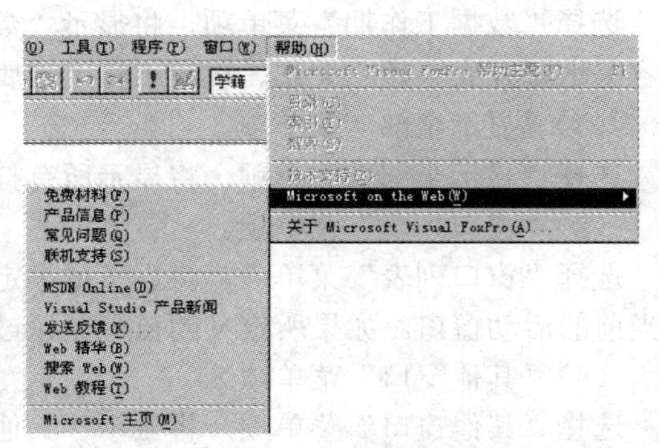

图 7.60 “帮助”菜单的二级菜单

（7）“关于 Microsoft Visual FoxPro”菜单项。

选择“关于 Microsoft Visual FoxPro”菜单项，将显示有关 Visual FoxPro 以及与系统有关的信息。

7.5 Visual FoxPro 系统的工具栏

Visual FoxPro 系统提供了大量的工具栏，用户可以方便地使用工具栏进行各种操作。对于每个设计器，Visual FoxPro 系统都提供了相应的工具栏，并且每个工具栏都是为当前操作定制的。

7.5.1 定制主窗口工具栏

用户还可以根据自己的需要和习惯来定制自己的工具栏。定制主窗口工具栏应包括以下 3 个方面：

（1）主窗口工具栏的种类。

（2）每个工具栏中的项目。

（3）工具栏的显示方式。

系统显示工具栏的默认方式是“常用工具栏”，在不修改工具栏设置的情况下，系统只显示该工具栏，其中包括系统的常规功能。用户还可以根据自己的需要把更多的工具栏放到主窗口上。

1. 定制工具栏方法一的步骤

（1）从系统菜单栏中选择“显示”菜单。

（2）在“显示”菜单中选择“工具栏”。

（3）系统显示如图 7.61 所示的对话框。此时用户可以选择所需要添加的工具栏了。

（4）选择好所需要的工具栏项目后单击“确定”按钮，这样工具栏就添加到主窗口上了。

2. 定制工具栏方法二的步骤

（1）在系统菜单栏下的工具栏位置中的空白区域或各工具栏的间隙区域右击，弹出快捷工具栏菜单，如图 7.62 所示。其中，有“√”标记的工具栏项表示已经显示在主窗口上了。

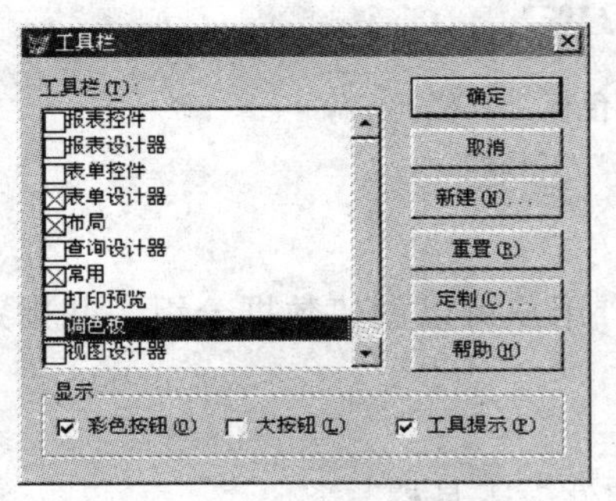

图 7.61 “工具栏”对话框

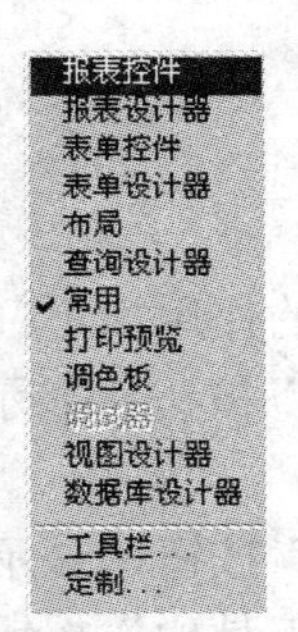

图 7.62 快捷工具栏菜单

（2）用鼠标左键选择其中相应的工具栏项。

7.5.2 工具栏

下面对系统提供的工具栏项逐个进行解释。

1. “报表控件”工具栏

“报表控件”工具栏如图 7.63 所示，用来在报表或标签中创建控件。用法是：先单击需要放置的控件的按钮，再在报表或标签中需要放置控件的位置单击。可以通过鼠标的拖动来改变控件的大小和位置。在报表或标签中双击任何控件都可以显示一个对话框，该对话框用来设置一些选项。

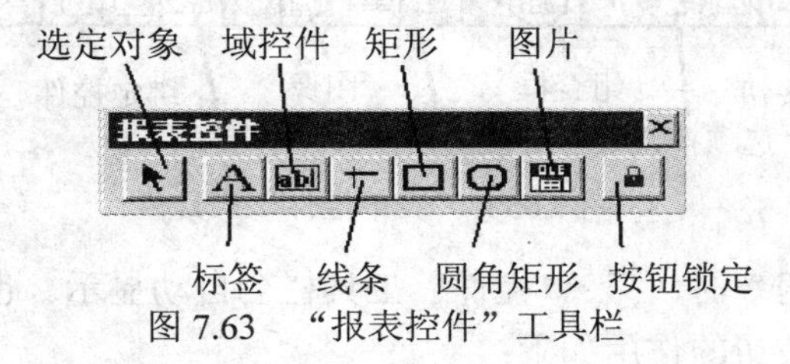

图 7.63 “报表控件”工具栏

在打开报表设计器时该工具栏会自动显示。其中各按钮的作用如下：

“选定对象”按钮：用于设置控件的大小或位置的移动。

“标签”按钮：用于创建标签控件，用户不能进行更改。

“域控件”按钮：用于创建字段控件或显示一个表字段、内存变量或其他表达式的内容。

“线条”按钮：用于在设计报表时画出各种类型的直线。

“矩形”按钮：用于在报表中画矩形。

“圆角矩形”按钮：用于在报表中画出圆角和椭圆形状的矩形。

“图片”按钮：用于在报表中显示一幅图像或一个通用字段的内容。

“按钮锁定”按钮：用于向报表中添加多个同类型的控件。

2. “报表设计器”工具栏

打开“报表设计器”时，“报表设计器”工具栏将自动显示，如图 7.64 所示。

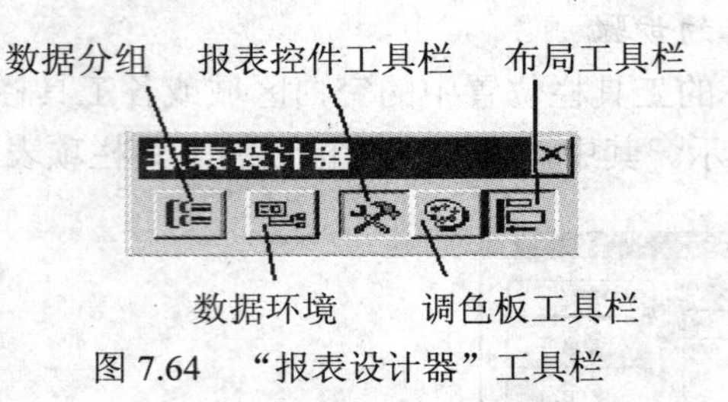

图 7.64 “报表设计器”工具栏

其中各按钮的作用如下：

“数据分组”按钮：显示“数据分组”对话框，用户可以创建数据分组，并指定它们的属性。

“数据环境”按钮：显示“数据环境设计器”。

“报表控件工具栏”按钮：显示或隐藏“报表控件”工具栏。

“调色板工具栏”按钮：显示或隐藏“调色板”工具栏。

“布局工具栏”按钮：显示或隐藏“布局”工具栏。

3. “表单控件”工具栏

打开“表单控件”工具栏，如图 7.65 所示，主要用于在表单上创建 GUI 用户界面。使用方法是：先单击需要放置的控件的按钮，再在表单上需要放置控件的位置单击。

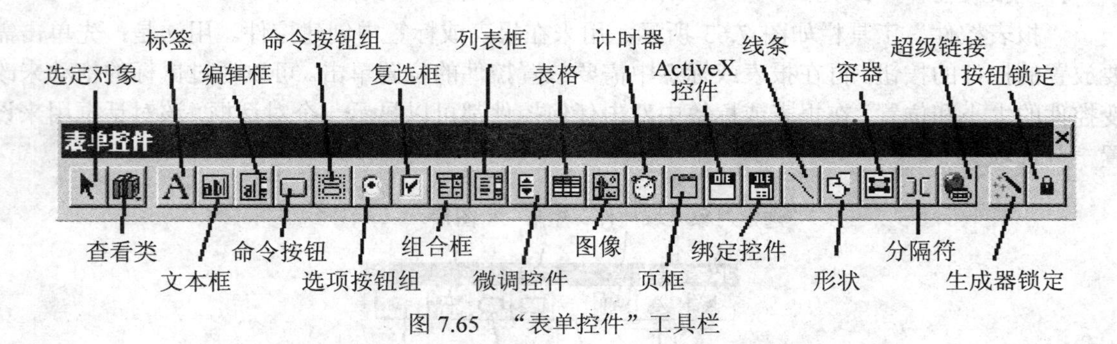

图 7.65 “表单控件”工具栏

在打开“表单设计器”时，“表单控件”工具栏会自动显示。也可以通过前面介绍的方法打开该工具栏。其中各按钮的作用如下：

“选定对象”按钮：用于为控件重置大小或移动位置。

“查看类”按钮：用于选择并显示注册的类库。

“标签”按钮：用于创建一个标签控件，用户不能自行更改。

“文本框”按钮：用于创建一个文本框，只限于单行文本，用户可以进行输入或更改。

“编辑框”按钮：用于创建编辑框，可以保存多行文本，用户可以进行输入或更改。

“命令按钮”按钮：用于创建命令按钮。

“命令按钮组”按钮：用于创建一个命令组控件，将相关命令组合在一起。

“选项按钮组”按钮：用于创建一个选项组控件，它能显示多个选项，用户只能选择其中之一。

“复选框”按钮：用于创建一个复选框，用户可以在多个条件之间进行选择，并且可以选择多个。

“组合框”按钮：用于创建一个组合框，可以是下拉式组合框或下拉式列表框，用户可以从列表中选择一项，也可以自己输入一个值。

“列表框”按钮：用于创建一个列表框，它显示一个题目的列表，用户可以从中进行选择。

“微调控件”按钮：创建一个微调控件，用于接受数值输入，可以通过按钮进行值变化的微调。

“表格”按钮：创建表格，用于在类似电子表格的表格上显示数据。

“图像”按钮：用于在表单上显示图形、图像。

“计时器”按钮：用于创建一个计时器，允许用户在指定的时间或时间间隔内执行某个过程或操作。

“页框”按钮：用于创建一个页框，允许显示多页文本。

“ActiveX 控件”按钮：用于向应用程序中添加 OLE 对象。

“ActiveX 绑定控件”按钮：用于向应用程序中添加 OLE 绑定的对象。

“线条”按钮：用于向表单中画各种类型的直线。

“形状”按钮：用于向表单中画各种类型的几何形状。

“容器”按钮：用于向当前表单中放置一个容器对象。

“分隔符”按钮：在工具栏控件之间设置间隔。

“超级链接”按钮：用于进行指定的超级链接。

“生成器锁定”按钮：向表单中添加任何新控件时都打开一个指定的生成器。

“按钮锁定”按钮：用户在工具栏中只按一次指定的按钮，就可以向表单中添加多个同类型的控件。

4. “表单设计器”工具栏

打开“表单设计器”时，工具栏会自动出现，如图 7.66 所示。

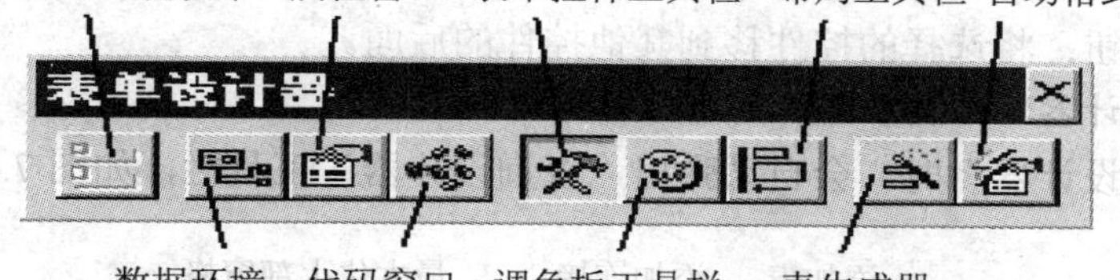

图 7.66 “表单设计器”工具栏

其中各按钮的作用如下：

“设置 Tab 键次序”按钮：用于设置控件的跳转号。

“数据环境”按钮：用于打开“数据环境设计器”。

“属性窗口”按钮：根据当前对象打开相应的属性窗口。

“代码窗口”按钮：显示当前对象的代码窗口，用户可以查看和编辑代码。

“表单控件工具栏”按钮：显示或隐藏“表单控件”工具栏。

“调色板工具栏”按钮：显示或隐藏“调色板”工具栏。

“布局工具栏”按钮：显示或隐藏“布局”工具栏。

“表单生成器”按钮：运行表单生成器。

“自动格式”按钮：运行自动表格生成器。

5.“布局”工具栏

打开“布局”工具栏，如图 7.67 所示，作用是对报表或表单中的控件进行对齐和位置安排等操作。

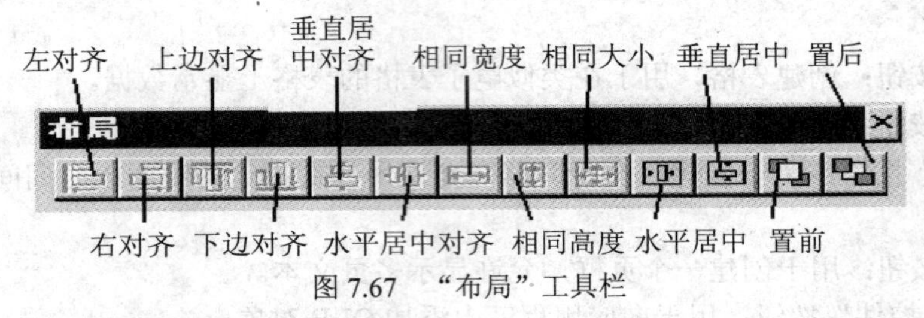

图 7.67 “布局”工具栏

“布局”工具栏中各按钮的作用如下：

“左对齐”按钮：将选择的多个控件按左对齐方式对齐。

“右对齐”按钮：将选择的多个控件按右对齐方式对齐。

“上边对齐”按钮：将选择的多个控件按上边对齐方式对齐。

“下边对齐”按钮：将选择的多个控件按下边对齐方式对齐。

“垂直居中对齐”按钮：将选择的多个控件按垂直居中对齐方式对齐。

“水平居中对齐”按钮：将选择的多个控件按水平居中对齐方式对齐。

“相同宽度”按钮：将选择的控件在水平方向上的长度调整一致。

“相同高度”按钮：将选择的控件在垂直方向上的高度调整一致。

“相同大小”按钮：将选择的控件在水平、垂直方向上的宽度和高度都调整一致。

“水平居中”按钮：将选择的控件放在表单的垂直正中间。

“垂直居中”按钮：将选择的控件放在表单的水平正中间。

“置前”按钮：将选择的控件移到其他控件的前面。

“置后”按钮：将选择的控件移到其他控件的后面。

6.“查询设计器”工具栏

打开“查询设计器”时，会自动弹出“查询设计器”工具栏，如图 7.68 所示。

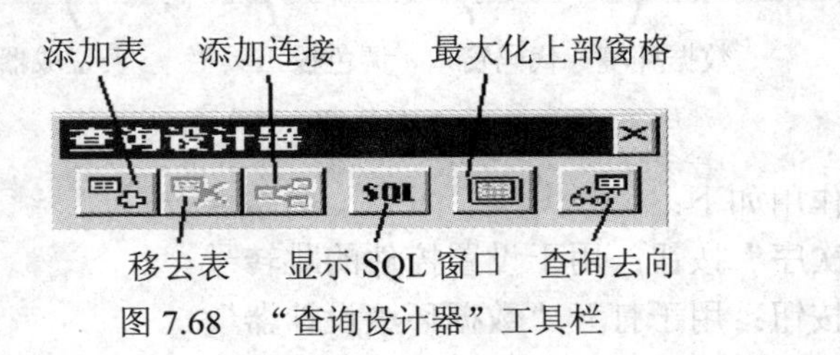

图 7.68 “查询设计器”工具栏

其中各按钮的作用如下：

“添加表”按钮：向查询中添加表或视图。

“移去表”按钮：清除查询设计窗口中所选中的表。

“添加连接”按钮：在查询中给两个表之间创建一个连接条件。

“显示 SQL 窗口”按钮：显示查询所对应的 SQL 语言。

“最大化上部窗格”按钮：放大或缩小查询设计器中的上端窗格。

“查询去向”按钮：显示“查询去向”对话框，在此可以将查询结果以 8 种不同的方式输出。

7. “常用”工具栏

“常用”工具栏如图 7.69 所示，是系统默认显示的工具栏，系统启动时将自动显示该工具栏。其中包括了 Visual FoxPro 系统的一些最常用和最基本的功能。

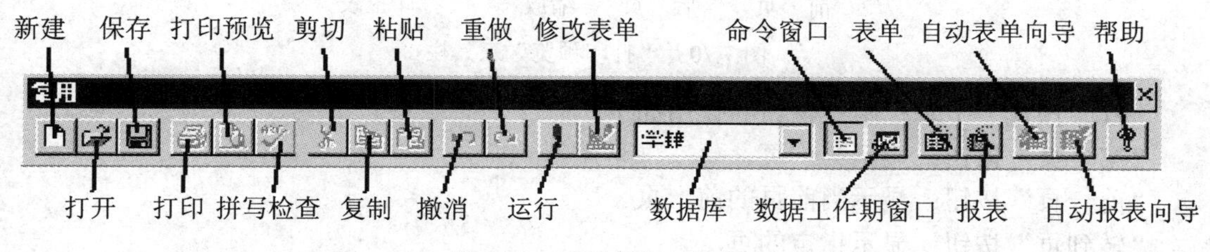

图 7.69　“常用”工具栏

工具栏中各按钮的作用如下：

“新建”按钮：使用设计器或向导创建新文件，相当于“文件”菜单中的“新建”菜单项。

“打开”按钮：打开一个已经存在的文件，相当于“文件”菜单中的“打开”菜单项。

“保存”按钮：保存当前活动的文件，相当于“文件”菜单中的“保存”菜单项。

“打印”按钮：打印文本文件、报表、标签、“命令”窗口中的内容或剪贴板上的内容，相当于“文件”菜单中的“打印”菜单项。

“打印预览”按钮：用于预览打印的内容，相当于“文件”菜单中的“打印预览”菜单项。

“拼写检查”按钮：打开“拼写检查器”，相当于“工具”菜单中的“拼写检查”菜单项。

“剪切”按钮：删除选定的内容，并将它保存在剪贴板上，相当于“编辑”菜单中的“剪切”菜单项。

“复制”按钮：将选定的内容拷贝到剪贴板上，相当于“编辑”菜单中的“复制”菜单项。

“粘贴”按钮：将剪贴板上的内容粘贴到当前的插入点位置，相当于“编辑”菜单中的“粘贴”菜单项。

“撤消”按钮：取消最近一次操作，相当于“编辑”菜单中的“撤消”菜单项。

“重做”按钮：恢复最近一次的撤消操作，相当于“编辑”菜单中的“重做”菜单项。

“运行”按钮：运行一个已存在的查询、表单、程序或报表。

“修改表单”按钮：修改指定的表单。

“数据库”下拉列表框：指定当前的数据库。

“命令窗口”按钮：打开“命令”窗口。

“数据工作期窗口”按钮：打开“数据工作期”窗口。

“表单”按钮：运行表单向导。

“报表”按钮：运行报表向导。

“自动表单向导”按钮：利用“自动表单向导”产生一个表单。

“自动报表向导”按钮：利用“自动报表向导”产生一个报表。

“帮助”按钮：显示在线帮助。

8. “打印预览”工具栏

“打印预览”工具栏如图 7.70 所示，提供预览页面的翻页、改变预览页面的大小等功能。

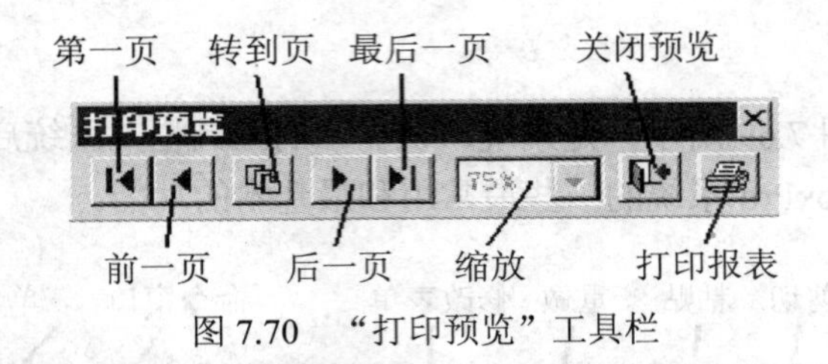

图 7.70 “打印预览”工具栏

“打印预览”工具栏中各按钮的作用如下：

“第一页”按钮：显示第一页。

“前一页”按钮：显示当前页的前一页。

“转到页”按钮：显示指定的页。

“后一页”按钮：显示当前页的下一页。

“最后一页”按钮：显示最后一页。

“缩放”按钮：显示预览窗口的缩放比例。

“关闭预览”按钮：关闭显示预览的窗口。

“打印报表”按钮：打印当前的报表。

9. “调色板”工具栏

使用“调色板”工具栏可以为表单或报表上的控件指定颜色，“调色板”工具栏如图 7.71 所示。

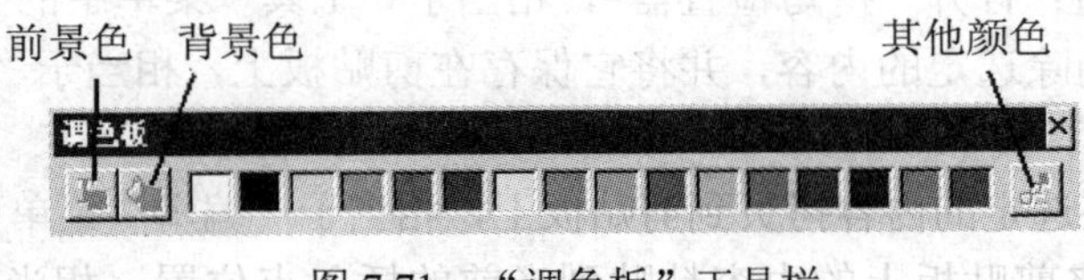

图 7.71 “调色板”工具栏

“调色板”工具栏中各按钮的作用如下：

“前景色”按钮：设置控件的默认前景颜色。

“背景色”按钮：设置控件的默认背景颜色。

“其他颜色”按钮：显示“窗口颜色”对话框。

10. “视图设计器”工具栏

“视图设计器”工具栏如图 7.72 所示，其中各按钮的功能如下：

“添加表”按钮：用于向设计器中添加表或视图。

“移去表”按钮：用于从视图设计窗口的上端区域中删除所选的表或视图。

"添加连接"按钮：用于在视图的两个表之间创建一个连接条件。

"显示 SQL 窗口"按钮：用于显示该视图所对应的 SQL 语句。

"最大化上部窗格"按钮：用于扩大或缩小视图设计器的上端区域。

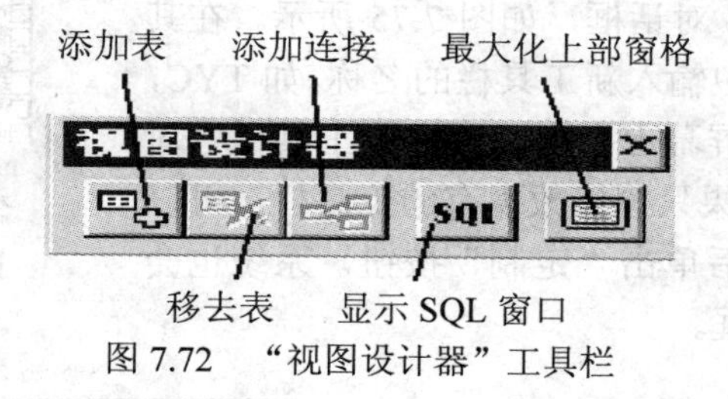

图 7.72　"视图设计器"工具栏

11. "数据库设计器"工具栏

"数据库设计器"工具栏如图 7.73 所示，其中各按钮的功能如下：

"新建表"按钮：使用向导或设计器创建一个新表。

"添加表"按钮：向数据库中添加一个已经存在的表。

"移去表"按钮：从数据库中删除所选的表或从磁盘上将其删除。

"新建远程视图"按钮：使用向导或设计器创建一个远程视图。

"新建本地视图"按钮：使用向导或设计器创建一个本地视图。

"修改表"按钮：在表设计器或查询设计器中打开所选的表或查询，并可以对其进行修改。

"浏览表"按钮：在"浏览"窗口中显示所选的表或视图，并可以用于编辑。

"编辑存储过程"按钮：在"编辑"窗口中显示一个 Visual FoxPro 存储过程。

"连接"按钮：显示"连接"对话框，可以访问有效的连接或通过连接设计器增加新的连接。

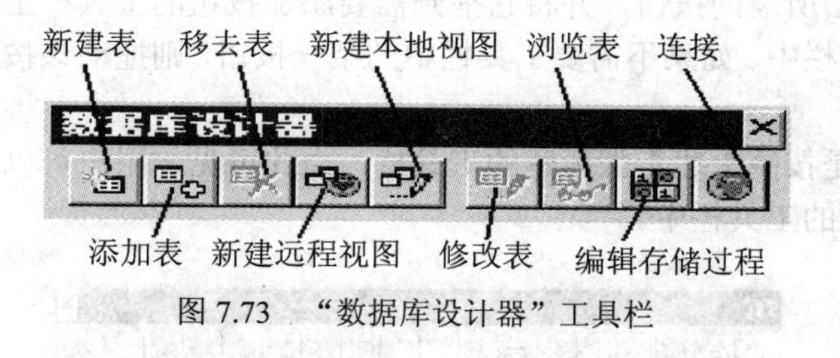

图 7.73　"数据库设计器"工具栏

7.5.3　定制工具栏中的按钮

上面讲述了每个工具栏的具体内容，由此可见，Visual FoxPro 系统的工具栏很复杂，所涉及的面很宽泛，而且每个方面的功能都很全面。在实际操作中，可能用不到其中的某些功能。另外，由于主窗口有限，只能将常用的工具栏放在主窗口上。这就涉及到了工具栏的定制。

工具栏的定制就是，用户按照自己的要求重新组织各个工具栏，包括各个工具的位置和种类。用户可以将所需要的任何工具放到任何一个工具栏中，也可以增加或删除某个工具栏中的任何内容。

工具栏的定制可以按照以下步骤进行：

（1）选择"显示"→"工具栏"菜单项，系统将显示"工具栏"对话框，如图 7.74 所示。

通过该对话框可以定制工具栏的种类、创建新的工具栏、进行工具栏的定义等。

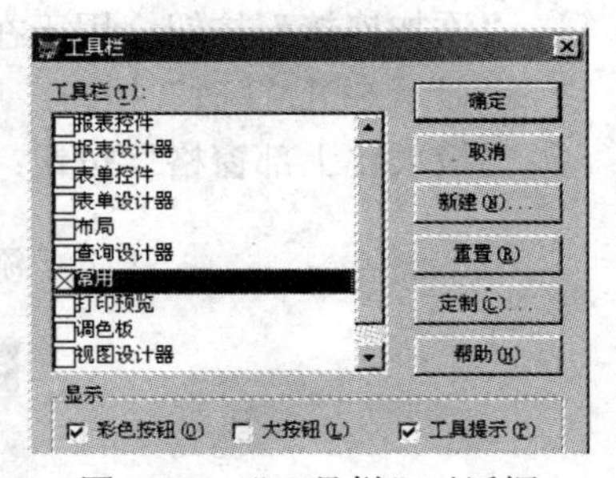

图 7.74 “工具栏”对话框

（2）如果想要新建一个工具栏，则单击“新建”按钮，屏幕上会出现“新工具栏”对话框，如图 7.75 所示。在其中的“工具栏名称”文本框中输入新工具栏的名称，如 TYC，然后单击“确定”按钮，屏幕上会出现“定制工具栏”对话框，如图 7.76 所示。如果只想修改现有的工具栏，可以选中要修改的工具栏，然后单击“定制”按钮，系统也会弹出“定制工具栏”对话框。

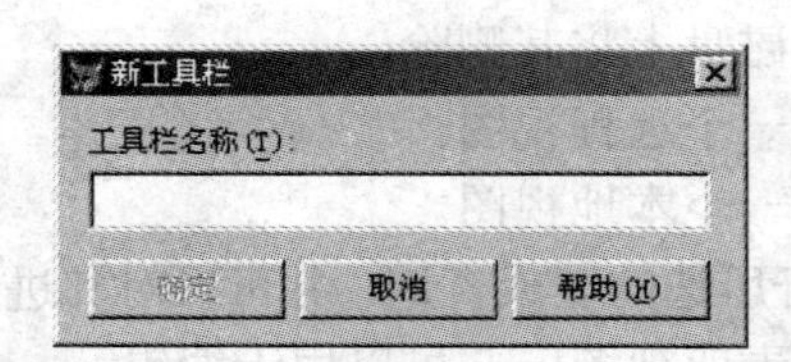

图 7.75 “新工具栏”对话框

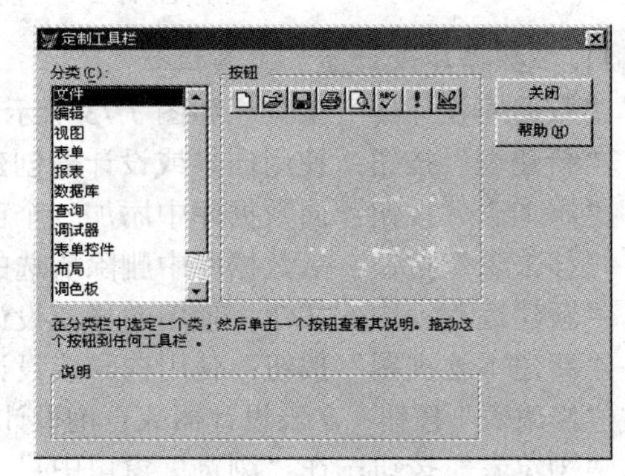

图 7.76 “定制工具栏”对话框

（3）在“分类”列表框中选择工具栏的类型，右边将显示该类工具栏中系统默认的按钮。单击某一按钮可以在“说明”区域中查看该按钮的功能。

（4）用鼠标单击所需的按钮，并将它拖到需要添加按钮的工具栏上的任意位置，则该按钮加入到相应的工具栏中。如果不需要工具栏中的某一按钮，则拖动该按钮并将其拖出工具栏即可。

图 7.77 所示就是按照上述步骤新建的工具栏，由此可见，用户可以从已有的工具栏中选取按钮加入到新创建的工具栏中。

图 7.77 新工具栏定制示例

7.5.4 工具栏的显示方式

工具栏的显示方式有固定显示和浮动显示两种。固定显示就是始终显示在系统工具栏中；浮动显示是以一个独立的小窗口来显示，位置可以任意拖动，窗口的标题就是该工具栏的标题。在实际使用中，这两种显示方式可以互相转换。

如果需要将固定在系统工具栏位置上的工具栏转换成浮动显示，只要用鼠标拖动该工具栏离开系统工具栏区域即可。

如果需要将浮动显示的工具栏转换成固定显示，可以用鼠标拖动该工具栏到系统工具栏区域，当出现单条的矩形框时松开鼠标，此时该工具栏就成为固定显示的了。

7.6　Visual FoxPro 系统的项目管理器

在 Visual FoxPro 系统中，一个应用程序是由数据库、表单、报表、标签、程序等项目组件构成的。在建立应用程序时，为了有效地管理这些组件，Visual FoxPro 系统为用户提供了一个非常好的工具——项目管理器。在项目管理器中有 6 个选项卡：全部、数据、文档、类、代码和其他。每个选项卡中都包含着一个组件列表，如图 7.78 所示。

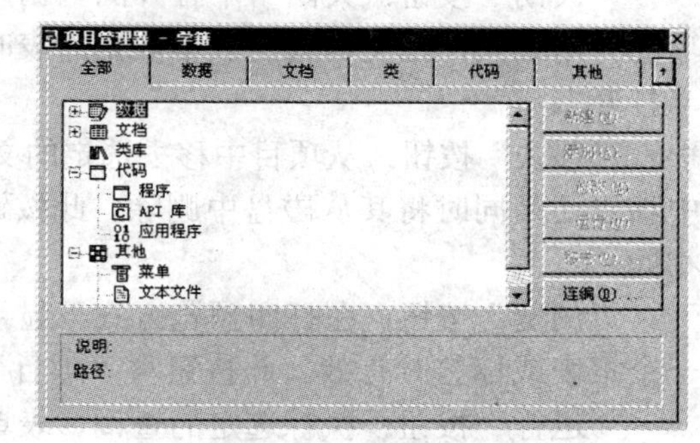

图 7.78　项目管理器

在 Visual FoxPro 中，“项目”就是一类文件，用于创建应用程序所需要的数据库、自由表、表单、菜单、报表、程序、标签、查询和一些其他类型的文件。项目文件是文件、数据、文档以及 Visual FoxPro 对象的集合，以.PJX 为扩展名，项目文件用项目管理器进行维护。

项目管理器的基本功能有以下两个：

- 基于文件类型进行项目的文件的组织。
- 为应用程序中的所有组件提供一个容器，可以将它们编译成应用程序文件（.APP）或可执行文件（.EXE）。

用户应在应用程序开发的起始就使用项目管理器，这样做可以保证所开发的应用程序系统的清晰性和一致性，并且对于应用程序的开发，项目管理器也是必须使用的工具。

7.6.1　项目管理器的窗口

打开“项目管理器”时，显示如图 7.78 所示的“项目管理器”窗口。“项目管理器”以图标树的方式列出包含在其中的项，图标用于标识项目的类型。在项目中，如果某种类型的数据项有一个或多个，在其图标前会有一个加号“+”。单击该加号可查看此项的列表，此时加号“+”变为减号“-”，单击减号可以折叠展开的列表。

与工具栏类似，可以将“项目管理器”拖动到屏幕顶部或双击标题栏，从而将项目管理器放到系统工具栏的位置。这时，它自动折叠，只显示选项卡。

文件包含在项目中，经过编译后将形成一个.APP 的文件。项目中包含的所有文件在运行时都是只读的，在程序、表单、查询或菜单组中，旁边有一个实心黑点的是主程序文件。

7.6.2　项目管理器的按钮

“项目管理器”中各个按钮的功能如下：

“新建”按钮：创建一个新文件或对象。此按钮与“项目”菜单中的“新建文件”菜单项的作用相同。新建的文件或对象的类型与当前选定项的类型相同。

“添加”按钮：将已有的文件添加到项目中。此按钮与“项目”菜单中的“添加文件”菜单项的作用相同。

“修改”按钮：在合适的设计器中打开选定项，可以对打开的内容进行修改。此按钮与“项目”菜单中的“修改文件”菜单项的作用相同。

“浏览”按钮：在“浏览”窗口中打开选定的表。此按钮与“项目”菜单中的“浏览文件”菜单项的作用相同，且仅当选定表时有效。

“打开”按钮：打开一个数据库。此按钮与“项目”菜单中的“打开文件”菜单项的作用相同，且仅当选定一个数据库表时可用。如果选定的数据库已打开，则此按钮变为“关闭”。

“关闭”按钮：关闭一个打开的数据库。此按钮与“项目”菜单中的“关闭文件”菜单项的作用相同，且仅当选定一个数据库表时可用。如果选定的数据库已关闭，则此按钮变为“打开”。

“移去”按钮：从项目中移去选定的文件或对象。Visual FoxPro 系统会询问是仅从项目中移去还是同时将其从磁盘中删除。此按钮与“项目”菜单中的“移去文件”菜单项的作用相同。

“浏览”按钮：在打印预览方式下显示选定的报表或标签。当选定“项目管理器”中的一个报表或标签时有效。此按钮与“项目”菜单中的“浏览文件”菜单项的作用相同。

“运行”按钮：执行选定的查询、表单或程序。当选定项目管理器中的一个查询、表单或程序时有效。此按钮与“项目”菜单中的“运行文件”菜单项的作用相同。

“连编”按钮：连编一个项目或应用程序。此按钮与“项目”菜单中的“连编”菜单项的作用相同。

7.6.3 项目管理器的使用

项目管理器可以在项目中添加或移去文件、创建新文件或修改已有文件、查看表及表单的内容、将文件与其他的项目相关联。

1. 添加或移去文件

在项目管理器中，添加或移去文件都是很简单的操作。要向项目中添加文件，可以按以下步骤进行操作：

（1）选择要添加项的类型。

（2）单击“添加”按钮。

（3）在“添加”对话框中选择适当的路径和文件名，然后单击“确定”按钮。

如果要从项目中移去文件，可以按以下步骤进行操作：

（1）选定要移去的文件或对象。

（2）单击“移去”按钮。

（3）在提示框中单击“移去”按钮；若要从磁盘上删除文件，则单击“删除”按钮。

2. 创建新文件或修改已有文件

项目管理器简化了创建新文件和修改已有文件的过程。只需选定要创建或修改的文件类型，然后单击“新建”或“修改”按钮，Visual FoxPro 系统将启动与所选文件类型相对应的设计工具。

要在项目中创建新文件，可以按以下步骤进行操作：

（1）选定要创建的文件类型。

（2）单击“新建”按钮。对于某些项，既可以使用设计器来创建新文件，也可以使用向导来创建新文件。

要修改文件，可以按以下步骤进行操作：

（1）选定要修改的文件。

（2）单击“修改”按钮，系统将启动与所选文件类型相对应的设计工具来打开选定的文件，此时用户可以对其进行修改。

3. 查看项目中的表

浏览项目中表的内容可以按以下步骤进行操作：

（1）选择“数据”选项卡。

（2）选定其中的一个表。

（3）单击“浏览”按钮。

4. 文件与其他项目相关联

一个文件可以同时与多个不同的项目相关联。用户可以同时打开多个项目，并且把文件从一个项目拖动到另一个项目中。目标项目只保存了对文件的引用，文件本身并没有被真正复制。要将一个项目中的文件添加到另一个项目中，可以按以下步骤进行操作：

（1）在“项目管理器”中选定文件。

（2）用鼠标将文件拖动到另一个项目中。

7.6.4　项目管理器的定制

“项目管理器”在 Visual FoxPro 主窗口中，是一个独立的窗口，用户可以按照自己的习惯来定制“项目管理器”，包括移动对象、更改尺寸或者将其折叠为只显示选项卡的形状等。

要移动“项目管理器”，可以将鼠标指针指向标题栏，然后将该窗口拖动到屏幕上的其他位置。如果要改变“项目管理器”窗口的大小，可以将鼠标指针指向该窗口的顶端、底端、两边或角上，然后拖动鼠标即可增大或缩小其尺寸。如果要折叠“项目管理器”，可以单击窗口右上角的向上箭头 ↑。如果要还原“项目管理器”的大小，可以单击窗口右上角的向下箭头 ↓。

7.7　系统选项的设置

Visual FoxPro 系统允许用户设置大量的参数来决定其工作方式。实际上，系统有很多选项，很难在单页屏幕中放下。在使用页框架风格的表单后，Visual FoxPro 系统可在一个窗口中重叠放置几个选项。

选择“工具”→“选项”菜单项，屏幕上会出现“选项”对话框，如图 7.79 所示。其中有 12 个选项卡，将设置选项划分成以下逻辑集：控件、区域、调试、语法着色、字段映像、显示、常规、数据、远程数据、文件位置、表单和项目。

7.7.1　“控件”选项卡

“控件”选项卡如图 7.79 所示，允许用户选择类库和 OLE 控件。类库中含有用户从基类中定义的一个或多个自定义的可视类。OLE 控件是与支持 OLE 的应用程序（可插入的对象）和 ActiveX 控件的链接。在该选项中选定的类库和 OLE 控件将显示在“表单控件”工具栏中。

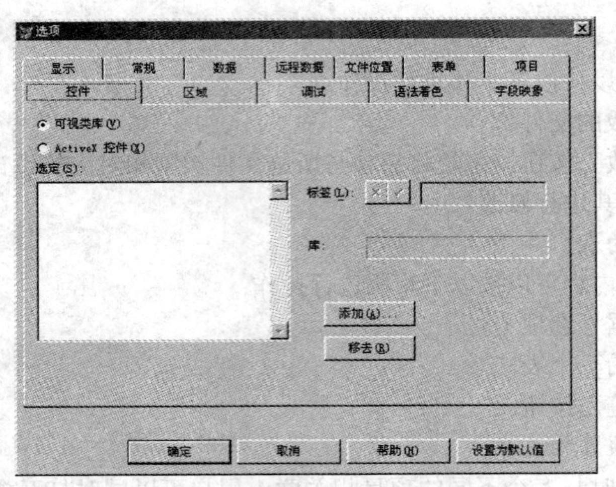

图 7.79 “选项”对话框的“控件”选项卡

7.7.2 “区域”选项卡

“区域”选项卡如图 7.80 所示，可用于为国际化的应用程序定制本地的日期、时间和数字规范。如果选择第一个复选框“使用系统设置”，将不能对已有设置做任何更改。

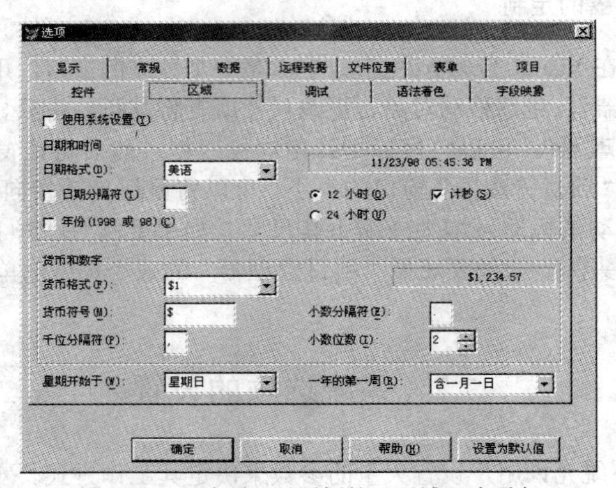

图 7.80 “选项”对话框的“区域”选项卡

第一个定制选项“日期格式”用于控制 Visual FoxPro 系统显示日期和时间的格式。默认值是“美语”，其中还提供了许多其他国家的选项。即使在“美语”和 USA 之间也有区别（提示：注意日、月和年之间的字符）。用户还可以按以下步骤创建并存储自己定制的格式：

（1）从下拉列表中选择最适宜的“日期格式”。

（2）单击“日期分隔符”复选框，可以输入新的日期分隔符。

（3）为显示或隐藏年份中的前两位数，可以单击“年份”复选框。

（4）单击相应的单选按钮选择“12 小时”或“24 小时”计时方式。

（5）选择“计秒”复选框，可以显示秒数。

“货币格式”选项在数字前或后放置货币符号，也可以用命令 SET CURRENCY

LEFT/RIGHT 设置该选项。

“货币符号”选项可以在当前字符集中选择任何有效的符号，包括最多 9 个字符的组合，也可以用命令 SET CURRENCY TO 设置该选项。

在“千位分隔符”文本框中输入任一符号时就会在小数点分隔符每 3 个数字的左边出现所设定的分隔符。命令 SET SEPERATOR 在程序中执行同样的操作。

“小数分隔符”将一个数字的整数部分与小数部分隔开。“小数位数”定义了显示数值表达式结果的最少小数位数，这个值的范围是 0～18。这个选项的功能与命令 SET DECIMALS TO 等价。

在“星期开始于”选项中可以指定一星期中的任何一天作为该星期的开始。“一年的第一周”选项有 3 个可选值：含一月一日、第一个四天的星期、第一个完整的星期。这些信息决定了函数 WEEK()返回的值。WEEK()可以重构这些默认值。

7.7.3　“调试”选项卡

“调试”选项卡如图 7.81 所示，可以定制“调试器”的工作方式。其中第一个选项“环境”用于为调试器选择环境，可以选择 Debug Frame 或 FoxPro Frame。

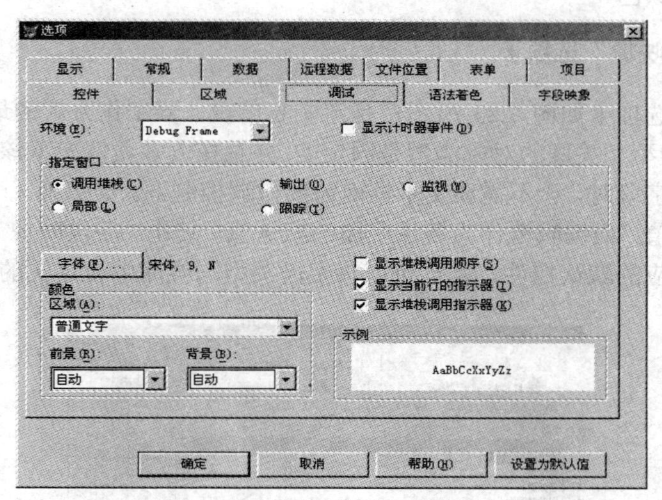

图 7.81　“选项”对话框的“调试”选项卡

Debug Frame 在 Visual FoxPro 调试器的框架中保留所有的调试窗口，FoxPro Frame 允许单独的调试器窗口出现在系统的主窗口中。

用户也可以在调试的过程中显示定时器，这样将导致调试器的输出大量增加。其余的选项可以用于定制窗口，并为这个窗口定义属性。Visual FoxPro 系统给用户提供的属性包括字体和颜色。

7.7.4　“语法着色”选项卡

“语法着色”选项卡如图 7.82 所示，用于在 Visual FoxPro 编辑器中改变不同关键字使用的颜色。在程序中使用颜色将增加程序的可读性，还可以用不同的颜色强调关键字、自变量，甚至是注释，使它们更加醒目。

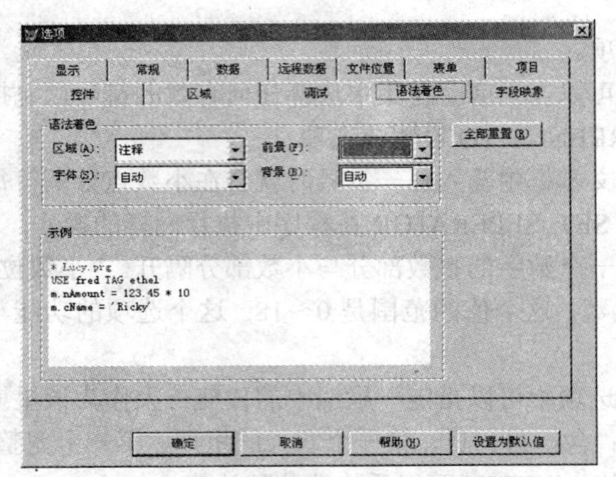

图 7.82　“选项”对话框的“语法着色”选项卡

可以使用着色的文本类型或区域包括：注释、关键字、数字、普通、操作符、字符串和变量。对于每种类型的文本可以选择字体：自动、普通、粗体、斜体和粗斜体，再加以区分。另外，还可以改变每种文本的前景色和背景色。下拉列表中显示了 16 种可供选择的颜色和一个“自动”设置的颜色。

7.7.5　“字段映像”选项卡

“字段映像”选项卡如图 7.83 所示，是定制表单设计器工作方式的最有用的工具之一。原来，与每个字段类型相关联的对象类型是固定的，并且在大多数情况下该对象是一个文本框。当增加一个数值型字段时，会不需要文本框而需要微调控制框。类似地，可能想用复选框作为逻辑型字段的默认值，而编辑框作为备注字段的默认值。使用“字段映像”选项卡就可以设置与每个字段类型相应的默认控件。甚至可以将字段类型与类库中自定义的类建立联系。

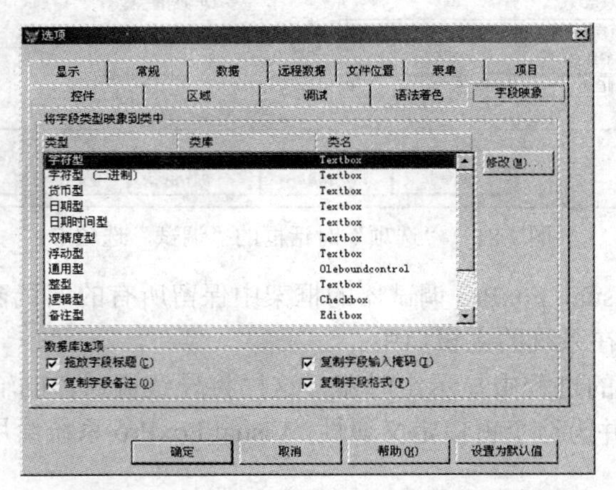

图 7.83　“选项”对话框的“字段映像”选项卡

该选项卡还可以确定“拖放字段标题”。当该项被选定时，从表结构的“标题”属性获得字段标题，并向表单中加入字段时会包含该标题。同样，可以从表单结构中的类似属性通过复制得到字段的备注、输入掩码、格式等。这些数据库选项利用了数据字典的功能，并为在应用程序中保持一致性提供了帮助。

7.7.6 “显示”选项卡

“显示”选项卡如图 7.84 所示，可以决定 Visual FoxPro 系统如何使用状态条，同时还可以确定是否显示最近用过的文件列表以及系统是否在启动时自动打开上一次的最后一个项目。

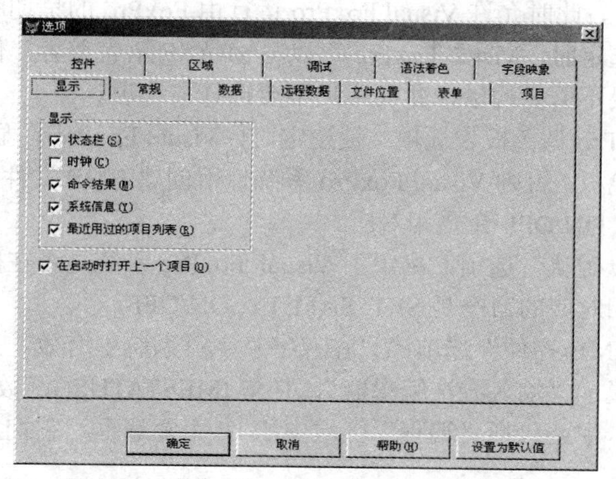

图 7.84 “选项”对话框的“显示”选项卡

“状态栏”复选项：控制着是否在屏幕的底部显示状态条。

“时钟”复选项：决定着是否在状态条右边框中显示当前的系统时间。

“命令结果”复选项：决定着是否在状态条中显示命令结果。

“系统信息”复选项：控制着是否显示系统信息。

“最近用过的项目列表”复选项：控制着是否在“文件”菜单中显示最近 4 个使用过的项目。

“在启动时打开上一个项目”复选项：用于确定在下一次启动 Visual FoxPro 时是否自动打开上一次退出前使用的最后一个项目。

如果通过单击“确定”按钮来退出“选项”对话框，则所做的修改只影响到当前的应用。要使所做的修改保存下来，可在单击“确定”按钮之前单击“设置为默认值”按钮。

如果在单击“确定”按钮时按住 Shift 键，系统会向“命令”窗口中写入等价的 SET 命令。可从命令窗口中复制这些命令到代码中以定制该程序的属性。

7.7.7 “常规”选项卡

“常规”选项卡如图 7.85 所示，有用于处理兼容性、颜色、确认和声音问题的选项，还有影响编码和数据输入的选项。

“警告声音”区域中的“关闭”选项：决定了当光标到达字段尾或用户输入了不合法的数据后是否响铃，与之相应的命令是“SET BELL ON/OFF”。

“默认”选项：将闹钟频率和持续时间设为默认值。SET BELL TO [频率,时间]支持的频率

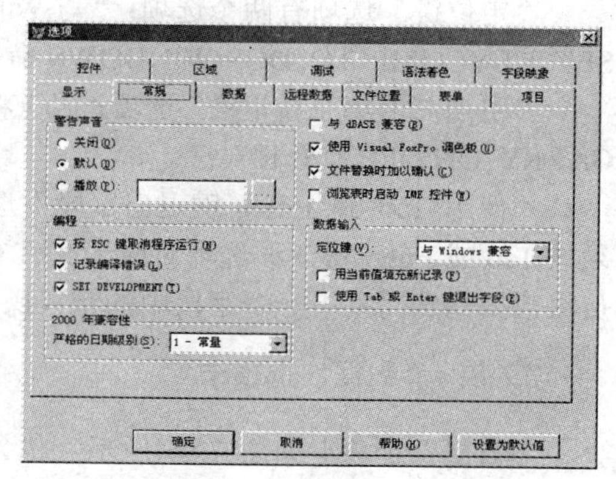

图 7.85 “选项”对话框的“常规”选项卡

范围为 19Hz～10000Hz，默认值为 512Hz；持续时间的范围为 1～19 秒，默认值为 2 秒。

“播放”选项：用于选取.WAV 声音文件代替单调的铃声。单击文本框右边的...按钮会显示一个对话框，从中选取.WAV 声音文件。

“与 dBASE 兼容”选项：决定 Visual FoxPro 系统是否与其他的 xBASE 语言兼容。默认时，这一选项不被选定，此时允许 Visual FoxPro 运行由 FoxPro 的早期版本和用 FoxBase 编写的程序。当该选项被选定时，Visual FoxPro 可以与 xBASE 语言兼容，但是会对一些命令作不同的解释。因此，如果不需要的话，建议用户不要选择该选项。

“使用 Visual FoxPro 调色板”选项：被选定时，Visual FoxPro 在显示.BMP（位图）图像时使用系统默认的调色板，否则 Visual FoxPro 系统使用创建.BMP 文件时所使用的调色板。该选项与 SET PALETTE ON/OFF 命令相对应。

“文件替换时加以确认”选项：决定了 Visual FoxPro 系统是否在覆盖已存在的文件之前显示警告信息，与之相对应的命令是 SET SAFETY ON/OFF。

“浏览表时启动 IME 控件”选项：只在双字节字符系统中有效。当用户在“浏览”窗口中浏览到文本框时将显示“输入方法编辑器”，它与 IMESTATUS()函数相对应。

在“常规”选项卡中还包括“编程”区域中的 3 个复选框，它们主要是对应用程序开发有影响。

“按 Esc 键取消程序运行”选项：将允许用户按 Esc 键来终止一个程序的运行，与它相对应的命令是 SET ESCAPE ON/OFF。

“记录编译错误”选项：用于在编译.PRG 文件以创建.FXP、.APP 或.EXE 文件时将编译错误记录到一个错误文件中。这样可以免除在程序编译过程中不断地被编译错误所打断，在程序编译完成后可以回到日志文件中并分别处理每个错误。错误文件与.PRG 文件同名（当正在编译独立的.PRG 文件时）或与项目文件同名（当正在编译项目时），它使用的扩展名是.ERR。

SET DEVELOPMENT 选项：决定在运行编译后的.FXP 文件之前是否检查文件中的变化。同样，如果运行的是含有成组文件的项目，本选项将决定是否检查每个组件的源文件最后一次编译成.APP 或应用程序文件以来有无变化。

在“常规”选项卡中还包括 3 个数据输入选项，它们对用户与应用程序之间的交互方式有影响。

“定位键”选项有两个选项：“与 Windows 兼容”和“与 MS-DOS 兼容”。该选项对应于 SET KEYCOMP TO DOS/WINDOWS 命令。

“用当前值填充新记录”选项：用于将当前记录的所有字段转入新记录中。本选项与 SET CARRY ON/OFF 命令相对应。

“使用 Tab 或 Enter 键退出字段”选项：将强制用户在从一个字段移到下一个字段时必须按 Tab 或 Enter 键。该选项对应于 SET CONFIRM ON/OFF 命令。主要用于防止数据录入人员将数据偶然写到下一个字段中的错误操作。

7.7.8 “数据”选项卡

“数据”选项卡如图 7.86 所示，包含的选项类有：数据访问、查找字符串比较、对共享访问的锁定和缓冲参数、存储块大小、更新速率等。

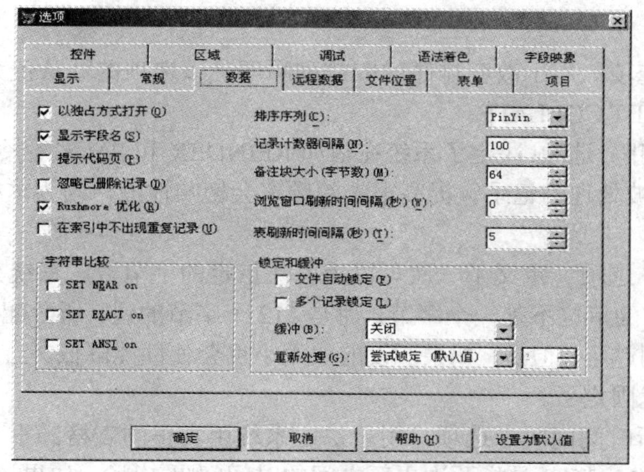

图 7.86　“选项”对话框的“数据”选项卡

“以独占方式打开”选项：决定了系统在共享环境下打开表的方式。如果选定此选项，则以独占方式打开表，这意味着其他人不能打开该表。有些命令要求以独占的方式访问表。这些命令有 INDEX、INSERT [BLANK]、MODIFY STRUCTURE、PACK、REINDEX、ZAP 等。

如果工作在独立的环境中，用户可以使用 USE EXCLUSIVE ON 命令。这时系统的性能将提高，因为此时系统不需要检查或维护记录锁表格。

“显示字段名”选项：决定在使用 AVERAGE、DISPLAY、LIST 和 SUM 之类的命令时是否在列头显示字段名。与之相对应的命令是 SET HEADING ON/OFF。

“提示代码页”选项：决定是否提示用户选择代码页。当选择该项时，代码页为国际范围的用户提供字符翻译。当用户以独占方式打开表格，并且该表格还没有与之相联系的代码页时，将显示“代码页”对话框。

“忽略已删除记录”选项：用于确定 Visual FoxPro 系统在执行一个记录级的函数时如何处理已被标注为删除的记录。当用 DELETE 命令将一条记录标记成删除时，系统并没有物理地删除此记录，而只是在表格中对该记录加上了删除标记。只有 PACK 命令可以物理地删除已作删除标记的记录。因此，用户必须确定是否想看到那些有删除标记的记录、是否想处理它们。在大多数情况下，可能不想处理这些加上删除标记的记录，此时可以选定这一选项。当该选项未被选定时，系统将对带有删除标记的记录和表格中的其他记录做同样的处理。这一选项对应的命令是 SET DELETED ON/OFF。

“Rushmore 优化”选项：在 Visual FoxPro 系统中包含了一种 Rushmore 优化技术，它使用已存在的索引来快速地进行数据搜索。但有些时候，使用 Rushmore 实际上会降低应用程序的性能。在使用过程中，可以从整体上用“Rushmore 优化”选项控制 Rushmore 技术，因为大多数使用 Rushmore 技术的控制命令也包含着可将它关闭的从句。这样，可以在这一页中使用 Rushmore 技术，而在个别页中可以根据需要将它关闭。

“在索引中不出现重复记录”选项：用于控制系统在创建索引时使用的默认值。若这一选项未被选中，则索引中可以包含重复的关键值。当该选项被选定时，若有多条相同的关键值记录存在，索引中也只能包含一条关键值的记录（如果不选择该选项，也可以通过有选择地使用 INDEX 命令的 UNIQUE 子句来创建唯一性索引）。该选项对应于 SET UNIQUE ON/OFF

命令。

“排序序列”选项：用于改变排序时的排列顺序。该选项的默认值为机器顺序。这一选项相对应的命令为 SET COLLATE。

“记录计数器间隔”选项：决定了系统在诸如 REINDEX 和 PACK 命令中报告进程的频率，范围为 1～32767 条被处理的记录。提高报告的频率会影响性能，因为这样需要更频繁的屏幕更新。

“备注块大小”选项：定义了一次可以为备注指定的字节数。系统允许用户使用 1～32 之间的数值，但此时的单位不是一个字节，而是 512 个字节的块。所分配的字节数越小，在备注文件中浪费的空间越小。但是，如果所设的块太小也会使性能降低。当系统创建一个备注文件时，它的块大小就固定了。

“浏览窗口刷新时间间隔”选项：用于决定系统用真正的表格源重新同步“浏览”屏幕中显示数据的频率。1～3600 是指两次更新之间的时间间隔（秒）。如果该值为 0，则其他用户修改了表格并解除了该条记录上的锁后，将立即更新“浏览”屏幕中显示的内容。这一选项对应的命令是“SET REFRESH TO 数值表达式”。

“表刷新时间间隔”选项：决定了系统用真正的表格源同步表格中显示数据的频率。1～3600 是指两次更新之间的时间间隔（秒）。该值设为 0，在另一用户修改表后就不会更新数据。

下面的 3 个选项控制了如何进行字符串的比较。

SET NEAR on 选项：用于控制系统在搜索失败时该怎样做。如果该选项未被选定，系统将把记录指针留在文件的末尾；如果该选项被选定，系统将把记录指针保留在它希望获得的搜索值位置的下一个按字母顺序排列的记录上。这一选项与命令 SET NEAR ON/OFF 相对应。

SET EXACT on 选项：可以控制系统搜索的执行方式。当本选项被设置时，搜索的字段必须准确地逐个字符地与搜索标准相匹配。该选项对应于 SET EXACT ON/OFF 命令。

SET ANSI ON 选项：控制 SQL 如何执行字符串的比较。当本选项被选定时，Visual FoxPro 系统将两个字符串中较短的一个字符串填上空格，以使两个字符串的长度相等，然后系统逐个字符地比较两个字符串，看看是否匹配。当这一选项未被设置时，它将逐个字符地比较两个字符串，直到到达较短字符串的长度（在表达式的任意一边）。该选项对应于 SET ANSI ON/OFF 命令。

最后一组选项将影响 Visual FoxPro 系统在多用户环境下处理文件和记录锁的方式。系统在共享数据表时，会针对与文件有关的命令自动设置和取消文件和记录锁。

“文件自动锁定”选项：通常是将该选项打开，除非打算在代码中手工地处理这些锁。这一选项对应于 SET LOCK ON/OFF 命令。

“缓冲”选项：决定如何在多用户环境下维护数据。Visual FoxPro 系统有 5 种缓冲方法。

“重新设置”选项：决定了 Visual FoxPro 系统在锁失败时重新建立一个锁的频率或间隔。在共享环境中工作时，希望系统在第一次尝试失败后重新尝试一次。这一选项控制了重新尝试的次数，最多可以有 32000 次。

7.7.9 “远程数据”选项卡

“远程数据”选项卡如图 7.87 所示，它定义了 Visual FoxPro 系统如何与远程数据相连接并使用远程数据视图。

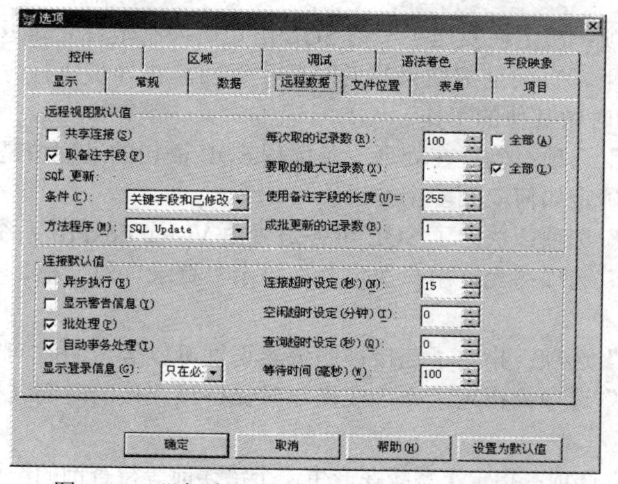

图 7.87　“选项”对话框的“远程数据”选项卡

1. 远程视图的默认值

第一组选项建立了远程视图的默认值。一个远程视图是指除表格和数据库之外的任何数据文件。在多数情况下，一个单独的远程数据视图连接只允许打开一张视图。可以通过选定“共享连接”选项来打开其他的视图。在远程连接的过程中，备注字段会大大增加网络的传输量。因此，推荐使用“取备注字段”选项，只在用户激活该字段时才传输备注数据。

Visual FoxPro 系统为 SQL 的更新提供了几种选项。

首先是“条件”中的 4 个选项，可用它们来决定是否能在数据源中更新记录。

- 仅为关键字段
- 关键字段和可更新字段
- 关键字段和已修改字段
- 关键字段和时间戳

这些选项确定了 SQL 更新成功的条件。例如，第一个选项就确定了自从上次取回数据后在源表格中是否有关键字段被改变了。如果是这样，则更新失败。

第二个是 SQL 更新选项，定义了如何更新远程数据。可以使用“方法程序”选项对被选定的记录执行 SQL Update，或者可以删除旧的记录并插入修改后的记录。

“每次取的记录数”选项：也限制了远程连接中的传输量。它决定了一次从一个查询中返回多少条记录。在记录中移动时，该连接将返回其余的记录块，直到返回了所有记录时才离开该视图。

“要取的最大记录数”选项：设置了一次查询可返回的总的记录数。用户可以在测试时考虑如何使用这一选项，防止查询不正确地产生一个笛卡儿积视图。

“使用备注字段的长度”选项：系统自动地将这些字段转换成备注字段。由于 Visual FoxPro 系统的字符字段最大值为 254 个字符，这也是系统的默认值。

“成批更新的记录数”选项：决定了单独的更新语句能发送到服务器的记录数。如果对每个更新语句都能批处理多条记录，那么多条记录会大大优化网络的传输。

2. 连接默认值

第二组选项建立了连接默认值。它定义了应用程序与远程数据相关联的方式。

“异步执行”选项：决定在发送了一条 SQL 语句后控制是否立即返回应用程序。

在同步操作方式下，直到全部结果都返回后才返回。在异步执行方式下，应用程序可以在等待 SQL 完成查询时做其他的工作。

“显示警告信息”选项：确定在处理一条远程 SQL 语句的过程中是否显示出错信息。

“批处理”选项确定如何取回多个结果。

“自动事务处理”选项：决定了 SQL 事务是否由 Visual FoxPro 系统自动处理。

“显示登录信息”选项：允许用户决定是否显示“登录”对话框，有 3 个选项：总是、从不、只在必要时。

“连接超时限定”选项：指定了连接被服务器识别可以等待的时间（秒）。

“空闲超时限定”选项：指定了系统在操作时保持该连接的时间（分钟）。默认值 0 要求应用程序断开连接。

“查询超时设定”选项：指定了系统在产生一个错误前等待查询的结果集完成的时间（秒）。

“等待时间”选项：指定了在系统检查 SQL 语句是否已结束之前等待的时间（毫秒）。

7.7.10 “文件位置”选项卡

“文件位置”选项卡如图 7.88 所示。由于 Visual FoxPro 系统使用了许多文件，而这些文件没有存放在同一目录下，系统使用该选项卡指定了 20 类文件的位置。

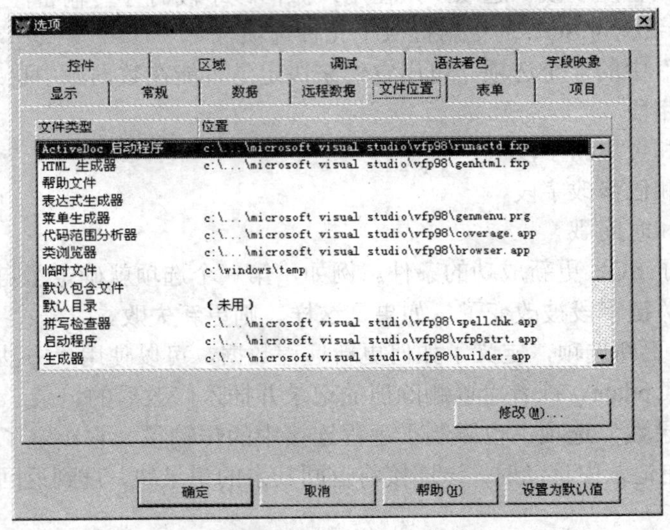

图 7.88 “选项”对话框的“文件位置”选项卡

帮助文件：它标识了帮助文件的名称和位置，通常这是 Visual FoxPro 系统的帮助文件。如果想为自己的用户创建一个自定义的帮助文件，可以在此处对其进行标识。当然，也可以用 SET HELP TO 命令在任何时候改变当前的文件。

菜单生成器：用户可以用其创建菜单，而不是手工编写菜单代码。“菜单生成器”用路径和名字定位这个工具。Visual FoxPro 系统包含了多种对象的生成器，生成器是用于创建和修改对象的带选项卡的对话框，生成器还可以帮助设置这些对象的属性。

临时文件：为了提高运行性能系统在内存中保留了尽可能多的数据，但有时在对命令做出响应时必须创建临时文件。Visual FoxPro 系统将这些文件写到一个在指定的公共目录下的"临时文件"中。在一个联网的环境中，可将临时文件存放在本地驱动器以提高性能。

拼写检查器：如果它不在系统的根目录下，必须在拼写检查器框中标识它所在的目录和名字。

转换器：应用程序可以获取以前的 FoxPro 版本，例如屏幕和报表之类的对象，可以将它们转换成 Visual FoxPro 6.0 的形式。这一转换主要是完成文件结构的重建。如果一开始是 DOS 版本的屏幕，转换器可为其转换为 Windows 的屏幕，但不能为其加入 Visual FoxPro 的特性，因此用户只能自己加入这些特性。

向导：标识了 Visual FoxPro 系统中各种开发应用程序的向导所在的目录。所有向导都必须位于相同的目录和应用程序文件中。

资源文件：可以存储有关工作方式的信息，以及关于编辑首选项、窗口大小和位置值、颜色方案、打印机信息等。通常，在系统的根目录下以 foxuser.dbf 存储资源文件。

在网络环境中，可以使用个别的资源文件或共享的资源文件。为了能共享，一个资源文件必须是只读的，这对于它的目的有所损害。但是，这样却可以防止网络用户随意更改文件。在共享的环境中，有时需要编写能使用两个资源文件的程序：一个私有的具有读写权限的文件和一个共享的文件。

7.7.11 "表单"选项卡

"表单"选项卡如图 7.89 所示，每个应用程序几乎都需要至少一个表单，使用表单设计器要求一些特殊选项，包括网格、屏幕分辨率、标签顺序和模板类。

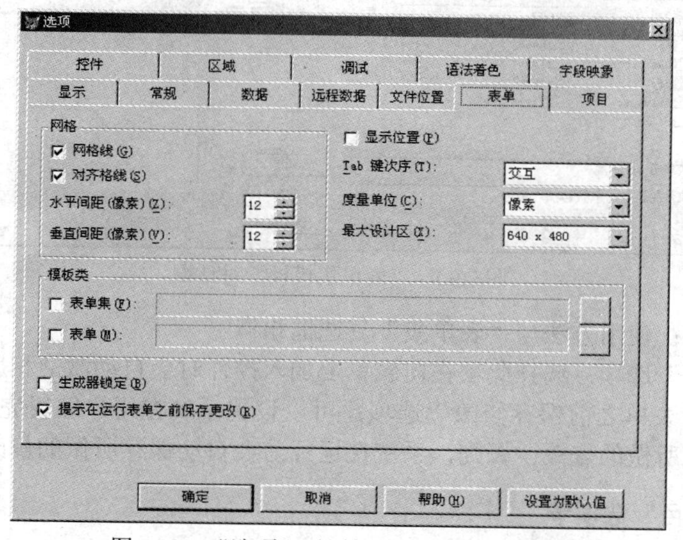

图 7.89 "选项"对话框的"表单"选项卡

"网格线"选项：可用于选择是否显示网格。水平和垂直的虚线按其后面在表单页中定义的空格参数显示在屏幕上，使用网格时不一定需要显示它。

"对齐格线"选项：可以通过设置"对齐格线"将对象放置在网格的空白处，而不管网格是否真正被显示。当"对齐格线"被打开时，它在用户改变对象位置或增加新的对象时自动将对象移到最近的网格交叉点。如果不试图移动它们，这一选项并不影响原先放置的对象的位置。

“水平间距”选项：定义了水平网格线之间的像素数。

“垂直间距”选项：定义了垂直网格线之间的像素数。

“显示位置”选项：当选中该选项时，将在状态栏中显示当前对象左上角的位置和大小。

“Tab 键次序”选项：确定了在运行程序时按下 Tab 键后成为焦点的字段的次序。该选项有两个选择：交互和按列表。设为“交互”时，用户必须按下 Shift 键的同时单击鼠标才能选定对象顺序。同时，每个对象将显示一个带有数字的小框，该数字为其当前的 Tab 顺序值。设为“按列表”时，可以通过列表的形式显示 Tab 的顺序，可以通过将字段拖放到不同的位置来改变它们的 Tab 顺序。

“度量单位”选项：在 Windows 中由于不同对象的字符高度和宽度会有所不同，因此放置对象不能以字符和行为单位。在一般情况下，可以用“像素”或 foxels 作为放置所有对象的单位。像素是在屏幕上的单个彩色点。大多数 VGA 显示屏使用标准的 640×480 像素点显示。在 Visual FoxPro 系统中还定义了 foxels 显示方式，它与当前窗口字体、字符的平均高度和宽度相等。

“最大设计区”选项：用于匹配用户监视器的分辨率和驱动程序，用户仍然可以使用自己的显示器所支持的分辨率进行开发。该选项可以限制所能创建的表单大小，以使它们适合于用户的较低分辨率的屏幕。

“表单集”选项：选择此项将打开“表单集模板”对话框，如图 7.90 所示。在设计应用程序时，用户可根据需要进行选择。

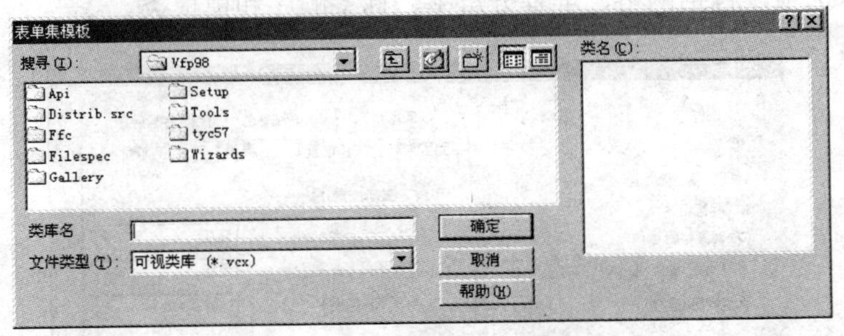

图 7.90 “表单集模板”对话框

“表单”选项：使用方法与“表单集”复选框相似。

“生成器锁定”选项：选择此项在向表单上加入控件时会自动激活相应的生成器。

“提示在运行表单之前保存修改”选项：可以设置系统在用户编辑完表单并运行该表单之前提示用户保存所做的修改；否则，系统在运行前会自动保存所做的修改。

7.7.12 “项目”选项卡

“项目”选项卡如图 7.91 所示，它包含了一些与使用项目管理器进行维护和编译应用程序有关的特性。此外，还包含了影响 Visual FoxPro 系统的用户选项。

“项目双击操作”选项：决定了在项目管理器中双击文件名时的效果。如果想在项目管理器中双击一个文件就意味着运行该文件，则应该选择“运行选定文件”；如果只是意味着想编译该文件，则应该选择“修改选定文件”。

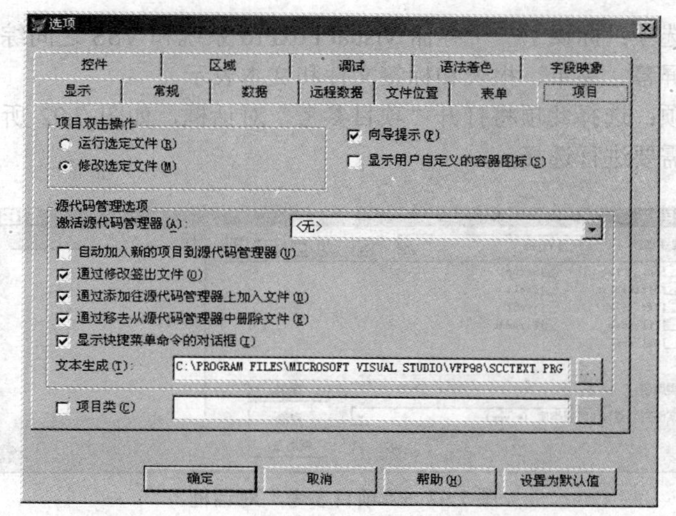

图 7.91　“选项”对话框的“项目”选项卡

“向导提示”选项：选中此项，在用户从项目管理器中开始创建新文件时，将自动询问是否需要使用向导。

“显示用户自定义的容器图标”选项：要求 Visual FoxPro 系统在项目管理器中显示用户自定义的容器图标。

“激活源代码管理器”选项：如果用户安装了 Microsoft Visual SourceSafe（VSS），选中此项会显示在其右边的下拉列表框内；否则，该下拉列表框内显示“<无>”，并且所有源代码管理器选项都不能使用。

Visual SourceSafe 提供了以下优点：

- 保持开发组的同步并跟踪修改。
- 防止开发者覆盖其他人的工作。
- 允许旧版本的代码被回顾或恢复。
- 维护一个应用程序的多个不同版本。

下面是用于控制 Visual SourceSafe 的 5 个复选框。

“自动加入新的项目到源代码管理器”选项：用于完成向源代码管理器中自动加入新的项目。

“通过修改签出文件”选项：将在用户单击项目管理器中的“修改”按钮时自动调用 VSS。当然，SourceSafe 仍然提示用户是否检验文件，该菜单是自动出现的，用户只需单击“确定”按钮即可；否则，在试图打开该文件之前必须手工取出文件，如果没有取出该文件，该文件以只读方式打开。在这两种情况下，都需要编译完该文件后手工地放回该文件。

“通过添加往源代码管理器中加入文件”选项：自动地将新项目文件加入 VSS 中。

“通过移去从源代码管理器中删除文件”选项：可以在用户从项目中删除文件时删除 VSS 中对该文件的引用。注意，从项目中删除文件时并不是将其从磁盘上删除，也不会从 VSS 数据库中删除对该文件的全部引用。

“显示快捷菜单命令的对话框”选项：允许用户对多个文件执行项目快捷菜单中的 VSS 命令。

“文本生成”选项：标识了一个存储 Visual FoxPro 系统和 VSS 之间综合信息的文件。特别为该文件创建了屏幕、菜单、报表和标签文件和文本表示。

“项目类”选项：选择此项将打开“项目参考”对话框，如图 7.92 所示。在设计应用程序时，用户可根据需要进行选择。

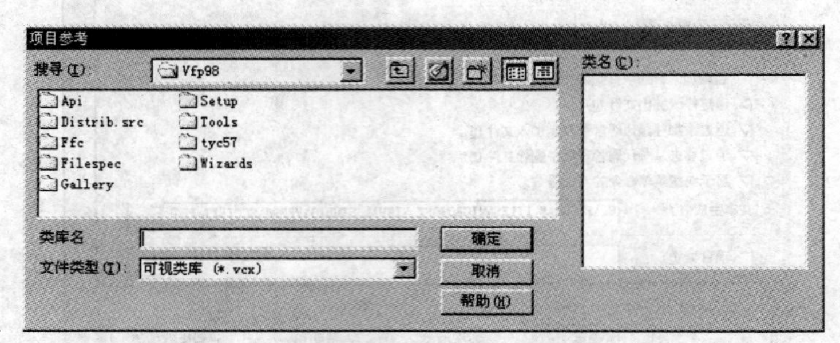

图 7.92 “项目参考”对话框

本章小结

本章讲述了 Visual FoxPro 数据库管理系统的安装过程，Visual FoxPro 系统有两种安装方法，都是为了适应用户的使用需求而设计的。

Visual FoxPro 系统主窗口中设置了一个命令窗口，在命令窗口中可以发布数据库的操作命令和其他一些操作命令。Visual FoxPro 系统还为用户编写项目文件而提供了一个管理项目中各个组件的工具——项目管理器，在项目管理器中有 6 个选项卡，每个选项卡中都设置了管理与维护不同组件的列表和按钮。Visual FoxPro 系统的菜单中提供了丰富的菜单命令，同时为了方便用户的使用，还设置了相应的快捷工具栏。

总之，Visual FoxPro 数据库管理系统是管理数据库、编写应用程序的最好的操作工具之一。

第 8 章　上机实验指导

Visual FoxPro 系统是目前使用比较广泛的数据库管理系统（DBMS），利用 Visual FoxPro 系统提供的各种功能，用户可以非常轻松地建立一个数据库应用系统。可以对表格的结构和内容进行维护，从数据表格中取得数据，并可以对数据进行统计和修改，还可以利用多个表格的数据建立数据库视图等。

本章所介绍的实验就是对实际的 Visual FoxPro 系统操作的模拟，完成这些实验会帮助大家进一步体会和理解 Visual FoxPro 系统的基本应用，为提高数据库技术应用打下一个良好的基础。

8.1　实验一　Visual FoxPro 系统的安装环境与安装过程

8.1.1　实验目的与要求

- 熟悉 Visual FoxPro 系统的安装环境。
- 了解在 Windows 98 中安装、运行 Visual FoxPro 系统的最低要求。
- 了解在默认情况下联机文档所在的位置，以便随时查看。
- 熟悉 Visual FoxPro 系统的安装过程。
- 熟悉 Visual FoxPro 的安装方式，了解系统组件的安装方法。

8.1.2　实验内容与操作步骤

1. 实验内容

（1）了解实验室的条件、计算机的状况，确定 Visual FoxPro 系统的安装方式。

（2）根据计算机的状况和实际需要决定安装哪些系统组件。

（3）进行 Visual FoxPro 系统的安装。

2. 操作步骤

Visual FoxPro 系统的安装步骤请参见“7.1.2　Visual FoxPro 系统的安装过程”。

8.2　实验二　Visual FoxPro 系统的界面

8.2.1　实验目的与要求

- 熟悉 Visual FoxPro 系统主窗口的组成。
- 掌握 Visual FoxPro 系统主窗口的基本操作。
- 熟悉命令窗口的作用和使用方法。
- 掌握命令窗口快捷菜单的使用。

- 掌握 Visual FoxPro 系统菜单中各个菜单项的使用方法。
- 掌握工具栏的使用、定制工具栏中按钮的方法和显示工具栏的方式。

8.2.2 实验内容与操作步骤

1. 实验内容

（1）进入 Visual FoxPro 系统的主窗口，对其进行放大、缩小、拖动等操作，调整 Visual FoxPro 系统主窗口的大小。

（2）在命令窗口中进行“快捷菜单”的操作，对编辑属性、语法着色等进行设置。

（3）对文件、编辑、显示、格式等常用菜单进行操作。

（4）定制自己的工具栏并确定其显示的方式。

2. 操作步骤

对 Visual FoxPro 系统主窗口的操作请参见“7.2 Visual FoxPro 系统界面简介”；对命令窗口的操作请参见“7.3 命令窗口”；对菜单项进行操作请参见“7.4 系统菜单”；定制自己的工具栏请参见“7.5.3 定制工具栏中的按钮”。

8.3 实验三 选项设置与项目管理器的使用

8.3.1 实验目的与要求

- 熟悉项目管理器中的 6 个选项卡（全部、数据、文档、类、代码和其他）的作用。
- 熟悉项目管理器的两个基本功能，以及项目管理器按钮的使用。
- 掌握项目管理器的使用方法：添加或移去文件、创建新文件或修改已有文件、查看项目中的表、文件与其他项目的联系。
- 熟悉“选项”对话框中的 12 个选项卡（控件、区域、调试、语法着色、字段映像、显示、常规、数据、远程数据、文件位置、表单和项目）的设置方法。

8.3.2 实验内容与操作步骤

1. 实验内容

（1）建立一个项目文件。

（2）在新建的项目管理文件中创建数据库、向库中添加数据表、创建表单和制作报表，体会用向导建立这些基本文件的过程。

（3）设置“选项”对话框中的区域、语法着色、显示、常规和数据 5 个选项卡，体会选项卡中各选项所起的作用。

2. 操作步骤

建立项目文件、数据库、向库中添加数据表、创建表单和制作报表等请参见“5.1 Visual FoxPro 应用程序的建立过程”；项目管理器按钮的使用请参见“7.6.2 项目管理器的按钮”和“7.6.3 项目管理器的使用”；“选项”对话框中各选项卡的设置请参见“7.7.2 ‘区域’选项卡”、“7.7.4 ‘语法着色’选项卡”、“7.7.6 ‘显示’选项卡”、“7.7.7 ‘常规’选项卡”和“7.7.8 ‘数据’选项卡”。

8.4 实验四 数据库、表的建立与访问

8.4.1 实验目的与要求

- 掌握建立数据表、数据库的常用方法。
- 熟悉与数据库有关的函数的使用方法。
- 掌握数据库、表的打开与关闭方法。
- 掌握对数据表结构的修改与查看。

8.4.2 实验内容与操作步骤

1. 实验内容

（1）建立两个数据表的结构。

- 建立“通讯录”表结构，内容包括：姓名、性别、单位名称、联系地址、通讯电话。
- 建立“人事档案”表结构，内容包括：姓名、性别、出生日期、籍贯、部门、职务、职称、工资、简历。

（2）对上述两个数据表结构进行修改。

- 对“通讯录”表增加“邮编”数据项。
- 对“人事档案”表增加“学历”、“毕业日期”两个数据项。

（3）分别显示已修改过的两个表结构。

（4）将已经建立的“通讯录”和“人事档案”表放入数据库中。

2. 操作步骤

建立数据表请参见“5.2.1 自由表的建立与访问”；对数据表结构进行修改请参见“5.3.3 修改数据表的结构”；将已经建立的表放入数据库请参见“5.3.1 向数据库添加与删除数据表”；对数据库进行有关的函数操作请参见“5.3.2 数据库有关函数”。

8.5 实验五 数据表的基本维护

8.5.1 实验目的与要求

- 掌握数据表的数据输入方法。
- 掌握数据表指针定位的方法，以及不同方法之间的区别。
- 掌握显示、查询数据表中数据的方法。
- 掌握维护数据库的基本技能和技巧。
- 掌握 Visual FoxPro 系统命令的使用方法。
- 掌握数据表中数据的修改与更新方法。
- 掌握数据表中数据的删除与恢复方法。
- 掌握数据表的备份复制技术。

8.5.2 实验内容与操作步骤

1. 实验内容

（1）对已经建立好的数据表："通讯录"表和"人事档案"表分别输入5条记录。

（2）在"通讯录"表中的第3条记录之前插入一条记录，在"人事档案"表中的第4条记录之后插入一条记录。

（3）在两个数据表中各查找一人，并显示他们的记录内容。

（4）分别显示出两个数据表中的全部没有记录号的记录。

（5）分别显示两个数据表中的部分数据。

（6）对两个已建立的数据表分别进行记录修改，并体会每种记录修改命令的差异和它们适用的情况。

（7）对"人事档案"表中的数据进行以下更新修改：

- 按职务修改职称。
- 按职称修改工资，如职务为科长的，职称改为工程师；职务为处长的，职称改为高级工程师；职称为工程师的，工资上涨10%；职称为高级工程师的，工资上涨12%。

（8）分别对两个数据表进行备份。

（9）分别对两个备份数据表进行数据的删除操作，并体会每种删除命令的作用结果。

2. 操作步骤

对数据表中的记录进行定位操作请参见"5.3.4　记录指针的定位"；向数据表中输入数据请参见"5.3.5　数据输入"；对数据表中的数据进行修、删、改和复制等操作请参见"5.3.6　数据的修改、复制、删除与恢复"；对数据表中的数据进行显示、查询操作请参见"5.3.7　数据查询"。

8.6 实验六　数据的索引与排序

8.6.1 实验目的与要求

- 掌握数据表的重组技术。
- 掌握数据表快速查询的方法。
- 掌握记录的筛选方法。

8.6.2 实验内容与操作步骤

1. 实验内容

（1）对"通讯录"数据库分别按姓名和性别、单位名称进行排序，前者用升序方式，后者用降序方式。

（2）对"人事档案"数据库分别按姓名和性别、工资、出生日期、部门/职务/职称建立索引文件。

2. 操作步骤

对数据进行排序与建立索引的操作请参见“5.4　数据的索引与排序”。

8.7　实验七　数据表的数值统计

8.7.1　实验目的与要求

- 掌握数据库技术中的数值统计方法。
- 掌握记录统计命令与实际应用的对应联系。
- 掌握分类求和命令的使用方法与结果的运用。
- 掌握数据求和与求平均命令的使用方法。

8.7.2　实验内容与操作步骤

1. 实验内容

（1）建立一个“职工工资”数据表，数据表的结构为：编号、姓名、基础工资、职务工资、津贴、补贴、岗位津贴、应发金额、会费、公积金、实发金额、尾数、累计尾数、本月实发金额等，输入 5 条记录。

（2）对已经建立的工资表按以下数据项分别建立索引文件：姓名、职务工资、岗位津贴。

（3）对建立的工资库进行各种数值统计：数据求和、数据求平均、数据分类统计。

2. 操作步骤

对数据进行的数值计算操作请参见“5.3.8　数值计算”。

8.8　实验八　数据库中表之间的关系与数据视图

8.8.1　实验目的与要求

- 掌握数据库中表与表之间关系的建立方法。
- 掌握建立与修改本地视图的方法。

8.8.2　实验内容与操作步骤

1. 实验内容

（1）将数据库中的“通讯录”表和“人事档案”表之间建立关联。

（2）在数据库中为“通讯录”表、“人事档案”表及其应用分别建立本地视图。

2. 操作步骤

建立库中表与表之间关联的操作请参见“5.5　数据表之间的关联”；建立、修改本地视图的操作请参见“5.6　数据视图”。

8.9 实验九 数据的屏幕输入与输出

8.9.1 实验目的与要求

- 掌握全屏幕输入、输出语句与行输入、输出语句的使用方法。
- 掌握全屏幕输入、输出的设计方法。
- 掌握字符接收语句、数值接收语句的使用方法和技巧。

8.9.2 实验内容与操作步骤

1. 实验内容

（1）用全屏幕输入、输出语句和行输入、输出语句设计一个具有 8 个功能选择项的数字式菜单程序。

（2）设计一个用于数据输入和修改的屏幕输入格式。

（3）建立一个由屏幕提示引导的用户使用文件。

2. 操作步骤

非格式输入、输出语句的使用方法请参见“5.7.1 行输入与输出命令”；格式输入、输出语句的使用方法请参见“5.7.2 全屏幕输入与输出命令”。

8.10 实验十 数据报表

8.10.1 实验目的与要求

- 掌握为数据表、数据视图建立报表的方法。
- 掌握对报表进行修改、更新的方法。
- 掌握浏览报表的方法。

8.10.2 实验内容与操作步骤

1. 实验内容

（1）为数据库中的“通讯录”表和“人事档案”表分别建立报表。

（2）为“实验八”中建立的视图建立报表。

（3）调整、修改报表的格式与内容，直到满意为止。

（4）浏览调整、修改好的报表。

2. 操作步骤

建立报表、调整和修改报表、浏览报表等操作请参见“5.8.1 数据报表”。

8.11 实验十一 SQL 查询

8.11.1 实验目的与要求

- 熟悉 SQL 查询命令的一般格式。

- 掌握 SQL 查询命令的使用方法和技巧。
- 通过实际操作了解 SQL 查询命令中各个子句的作用。

8.11.2　实验内容与操作步骤

1. 实验内容

（1）打开已建立的“通讯录”表和“人事档案”表，用 SQL 查询命令分别对其进行查询。

（2）用 SQL 查询命令对“实验八”中建立的视图进行查询。

2. 操作步骤

对数据表进行 SQL 查询操作以及 SQL 查询命令中各个子句的作用请参见“5.9.2　Visual FoxPro 系统的 SQL 查询”。

8.12　实验十二　数据交换

8.12.1　实验目的与要求

- 掌握将数据表的数据转换成系统数据的方法。
- 掌握系统数据文件转换成数据表的方法。
- 熟悉其他的数据转换方法。

8.12.2　实验内容与操作步骤

1. 实验内容

（1）将现有的数据表，如“通讯录”表和“人事档案”表等转换为系统数据文件。

（2）将系统数据文件或其他的电子表文件（如 Excel 文件）转换为 Visual FoxPro 系统的数据表。

2. 操作步骤

将数据表转换为系统数据文件的操作请参见“5.10.1　数据表文件转换为其他系统的数据文件”；将系统数据文件或其他的电子表文件转换为数据表的操作请参见“5.10.2　其他系统的数据文件转换为数据表文件”。

8.13　实验十三　程序设计初步与选择结构

8.13.1　实验目的与要求

- 掌握命令文件的建立与修改方法。
- 体会程序设计思想与程序设计的方法。
- 初步掌握程序设计的基本方法。
- 掌握程序文件的使用方法。
- 掌握正确使用条件、选择语句的方法。

8.13.2 实验内容与操作步骤

1. 实验内容

（1）建立一个短小而实用的程序，调试以使之能够运行。

（2）增加或修改部分语句，观察运行结果的差异，体会各个语句的作用。

（3）增加或补充程序的原有功能，使之完善易用。

（4）用 3 种选择结构设计一个简易的菜单程序，并配上相应的调用程序结构，体会各种选择语句的不同作用。

2. 操作步骤

建立程序文件以及调试的过程请参见“6.1.2 程序的建立与编辑”和“6.1.3 程序文件的编译和执行”；选择结构的使用请参见“6.2 选择结构设计”。

8.14 实验十四 结构

8.14.1 实验目的与要求

- 正确使用循环结构语句。
- 掌握 3 种循环结构的使用方法，体会各种循环结构的特点。
- 掌握程序运行调试的基本方法与技巧。

8.14.2 实验内容与操作步骤

1. 实验内容

（1）用 3 种不同的方法设计具有同一种功能的数据处理程序。

（2）为“实验十三”中的菜单程序配上循环结构，使其能反复地进行选择。

（3）设计一个能够打印小学生“九九表”的程序。

（4）设计一个实用程序，语句在 100～200 句之间，要具备数据输入、修改、插入、删除、查询、打印和输出等功能。

2. 操作步骤

循环语句的使用方法与循环程序的设计方法请参见“6.3 循环结构设计”。

8.15 实验十五 数组

8.15.1 实验目的与要求

- 掌握一维数组、二维数组的定义方法及下标的含义。
- 熟悉一、二维数组各自的特点。
- 掌握一、二维数组与循环结构结合使用的方法。
- 掌握数组与数据表交换数据的方法。

8.15.2　实验内容与操作步骤

1. 实验内容

（1）建立一个“学生成绩”表，并输入学生的学习成绩。

（2）使用数组编写一段程序，该程序能够从“学生成绩”表中取数据，计算出学生的平均成绩，并能够按平均成绩进行排序。

（3）将数组中的数据放到“学生成绩”表中。

2. 操作步骤

数组的定义与使用请参见“6.4.1　数组的定义与赋值”；数组与表的数据交换操作过程请参见“6.4.2　数据表与数组的数据交换”。

8.16　实验十六　子程序、过程与自定义函数

8.16.1　实验目的与要求

- 掌握子程序和过程的概念，区分清子程序与过程的差异。
- 熟悉子程序与过程在程序设计中的区别。
- 掌握自定义函数的定义形式以及在程序设计中的使用方法。

8.16.2　实验内容与操作步骤

1. 实验内容

（1）设计具有定位功能的子程序、具有插入功能的子程序、具有数据输入功能的子程序、具有修改功能的子程序、具有数据输出功能的子程序、具有删除功能的子程序、具有查询功能的子程序、具有打印功能的子程序、具有统计功能的子程序。

（2）将上述子程序放入一个过程文件中。

（3）定义一个具有统计功能的函数。

2. 操作步骤

子程序的设计过程请参见“6.6.1　子程序”；过程文件的设计过程请参见“6.6.2　过程”；自定义函数的设计方法请参见“6.6.3　用户自定义函数”。

附录 1　实验报告格式

Visual FoxPro 实验报告

要求：写清所用命令或操作在屏幕上显示的情况，即命令或操作执行的结果。

<table>
<tr><td colspan="2">实验名称：</td><td>实验日期：______年______月______日</td><td>实验成绩：</td></tr>
<tr><td>专业：</td><td>班：</td><td>姓名：</td><td>学号：</td></tr>
<tr><td colspan="4">一、实验目的与要求</td></tr>
<tr><td colspan="4">二、实验内容与操作步骤</td></tr>
</table>

附录2　Visual FoxPro 系统常用命令简介

一、常用命令

在这部分中，将介绍 Visual FoxPro 系统中的常用命令及其常用格式。

1. ?与??命令

格式：?[?]表达式表

功能：显示表达式表的值。单?表示换行显示，双?表示不换行显示。

2. ??? 命令

格式：???字符型表达式表

功能：不换行打印输出“字符型表达式表”的内容。

3. @ 命令

格式：① @行 1,列 1 [CLEAR] [TO 行 2,列 2 [DOUBLE]]

② @行,列 [SAY 表达式] [GET 变量] [PICTURE 格式]
[FUNCTION 功能符] [RANGE 上限 [,下限]] [VALID 逻辑表达式]

③ @行 1,列 1,行 2,列 2　BOX [字符型表达式]

④ @行,列 PROMPT 字符型表达式 1 [MESSAGE 字符型表达式 2]
[MESSAGE 字符型表达式 2]

功能：① 若选 CLEAR 可选项，则表示清除由“坐标 1”和“坐标 2”所确定的长方形区域内的信息；若不选 CLEAR 项，则在屏幕上画出一个方框，大小、位置由坐标确定；当选 DOUBLE 项时，则画出一个双线的方框。

② 在坐标所确定的位置显示表达式的值，一般用作提示信息，若使用 GET 可选项，还必须使用 READ 语句配对，其作用就是使用户在提示信息引导下输入相应的信息，由 READ 语句接收并赋给 GET 项中的变量；PICTUR 和 FUNCTION 项用于限定接收字符的类型；RANGE 项用于限定所接收数据的上下限；VALID 项用于检验输入输出字符是否符合规定。

③ 在坐标确定的位置显示一个由字符型表达式组成边框的矩形。

④ 在坐标确定的位置上以反相显示方式显示“字符型表达式 1”的值；当选用 MESSAGE 项时，则在（由 SET MESSAGE TO N）指定的位置上显示“字符型表达式 2”的值。

4. ACCEPT 命令

格式：ACCEPT[提示信息] TO 内存变量

功能：暂停正在执行的程序，在屏幕上显示出提示信息的内容，等待用户按照提示从键盘上输入信息，并将其存入指定的内存变量中。该语句可接收多个字符（不超过 254 个），并存入指定的变量中，所接收的数据均作为字符型数据处理，用户以回车键结束输入信息。

5. APPEND 命令

格式：① APPEND[BLANK]

② APPEND FROM 表文件名 [FIELDS 数据项集] [FOR 逻辑表达式]

③ APPEND FROM 文件名 [TYPE SDF/DELIMITED [WITH 交界符/BLANK]]

功能：① 向当前数据表中追加记录。若不选可选项，则由键盘输入记录。

② 从指定数据表中按照指定条件和字段向当前数据表追加记录。

③ 由系统数据文件向当前数据表文件追加数据。若系统数据文件是定长的，则选用 SDF 项；若是不定长的，则选用 DELIMITED 项。

6. AVERAGE 命令

格式：AVERAGE [范围] [数字型表达式] [FOR 逻辑表达式][TO 内存变量]

功能：在指定范围内，对数字型表达式按照条件求算术平均值，并存放到指定变量中，若没有可选项，则对当前数据表中所有的数值型数据项求算术平均。

7. BROWSE 命令

格式：BROWSE [FIELDS 数据项集] [LOCK 数字型表达式]
[FREEZE 数据项名] [NOFOLLOW] [NOMENU]
[NOAPPEND] [WIDTH 数字型表达式] [NOMENU]

功能：对当前数据表进行全屏幕窗口编辑浏览，并可进行修改。修改记录时，可逐项进行修改，并可修改备注（或明细）字段，当数据表的数据项较多一屏显示不下时，可用“^→”键和“^←”键使屏幕左右移动来显示其他数据项。该命令的参数常用的只有“FIELDS 数据项集”参数，数据项集中所列的数据项就是要在屏幕上显示的数据项。

8. CALL 命令

格式：CALL 文件名 [WITH 字符串表达式/内存变量]

功能：调用一个在内存中预先放置的二进制文件。WITH 选择项用于向被调用程序传递参数。

9. CANCEL 命令

格式：CANCEL

功能：终止 FoxBase 命令文件的执行。此命令要与 LOAD 命令配合使用。

10. CHANGE 命令

格式：CHANGE [范围] [FIELDS 数据项集][FOR 表达式][WHILE 表达式]

功能：对当前数据表符合指定条件的记录进行修改，修改可按指定数据项进行。

11. CLEAR 命令

格式：CLEAR [FIELDS/GETS/MEMORY/PROGRAM/TYPEAHEAD]

功能：清除屏幕或重新设置系统的状态。

12. CLOSE 命令

格式：CLOSE [ALL/ALTERNATE/DATABASE/FORMAT/INDEX/PROCEDURE]

功能：关闭指定类型的文件，常用参数有 ALL（关闭全部文件）和 DATABASE（关闭数据表文件）。

13. CONTINUE 命令

格式：CONTINUE

功能：此命令应与 LOCATE 命令配合使用，作用是使数据表指针继续移动，指向下一条满足 LOCATE 命令的记录。

14. COPY 命令

格式：① COPY TO 文件名 [范围] [FIELDS 数据项名]
[FOR 表达式] [WHILE 表达式] [TYPE 文件类型]
② COPY TO 表文件名 STRUCTURE EXTENED
③ COPY STRUCTURE TO 表文件名 [FIELDS 数据项集]
④ COPY FILE 源文件名 TO 目标文个名

功能：① 将当前数据表的数据按照指定的范围和条件复制到指定的文件中，当选“FIELDS 数据项集”参数时，复制数据的结构由“数据项集”中的各项和顺序组成，若不选此项则复制数据的结构与源文件相同；若选“TYPE 文件类型”参数则复制后的文件为文本文件，其扩展名为.TXT。

② 将当前数据表文件的结构作为记录复制到指定的表结构中去，这些记录可以按需要来编辑，此种文件的结构形式是固定的，由 FIELD-NSME、FIELD-TYPE、FIELD-LEN 和 FIELD-DEC 四个字段组成，其记录就是当前表文件的结构，即数据项。

③ 复制当前数据表文件的结构到指定表文件中，文件中的字段由 FIELDS 参数中的“字段名表”确定，当没有选择此参数时，则当前数据表结构与目标表文件的结构相同。

④ 将源文件复制到目标文件形成副本，源文件与目标文件必须给出文件名全称。

15. COUNT 命令

格式：COUNT [范围] [FOR 表达式] [WHILE 表达式] [TO 内存变量]

功能：统计当前数据表中在指定范围内满足条件的记录个数，并将结果放到指定的内存变量中。

16. CREATE 命令

格式：① CREATE [表文件名]
② CREATE [表文件名] FROM [结构文件名]
③ CREATE LABEL 文件名
④ CREATE REPORT [文件名]

功能：① 建立指定的数据表，用户可以根据屏幕提示由键盘输入。
② 用指定的表结构文件中的记录建立一个数据表。
③ 建立指定的标签文件。
④ 建立指定的报表文件。

17. DELETE 命令

格式：① DELETE [范围] [FOR 表达式] [WHILE 表达式]
② DELETE FILE 文件名

功能：① 逻辑删除当前数据表中在指定范围内符合给定条件的记录。
② 删除指定文件。文件名应写全称。

18. DIMENSION 命令

格式：DIMENSION 数组名 1(数值表达式 1 [,数值表达式 2])
[,数组名 2(数值表达式 3 [,数值表达式 4]),…]

功能：建立一维或二维数组。

19. DIR/DIRECTORY 命令

格式：DIR/DIRECTORY [路径] [通配文件名] [TO PRINT]

功能：显示指定驱动器中的文件名到指定设备上，若不选可选项则只显示表文件。

20. DISPLAY 命令

格式：① DISPLAY STRUCTURE [TO PRINT]

② DISPLAY [范围] [FIELDS] [数据项集] [FOR 表达式]
[WHILE 表达式] [OFF] [TO PRINT]

③ DISPLSY MEMORY [TO PRINT]

④ DISPLAY FILES [ON 路径] [LIKE 通配文件符] [TO PRINT]

⑤ DISPLAY HISTORY [LAST 表达式] [TO PRINT]

⑥ DISPLAY STATUS [TO PRINT]

功能：① 显示或打印当前数据表的结构。

② 显示或打印当前数据表中的指定数据项和满足条件的记录。

③ 显示或打印已经定义了的内存变量的名字、类型、长度和状态。

④ 显示或打印磁盘上指定类型的文件。

⑤ 列出到当前为止已执行过的并以 HISTORY 方式存储起来的命令。

⑥ 显示或打印系统当前所处状态的各类信息。

21. DO 命令

格式：① DO 文件名 [WITH 参数表]

② DO CASE … [OTHERWISE] … ENDCASE

③ DO WHILE 条件表达式 … [LOOP] … [EXIT] … ENDDO

功能：① 调用命令文件或过程文件。

② 多种情况判断执行语句。

③ 按照给定的条件重复执行一段具有指定功能的程序。

22. EDIT 命令

格式：① EDIT [范围] [FIELDS 数据项集] [FOR 表达式][WHILE 表达式]

② EDIT [记录号]

功能：① 在当前数据表中修改在指定范围内满足给定条件的记录的数据项。

② 在当前数据表中按指定记录号修改记录。

23. EJECT 命令

格式：EJECT

功能：使打印机走纸换页。

24. ERASE 命令

格式：ERASE 文件名

功能：删除指定的文件。

25. EXIT 命令

格式：EXIT

功能：退出循环语句。

26. FIND命令

格式：FIND 字符串/表达式

功能：在已建立索引文件的当前数据表中将表指针定位在与指定的字符串或表达式的值有相同的关键字值的记录上。

27. FLUSH命令

格式：FLUSH

功能：在不关闭已打开的数据表的情况下将缓冲区内的数据存盘。

28. GATHER命令

格式：GATHER FROM 数组 [FIELD 数据项集]

功能：将指定数组的当前值作为一条记录追加到当前数据表中。

29. GO命令

格式：① GO 表达式

② GO TOP/BOTTOM

功能：① 将表指针定位在指定的记录上。

② 将表指针定位在表顶或表底。

30. HELP命令

格式：HELP [命令动词/函数名]

功能：以菜单驱动方式显示并解释命令和函数。

31. IF命令

格式：IF 条件表达式 … [ELSE] … ENDIF

功能：两种情况的判断与执行。

32. INDEX命令

格式：INDEX ON 关键字表达式 TO 索引文件名 [UNIQUE]

功能：按照指定关键字的值为当前数据表建立索引文件。

33. INPUT命令

格式：INPUT [提示信息] TO 内存变量

功能：暂停执行程序，在屏幕上显示出提示信息的内容，等待用户从键盘上输入数据并存放在指定的内存变量中。

34. INSERT命令

格式：INSERT [BLANK] [BEFORE]

功能：在当前数据表的当前记录之前或之后插入一条新记录或空记录。

35. JOIN命令

格式：JOIN WITH 别名 TO 文件名 FOR 表达式 [FIELDS 数据项集]

功能：以当前数据表为基础，按照给定条件与指定的数据表进行连接，并由指定的数据项生成一个新的数据表。

36. KEYBOARD命令

格式：KEYBOARD 字符串表达式

功能：向键盘缓冲区输入特定的字符（可用以摸拟键盘输入）。

37. LABEL 命令

格式：LABEL FORM 文件名 [范围] [SAMPLE] [FOR 表达式]
[FOR 表达式] [WHILE 表达式] [TO PRINT] [TO FILE 文件名]

功能：调用指定的标签格式文件，按照指定的范围显示或打印标签。

38. LIST 命令

格式：① LIST [范围] [FIELDS 数据项集] [FOR 表达式]
[WHILE 表达式] [OFF] [TO PRINT]
② LIST FILES [ON 路径] [LIKE 通配文件符] [TO PRINT]
③ LIST HISTORY [LAST 数值表达式] [PRINT]
④ LIST MEMORY [TO PRINT]
⑤ LIST STATUS [TO PRINT]
⑥ LIST STRUCTURE [TO PRINT]

功能：① 按照指定的范围和条件显示或打印当前数据表中的记录。
② 显示或打印指定磁盘上的文件。
③ 按从键盘输入的先后顺序显示或打印已输入的命令。
④ 显示或打印当前内存变量。
⑤ 显示或打印系统当前状态的信息。
⑥ 显示或打印当前数据表的结构。

39. LOAD 命令

格式：LOAD 文件名

功能：将一个二进制文件装入内存备用。

40. LOCATE 命令

格式：LOCATE [范围] [FOR 表达式] [WHILE 表达式]

功能：在指定范围内将表指针定位在第一条满足给定条件的记录上。

41. LOOP 命令

格式：LOOP

功能：使循环流程短路，强迫返回到循环开始处。

42. MENU 命令

格式：MENU TO 内存变量

功能：激活由一组@ … PROMPT 命令定义的菜单。

43. MODIFY 命令

格式：① MODIFY COMMAND [文件名]
② MODIFY FILE [文件名]
③ MODIFY LABEL [文件名]
④ MODIFY REPORT [文件名]
⑤ MODIFY STRUCTUR

功能：① 建立或修改程序文件。
② 建立或修改 ASCII 码文本文件。
③ 建立或修改标签格式文件。

④ 建立或修改报表格式文件。
⑤ 修改当前数据表的结构。

44. NOTE 命令

格式：① NOTE [注释]
② * [注释]
③ && [注释]

功能：①、② 在程序文件中插入一些非执行的注释行。
③ 在程序可执行命令行的后面注释。

45. ON 命令

格式：① ON ERROR/ESCAPE/KEY [命令]
② ON KEY [= 数值表达式]

功能：① 当出错或按 ESCA 键或任意键时执行指定的命令。
② 指定特定的键值为“热键”，引起命令执行顺序的转移。

46. PACK 命令

格式：PACK

功能：物理删除当前数据表中带有删除标记的记录。

47. PARAMETERS 命令

格式：PARAMETERS 参数表

功能：指定过程调用时传递数值的变量。

48. PRIVATE 命令

格式：PRIVATE [ALL [LIKE/EXCEPT 通配符]]/[内存变量集]

功能：屏蔽指定的由高层程序定义的内存变量，并将其定义为局部变量。

49. PROCEDURE 命令

格式：PROCEDURE 过程名

功能：标志过程文件的开始。

50. PUBLIC 命令

格式：PUBLIC 内存变量集/数组变量集

功能：定义指定的变量为全局变量。

51. QUIT 命令

格式：QUIT

功能：退出 DEASE/FOXBASE 系统。

52. READ 命令

格式：READ [SAVE]

功能：将数据读入到 GET 后面的数据项或内存变量中。

53. RECALL 命令

格式：RECALL [范围][FOR 表达式] [WHILE 表达式]

功能：恢复已带有删除标记的记录。

54. REINDEX 命令

格式：REINDEX

功能：重建所有已经打开的索引文件。

55. RELEASE 命令

格式：① RELEASE [ALL [LIKE/EXCEPT 通配符]]/[内存变量集]

② RELEASE [MODULE 文件名]

功能：① 清除内存中的所有变量。

② 清除已装入内存中的汇编语言子程序。

56. RENAME 命令

格式：RENAME 原文件名 TO 新文件名

功能：改变原有文件的名称。

57. REPLACE 命令

格式：REPLACE [范围] 数据项名 1 WITH 表达式 1 [,数据项名 2 WITH 表达式 2 …][FOR 表达式] [WHILE 表达式]

功能：对当前数据表中的指定数据项按照给定的范围和条件用表达式的值替换。

58. REPORT 命令

格式：REPORT FROM 文件名 [范围] [FOR 表达式] [WHILE 表达式] [PLAIN/HEADING 字符串表达式] [NOEJECT] [TO PRINT/TO FILE 文件名] [SUMMARY]

功能：按照当前数据表中的数据调用指定的报表格式文件打印数据报表。

59. RESTORE 命令

格式：① RESTORE FROM 内存变量文件名 [ADDITIVE]

② RESTORE SCREEN [FORM 内存变量]

功能：① 将内存变量文件中的内存变量恢复到内存储区中。

② 恢复屏幕画面。

60. RESUME 命令

格式：RESUME

功能：使被 SUSPEND 命令暂停的程序从暂停处继续执行。

61. RETRY 命令

格式：RETRY

功能：终止其所在的命令文件，返回调用程序处，并重复执行调用程序的最后一行。

62. RETURN 命令

格式：RETURN [TO MASTER/字符串]

功能：终止被调用的过程或自定义函数，并返回到调用处。

63. RUN 命令

格式：①RUN 命令

② !命令

功能：执行系统之外的一个可执行的程序。

64. SAVE 命令

格式：①SAVE TO 文件名 [ALL LIKE/EXECPT 通配符]

② SAVE SCREEN [TO 内存变量]

功能：① 将指定的内存变量存入到内存变量文件中去。

② 将当前的屏幕画面存入到内存变量中。

65. SCATTER 命令

格式：SCATTER [FIELDS 数据项集] TO 数组

功能：将当前记录中指定的数据项存入数组中。

66. SEEK 命令

格式：SEEK 表达式

功能：在已建立索引文件的当前数据表中快速将指针定位在关键字值与表达式值相同的记录上。

67. SELECT 命令

格式：SELECT 数值表达式/别名

功能：选择当前工作区。

68. SKIP 命令

格式：SKIP[<数值达式>]

功能：以当前记录位置为基础前后移动表指针。

69. SORT 命令

格式：SORT TO 文件名 ON 关键字 1 [/A] [/D] [/C …][,关键字 2]
[/A] [/D] [/C] …] [范围] [FOR 表达式]
[WHILE 表达式] [FILEDS 数据项集]

功能：将当前数据表按指定的关键字排序，并生成一个新的表文件。

70. STORE 命令

格式：STORE 表达式 TO 内存变量表/数组变量

功能：将表达式的值赋给若干个内存变量或数组。

71. SUM 命令

格式：SUM [范围] [数据项集] [TO 内存变量表][FOR 表达式][WHILE 表达式]

功能：对当前数据表在指定范围内满足条件的记录中的指定数据项进行列向求和，并将结果放到指定的变量中。

72. SUSPEND 命令

格式：SUSPEND

功能：终止程序或过程的执行。由 RESUME 命令可恢复执行。

73. TEXT 命令

格式：TEXT
⋮
ENDTEXT

功能：显示或打印 TEXT 与 ENDTEXT 之间的内容。

74. TOTAL 命令

格式：TOTAL TO 表文件名 ON 关键字 [范围]

功能：在已排序的当前数据表中对指定的数据项按关键字值分类求和，并将结果存放在指定的数据表中。

75．TYPE 命令

格式：TYPE 文件名 [TO PRINT]

功能：输出指定文本文件的内容到指定设备上。

76．UNLOCK 命令

格式：UNLOCK

功能：解除对数据表或记录的封锁。

77．UPDATE 命令

格式：UPDATE ON 关键字 FROM 别名 REPLACE 数据项名
WITH 表达式>[,数据项名 WITH 表达式 …] [RANDOM]

功能：按关键字值相匹配的条件用“别名”指定的表文件中的数据更换当前表文件中的数据。

78．USE 命令

格式：USE [表文件名] [INDEX 索引文件表名] [ALIAS 别名][EXECLUSIVE]

功能：打开数据表及其索引文件。

79．WAIT 命令

格式：WAIT [提示信息] [TO 内存变量]

功能：暂停程序运行，在屏幕上显示提示信息的内容，等待用户按照提示从键盘输入单个字符，并存到指定的内存变量中。

80．ZAP 命令

格式：ZAP

功能：清除当前数据表中的全部记录。

二、系统设置命令

（一）系统逻辑开关设置命令

系统逻辑开关设置命令的一般格式为：

SET 逻辑开关名 ON/OFF

1．SET ALTERNATE ON/OFF

功能：将屏幕显示输出的信息发送/不发送给一个文本文件，系统自定义为 OFF。

2．SET BELL ON/OFF

功能：当对数据项输错数据类型或输满数据时控制响铃/不响铃警告，系统自设置为 ON。

3．SET CARRY ON/OFF

功能：在追加数据时控制将上一个记录的数据向下一个记录传送/不传送，系统自定义为 OFF。

4．SET CENTURY ON/OFF

功能：显示/不显示日期型变量的世纪前缀，系统自设置为 OFF。

5．SET CLEAR ON/OFF

功能：访问格式文件或退出系统时清屏/不清屏，系统自设置为 ON。

6．SET COLOR ON/OFF

功能：选择彩色/单色显示器。

7．SET CONFIRM ON/OFF

功能：输入数据时控制数据项填满时不自动/自动切换数据项，系统自设置为 OFF。

8．SET CONSOLE ON/OFF

功能：控制键盘输入的信息显示/不显示在屏幕上，系统自设置为 ON。

9．SET DEBUG ON/OFF

功能：用于将 SET ECHO 命令产生的输出发送/不发送给打印机，系统自设置为 OFF。

10．SET DELETED ON/OFF

功能：系统在执行某些命令时忽略/不忽略带有删除标记的记录，系统自设置为 ON。

11．SET DELIMITERS ON/OFF

功能：在全屏幕方式下使用/不使用指定的定界符，系统自设置为 OFF。

12．SET DOHISTORY ON/OFF

功能：将已执行过的命令存入/不存入缓冲区备用，系统自设置为 ON，最多存 20 条命令。

13．SET ECHO ON/OFF

功能：显示/不显示所执行的命令行，系统自设置为 OFF。

14．SET ESCAPE ON/OFF

功能：允许/不允许用 Esc 键终止命令的执行，系统自设置为 ON。

15．SET EXACT ON/OFF

功能：在进行两字符串比较时需要/不需要精确比较，系统自设置为 OFF。

16．SET EXCLUSIVE ON/OFF

功能：控制以排他/共享方式打开数据表，系统自设置为 ON。

17．SET FIELDS ON/OFF

功能：限制/不限制使用当前数据表中的数据项，系统自设置为 OFF。

18．SET FIXED ON/OFF

功能：控制输出数据的小数位数固定/不固定，系统自设置为 OFF。

19．SET HEADING ON/OFF

功能：在显示数据表记录时显示/不显示数据项名，系统自设置为 ON。

20．SET HELP ON/OFF

功能：出错时提示/不提示，以便获得帮助，系统自设置为 ON。

21．SET HISTORY ON/OFF

功能：打开/关闭存储输入命令的缓冲区，系统自设置为 ON。

22．SET INTENSITY ON/OFF

功能：在输入、输出数据项时使用/不使用反相显示，系统自设置为 ON。

23．SET MENU ON/OFF

功能：在全屏幕命令执行期间显示/不显示光标控制键菜单，系统自设置为 ON。

24．SET PRINT ON/OFF

功能：将非格式化输出的数据发送/不发送给打印机，系统自设置为 OFF。

25．SET SAFETY ON/OFF

功能：当文件将要被覆盖时警告/不警告，系统自设置为 ON。

26．SET SCOREBOARD ON/OFF
功能：在第 0 行显示/不显示系统状态信息，系统自定义为 OFF。
27．SET STATUS ON/OFF
功能：在第 22 行显示/不显示系统状态信息，系统自设置为 ON。
28．SET STEP ON/OFF
功能：在程序状态下每执行完一条指令后暂停/不暂停程序的执行，系统自设置为 OFF。
29．SET TALK ON/OFF
功能：显示/不显示每一条命令的执行结果，系统自设置为 ON。
30．SET UNIQUE ON/OFF
功能：在索引文件中保存第 1 条/全部具有相同关键字值的记录，系统自设置为 OFF。

（二）系统功能设置命令

系统功能设置命令的一般格式为：
SET 功能名 TO 参数
1．SET ALTERNATE TO [文件名]
功能：建立一个保存屏幕输出信息的文件。
2．SET COLOR TO 标准 [,增强 [,边缘 [,背景]]]
功能：对彩色显示器设置各种颜色和显示方式。
3．SET DATE 日期类型
功能：设置日期表达式的格式。
4．SET DECIMALS TO 数值表达式
功能：设置数值显示时小数的显示位数。
5．SET DEFAULT TO [驱动器号]
功能：设置系统默认的驱动器。
6．SET DELIMITERS TO 字符型表达式/DEFAULT
功能：设置系统显示数据项或变量时的定界符。
7．SET DEVICE TO SCREEN/PRINT
功能：设置格式化输出信息时发送给显示器/打印机。
8．SET FIELDS TO[数据项集/ALL]
功能：设置当前数据表的可访问数据项。
9．SET FILTER TO [条件表达式]
功能：为当前数据表设立筛选记录的条件。
10．SET FORMAT TO [文件名]
功能：为输入或修改数据而打开一个屏幕格式（.FMT）文件。
11．SET FUNCTION 表达式 TO 字符串
功能：定义功能键（F1～F10）的值。
12．SET HISTORY TO 数值表达式
功能：决定显示已在内存缓冲区中存储命令的参数。
13．SET INDEX TO [索引文件名表]
功能：打开当前数据表的一个或多个索引文件。

14．SET MARGIN TO 数值表达式

功能：设置打印机的左边界。

15．SET MEMOWIDTH TO 数值表达式

功能：设置明细型数据项的输出宽度。

16．SET MESSAGE TO [字符串/数值表达式]

功能：在屏幕的底行或指定行显示设置的信息。

17．SET ODOMETER TO 数值表达式

功能：设置报表间隔。

18．SET ORDER TO [数值表达式]

功能：改变已定义过的索引文件的控制顺序。

19．SET PATH TO [路径表]

功能：定义查询文件时的路径。

20．SET PRINTER TO [设备名/文件名]

功能：将打印输出的内容发送到指定的设备或文件中。

21．SET PROCEDURE TO[过程文件名]

功能：打开指定的过程文件。

22．SET RELATION TO [关键字表达式/RECNO()/数值表达式] [INTO 别名] [ADDITIVE]

功能：根据选择关联两个已经打开的数据表文件。

23．SET TYPEAHEAD TO 数值型表达式

功能：设置键盘缓冲区的大小。

附录 3　Visual FoxPro 系统常用函数简介

1．宏替换函数
格式：& 内存变量
功能：宏替换。
2．绝对值函数
格式：ABS(数值表达式)
功能：求数值表达式的绝对值。
3．别名函数
格式：ALIAS(数值表达式)
功能：给出工作区的别名。
4．字符对 ASCII 码转换函数
格式：ASC(字符型表达式)
功能：将字符型表达式中最左边的一个字符转换成 ASCII 码。
5．子字符串搜索函数
格式：AT(字符型表达式 1,字符型表达式 2)
功能：在“字符型表达式 2”中查找“字符型表达式 1”出现的位置。
6．表文件起始测试函数
格式：BOF([数值表达式])
功能：测试当前工作区中已打开数据表的指针是否在起始标志位置上。
7．星期名函数
格式：CDOW(日期型表达式)
功能：求出星期名并用英文显示出来。
8．ASCII 码对字符转换函数
格式：CHR(数值表达式)
功能：将数值表达式的值作为 ASCII 码返回一个相应的字符。
9．月份名函数
格式：CMONTH(日期型表达式)
功能：求出月份名并用英文显示出来。
10．光标列坐标函数
格式：COL()
功能：求出屏幕上光标的列坐标值。
11．字符串对日期转换函数
格式：CTOD(字符型表达式)
功能：将字符型数据转换为日期型数据。
12．系统日期函数

格式：DATE()

功能：求出系统的当前日期。

13．日期号函数

格式：DAY(日期型表达式)

功能：求出日期型表达式的日期号。

14．数据表名函数

格式：DBF([数值型表达式])

功能：显示出指定工作区中已打开的数据表的名称。

15．测试删除标志函数

格式：DELETED()

功能：测试指定工作区中的当前记录是否带有删除标记。

16．磁盘空间测试函数

格式：DISKSPACE()

功能：求出当前驱动器上的磁盘可用字节数。

17．星期名函数

格式：DOW(日期型表达式)

功能：求出日期型表达式的星期名。

18．日期型对字符型转换函数

格式：DTOC(日期型表达式,[I])

功能：将日期型数据转换成字符型数据。

19．表文件结尾测试函数

格式：EOF()

功能：测试当前工作区中已打开数据表的指针是否指向结束标志位置。

20．出错函数

格式：ERROR()

功能：给出错误类型号。

21．指数函数

格式：EXP(数值表达式)

功能：求以 e 为底以数值表达式为指数的幂值。

22．数据项个数测试函数

格式：FCOUNT([数值型表达式])

功能：测出指定工作区中已打开数据表中的数据项个数。

23．数据项名函数

格式：FIELD(数值表达式)[,工作区号]

功能：给出指定工作区中已经打开的数据表内对应于表达式值的位置的数据项名。

24．文件查找函数

格式：FILE(文件名)

功能：查找指定的文件是否存在。

25．功能键识别函数

格式：FKLABEL(数值表达式)

功能：识别出与“数值表达式”值相对应的功能键的名字。

26．功能键函数

格式：FKMAX()

功能：给出功能键的最大编号，即功能键个数。

27．检索函数

格式：FOUND([数值表达式])

功能：测试指定工作区内最后一个检索查询命令是否成功。

28．操作系统环境函数

格式：GETENV(字符型表达式)

功能：给出操作系统环境设置状况。

29．条件函数

格式：IIF(条件表达式,表达式 1,表达式 2)

功能：根据“条件表达式”成立与否给出“表达式 1”或“表达式 2”的值。

30．键盘输入等待函数

格式：INKEY([数值表达式])

功能：按“数值表达式”的值等待用户由键盘输入一个键符，并将此键符转换成相应的ASCII 码。

31．取整函数

格式：INT(数值表达式)

功能：对“数值表达式”的值截取整数部分。

32．字母测试函数

格式：ISALPHA(字符型表达式)

功能：测试“字符型表达式”的值是否以字母开头。

33．显示器测试函数

格式：ISCOLOR()

功能：测试当前工作显示器是否为彩色显示器。

34．小写字母测试函数

格式：ISLOWER(字符型表达式)

功能：测试“字符型表达式”的值是否以小写字母开头。

35．大写字母测试函数

格式：ISUPPER(字符型表达式)

功能：测试“字符型表达式”的值是否以大写字母开头。

36．取左子字符串函数

格式：LEFT(字符串,数值表达式)

功能：从字符串最左边按“数值表达式”的值截取子字符串。

37．求字符串长度函数

格式：LEN(字符串)

功能：给出字符串的长度，即字符个数。

38．加锁函数
格式：LOCK()
功能：在多用户环境中对数据表记录加锁。
39．自然对数函数
格式：LOG(数值表达式)
功能：求“数值表达式”的自然对数值。
40．大写对小写转换函数
格式：LOWER(字符串)
功能：将“字符串”中的大写字母转换成小写字母。
41．删除前导空格函数
格式：LTRIM(字符串)
功能：删除字符串的前导空格。
42．表文件修改测试函数
格式：LUPDATE()
功能：给出当前数据表最近一次的修改日期。
43．最大值函数
格式：MAX(表达式 1,表达式 2)
功能：取两表达式值中最大的一个值。
44．出错信息函数
格式：MESSAGE([I])
功能：给出与出错号码相对应的出错信息。
45．最小值函数
格式：MIN(表达式 1,表达式 2)
功能：取两表达式值中最小的一个值。
46．取余函数
格式：MOD(数值表达式 1,数值表达式 2)
功能：求出“数值表达式 1”的值与“数值表达式 2”的值相除后的余数。
47．月函数
格式：MONTH(日期型表达式)
功能：求出“日期型表达式”的月份值。
48．索引文件函数
格式：NDX(数值表达式)
功能：给出当前工作区中已经打开的索引文件名。
49．操作系统版本号函数
格式：OS()
功能：给出当前使用的操作系统的名称和版本号。
50．打印机列坐标函数
格式：PCOL()
功能：给出打印机头所处的列位置。

51．打印机行坐标函数
格式：PROW()
功能：给出打印机头所处的行位置。
52．退屏键值函数
格式：READKEY()
功能：给出用户退出屏幕时所按的键值。
53．记录数测试函数
格式：RECCOUNT([工作区号])
功能：测定指定工作区中已经打开的数据表中的记录数。
54．记录号测试函数
格式：RECNO([工作区号])
功能：给出指定工作区中已经打开的数据表内的当前记录号。
55．记录长度测试函数
格式：RECSIZE([工作区号])
功能：给出指定工作区中已打开的数据表的记录长度。
56．字符串重复函数
格式：REPLICATE(字符型表达式,数值表达式)
功能：根据“数值表达式”的值重复“字符型表达式”的内容。
57．右子串函数
格式：RIGHT(字符型表达式,数值表达式)
功能：根据“数值表达式”的值从“字符型表达式”的最右边开始截取子字符串。
58．记录封锁函数
格式：RLOCK()
功能：在多用户环境中对一条或多条记录加锁。
59．四舍五入函数
格式：ROUND(数值表达式 1,数值表达式 2)
功能：根据“数值表达式 2”的值对“数值表达式 1”进行四舍五入运算。
60．光标行坐标函数
格式：ROW()
功能：给出光标所处的行坐标。
61．删除尾部空格函数
格式：RTRIM(字符型表达式)/TRIM(字符型表达式)
功能：删除“字符型表达式”中尾部的空格。
62．工作区测试函数
格式：SELECT()
功能：给出当前工区的区号。
63．空格函数
格式：SPACE(数值型表达式)
功能：按“数值型表达式”的值产生一个空字符串。

64．平方根函数

格式：SQRT(数值表达式)

功能：求出“数值表达式”值的平方根。

65．数值对字符转换函数

格式：STR(数值表达式,长度[,小数位])

功能：按照指定的长度和小数位数将“数值表达式”的值转换成字符串。

66．字符串替换函数

格式：STUFF(字符型表达式 1,起始位置,删除字符数,字符型表达式 2)

功能：根据“起始位置”和“删除字符数”的值在“字符型表达式 1”的值中插入“字符型表达式 2”的值。

67．取子串函数

格式：SUBSTR(字符型表达式,起始位置[,字符个数])

功能：根据“起始位置”和“字符个数”的值在“字符型表达式”中截取子字符串。

68．系统信息函数

格式：SYS(数值表达式 [,表达式…])

功能：根据“数值表达式”和“表达式”的值给出系统的各种信息。

69．时间函数

格式：TIME([数值表达式])

功能：给出当前系统的时间。

70．格式化显示函数

格式：TRANSFORM(表达式,字符型表达式)

功能：按照“字符型表达式”的格式输出“表达式”的值。

71．类型测试函数

格式：TYPE(字符型表达式)

功能：给出数据类型。

72．修改测试函数

格式：UPDATED()

功能：测试是否修改了 GET 后的变量。

73．小写对大写转换函数

格式：UPPER(字符型表达式)

功能：将“字符型表达式”中的小写字母转换为大写字母。

74．字符串对数值转换函数

格式：VAL(数字字符串)

功能：将由数、+、-和 E、e 组成的字符串转换成相应的数值。

75．年函数

格式：YEAR(日期型表达式)

功能：给出“日期型表达式”中的年份。

参考文献

[1] 萨师煊等编著．数据库系统概论．北京：高等教育出版社，2000．
[2] 于盘祥等编著．数据库系统原理．北京：清华大学出版社，1988．
[3] 郑若忠等编著．数据库原理与方法．长沙：湖南科学技术出版社，1983．
[4] 李正凡等编著．Visual FoxPro 6.0 程序设计基础教程．北京：中国水利水电出版社，2000．
[5] 尹丽华编著．Visual FoxPro 程序设计教程．北京：科学出版社，2004．